天下文化
BELIEVE IN READING

The Fifth Discipline

The Art and Practice of
The Learning Organization

第五項修練

全新修訂版

學習型組織的藝術與實務

Peter M. Senge 彼得・聖吉————著　　郭進隆、齊若蘭————譯

目　錄

前言————
一趟終身持續的旅程

1990年春天，當第一版的《第五項修練》已經撰寫且編輯完畢，即將問世時，出版社的編輯問我，想請誰來為封面撰寫書評。由於這是我的處女作，我從沒想過這件事。思考了一會兒之後，我明白我很希望戴明（W. Edwards Deming）博士寫一點東西。

戴明被視為品管革命的先驅，在全世界都備受推崇。在我認識的人當中，對管理實務影響最大的人莫過於戴明博士。但是我從未見過戴明，當他接到陌生作者的來信，請他評論一部完全不熟悉的著作，我懷疑他會有什麼正面反應。

幸運的是，透過一位任職於福特公司、雙方都認識的朋友，我們真的送了一份書稿給戴明。幾個星期後，我在家裡意外收到了一封信。

打開信後，我發現裡面是戴明寫的一段短語。讀完第一句話，我簡直呆住了，他只用短短一個句子，便說出了我辛苦用四百頁篇幅想表達的內容。

真是不可思議，我心想，當你快要走到人生終點時（當時戴明已經快九十歲了），思想居然可以如此清明透澈而一針見血。當我領略到他表達的完整意涵後，我漸漸明白，比起我先前的理解，他的話揭開了

更深層的連結和更艱巨的任務：

我們目前通行的管理系統已經摧毀了我們的人才。每個人生來本有內在動機、自尊、尊嚴、學習的好奇心，並且樂於學習。這股破壞力量從每個人蹣跚學步的時候就開始影響我們 —— 萬聖節最佳服裝獎、學校的成績 —— 一直到念大學。

等到進入職場，公司會為員工、團隊和部門打分數排名，名列前茅的得到獎賞，績效墊底的遭到懲罰，而各部門分別訂定再整合出來的目標管理、配額、獎金、營運計畫等，又進一步帶來未知和不可知的損失。

管理系統必須轉型

我後來才知道，戴明幾乎已經完全停止使用「全面品管」、「TQM」或「TQ」等術語，因為他認為，這些名詞已經流於淺薄，只是為某些工具和技巧貼上一層標籤。

對他來說，真正的任務是「現有管理系統的轉型」，所追求的目標絕對超越經理人改善短期績效的努力。

戴明認為，這樣的轉型，需要的是目前組織尚未發掘的「深奧知識」，而其中只有一個要素「變異理論」（統計的理論和方法），和一般人所理解的全面品管相關。

令我訝異的是，另外三個要素都恰好和五項修練不謀而合：「了解系統」、「知識理論」（心智模式的重要性），以及「心理學」，尤其是「內在動機」（個人願景和真誠渴望的重要性）。

戴明所謂「深奧知識」的幾個要素，後來促使我們發展出一些最簡單、也最普遍的方式，來說明五項學習修練。

五項修練代表發展三個核心學習能力的理論和方法：增強渴望、發展反思式對話，以及了解複雜性。但在《第五項修練》第一版問世時，我們還沒找到這個方法。

三腳凳模式

《第五項修練》第一版曾提出一個觀念，組織中的基本學習單位是工作團隊（需要分工合作以產出成果的一群人）。以這個觀念為基礎，我們稱這三項核心學習能力為「團隊的核心學習能力」，並且以一個「三腳凳」來表達這三項核心能力三足鼎立的重要性：缺了任何一隻腳，三腳凳都無法站立。（圖1）

對我而言更重要的是，戴明認為，有一個通行普遍的「管理系統」主宰了現代的機構，而且在工作和學校之間形成深層的連結。

戴明常說：「除非我們改善目前通行的教育系統，否則絕對無法改變通行的管理系統，兩者是同樣的體系。」就我所知，他在這方面的洞

圖1　團隊的三項核心學習能力

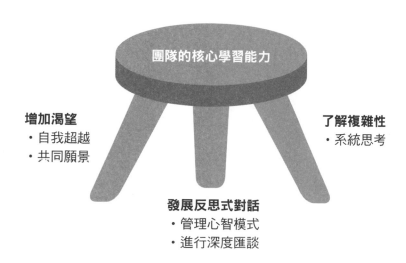

團隊的核心學習能力

增加渴望
・自我超越
・共同願景

了解複雜性
・系統思考

發展反思式對話
・管理心智模式
・進行深度匯談

見確實是他的一大創見。

我相信，戴明到了晚年之所以有這樣的領悟，有一部分是因為他想了解，為什麼能做好品質管理的經理人寥寥無幾？他後來明白，失敗的原因在於，在社會化的過程中，人們思考和行動的方式都深深受到在正式體制內的經驗影響。

「上司與下屬的關係，其實和師生關係沒什麼兩樣，」戴明說。老師設定目標，學生則努力達到目標。老師心中已有正確答案，學生則努力找到答案。學生知道怎麼樣算是成功，因為當他們成功時，老師會清楚告知。

小孩子還不滿十歲，就已經知道要怎麼樣才可以在學校出人頭地，以及如何討老師歡心 —— 他們也把學到的教訓應用在職場上，「討好上司，但卻無法改善服務顧客的系統。」

八大要素識別既有管理系統

戴明博士在1993年過世後，我花了很多年思考，並和戴明的同事討論，什麼是戴明心目中的現有管理系統？最後，我們整理出八個基本要素[1]：

要素一：透過衡量指標來管理。聚焦於短期數據、貶低抽象成果的價值，但戴明認為：「真正重要的成果，你只能衡量3%。」

要素二：強調遵從的文化。藉著討好上司以求脫穎而出，透過恐懼來管理。

要素三：管理成果。管理者設定目標，員工必須負責達到目標（無論在既有制度和流程下是否可能）。

要素四：「對的答案」vs.「錯的答案」。強調技術性的問題解決方式，輕忽偏離常軌的（系統）問題。

要素五：一致性。多元和分歧被視為必須解決的問題，為了表面的和諧而壓制衝突。

要素六：可預測性和可控制性。管理就是控制，計畫、組織、控制是「管理的聖三位一體」。

要素七：過度競爭和不信任。要達成期望的績效就必須鼓勵競爭，認為沒有競爭就不會有創新，但戴明認為：「過度競爭把我們都出賣

了。」

要素八：喪失整體感。片段化，局部的創新無法擴散。

今天，大多數經理人可能都已經把「品管革命」當成歷史，就好像1990年代初期的組織學習風潮一樣，不再是當前企業面對的重要挑戰。但這是因為我們已經達成或放棄了戴明所倡議的轉型嗎？

我在思考這樣一份清單時，很難不感覺到，今天大多數組織仍然深受這些弊病之苦，但要改變這些根深柢固的信念和行為，花幾年的時間可能還不夠，而是要經過好幾代的努力。

的確，或許對我們許多人來說，最明顯的問題是：「這個管理系統會大幅改變嗎？」要想回答這種關於未來的深層問題，需要先審慎檢視現況。

衝突的年代

自從《第五項修練》首度問世以來，這十五年間，整個世界起了很大的變化。

經濟全球化的程度超越以往任何時候，企業也一樣。全球競爭的企業必須永無休止面對成本和績效的壓力，可以用來思考和反省的時間愈來愈少，而且在大多數的組織裡，培育人才的資源也日益稀少。

但是，除了推動變革之外，還有更多需要思考的事情。

工商業的全球化發展提升了許多人的物質生活水準，但也帶來嚴重的副作用，對社會和環境永續形成重大挑戰；為了增加金融資本，往往犧牲了社會資本和自然資本；在許多國家中，「擁有者」和「匱乏者」之間的差距愈來愈大；工業發展為各地造成的環境壓力現在更擴大規模，演變為更嚴重的全球暖化和天氣不穩定等問題。

雖然有些人仍大力鼓吹工業發展的好處，但世界各地都有許多人由於不能再享有傳統生活方式，紛紛以暴力和非暴力的方式提出抗議 ——許多企業的策略雷達也靈敏偵測到這樣的轉變。

同時，在這個緊密相連的世界裡，每個人都比過去更強烈意識到他人的存在。這是個史無前例的既有文化衝突但又相互學習的年代，真正創造性的「不同文明之間的深度匯談」有可能成真，為未來創造無限希望。

在衝突中相互學習

世界各地的年輕人都在創造前所未見的關係網路，西方科學的新觀點、現代世界觀的基礎，卻奇妙地和原住民及土著文化所熟知的不斷變動和相互依存的生命世界不謀而合。

套用宇宙學家史維姆（Brian Swimme）的話，這可能再度讓我們知

道，我們「在宇宙中擁有深具意義的位置。」

從本書增訂的章節中可以看到，近二十年前，還只有少數人真正實踐組織學習，如今組織學習已經深深扎根並擴散。

簡而言之，這是劇烈衝突的力量交互運作的年代，有些情勢日益好轉，有些則每況愈下。

捷克前總統哈維爾（Vaclav Havel）在 1990 年代中期對美國國會發表的談話，一針見血地為這個危險的年代做了總結：

今天，許多事情都顯示，我們正在經歷轉型，每當我們似乎解決了某個問題的時候，其他挑戰又接踵而至。彷彿一方面有一股自我粉碎、腐化和消耗的力量不斷滋長，但又從廢墟中誕生了另外一些面目模糊的新事物。

在哈維爾發表談話十年後的今天，我們仍然不清楚他口中正在誕生的「新事物」的面貌，以及可能需要的管理和領導技能為何。這些相互衝突的力量同樣在組織內部交互運作，在這樣的環境下，對學習能力的需求超越以往，因此要建立學習能力時，也會面對前所未有的挑戰。

一方面，企業要能持續適應不斷變動的現實，顯然需要建立新的思考和營運方式。

面對永續發展的挑戰也一樣，在許多方面，這都是組織學習在這個時代最重要的挑戰。此外，組織變得愈來愈網網相連，削弱了傳統的管理層級，開放了持續學習、創新和適應的新機會。

另一方面，由於傳統管理系統效能不彰，許多組織長期陷入「救火」的應急模式，沒有餘力創新。

種種瘋狂和混亂，使得企業無法建立以價值為基礎的管理文化，為個人投機式攫取權力和財富廣開大門。

來自前線的聲音

當出版社邀請我創作《第五項修練》新版時，我起先覺得很矛盾，但隨即又感到興奮。

過去十五年來，我的一大樂事是認識了無數才華洋溢的組織學習實踐者 —— 包括經理人、校長、社區組織者、警察局長、企業家和社會創業家、軍事領袖、教師 —— 即使有些人從來不曾聽過或讀過原版《第五項修練》，仍然能以各種充滿想像力的方式應用五項修練。

其中有幾位，在《第五項修練》第一版中已是耀眼的人物，譬如德格（Arie de Geus）和已過世的歐白恩（Bill O'Brien）。從那時候開始，由於組織學習協會（Society for Organizational Learning，簡稱SoL）在全球各地快速成長，我因此有機會接觸到數以百計像這樣的實踐家。

他們各自以其獨特的方式，創造了另類的管理系統。他們的系統乃奠基於愛，而非恐懼；充滿好奇心，而不是堅持「正確」的答案；強調學習，而非控制。

現在，我可以拿《第五項修練》增訂版為藉口，和他們許多人好好談一談。

由於這些訪談和對話，我對《第五項修練》的內容做了許多修改，並且增加了新的內容：第四部〈實踐的反思〉。

這些訪談提供了嶄新的洞見，讓我們看到優秀的實踐家如何推動變革，以極富創意的方式因應挑戰，保持動能。

除了許多企業界的成功案例之外，我們也看到新的可能性，可以把組織學習工具和原則應用在十五年前想像不到的新領域：從培養企業和產業注重環境的觀念，到探討像幫派暴力、改造學校制度、促進經濟發展、改善全球糧食生產、減少窮人等社會議題。

在所有這些情況中，開放、反思、深層對話、自我超越和共同願景都能激發改變的動力，而了解問題的系統因素，更是重要關鍵。

這些訪談也釐清了我們在第一版中模糊整合在一起的核心概念。

● **有許多集體工作的方式比目前盛行的管理系統更令人滿意、也更**

有生產力。一位企業高階主管在反思自己第一個學習實驗時表示，在重新思考組織結構時，「單純讓大家彼此交談就是一大樂事，而從中產生的想法，十五年後依然為公司創造競爭優勢。」

● **組織之所以如此運作，與我們工作、思考和互動的方式有關；因此眼前需要的不只是組織的變革，同時也需要我們改變自我。** 「當人們了解塑造學習型組織的工作和我們每一個人有關時，就到了關鍵時刻。」一位在企業界推動組織學習二十年的資深老將指出，「自我超越是核心，如果你正確掌握了這些改變中的自我超越要素，其他一切就水到渠成了。」

● **在建立學習型組織時，沒有最後的目的地或終點，這是一場持續終身的旅程。**「這項工作需要有極大的耐性，」一位全球性非政府組織的會長表示，「但是我相信，我們達到的成果將更持久，因為參與的人都能真正成長，他們也因此為持續的學習旅程做好準備，因為當我們學習、成長、因應更多系統挑戰時，任務並不會變得愈來愈容易。」

我相信，目前的管理系統，本質上乃是追求平庸，由於未能充分開發和利用一群人通力合作後產生的活力和集體智慧，只能迫使大家一再更加努力來彌補。戴明清楚看到這點。

今天我們生活的世界充滿非比尋常的挑戰和機會，愈來愈多領導人致力於為組織建立起在這個世界生存發展和有所貢獻的能力。我相信，他們也都和戴明一樣，對此有清晰的洞見。

注釋

1. 這份名單是由組織學習協會（SoL），以及哈佛教育研究所的變革領導小組所召集的企業與教育創新人士所擬定。（Booth Sweeney, Senge, Wagner, 2002）。

第一部

全面體檢你的組織

▼

為什麼在許多團隊中，每個成員的智商都在 120 以上，而整體智商卻只有 63 ？為什麼就連成功的大型企業，平均壽命也不到四十年？

這是因為，組織的智障妨礙了組織的學習及成長，使組織被一種看不見的巨大力量侵蝕，甚至吞沒了。

因此，未來最成功的團隊將會是「學習型組織」，你唯一能長久依靠的優勢，就是有能力比你的競爭對手學習得更快。

第 1 章
一支能改變世界的學習槓桿

自幼我們就被教導把問題加以分解，把世界拆成片片段段來理解。這顯然能夠使複雜的問題容易處理，但是無形中，我們卻付出了巨大的代價 ── 我們失去了對更大整體本質的連結，也不了解自身行動所帶來的一連串後果。

於是，當我們想一窺全貌時，便努力重整心中的片段，試圖拼湊所有碎片。但是就如物理學家包姆（David Bohm）所說的，這就像試著重新組合一面破鏡子的碎片，想要看清鏡中的真像，只是白費力氣。經過一陣子努力，我們甚至乾脆放棄一窺全貌的意圖。

這本書所提出的構想與工具，就是要打破這個世界是由個別、不相關的力量所創造的幻覺。奠基於此，才能建立不斷創新、進步的「學習型組織」；在其中，大家得以不斷突破自己的能力上限，創造真心嚮往的結果，培養全新、前瞻而開闊的思考方式，全力實現共同的抱負，以及不斷一起「學習如何共同學習」。

當世界更息息相關、複雜多變時，學習能力也更要增強，才能適應變

局。企業不能再只靠像亨利・福特（Henry Ford）、史隆（Alfred P. Sloan，曾任通用汽車總裁）或華生（Thomas J. Watson，IBM創辦人）、比爾・蓋茲（Bill Gates）那種「大策略家」一夫當關、運籌帷幄和指揮全局。未來真正出色的企業，將是能夠設法使各階層人員全心投入，並有能力不斷學習的組織。

每個人都是天生的學習者

學習型組織是可能的，因為每個人都是天生的學習者。我們不必教嬰孩學習，他們生來就是出色的學習者 ── 學習行走、說話，甚至獨力處理一些事情。學習不僅是人類的天性，也是生命趣味盎然的泉源。

你我或許都有過這種經驗：成為出色團隊中的一份子；在這個團隊中，一夥人以極不尋常的方式在一起工作，彼此信任、互補長短，為共同的大目標全力以赴，從而創造出驚人的成果。

我曾遇見許多在運動、表演藝術，或在企業方面有過這一類團隊經驗的人，其中有許多人說，他們往後一直希望生命中能再擁有這樣的美好經驗。他們所體驗的，就是一種學習型組織的雛型。偉大的團隊並不是從一開始就成功，而是透過**學習**如何創造驚人成果所致。

全球企業正在形成一個共同學習的社會。各行各業中由一家獨霸的局面，譬如：IBM、柯達（Kodak）、寶僑家品（Procter & Gamble）、全錄（Xerox）等，已不再獨領風騷。特別是在製造業，許多傑出企業

都冒出頭。美國、歐洲與日本的公司師法在中國大陸、馬來西亞與巴西的創新企業，而這些地方的企業也受印度及韓國公司影響。同時，義大利、澳洲、新加坡的公司現在都有很大的改善，並且產生全球性的影響力。

邁向學習型組織的社會動力

使我們朝向學習型組織邁進的，還有其他更深層的社會動力，這種變化也是工業社會演進的一部分。

人類的工作觀因物質的豐足而逐漸改變，也就是從美國著名民意測驗專家楊克洛維奇（Daniel Yankelovich）所稱的「工具性」工作觀（工作為達到目的之手段），轉變為較「精神面」的工作觀（尋求工作的「內在價值」）[1]。

漢諾瓦保險公司（Hanover Insurance）前執行長歐白恩說：「我們祖父輩一個星期工作六天所賺的錢，只相當於我們現在大多數人工作兩天的所得。大家渴望建立比遮風避雨及滿足物質需求層次更高的組織，而這種熱望將不竭止，直到理想實踐。」

愈來愈多有這種想法的組織領導者（雖然仍是少數）逐漸意識到，他們的努力將是這項深具意義的社會演進之一部分。

頂尖的赫曼米勒（Herman Miller）家具公司前總裁賽蒙（Edward

Simon）就曾直截了當說出一個當代最常聽到的主張：「為什麼我們的
工作不能變得更有意義？」

此外，就像曾經擔任聯合國祕書長的安南（Kofi Annan）號召世界商
業領袖組成的「全球盟約」（Global Compact）這類組織，也是旨在促
成有關勞工、社會及環境發展等議題的全球性學習社群。

或許大家現在才開始建立學習型組織最明顯的理由是，我們現在才了
解這樣的組織所必須具備的能力。

有很長一段時間，我們都好像在黑暗中摸索，直到近來釐清了發展
學習型組織的技術、知識和途徑，才稍露曙光，而精熟這幾項「修
練」，則是創造學習型組織、揮別傳統威權控制型組織的先決要件。

發明與創新

1903 年 12 月，一個清冷的早晨，在北卡羅萊納州小鷹鎮，萊特兄弟
發明了簡陋的飛行器，證實動力飛行是可能的，飛機就此發明了。但
是直到再過三十年，我們才發展出服務一般民眾的航空業。

當一個新的構想在實驗室被證實可行的時候，工程師稱之為「發明」
（invention）；只有當它能夠以適當的規模和切合實際成本，穩定重複
生產時，這個構想才成為一項「創新」（innovation）。

有些創新，如：電話、數位電腦、飛機等，都屬於「基礎創新」，但它們影響深遠，有些創造出全新的產業，有些使既有產業發生重大轉變。如果將此概念應用在組織的演化及變革上，那麼我們可以說，學習型組織已經被發明出來，但是還沒有達到創新的地步。

技術聚合，從實驗到實用

在工程上，當一個構想從發明演變成創新，必定會經歷各種配合技術聚合的階段。這些關鍵技術往往都是在個別的範疇中單獨發展出來，逐漸聚合、相輔相成，才使得在實驗室中被證明行得通的構想，成為實用的創新。[2]

萊特兄弟證實動力飛行是可能的，但是引導它進入商業航空的是麥道（McDonnell Douglas）公司。他們於1935年推出的DC-3，是第一架在經濟上滿足了商業航空、在科學上證實了空氣動力理論的飛機。

在這三十年中（這是典型的基礎創新發展成熟所需時間），無數的商用飛行實驗均失敗了。就像學習型組織早期的實驗一樣，那時候的飛機飛行很不可靠，而且也沒有達到經濟效益的適當規模。

DC-3是史上第一次融合了五項重要技術而形成的一部成功飛行器。它們是：可變間距螺旋槳、伸縮起落架、一種鑄造而成且質輕的機體構造、輻射狀氣冷式引擎和擺動副翼。要成功飛行，五項技術缺一不可。早一年推出的波音247，便是因為少了擺動副翼，起飛與著陸都

不穩定。

學習型組織的五項修練

今天，在學習型組織的領域裡，也有五項新技術正逐漸匯聚，使學習型組織蛻變成一項創新。雖然，它們的發展是分開的，但都緊密相關，對學習型組織之建立，每一項都不可或缺。我們稱這五項學習型組織的技能為五項修練。以下，我們特別先行介紹其中的核心「第五項修練」。

第五項修練：系統思考（Systems Thinking）

當烏雲密布、天色昏暗，我們便知道快要下雨了。我們也知道在暴風雨過後，地面的流水將滲入好幾英里以外的地下水中，明日天空又要放晴。這一切事件雖有時空差距，但事實上它們都息息相關，且每次運行的模式相同，每個環節都相互影響，這些影響通常是隱匿而不易被察覺的。唯有對整體，而不是對任何單獨部分深入思考，你才能夠了解暴風雨系統。

企業和人類其他活動，也是一種「系統」，同樣都受到細微且息息相關的行動所牽連，彼此影響著，這種影響往往要經年累月才完全展現出來。身為群體中的一小部分，置身其中而想要看清整體變化，更是加倍困難。我們因而傾向於將焦點放在系統中某一片段，但總想不通為什麼有些最根本的問題似乎從來得不到解決。

經過五十年的發展，系統思考已發展出一套思考的架構，它既具備完整的知識體系，也擁有實用的工具，可幫助我們認清整個變化形態，並了解應如何有效掌握變化，開創新局。

雖然工具是新的，系統思考的基本觀念卻非常淺顯，在我們的實驗中便顯示，小孩子學習系統思考時非常迅速。

第一項修練：自我超越（Personal Mastery）

「自我超越」的修練是學習不斷釐清並加深個人的真正願望，集中精力，培養耐心，並客觀觀察現實。這一項，是學習型組織的精神基礎。

精熟「自我超越」的人，能夠不斷實現他們內心深處最想實現的願望，他們對生命的態度就如同藝術家對藝術作品一般，全心投入、不斷創造和超越，是一種真正的終身「學習」。組織整體對於學習的意願與能力，植基於個別成員對於學習的意願與能力。此項修練融合了東方和西方的精神傳統。

遺憾的是，幾乎沒有任何組織鼓勵他們的成員以這種方式成長，這個領域是一片龐大而尚未開發的處女地。

漢諾瓦公司的歐白恩說：「企業的員工多半聰明、受過良好的教育、充滿活力、全心全力渴望出人頭地。但他們到了三十多歲時，通常只有少數平步青雲，其餘大多數人都失掉了原本有的企圖心、使命感與

興奮感，對於工作，他們只投入些許精力，心靈幾乎完全不在工作上。」

更令人驚訝的是，就個人而言，也只有少數成年人努力發展本身，超越自我。

當你詢問成年人的願望是什麼，通常他們會先談論亟欲擺脫的人或事，例如：「我想要我的岳母搬走」或「我想要徹底治好背痛」。然而，自我超越的修練是以釐清「我們真心嚮往什麼」為起點，讓我們為自己的最高願望而活。

在這項修練中，最有趣的部分是：個人學習與組織學習之間的關係、個人與組織之間的相互承諾，以及由一群「學習者」組成的企業所特有的精神。

第二項修練：改善心智模式（Improving Mental Models）

「心智模式」是根深柢固於心中，影響我們如何了解這個世界，以及如何採取行動的許多假設、成見，甚至圖像、印象。

我們通常不易察覺自己的心智模式，以及它對行為的影響。例如：對於常說笑話的人，我們可能認為他樂觀豁達；對於不修邊幅的人，我們可能覺得他不在乎別人的想法。

在管理的許多決策模式中,決定什麼可以做或不可以做,也常是一種根深柢固的心智模式。

如果你無法掌握市場的契機和推行組織中的興革,很可能是因為它們與我們心中隱藏的、強而有力的心智模式相牴觸。

殼牌石油公司(Royal Dutch/Shell)是首先了解加速組織學習好處的大企業之一,他們發現隱藏的心智模式影響既深且廣。

殼牌石油之所以能成功度過1970年代和1980年代石油產業的巨大變動,全要歸功於學習如何浮現管理者的心智模式,並加以改善。在那段期間,先是有「石油輸出國家組織」(OPEC)成立、產油大國蘇聯的實質崩解,整體油價及石油產能也在劇烈變動。

原本在1970年代初期,殼牌石油在世界七大石油公司中敬陪末座;但是到了1980年代末,它已和另一家艾克森石油(Exxon)同為業內領先者。

1980年代擔任殼牌石油公司集團企劃主任的德格指出,要在變動的企業環境中持續調適與成長,「有賴組織化的學習,這是管理團隊改變對公司、市場與競爭者的共有心智模式的過程。因此我們把企劃看成學習,而把公司整體企劃視為組織化的學習。」[3]

把鏡子轉向自己,是心智模式修練的起步;藉此,我們學習發掘內心

世界的圖像,使這些圖像浮上表面,並嚴加審視。它還包括進行一種有學習效果的、兼顧質疑與表達的交談能力 —— 有效表達自己的想法,並以開放的心靈容納別人的想法。

第三項修練:建立共同願景 (Building Shared Vision)

如果有任何一項領導的理念,幾千年來一直能在組織中鼓舞人心,那就是擁有可以凝聚並堅持實現共同「願景」—— 一種共同的願望、理想、遠景或目標 —— 的能力。

一個缺少全體衷心共有的目標、價值觀與使命的組織,必定難成大器。IBM公司以「服務」、拍立得公司以「立即攝影」、福特汽車公司以「提供大眾公共運輸」、蘋果電腦(Apple)公司以「提供一般人用的電腦」,做為組織共同努力的最高目標。[4]這些組織都在設法以共同的願景把大家凝聚在一起。

有了衷心渴望實現的目標,大家會努力學習、追求卓越,不是因為他們被要求這樣做,而是因為衷心想要如此。

但是許多領導者從未嘗試將個人願景轉化為能夠鼓舞組織的共同願景,或是即使有共同願景,也常以一位偉大的領袖為中心,或激發自一件共同的危機。

然而,如果有選擇的餘地,大多數人會選擇追求更高的目標,而非只

是暫時解決危機。

組織所缺少的，是將個人的願景整合為共同願景的修練 —— 請注意，我指的不是一本按步驟執行的手冊，而是一套引導學習的原則。

共同願的整合，涉及發掘共有「未來景象」的技術，它幫助組織培養成員主動而真誠的奉獻和投入，而非被動遵從。領導者在精熟此項修練的過程中，會得到同樣的教訓；一味試圖主導共同願景（無論多麼有善意）會產生反效果。

第四項修練：團隊學習（Team Learning）

在一個管理團隊中，大家都認真參與，每個人的智商都在120以上，何以集體的智商只有63？團隊學習的修練即在處理這種困境。然而我們知道團隊確實能夠共同學習；在運動、表演藝術、科學界，甚至企業中，有不少驚人的實例顯示，團隊的集體智慧高於個人智慧，團隊擁有整體搭配的行動能力。當團隊真正在學習的時候，不僅團隊整體產生出色的成果，個別成員成長的速度也比其他的學習方式為快。

團隊學習的修練從「深度匯談」（dialogue）開始。「深度匯談」是一個團隊的所有成員，擬出心中的假設，而進入真正共同思考的能力。希臘文中「深度匯談」（dia-logos）指在群體中讓想法自由交流，以發現遠較個人深入的見解。有趣的是，「深度匯談」在許多「原始」文化中仍然保存，例如：美洲的印第安人，但是在現代社會中則幾乎已

完全喪失。

今天，人們重新發現「深度匯談」的原理與技巧，並使它更適合現代的需要。〔「深度匯談」與我們一般熟知的「討論」不同。英文的討論（discussion）與「碰擊」（percussion）和「震盪」（concussion）有相同的字根，其義近似於一種來回交手、欲求贏者全拿的比賽。〕

深度匯談的修練也包括學習找出有礙學習的互動模式，譬如，「自我防衛」的模式往往根植於團隊的互動中，若未察覺，則會妨礙組織學習，但若能以有創造性的方式察覺它，並使其浮現，學習的速度便能大增。

團隊學習之所以非常重要，是因為在現代組織中，學習的基本單位是團隊而不是個人。除非團隊能夠學習，否則組織是無法學習的。

推動組織不斷進步的創新技術

學習型組織很像飛機或電腦等工程上的一項創新，而五項修練便是這項創新工程中缺一不可的技術。

「修練」（discipline）的境界並非靠強制力量或威逼利誘以致，而是必須精熟整套理論、技巧，進而付諸實行。每習得一項修練，便更向學習型組織的理想跨進一步。它跟藝術、工程等任何其他的修練一樣，有些人學得比較快，有些人較慢，但是任何人都能夠透過演練而熟能

生巧。

學習是一個終身的過程,你永遠不能說:「我們已經是一個學習型組織。」學得愈多,愈覺察到自己的無知,因此,一家公司不可能達到永恆的卓越,它必須不斷學習以求精進。

組織能夠從專精獲得好處,這不是什麼全新的想法,但是這五項修練的專精不同於其他較為人熟知的管理專精(例如:會計、財務管理等),它們是內在的修練,每一項修練都與團體如何思考、互動和共同學習息息相關。在這種意義上,它們比傳統的管理專精更像藝術的專精。

以往人類從未透過整合新的修練方法,去建構組織、增強組織革新與創造的能力,並設計政策與結構。這或許是為什麼有太多的企業只是風光一時,然後悄然回到平庸的行列之中。

僅靠仿效無法邁向偉大

精熟一項修練絕不止於模仿某個模範。一些所謂業界領袖的做法,常被視為新的管理模式而被大肆仿效,但這樣做弊多於利,只會誤導組織,掉入片段仿效與盲目追隨的陷阱而已。

一位豐田汽車(Toyota)的資深經理人,在接待過上百次來自其他企業的來訪幹部後曾如此評論道:「那些來的人總是說,噢,你們生產

線上的『看板系統』我們也有，你們的『品管圈』及員工的『標準任務稽核』制度，我們也做了；但這些人看一部分就照抄一部分，卻都沒有看到豐田怎麼把這些東西組合起來整體運作。」

一個組織不能單靠仿效另一個傑出組織就能邁向偉大之林，這就如同任何人都不能只是學著「某個偉人」就可成功。

五項科技技術的匯集創造了DC-3，商業航空於焉開始，但是DC-3並非過程的結束，而是一個新興工業的先驅；同樣，五項修練的融合，不是以締造一個學習型組織為最終目的，而是引導出一個實驗與進步的新觀念，使組織日新又新、不斷創造未來。

五項修練的整合

融合五項修練對成就學習型組織是非常重要的，然而這是一件充滿挑戰的工作，因為要整合出一項新工具，比單純個別應用這些工具難多了。但同時，這樣做所得到的回報是無可衡量的。

這是為什麼系統思考是以上所提修練中的第五項，它是整合其他各項修練成一體的理論與實務，防止組織在真正實踐時，將各項修練列為互不相干的名目或一時流行的風尚。少了系統思考，就無法探究各項修練之間如何互動。系統思考強化其他每一項修練，並不斷提醒我們：整體能夠大於部分之合。

譬如，假若缺少系統思考，我們的願景將止於對未來不著邊際的描述，而對各方力量如何整合運用，缺乏深刻的理解；這是為什麼許多在近年搶搭「願景列車」的企業，發覺單有高唱入雲的美景無法扭轉實際命運。

片段思考常使人們衷心相信願望終將實現，卻無法幫助我們探究隱藏在它背後的系統結構運作的巨大力量。

但是，「系統思考」也需要有「建立共同願景」、「改善心智模式」、「團隊學習」與「自我超越」四項修練來發揮它的潛力。

建立共同願景，培養成員對團隊的長期承諾；改善心智模式，專注於以開放的方式，體認我們認知方面的缺失；團隊學習，是發展團體力量，使團體力量超乎個人力量加總的技術；自我超越，則是不斷反照個人對周遭影響的一面鏡子，缺少自我超越的修練，人們將陷入「壓力—反應」式的結構困境。

最後，系統思考可以使我們了解學習型組織最重要的部分，也就是以一種新的方式使我們重新認識自己與所處的世界：一種心靈的轉變，從將自己看作與世界分開，轉變為與世界連結；從將問題視為由「外面」某些人或事所引起的，轉變為看到自己的行動如何造成問題。

學習型組織是一個促使人們不斷發現自己如何造成目前的處境，以及如何能夠加以改變的地方。如同阿基米德所說的：「給我一根夠長的

槓桿，我單手便可以移動這個世界。」

學習型組織的真諦：活出生命的意義

許多人被問起，做為偉大團隊一份子的經驗是什麼時，最引人深思的
回答是：覺得自己屬於一個比自我強大的事物的感覺，也就是大夥兒
心手相連，共創未來的那種經驗。對他們來說，做為真正偉大團隊一
份子的體驗，是他們一生中最突出、生命力完全發揮的一段歲月。有
些人竟其餘生，希望尋求重溫此種經歷。

在過去數百年來的西方文化中，有一個字很少被使用，但卻可表達學
習型組織的精神，這個字是「metanoia」，意思是心靈的轉變。這十
多年來在輔導企業時，我們私底下原先是用「metanoic organization」
來形容學習型組織的。

這個希臘文的意思是心靈意念的根本改變，一種「超覺」的經驗。在
早期基督徒的傳統中，這個字特指醒悟而直接覺知至高無上的、屬於
上帝的事物。在天主教的經論中，這個字被翻譯成「體悟生命的真
義」。

掌握「metanoia」的意義，等於掌握「學習」的更深層意義，因為學
習也包括心靈的根本轉變或運作。但是，學習在目前的用法上已經失
去了它的核心意義；在日常用語上，學習已經變成吸收知識，或者是
獲得資訊，然而這和真正的學習還有好大一段距離。

真正的學習，涉及「人之所以為人」此一意義的核心。透過學習，我們重新締造自我。透過學習，我們能夠做到從未能做到的事情，重新認知這個世界及我們跟它的關係，以及擴展創造未來的能量。事實上你我心底都深深渴望這種真正的學習。

這就是學習型組織的真諦。對這樣的組織而言，單是適應與生存是不能滿足它的。組織為適應與生存而學習，雖然是基本而必要的，但必須與開創性的學習結合起來，才能讓大家在組織內由工作中活出生命的意義。

目前，有些組織已扮演拓荒先鋒的角色，朝這條路上走去，但學習型組織的領域，大部分仍然有待開墾。我衷心期望這本書能再加快開墾的速度。

將理論付諸實踐

五項修練的發明匯集無數人實驗、研究，以及分析所得的成果。過去幾年來，我在所有的修練上下苦功，在其理論架構上去蕪存菁，並推動合作研究，將它們推廣到世界各地的企業。

1970年，當我進入麻省理工學院讀研究所時，我已有如下的深切體認：人類目前所面臨的大多數問題，是因為無法處理周遭日益複雜的系統所致。

直到現在，我仍抱持此觀點。軍備競賽、環境危機、國際毒品交易、未開發國家的貧困，以及美國多年來的預算赤字與貿易逆差等問題，都導致了全球政治與社會的不穩定，也在在證實人類的問題變得愈來愈複雜，且息息相關。

記得剛進麻省理工學院不久，我便被佛睿思特（Jay Forrester）的研究工作所吸引。他是電腦界的先驅，後來轉而發展他稱之為「系統動力學」（system dynamics）領域。

佛睿思特認為，許多嚴重的公共問題，從都市的日益惡化到全球生態的威脅，都肇因於原先立意甚佳的政策。這些問題其實是處在一種複雜的系統中，會誘使政策制定者在試圖解決這些問題時，誤將重點放在治療問題的症狀，而非根本病因。如此雖能產生短期的效益，但就長期而言，病因惡化，藥也不得不愈下愈重，造成更嚴重的問題。

耐受市場考驗的創新

我開始攻讀博士時，對於企業管理毫無興趣。我總覺得，解決重大問題必須靠政府的公共部門。但當有些企業界領袖到麻省理工學院學習系統思考時，我才發覺他們都富有見地，且已洞察出一般流行的管理方法有很大的問題。

他們致力於建立新型組織 —— 分權、打破科層的組織、注重員工的福祉與成長，並能兼顧公司利潤。目前已有些人以自由和責任做為核心

價值觀，發展出全新的企業經營理念，還有些人設計出創新型的組織。

這些企業擁有公共部門所欠缺的實驗與創新能力，漸漸，我體認到為什麼在一個開放的社會中，企業是創新之所在，他們有公共部門所缺乏的實驗和創新的自由，而且大多數企業的實驗與創新，基本上都要接受市場嚴格的考驗，方得以保存。

至於為什麼他們對系統思考感興趣？有些是因為在嘗試過五花八門的管理新論之後，卻未見真正的成效，例如：為了加強團隊精神，同仁一起急流泛舟，但是回到公司後，那些對於企業問題根深柢固的想法與歧見，卻仍然絲毫未變。

有些則是受困於長久以來組織中一些令人倍感無奈的現象，例如：發生危機時，人人團結在一起，等到情形有所改善，就又渙散如昔。

又如有些企業在開始時快速成長、興盛成功，而且盡其所能善待顧客與員工，隨後情況卻急轉直下，陷入某種無止境的惡性循環中，愈救愈糟。

釐清難題的癥結

還有一些則是相當令人困惑的現象，譬如企業內某個部門所做的決策，結果使整個企業產生大風暴。然而，系統思考卻能幫助我們認清這些難題真正的癥結所在。

我在求學與初任教授之際，就已相信，系統思考可以為以上這類公司帶來改善。但在更深入與不同企業共事及諮詢的經驗中，我發現，只有系統思考這項工具還不夠，另外需要培養出新的領導者來執行及運用它，才能發揮系統思考的巨大功效。

對於如何培養這種新的領導者，在1970年代中期，才開始有初步的想法，但當時沒有付諸實際行動。

一直到了1980年左右，三位在企業界的領導者：時任漢諾瓦保險公司的歐白恩、時任赫曼米勒家具公司總裁的賽蒙，以及時任類比技術亞德諾公司（Analog Devices）執行長的史塔達（Ray Stata），開始在麻省理工學院以「CEO小組」的形式定期聚會研討，系統思考應用於企業界的構想才逐漸具體化。

在這個研究啟動後十餘年內，還有來自蘋果電腦、福特汽車、哈雷機車、飛利浦、拍立得公司，以及崔梅爾克羅房地產公司（Trammell Crow）的許多領導者參與。

給所有的學習者

過去二十五年來，我主持並策劃了許多有關領導議題的研習，這些活動也引介了各行各業的人們，提供我們在麻省理工學院研究的五項修練工作更多的觀點及建議；這些貢獻最早來自於「創新顧問公司」（Innovation Associates）當年極具新意的「建立共同願景及自我超越」

研習營。這個研習營，現在已併入麻省理工學院，成為「組織學習中心」的一部分。

在《第五項修練》首次出版問世之際，曾有超過四千位企業經理人參加那個研習營，當時這些人確實是此書原本設定的「目標讀者」。但在歷經多次原來只以企業資深主管為對象的活動經驗後，有個再明顯不過的事實是：系統思考、自我超越、共同願景這些基本修練，對教師、公共行政人員、學生及為人父母者都有用。

事實上，每個人都可以扮演領導者的重要角色，都可應用所習得的修練，去發展所置身組織創造未來的潛能。大家一致的體認是，要發展自己和組織的能力，必須要經由真正的學習。

這本書是為所有的學習者而寫的，特別是那些對共同學習的藝術與實務感興趣的人。

對管理者來說，這一本書應當有助於認清：學習型組織的建立不是一種神妙和高不可及的藝術，而是有其具體可行的做法、技巧，經由不斷修練便可熟能生巧的一種藝術。

對為人父母者來說，這本書應當有助於讓他們與子女相互為師，彼此學習；從孩子身上，我們更可學會將學習視為一種生活方式。

對整個社會而言，我希望這本書能引起大家對於目前組織學習障礙的

省思，並促進彼此間交換各種意見，進而開始思考，應該如何使我們的社會成為學習型的社會。

注釋

1. Daniel Yankelovich, *New Rules: Searching for Self-fulfillment in a World Turned Upside Down*（New York: Random House），1981.

2. 我要感謝麻省理工學院的同事葛蘭（Alan Graham）所提出的見解：基礎創新是將各種不同的技術加以融合，成為新的整體。請參見A. K. Graham, "Software Design: Breaking the Bottleneck," *IEEE Spectrum*（March 1982）: 43-50; A. K. Graham and P. Senge, "A Long-Wave Hypothesis of Innovation," Technological Forecasting and Social Change（1980）: 283-311。

3. Arie de Geus, "Planning as Learning," *Harvard Business Review*（March/April 1988）: 70-74.

4. 雖然以財力而言，最後主導電腦產業的仍是如英特爾（Intel）之類的半導體廠商，以及微軟（Microsoft）等軟體供應商，但是率先將「圖形化使用者介面」商業化，並為主流大眾引介友善、易使用的電腦者，應屬蘋果電腦。

第 2 章

你的組織有學習智障嗎？

大企業的壽命很少超過人類壽命的一半。

1983年殼牌石油公司的一項調查發現，1970年名列《財星》雜誌「五百大企業」排行榜的公司，三分之一已經銷聲匿跡。[1]殼牌石油公司估計，大型企業平均壽命不及四十年，約為人類壽命的一半！

在那之後，「電資系統」（EDS）顧問公司也做了類似的研究，並成為2001年柯林斯（Jim Collins）所寫的那本商業暢銷書《從A到A+》（*From Good to Great*）的重要立論背景之一。各位讀者，你將有50%的機會目睹你現在所服務的公司關門大吉。

組織的學習智障

大部分失敗的公司，事先都有許多徵兆顯示它們已經出了問題，然而即使有少數管理者已略微察覺這些現象，也不太會留意。整體而言，組織往往無法認清即將迫近的危機，無法體認這些危機的後果或提出正確的對策。

也許在適者生存的法則下，像這樣不斷汰舊換新，對社會是好的，因為這可把經濟土壤重新翻過，重新分配生產資源給新公司與新文化 —— 即使對員工與企業主來說，是很痛苦的。但如果高死亡率不只是那些體質不良企業才會面臨的威脅，而是所有企業都要面臨的問題時，怎麼辦？如果即使目前最成功的企業，其實還是很差勁的學習者，怎麼辦？

大部分的組織學習能力不佳其來有自。組織的設計和管理方式、人們定義工作的方式、員工被教育與互動的方式，這些在在是基本的學習智障，而且往往他們愈是努力嘗試解決問題，卻因努力的方向不對，長期的後果反而愈糟。儘管有這些學習智障，學習的行為還是或多或少發生在組織中。

學習智障對孩童來說是個悲劇，但對組織來說，學習智障是致命的。治療它們的第一步，是開始辨識組織的七項學習智障。

障礙一：局限思考

我們長久以來被灌輸固守本職的觀念，這種觀念如此強烈，以致將自身跟工作混淆。

1980 年代初，美國有一家大型鋼鐵公司把旗下的工廠關閉了。該公司提供所有被調職的鋼鐵廠工人新的工作訓練，但是訓練從未發揮效用，這些工人最後大多陷入失業或打零工的困境。一群心理學家應邀

到該公司找出問題的癥結，結果發現，這些鋼鐵廠工人面臨強烈的認同危機。

這些工人說：「我怎能夠做其他工作？我是個車床工。」

當一般人被問起如何維生時，大多數人都是敘述他們天天在做的工作，而不會擴大範圍去說明他們企業的目標是什麼。多數人認為，自己對於整體只有很小或毫無影響能力，他們在自己的工作崗位上埋首苦幹，結果把自己的責任局限於職務範圍之內。

很多年以前，底特律一家汽車公司的主管告訴我，他們拆解了一輛日本進口車，目的是要了解某項汽車裝配流程中，為什麼日本人能夠以較低的成本做到超水準的精密度與可靠性。

後來他們發現，不同處在於：日本車在引擎蓋上的三處地方，使用相同的螺栓去接合不同的部分；而美國汽車同樣的裝配，卻使用了三種不同的螺栓，使汽車的組裝較慢且成本較高。

為什麼美國公司要使用三種不同的螺栓呢？因為在底特律的設計單位有三組工程師，每一組只對自己的零件負責，日本公司則由一位設計師負責整個引擎或範圍更廣的裝配。諷刺的是，這三組美國工程師，每一組都自認他們的工作是成功的，因為他們的螺栓與裝配在性能上都不錯。

當組織中的人只專注於自身職務，他們便不會對所有職務互動所產生的結果有責任感。就算對結果失望，可能也察覺不出何以如此，大家只會認為一定有人搞砸了。現代組織功能導向的設計，將組織依功能切割分工，更加深了這種學習智障。

障礙二：歸罪於外

一位朋友告訴我他在訓練少棒聯盟時一個男孩的故事。在右外野漏接了三個高飛球之後，男孩甩掉手套走進球員休息區，說：「在這爛球場沒有人能接得住球的。」

當事情出了問題，我們往往傾向歸罪於外界，這種傾向在組織中最為明顯。行銷部門責怪製造部門：「我們一直達不到銷售目標的原因，是我們的品質無法跟別人競爭」；製造部門責怪工程部門；工程部門又回頭責怪行銷部門：「如果他們不干擾我們的設計，讓我們盡情發揮設計產品，我們已經是業界的領導者。」

「歸罪於外」併發症實際上是局限思考的副產品，是以片段的方式來看外在的世界。如果只專注在自己的職務，我們便看不見自身行動的影響究竟如何延伸到職務範圍以外。當有些行動的影響回過頭來傷害到自己，我們還誤認這些新問題是由外部引起的。就像被自己的影子追著跑一樣，我們似乎永遠無法甩掉它們。

歸罪於外併發症不限於指責組織內的同仁，有些甚至指責組織以外的

因素。以美國的航空業為例，原本經營極度成功，曾被譽為企業新典範的「人民航空公司」（People Express Airlines），在它營業的最後一年，曾大幅降低機票價格來增加競爭力，並買下「邊疆航空公司」（Frontier Airlines）。

這些積極行動背後的假設，便是認為敵人在外面，意圖藉打擊競爭者，以使自己起死回生。然而，最後這些行動沒有一項能使該公司改善愈來愈嚴重的虧損，或改變它服務品質低落的核心問題。

多年來，美國公司總是怪罪工資較低的國外競爭者、工會、政府，以及「背叛我們」向別人購買產品的顧客，害他們在市場上節節敗退。但「內」和「外」總是相對的，若我們擴大「系統」的範圍，原先的「外」就成了「內」。所以當我們歸罪於外時，已將「系統」切割，而永遠無法認清那些存在於「內」與「外」互動關係中的許多問題及其解決之道。

障礙三：缺乏整體思考的主動積極

「主動積極」（proactive）在現代是一種時尚，管理者在面對難題時，經常以有擔當為傲。而主動積極解決問題的意涵，一般是說，我們不應一再拖延，必須有所行動，並在問題擴大成為危機之前加以解決，它被視為消極被動的解毒劑。採取主動積極的行動常能解決問題，但是在處理複雜問題時，尤其是本書第五章〈新眼睛看世界〉所介紹的「動態性複雜問題」，這樣做卻常常適得其反。

曾經有一家大型保險公司的理賠業務副總裁打算發表演說，正式宣布該公司將擴大自有法務人員的陣容，使公司有能力承辦更多案子，而不再與案主庭外和解或向外聘請律師，以減少營業成本。

我們的研究小組成員和這家公司的幾位高級主管，開始運用我們教他們的系統思考，來檢討這項構想可能帶來的一連串後果，譬如：在法院可能勝訴的案件比例、可能敗訴案件的大小、不論誰贏誰輸的每個月直接和間接費用，以及案件的官司可能要費時多久等問題。

出人意料的是，這項構想所得出的模擬結果顯示，總成本反而增加。經過大家進一步探討才發現，若依大多數索賠案件初步調查的狀況來看，該公司無法打贏足夠的案件，來抵消所增加的訴訟成本。這位副總裁於是取消了這項構想。

「今天不做，明天就會後悔」常流於一種只有理想、信仰與決心的「一廂情願」，以及不夠細密的整體規劃。真正具有前瞻性的積極行動，除了正面的想法之外，還必須以整體思考的方法與工具深思熟慮，細密量化，模擬我們立意極佳的構想，可能會造成哪些我們極其不易覺察的後果。

障礙四：專注於個別事件

兩位小朋友在運動場上打架，你過去拉開他們。其中一位小朋友大偉說：「我打他是因為他拿我的球。」另一位小朋友小傑說：「我拿他

的球是因為他不讓我玩他的飛機。」大偉說:「他不可以再玩我的飛機,因為他已弄壞了螺旋槳。」

這時候,我們大人或許會說:「好了,好了,小朋友要相親相愛。」但是我們成人世界許多糾纏不清的爭端與說辭,不也是如此?我們已經養成以片片段段、專注於事件的習慣來處理周遭的問題,而且對每一個事件,都認為有明顯的原因。

在組織當中,談話的內容往往充斥著各類事件:上個月的銷售、新的預算削減、最近一季的營收、誰剛獲得擢升或被開除、競爭者剛宣布的新產品、我們的新產品宣布延遲推出等等。媒體更強化了大家專注於事件的傾向,再重要的事件,過了兩天,就被新事件所掩蓋。

專注於事件,就會導致「事件」性的解釋;報紙宣稱「道瓊指數今天平均下降十六點,因為昨天宣布的第四季利潤降低。」這樣的說明在某個片段範圍內或許是真實的,但是它們分散了我們的注意力,使我們未能以較長遠的眼光來看事件背後變化的形態,並且未能了解產生這些形態的原因。

專注在個別事件上,似乎是人類演化過程所養成的一種習性。當山頂洞人在思考怎樣求生存時,他第一關心的,絕不是宇宙萬物如何運行的問題,而是警覺和抵禦老虎來襲的能力。

然而,令人憂慮的是,今天對我們組織和社會生存的主要威脅,並非

出自突發的事件，而是由緩慢、漸進、無法察覺的過程所形成。譬如軍備競賽、環境的惡化、公共教育制度的腐蝕，以及設計或產品品質的下降，都是緩慢形成的。

如果人們的思考充斥著短期事件，那麼創造性的學習在一個組織之中便難以持續。如果我們專注於事件，最多只能在事件發生之前加以預測，做出最佳反應，卻仍然無法學會如何創造。

障礙五：溫水煮青蛙的故事

在系統研究中，我們發覺導致許多公司失敗的原因，常常是對於緩緩而來的致命威脅習而不察。有一則煮青蛙的寓言，可用以說明這樣的情況。

如果你把一隻青蛙放進沸水中，牠會立刻試著跳出；但是，如果你把青蛙放進溫水中，不去驚嚇牠，牠將待著不動。接著，如果你慢慢加溫，當溫度從攝氏30度升到40度，青蛙仍顯得若無其事，甚至自得其樂。可悲的是，當溫度逐漸上升時，青蛙將變得愈來愈虛弱，最後無法動彈。雖然沒有什麼限制它脫困，青蛙仍留在那裡直到被煮熟。

為什麼會這樣？因為青蛙內部感應生存威脅的器官，只能感應出環境中激烈的變化，而不是針對緩慢、漸進的變化。

類似的事情也發生在美國的汽車產業。在1960年代，美國汽車占有絕

大部分北美市場，但這樣風光的日子以緩慢的速度逐漸改變。

1962年，日本車在美國市場的占有率低於4%，底特律的三大汽車廠商完全不把日本看作生存威脅；1967年，日本車的占有率接近10%的時候，這樣的威脅也不曾被正視；1974年，日本車的占有率達到稍低於15%的時候，三大汽車廠仍悠然自在。

1980年代初期，三大汽車廠商開始以認真的態度檢討他們自己的做法與核心假設，但日本車在美國市場的占有率已經上升到21.3%；1990年時，日本車的北美市場占有率已接近三成，到2005年時則快達到四成[2]。美國車這隻青蛙將來是否有力氣從熱水中爬出來，仍有待觀察。

要學習看出緩慢、漸進的過程，必須放慢我們認知變化的步調，並特別注意那些細微、不太尋常的變化。如果你坐下來，仔細觀看那些退潮後的水窪，最初你不會看到有多少事情發生；然而，如果你看的時間夠長，你會發現生物世界原來是動態和如此美麗的。

問題在於，這樣的移動太過緩慢，但我們的頭腦習於較快的頻率，因此很難察覺較慢的頻率。除非我們學習放慢速度，察覺構成最大威脅的漸進過程，否則無法避免溫水煮青蛙的命運。

障礙六：從經驗學習的錯覺

最強有力的學習出自直接的經驗。自幼我們透過直接嘗試錯誤，學習

吃、爬、走和溝通，採取某個行動之後，先看看行動的後果，再採取新的行動。但是如果我們不再能觀察到自己行動所產生的後果怎麼辦？如果我們行動的後果要隔一段時間才發生，或是發生在不直接相關的部門，我們如何從經驗學習？

從經驗學習有其時空極限，因為任何行動在時空上都有其有效範圍，在此範圍內我們得以評估行動是否有效；當我們行動的後果超出這個時空的範圍，就不可能直接從經驗中學習。

組織的學習也遭遇到同樣的困境：**能從經驗學習當然是最好的，但是對於許多重要決定的後果，我們無從學習。**

在組織中所做最重要的決定，對整個系統的影響，往往會延伸長達幾年或幾十年。

譬如，研發部門所做決定的影響，首當其衝的是行銷與製造，新生產設施與流程的投資，影響品質與交貨的可靠性，可能長達十年或更久；拔擢新人擔任領導職位，對於策略與組織氣候的塑造，更會有多年的影響。這些，都是難以從嘗試錯誤中學習的例子。

循環的週期如超過一年或兩年，就難以看出其中反覆出現的現象，因而從其中學習也一樣困難。正如系統思考研究者考夫曼（Draper Kauffman, Jr.）所舉的例子：「當某一個行業暫時發生人力過剩的現象時，每一個人都在談這個領域人力供過於求的事情，年輕人也被誘離

這項職業,幾年之後反造成供不應求,需才甚股,年輕人又被吸進這個領域,又造成供過於求。顯然,開始訓練人才的最好時機,是人力市場達到飽和的時候,因為當訓練完成時,供應不足的情況正好開始發生」[3]。

傳統上,組織把自己分割成幾個部分去克服難題。他們按各個機能設立的層級結構,讓人們更易於掌握。但是,這種層級結構日漸加深、加大,成為各部門之間無法跨越的鴻溝,如何消除各組織功能間的鴻溝,將是每家公司最迫切、也最困難的工作。

障礙七:管理團隊的迷思

一般認為,能向前述困境挑戰的,應該是管理團隊。所謂的「管理團隊」,通常是指由不同部門的一群有智慧、經驗和專業能力的人所組成的團隊。有這批人在一起,理論上應該能將組織跨功能的複雜問題理出頭緒,但是典型的管理團隊真的能克服組織的學習智障嗎?

企業中的管理團隊常把時間花在爭權奪利,或避免任何使自己失去顏面的事發生,同時佯裝每個人都在為團隊的共同目標而努力,維持一個組織團結和諧的外貌。

為了符合這樣的團隊形象,他們設法壓制不同的意見;保守的人甚至避免公然談及這些歧見,而共同的決定更是七折八扣下的妥協 —— 反映每一個人勉強能接受的,或是某一個人強加於群體的決定。如有不

一致，通常是以責備、兩極化的意見呈現出來，而無法讓每個人攤出隱藏的假設與經驗背後的差異，使整個團隊能夠學習。

哈佛大學長期研究團隊管理學習行為的學者阿吉瑞斯（Chris Argyris）說：「大部分的管理團隊都會在壓力之下出現故障，團隊對於例行的問題可能有良好的功能，但是當遭遇到使人感到威脅與困窘的複雜問題時，團隊精神似乎就喪失了」[4]。

阿吉瑞斯一針見血地指出，目前團隊學習效果不彰的原因，是因為大部分的管理者害怕，在團體中互相追根究柢的質疑會帶來的威脅。

學校訓練使我們害怕承認自己不知道答案，大多數公司也只獎勵善於提出主張的人，而不獎勵深入質疑複雜問題的人。（在你的組織裡，有誰因對公司目前的政策提出尖銳的質疑而獲獎勵？）縱使我們覺得沒有把握，為了保護自己，也不會露出無知的樣子，結果任何對潛在威脅的探究都被堵死了，最後形成阿吉瑞斯所稱「熟練的無能」，使團隊中充滿了許多善於避免真正學習的人。

以修練克服智障

學習智障跟著我們已經有一段很長的時間，在《剛愎自用進行曲》（*The March of Folly*）一書中，塔克曼（Barbara Tuchman）追蹤歷史上因看不見事情的後果，而做出與自己利益攸關的毀滅性政策[5]，包含特洛伊的陷落到美國的捲入越戰。

一個接著一個故事讀下來，我們發覺，即使事先受到生存已受到威脅的警告，領導者仍然未能看見自己政策的後果。

塔克曼談到的一例是，14世紀法國瓦盧瓦王朝（Valois）君王受害於局限思考的智障 —— 他們讓貨幣貶值的時候，渾然不知這是在迫使法國的新中產階級走向叛亂。

1700年代中期的大不列顛王國，也有一個煮青蛙的故事。

塔克曼寫道：「整整十年期間，大不列顛與北美殖民地衝突逐漸升高的過程中，沒有任何一位大不列顛的官員曾經派代表橫渡大西洋，找出當時危害關係的原因。」[6]1776年美洲開始革命，受到危害的關係已無法復原。

另外，塔克曼筆下15、16世紀羅馬天主教的樞機主教群，也是一個悲劇性的管理團隊；在虔誠的最高美德要求下，他們外表看起來和諧一致，然而，暗地裡卻你爭我奪，導致一些屬於機會主義者的教宗濫用職權，因而激起新教改革。

著名的歷史學者賈德・戴蒙（Jared Diamond）也在他的著作《大崩壞》（Collapse）中述說了類似的故事，只不過這次的傲慢無知與盲目領導為害之大，竟禍及整個文明。

戴蒙在該書中特別呈現了，不論從馬雅到復活節島（Easter Island）等

史上強大的文明，往往會在極短促的時間內崩毀。就像很多走向衰敗
的組織一樣，它們對自身強大的內化與認同未必全然是錯的，但它們
的直覺多半傾向於堅守用傳統方法面對事情，而不是去質疑傳統，更
遑論能發展出什麼有別於傳統的創新了。[7]

今天，我們同樣生活在艱險多阻的環境中，相同的學習智障及其影響
還是繼續存在。學習型組織的五項修練是治好學習智障的良方。但是
首先，我們必須努力辨認這些智障，因為它們常被淹沒在喧囂且分人
心志的日常事件當中，而難以發現。

注釋

1. Arie de Geus, "Planning as Learning," *Harvard Business Review*（March/
    April 1988）: 70-74.

2. 數據來自美國商業部（United States Department of Commerce），請參
    閱 *U.S. Industrial Outlook*, in 1962（pp. 58-59）, 1970（p.355）, 1979
    （p.287）, 1981（p.320）, and 1989（pp.34-35），亦取自美國國會技術評
    估局 *Technology and the American Economic Transition: Choices for the Future*
    （Washington: U.S. Government Printing Office）, 1988（p.326）。

3. Draper Kauffman, Jr. *Systems 1: An Introduction to Systems Thinking*
    （Minneapolis: Future Systems Inc.）, 1980（available through Innovation
    Associates, P.O. Box 2008, Framingham, MA 01701）.

4. Chris Argyris, *Overcoming Organizational Defenses*（New York: Prentice-Hall）, 1990.

5. Barbara Tuchman, *The March of Folly: From Troy to Vietnam*（New York: Knopf）, 1984.

6. 出處同前。

7. Jared Diamond, *Collapse: How Societies Choose to Fail or Succeed*（New York: Penguin）, 2004.

第 3 章

從啤酒遊戲看系統思考

為了進一步體認行動中的學習智障，首先讓我們來做一個有趣的實驗，它也是系統思考訓練中，非常重要的一項活動。我們的方法是建立一個模擬組織，因為在那裡可以看到你所做決定的後果，且可能比在真實組織裡看到的更清楚。

這個我們常邀人參加的實驗，是一個叫「啤酒遊戲」（beer game）的模擬。這項遊戲第一次開發完成，是在 1960 年代麻省理工學院的史隆管理學院（Sloan School of Management），它是類似「大富翁」的桌上遊戲，但更簡單，參加者只須做一項決策。在實驗中，我們能夠比在真實組織中，更加鮮明地暴露這些智障與它們的成因。

到底是誰的錯

經過上萬次實驗，啤酒遊戲的結果都顯示：問題大部分源於人類思考與互動的基本習性，它超過了組織與政策特性的影響。希望每個人都能有機會親身嘗試一下這個對全人類的困境而言，都非常重要的遊戲。

在啤酒遊戲中,我們暫時置身在一種很少受到注意、但普遍存在的組織,它是所有工業國家都有、負責商品生產與運銷的產銷系統。

這個實驗是一個生產和配銷單一品牌啤酒的系統,而參加遊戲的人,各自扮演不同的角色,且完全可以自由做出任何決定。他們唯一的目標是,盡量扮演好自己的角色,使利潤最大[1],而遊戲中有三個主要角色:零售商、批發商和製造商的行銷主管[2]。現在就讓我們分別由三個不同角色的角度,來看故事的發展。

零售商的面貌

假設你是位零售商,你可能是郊區某家二十四小時營業的連鎖店管理者,或者你經營的是古老小鎮上一家家庭式食品雜貨店,也可以是在偏遠公路邊的飲料批發商。

無論你的商店像什麼樣子,或你銷售任何其他貨品,啤酒是你主要的營業項目,它不僅有利潤,而且吸引顧客進來買其他商品,譬如:爆米花與洋芋片等。因此,你在店內往往至少保持一打各種品牌啤酒的庫存,並概略登錄店裡的存貨量。

每週一次,會有卡車司機來到你的商店後門,你遞給他一份當週訂貨單,上面寫明每個品牌你要多少箱。卡車司機在跑完其他地方之後,會把你的訂單交給你的啤酒批發商處理,適當安排出貨,並把訂貨運到你的商店。

漸漸，你已習慣這些處理流程，你的訂單平均需時四週；換句話說，啤酒通常在你訂購之後大約四週才送達你的商店。

你與你的啤酒批發商彼此從未直接見面或聊過天，彼此只透過一張紙上的核對記號來溝通訊息。這是因為你的商店經銷幾百項貨品，來自幾十家批發商，而你的啤酒批發商要處理十多個不同城市中幾百家商店的交貨。在你的顧客和訂單持續增加時，誰有閒暇時間聊天？數目是你們唯一需要彼此溝通的事項。

習以為常的周轉率

你銷售最穩定的一種啤酒，叫作「情人啤酒」。你隱約曉得，情人啤酒是由一家離你店面大約三百英里、規模小但是有效率的製造商所生產。它不是超級流行的品牌，事實上，該製造商全然不做廣告，但就像每天規律收到早報一般，每週你都賣掉4箱情人啤酒。

可以確定的是，這些顧客大部分是二十歲左右的年輕人，沒有固定的偏好；但是不知何故，每當一位顧客轉而購買其他品牌啤酒，都會有其他人接替他來買情人啤酒。

為了確定你總是有足夠的情人啤酒，你嘗試隨時保持12箱的庫存量。因此每週一啤酒卡車來到時，你都訂購4箱，久而久之，你心裡已經將每週4箱的周轉率視為理所當然，甚至你在發訂單的時候會不自覺說：「喔，是的，情人啤酒4箱。」

10月的某一週（讓我們稱之為第二週），情人啤酒的銷售量突然增加一倍，從4箱增至8箱。你想那很好，你店裡還剩8箱。你不知道何以情人啤酒的銷售突然增加4箱，或許有人舉行宴會吧！但是為了補充額外賣出的4箱，你把訂單上的數量提高為8箱，使你的庫存回復為正常的12箱。

重建標準安全庫存量

到了第三週，奇怪的是，你又賣出8箱情人啤酒。偶爾你會在得空時短暫思索原因何在。但春假還沒到，啤酒公司也沒通知你有舉辦特別的促銷活動，或許有其他的原因……可是，有一位顧客進來，打斷了你的思緒。

就在此時，送貨員來到，關於情人啤酒的事，你還是沒有機會仔細思考。你低頭看送貨單，看到他這次只送來四週前你所訂的4箱。

你目前只有4箱的庫存，意思是說，除非接下來銷售下降，否則這週你將賣光所有的情人啤酒，因此至少要訂購8箱才能趕得上銷售的速度。但為了安全起見，你訂購了12箱，這樣你可以重建原有的標準安全庫存量。

等到第四週的星期二，你找時間向一、兩位年輕顧客詢問，結果發現，大約一個月以前，有一個新的流行音樂錄影帶在電視頻道播出，那個合唱團以「我喝下最後一口情人啤酒，投向太陽」，做為他們歌

曲的結尾。

零售商的預期心理

你不知道他們為什麼使用這句話，但是如果有任何新的廣告促銷，你的批發商應當會事先告訴你。你想打電話給批發商問問，但是洋芋片的送貨員正好來交貨，情人啤酒這個問題又滑出了你的腦子。

你訂的啤酒下一次到貨時，只送來5箱 —— 儘管因為只剩1箱庫存，你有些懊惱，但是覺得也不錯。多虧這個錄影帶免費促銷。你雖然知道自己前幾次已多訂了幾箱，但是想想需求可能進一步上升，最好再訂購16箱。

圖3-1　零售商第二週（左）、第四週（右）的庫存

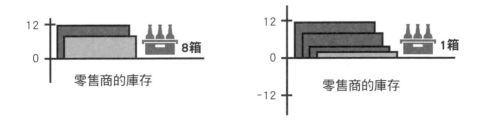

第五週的週一早上，你僅存的一箱情人啤酒賣光了。幸運的是，你又收到7箱情人啤酒（顯然你的批發商已經開始回應你較高量的訂單），但是所有啤酒又在本週結束之前銷售一空，你的庫存完全沒貨了。

你有些擔心地望著空空的貨架，想著最好再另外訂16箱，你不想落得流行的啤酒沒貨的聲譽。

時序邁入第六週，果然，顧客在本週開始的時候就來看看有沒有情人啤酒。有兩位實在忠心，願意等著購買，他們說：「貨來了請通知我們，我們立刻上門購買。」你抄下這兩位顧客的名字與電話號碼，他們承諾每人買一箱。

新一批啤酒送到，只有6箱，你打電話給那兩位預先訂貨的顧客，他們依約前來各自買了他們的1箱。剩下的4箱啤酒，在週末前賣光了，又有兩位顧客把他們的名字留給你，請你下批貨一到，就立刻打電話給他們。

你不禁想：「要是貨架不是空的，不知道已經多賣掉多少啤酒。」似乎這個牌子的啤酒有供不應求的情形，在這個地區沒有一家商店有貨可賣，這種啤酒受歡迎的程度似乎不斷增加。

在瞪眼看著空的貨架兩天之後，你覺得，如果不另外訂購16箱是不對的。甚至，你內心掙扎著，是否要訂購更多數量？但是你克制了自己，因為你知道，自己所下的幾次大訂單將很快開始交貨。可是，他

們什麼時候才能交貨呢？

到了第七週，交貨卡車只送來 5 箱情人啤酒，也就是說你又要面對空空的貨架一週。你把貨給了預訂的顧客，不到兩天，剩下的情人啤酒又賣光了。這一週更嚇人，有 5 位顧客留下他們的名字，因此你另外訂購了 16 箱，並暗自禱告你的大訂單將會開始到貨。

於是，等到第八週，你對情人啤酒的注意比任何你所銷售的其他貨品更為密切。每當有顧客購買這種看起來不顯眼、半打裝的啤酒，你都會特別注意。

人們似乎都在談論情人啤酒，你殷切等待卡車司機送來 16 箱啤酒。但

圖3-2　零售商第八週的庫存

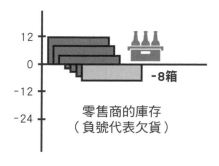

是卡車司機只送來5箱，你說：「5箱，你是什麼意思？」他告訴你：「嘿！這件事情我毫無所悉，我猜他們接到的訂單多於存貨的數量，不過我想你幾週以後會收到貨的。」

幾週？那時你光是應付預先訂貨的顧客就賣完了，接下來的整個星期，你的貨架上會連一瓶情人啤酒也沒有。這將對你的聲譽造成怎樣的影響？你深感挫折與生氣。這次你訂購了24箱，比你原先預計要訂購的多1倍。真想不通為什麼批發商這樣對待你？難道他不知道這裡的市場胃口有多大？

批發商的角色

身為一家批發配銷公司的主管，啤酒就是你的生活。你一天中花極長的時間在小倉庫裡面，倉庫裡高高堆著每一種能夠想得到品牌的啤酒，當然也包括情人啤酒。你服務的地區包括本市、本市的市郊和偏遠的鄉間，你不是本地唯一的啤酒批發商，但是你基礎穩固，而且有一些小品牌，包括情人啤酒在內，是由你在此地區獨家代理。

你跟製造商聯絡的方法，大多與零售商用來跟你聯絡的方法一樣。你每週在一張表單上，潦草填上數目，交給你的駕駛員，平均在四週以後，所訂的啤酒會送到，只是你訂購的不是以箱計，而是整批的，每批的總數大約夠裝滿一輛小卡車，因此你所想的是卡車量。

就像你的零售商每週都向你訂購4箱情人啤酒，你每週都向製造商訂

購4卡車的量，足夠讓你隨時備有12卡車的標準庫存量。

到了第八週，你幾乎已經像你的零售商同樣感到挫折與生氣。

情人啤酒一向是個可靠穩定的品牌，但是幾週之前（約在第四週），訂單突然開始急遽上升；再下來那一週，從零售商來的訂單仍然持續增加；到了第八週，大部分的零售商所訂購的啤酒數量已經是平常的3倍或4倍。

為什麼會這麼慢

起初，倉庫中的庫存，輕而易舉滿足了額外訂單的需要。而當你注意到情人啤酒有銷售增加的趨勢，你馬上向製造商提高訂購這種啤酒的數量。

第六週，你在啤酒配銷新聞上看到一篇關於流行音樂錄影帶的文章之後，進一步提高訂購量，大幅增加到每週20卡車量，這是你們平常所訂購啤酒數量的5倍。但是你需要這麼多，因為啤酒受歡迎的程度，從零售商訂貨的需求判斷，呈2倍、3倍、甚至4倍增加。

到了第六週，你所有庫存的啤酒都送出去了，然而欠貨的數量卻依舊驚人。有幾家較大型的連鎖店還急得直接打電話給你，但是你的情人啤酒庫存空空如也。不過，至少你知道，再過幾週，你多訂的啤酒將會送到。

在第八週，當你打電話給製造商，問是否有什麼辦法加速他們的交貨（並且通知他們你已把訂單增加為30卡車量），你赫然發現，他們在兩週前才增加生產量。他們剛剛才得悉需求增加，他們怎麼會這麼慢？

第九週到了，在此之前，你每週自各零售商接到約20卡車量的情人啤酒訂單，而你仍然沒有貨。上週結束前，你對零售商的欠貨又多了29卡車量。你的員工對外勤人員打來的電話已司空見慣，甚而他們要求你安裝一具答錄機，專門用來說明關於情人啤酒的事情。但你有自信，在本週內，從製造商那兒收到你在一個月以前訂購的20卡車量。

然而，他們只送來6卡車量，顯然製造商仍然缺貨，而較大量的生產運轉現在才開始出貨。你打電話給幾家較大的連鎖店客戶，向他們保

圖3-3　第九週的庫存

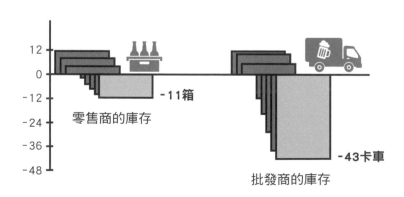

證他們訂購的啤酒不久將送到。

持續上揚的需求

等到第十週,是令人怒氣沖天的一週。你預期會收到的額外(至少20卡車量)啤酒不見蹤影,你猜,或許製造商確實無法這麼快提高產量。他們只交給你8卡車的量,打電話去也沒人接電話,顯然他們所有人都在工廠裡全力生產。

在此同時,各家商店顯然都在瘋狂銷售啤酒,因為你接到空前大幅的訂單:本週為26卡車量。或許他們正因為無法從你這裡拿到啤酒,所以訂購這麼多,但不管如何,你必須跟得上訂單。如果你拿不到啤酒,他們可能轉向你的競爭者購買。

你向製造商訂購了40卡車量。

在第十一週,你發現自己在倉庫附近的酒吧吃午餐的時間特別長(因為你實在很怕接到連鎖店打來的電話)。情人啤酒只送來12卡車,你仍然無法聯絡上製造商的任何一位人員,而你有超過100卡車量的訂單等著補貨:已訂未交的77卡車量,加上本週從商店接到的28卡車量的訂單。

你必須得到啤酒,於是你向製造商再訂購了40卡車量。

到了第十二週，情勢更明白了，對情人啤酒需求變化的程度遠高於你所預期。只要你想到，假如有足夠的存貨，可以賺到多少錢，便只好歎口氣認了。製造商怎能對你這樣？為什麼長期缺貨的需求會上升這麼快？你怎能預料而跟得上？

你所知道的一切就是，千萬不要再陷入這種長期缺貨的狀況，因此你再訂購了60卡車量。接下來的四週，需求量繼續超過你的供應量。事實上，到了第十三週，你的欠貨量全然沒有降低。

時間差

在第十四週與第十五週，你終於開始從製造商收到較大量的出貨。同時，從商店來的訂購量下降了一點點。你想，也許是因為上週他們多訂了一點。在這個節骨眼上，任何有助於降低欠貨數量的事情都是受歡迎的。

到了第十六週，你終於幾乎拿到前幾週要求的所有啤酒：55卡車量。這些啤酒必須用板架疊放起來，而這些進來的貨將很快賣出去。

一整個星期下來，你盼望商店的訂單再進來，但是你看到一張接一張的訂單，填的都是相同的數目：0、0、0、0、0。

這些人出了什麼毛病？四週以前，他們大聲吼著向你要啤酒，現在他們甚至一箱也不要了。

圖3-4　第十四週的庫存

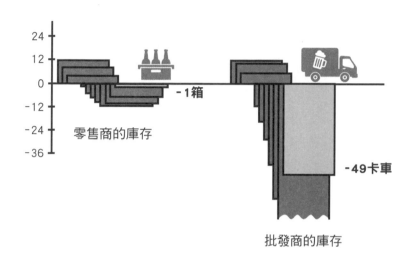

突然之間，你覺得一股寒意自心底冒上來，決定把剛要送給製造商的
訂單上寫著的24卡車量全數刪除。

從一開始到現在，已經是第十七週了，這時又收到60卡車量的情人啤
酒，但商店的訂購數量仍然是零。109卡車量的貨品在你的倉庫裡聞
風不動，你天天在這些貨品堆裡走來走去，還是沒有凹掉一塊。

這週商店要的貨應該會增多一些，畢竟那個錄影帶仍在播出。你心中
暗自思量，若再不來訂貨，你要把每一個該死的零售商打入第十八層
地獄。可惡的是，零售商向你訂購情人啤酒的數量又再一次掛零，你
向製造商訂購的數量自然也是零。

然而，可恨的製造商還是繼續把啤酒送來，這週又運來60卡車量，實在太過分了，他難道不知道批發商的處境？為什麼製造商還要把貨運來？這要到什麼時候才會結束？

製造商的變化

假想你是四個月以前受僱來負責這家啤酒製造商的配銷與行銷主管，情人啤酒只是它幾項主要產品當中的一項。這是一家小型製造廠，以品質聞名，行銷則不太出色，所以公司才僱用你來加強行銷。

現在，顯然你做對了一些事情。因為你就任不到兩個月（這個遊戲的

圖3-5　第十七週的庫存

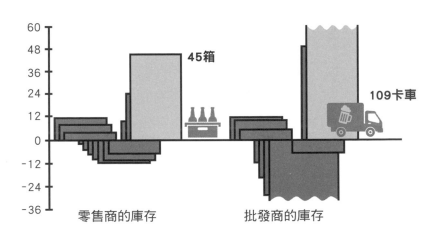

第六週），新的訂單開始急遽上升；到了你負責這個工作的第三個月結束，情人啤酒的訂單達到每週40批，比起你剛接手時只有4批，大幅的成長讓你覺得滿意。只是，你的出貨量……是30批。

製造廠內也同樣有欠貨的問題。在這個工廠，從你決定釀製一瓶啤酒，到啤酒完成出貨準備，至少需要兩週時間，所以你在倉庫保持幾批啤酒的庫存，是理所當然的。

但是，這些庫存在第七週就出光了，而這只是進來的訂單開始上升兩週之後的事。下一週你有9批已訂未交的訂單，還有24批新的訂單，可是你只能送出22批。這時，你在公司內已經成為英雄，廠長給每一位員工獎勵，把工作時間延長1倍，並興奮地進行面談、為工廠招募新的幫手。

你運氣好是由於流行音樂錄影帶提到了情人啤酒，你在第三週從青少年寫來的信件中得悉錄影帶的事，但是直到第六週才看見錄影帶造成訂單上升的影響。

甚至，到了第十四週，工廠仍然趕不上已訂未交的訂購量，你不斷要求釀製更多的量。你想像自己這一年的獎金不知將會有多少，或許可以要求分享利潤的某一個百分比。你無聊得在行銷週刊的封面上為自己畫像。

在第十六週，你終於趕上已訂未交的數量；但是到了第十七週，你的

經銷商只訂了19批的貨；而至第十八週，他們完全不再訂購情人啤酒，有些訂單上甚至可以看出是被全數刪減掉的。

到了第十九週，你的倉庫裡有100批情人啤酒存貨，但情人啤酒銷售業績仍然掛零。同時，你過去要求大量釀製的情人啤酒，還在不斷釀造中。

你戰戰兢兢地打了一通電話給老闆，你說：「最好把生產延緩一、兩週，我們碰到了……」你使用一個你在商業學校學到的字眼「斷續」（discontinuity）。電話的另一端默不作聲，你說：「但是我確定這只是暫時的。」

從供不應求到供過於求

相同的模式又延續了四週之久，第二十週、第二十一週、第二十二週、第二十三週。你對訂貨再現高峰的希望日漸渺茫，而你的藉口聽起來愈來愈薄弱。你說經銷商和零售商胡搞，上個月瘋狂要貨，這個月突然什麼都不訂，都是新聞與流行音樂錄影帶製造了情人啤酒高漲的需求。

你在第二十四週初，借用公司汽車去拜訪的第一站，是批發商的辦公室。這不僅是你與批發商第一次會面，也只是你們第二次交談，因為直到這個危機發生之前，並沒有什麼事情好說的。你們彼此面色凝重地寒暄了一下，然後批發商把你帶到後面的倉庫。

圖3-6　第二十一週的庫存

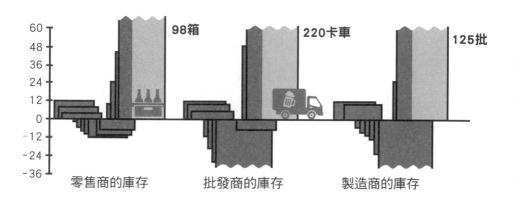

批發商說：「我們已經兩個月沒收到零售商任何一張情人啤酒的訂單，我完全茫然不解。你看，還有220卡車的量在倉庫裡！」

你們一起斷定，必然發生了需求暴起暴跌的現象，「消費大眾的需求是反覆無常的，」你們共同做出如此結論，並且認為，如果零售商留意並警告你們，絕不會發生這樣的情形。

究責的循環

在回程的路上，你在腦子裡構思行銷策略報告的措辭，一時興起，你決定在一家沿途經過的零售商店停一下。運氣不錯，店主在店裡。你自我介紹，零售商的臉上勉強擠出笑容。他要一位助手招呼店頭，你

圖3-7　第二十四週的庫存

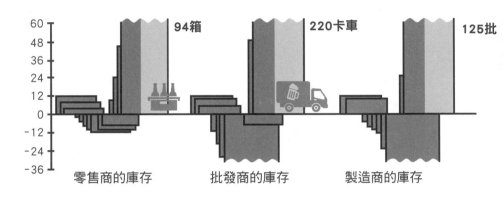

們兩人一同走到隔壁一家速食餐廳，各要了一杯咖啡。

零售商隨手帶來店裡庫存紀錄簿，打開橫放在桌子上。「你不知道幾個月之前我多麼想要勒死你。」

「為什麼？」

「你看，我們後面的房間還有93箱沒賣掉的情人啤酒。依照現在售貨的速度，我們再訂購是六週以後的事了。」

六週，你自己盤算著。接著你掏出一具口袋型計算機 —— 如果這個地區每一家零售商都等待六週再訂購啤酒，然後每週只訂購幾箱，將

費時一年或一年以上，才能使批發商220卡車量的庫存大幅下降。你說：「這是一個悲劇，是誰讓它發生的……我的意思是說，我們要如何防止這樣的悲劇再次發生？」

危機一再重演

啜了幾口咖啡，零售商說：「那不是我們的錯，音樂錄影帶開始播出時，我們一直都是賣4箱啤酒，接下來的第二週我們賣掉8箱。」

你接著說：「然後銷售量迅速增加，但是為什麼現在銷售量會減到連一箱都沒有呢？」

零售商說：「不，你不了解，需求從來就沒有迅速增加過，顧客也從未完全停止購買。我們仍然每週賣出8箱啤酒，但是我們需要的啤酒數量你們不送貨給我們，我們只好不斷訂貨，以確保有足夠的數量來跟上顧客的需要。」

「但是我們都按照必要的速度把啤酒送出去，」你說。

零售商說：「那麼也許是批發商搞砸了吧，我在想是否該換供應商了。無論如何，我希望你舉辦一次贈券促銷或其他辦法，讓我能夠賺回一些本錢。我只想把那93箱啤酒賣掉一些。」

你結了咖啡的帳單。回程中，你一路計劃辭呈要怎麼寫。顯然，你將

因這項危機所造成的工人解僱或關閉生產線而受到責備，就像批發商責怪零售商、零售商責怪批發商，而兩者都想要責怪你一樣。至少現在時機還早，能讓你帶著些許尊嚴離開。只要你能想出一些解釋，說明這不是你的錯，顯示你也是被害人，而不是元凶。

啤酒遊戲的省思

一、結構影響行為

不同的人處於相同的結構之中，傾向於產生性質類似的結果。當問題發生或績效無法如願達成的時候，通常我們會怪罪某些人或某些事情。然而我們的問題或危機，卻常常是由我們所處系統中的結構所造成，而不是由於外部的力量或個人的錯誤所致。

二、人類系統中的結構是微妙而錯綜複雜的

我們傾向於只把結構想作外在的限制，但在人類系統中，結構還包括大家做決定時所根據的許多運作原則，我們依據這些原則詮釋認知、目標、規範，並將之化為行動。

三、影響力常出自新的思考方式

在人類系統中，常隱藏著更有效的影響力，但是我們卻不曾發覺，因為只專注於自己的決定，而忽略了自己的決定對他人有怎樣的影響。在啤酒遊戲中，三個角色在他們的能力範圍之內，都有消除大幅振盪的巧妙做法。但是他們無法做到，因為他們根本不知道自己是如何開始製造出振盪的。

商業界的人喜愛英雄。我們大肆讚美和拔擢那些達成有形成果的人；一旦出了問題，我們直覺上認為：一定有人搞砸了！

但在啤酒遊戲中，沒有這樣的元凶，沒有人該受到責備。在我們故事中的三個角色，任何一個人的意圖都是良善的：好好服務顧客，保持產品順利在系統中流通，並避免損失。每一個角色都以自己的理性猜測可能發生什麼，並做了善意、果決的判斷。

沒有一個人的用意是壞的，儘管如此，危機還是存在於系統結構中。

近二十年來，啤酒遊戲在課堂與管理訓練講習會中被演練過好幾千次。在五大洲都有人玩過這個遊戲，參加的人有各種年齡、國籍、文化和行業背景。有些參加者以前沒聽說過生產／配銷系統，有些人已花了相當長的時間在這類業務上。

然而，每次玩這個遊戲，相同的危機還是發生。

首先是大量缺貨，整個系統的訂單不斷增加，庫存逐漸枯竭，欠貨也不斷增加；隨後，好不容易達到訂貨量，大批交貨，但新收到的訂購數量卻開始驟降。到實驗結束之前，幾乎全部參加遊戲的人，都坐看他們無法降低的龐大庫存 —— 製造商庫存已有好幾百箱，望著批發商每週只有 8 箱、10 箱的訂單而一籌莫展。[3]

如果成千上萬、來自不同背景的人參加遊戲，卻都產生類似的結果，

其中原因必定超乎個人因素之上，且必定藏在遊戲本身的結構裡。更值得注意的是，啤酒遊戲的產銷模式結構，竟也會導致真實企業生產配銷系統常見的危機。

舉例來說，1985年個人電腦記憶晶片的價格低廉且貨源充足，銷售卻下滑18%，美國業者遭受25%～60%的虧損；[4]但是在1986年後期，突然發生的短缺，卻因恐慌與超量訂購，而使短缺加劇，結果同樣的晶片價格上漲100%到300%。[5]

是健忘還是群體「智障」？

類似的需求暴起暴落，也發生在1973年到1975年的半導體產業。在訂單大量增加，造成整個產業缺貨與交貨時間遲延之後，需求量卻隨後暴跌，你需要任何產品，馬上就可以拿到。

幾年內，西門子（Siemens）、賽格尼（Signetics）、北方電訊（Northern Telecom）、漢威聯合（Honeywell），以及史蘭伯傑（Schlumberger）等，全都經由購買走下坡的半導體製造公司而進入這個產業。[6]

1989年中期的通用汽車、福特和克萊斯勒，就如同《華爾街日報》所說的：「因生產的汽車遠高於銷售量，經銷商庫存不斷累積，這些公司閒置工廠，並以多年來所未見的高比率解僱工人。」[7]

整個國家的經濟也常經歷這種經濟學者所稱「存貨加速器理論」（inventory accelerator theory）的商業景氣循環 —— 需求小幅上揚，導致庫存過度增加，然後引起滯銷和不景氣。

各種服務業也一而再、再而三發生這種類似波動，譬如，房地產業搶購的盛況，以及隨後嚴重地滯銷。太多太多這類的例子，大家卻一再重蹈覆轍，是因為人類太健忘呢？還是因為更深一層的「群體」智障？其實，在生產配銷系統的真實狀況，往往比啤酒遊戲的情形還要糟糕。

真實世界的零售商會同時向三、四家批發商訂貨，等到有一家交貨，就取消還沒交貨的其他訂單；真實世界的製造商常會碰到遊戲裡沒有出現的產能限制問題，使整個配銷系統的恐慌更加惡化。或者，製造商可能提高產能，因為他們相信目前的需求水準將繼續下去，但如此一來，一旦需求滑落，又會發現自己陷入產能過剩的困境。

結構影響行為

像啤酒遊戲這樣的生產配銷系統的波動現象，揭示了系統思考的第一項原理：結構影響行為。

即使是非常不同的人，當他們置身於相同系統之中，也傾向於產生類似的結果。

系統的觀點告訴我們，要了解重要的問題，我們的眼界必須高於只看
個別事件、個別疏失或是個別個性。我們必須深入了解影響我們個別
行動，以及使得這些個別行動相類似背後的結構。

就如1970年代震撼全球的巨著《成長的極限》（*The Limits to Growth*）
一書作者米道斯（Donella Meadows）所說的：「真正深入、獨特的洞
察力，來自於認清系統本身正是導致整個變化形態的因素。」[8]

歷史的法則與系統思考

一百多年前，一位傑出的「系統思想家」托爾斯泰（Leo Tolstoy）已
經表達了相同的感慨。他在《戰爭與和平》（*War and Peace*）這本書
中，除了描述拿破崙與沙皇時代俄國歷史的故事之外，約有三分之二
的篇幅在沉思為何大多數的歷史學家無法真正解釋史實：

「19世紀的前十五年，出現一個很不尋常的運動，有數百萬人加入。
人們拋開慣常從事的工作；整個運動的波瀾，從歐洲的這一頭衝擊到
那一頭。掠奪與殘殺、勝利與絕望充斥人心。人類整個生活步調發生
巨變，起先以遞增的速度移動，然後又慢慢遞減。有人問：這項活動
的原因是什麼，或者，這到底是依什麼法則發生？

「為了回答這個問題，歷史學家把當時巴黎的重要人物一一剖析，然
後以兩個字為這些人的言行做總結 —— 革命。這些歷史學家並為拿破
崙，以及與他親近或交惡的人寫了詳細的傳記，談論其中重要人物之

間的相互關係，然後下結論說，就是因為這些事情促使革命發生，而
這些就是歷史的法則。

「但是，有智慧的人拒絕相信這樣的解釋。事實上『革命』和拿破崙的
產生，是許多個人意志匯集的結果，這種意志的匯集可造就他們，也
可使其滅亡。

「歷史學家認為：『不論什麼時候，有戰爭就有偉大的軍事領袖；不論
什麼時候，發生革命的國家都會有偉人。』有智慧的人卻認為：『不
論什麼時候，有偉大的軍事領袖時，的確是有戰爭；但那並不表示，
將領就是造成戰爭的原因，或者可以從某一個人的活動中找到導致戰
爭的因素。』」[9]

托爾斯泰認為，只有嘗試了解歷史背後的法則，才有更深入理解的希
望。他所謂的「歷史的法則」就是我們在此稱為「系統整體結構」的
同義字：

「為了查證歷史的法則，我們必須完全改變觀察的主題，必須撇開國
王、大臣、將軍，而著手研究引導大眾的那些類似而又極細微的要
素。沒有人能夠說，到底人類在這方面了解歷史法則的進展有多深，
但是顯然只有朝這方面努力才可能發現歷史的法則。

「直到現在，人類用在研究這個方法上的聰明才智，還不及歷史學家用
在敘述許多國王、大臣、將軍等作為上的百萬分之一。」[10]

在這裡，結構指的不是論證上的邏輯結構，也不是指那些組織平面圖所顯示的結構。

這個系統結構所指的是，隨著時間推移，影響行為的一些關鍵性的相互關係，這些關係不是存在於人與人之間的相互關係，而是存在於關鍵性的變數之間，像是人口、天然資源、開發中國家的糧食生產，或高科技公司工程師的產品構想，以及技術和管理要素。

看不見的運作

在啤酒遊戲中，引起訂單與庫存劇烈波動的結構，包括：環環相扣的多層產銷鏈、其中供需之間的時間滯延（delay）、資訊取得的有限性，以及影響每個人下決策的目標、成本、認知、恐懼感等。

但是，當我們使用系統結構這個名詞時，必須了解的是，它不只是個人之外的結構；相反地，在微妙的人類社會系統中，結構的本質是微妙的，每一份子都是整體結構的一部分。

也就是說，我們有力量改變置身其中的結構，參與運作，只是我們多半未能認知這樣的力量。事實上，我們通常全然看不見這些結構如何運作，只發現自己不得不這麼做。

1973年，心理學家金巴多（Philip Zimbardo）做了一項實驗。在實驗中，史丹佛大學的學生被安排在心理系大樓地下室，模仿監獄內囚犯

與警衛的角色。在獄中，囚犯開始時只是溫和抗拒，但當警衛加強壓力時，囚犯的叛逆日益高漲。

這個實驗直到警衛開始在肉體上虐待囚犯，實驗者感覺狀況已經嚴重失控時才停止。實驗在進行六天之後提前結束，因為學生開始受到沮喪的折磨，無法自制地哭泣，並且身心都已經疲憊不堪。[11]

另外一個令我覺得不寒而慄的例子，是國際政治結構的力量。

在當時的蘇聯出兵阿富汗幾個月以後，蘇聯官員還自詡誠信地在阿富汗成立時，率先承認這個國家；在阿富汗內部鬥爭、不安定的時候，也曾多次向其政府軍伸出援手。

1970年代後期，阿富汗游擊隊的威脅開始升高，執政當局想求蘇聯增加援助，而援助導致內戰擴大，更加深了阿富汗政府對蘇聯援助的依賴。至於蘇聯對其侵略阿富汗的說詞則是：「我們實在不得不進行軍事干預。」

當我聆聽這個故事的時候，不禁想到啤酒遊戲的零售商或批發商，在遊戲結束以後如何解釋，他們或許也會說實在不得不持續增加訂購量。這個故事也讓我想起，美國官員在十或十五年前嘗試解釋美國如何捲入越戰的故事。

當我們說結構產生特別的行為變化形態，確切的意思是什麼？如何辨

認這樣具有控制力量的結構?這樣的知識將如何幫助我們在一個複雜的系統之中更為成功?啤酒遊戲提供一個探究結構如何影響行為的實驗室。參加遊戲的人 —— 零售商、批發商、製造商,每週只做一個決定,那便是訂購多少啤酒。

蝴蝶效應

零售商是第一個突然增加訂購量的角色,且在第十二週左右達到訂購巔峰,此時啤酒之所以無法如他所預期般準時送達,是因為批發與製造商那兒已經開始欠貨,但是零售商並不曾想過上游的欠貨情形,仍不計代價地大量增加訂購量以取得啤酒。

那樣一個小幅的擾動,透過整個系統的加乘作用,竟使得大家的訂購量都大幅增加(就如混沌理論所說的「蝴蝶效應」一般 —— 佛羅里達的暴風,是由於北京的一隻蝴蝶翅膀振動了一下而引起的)。零售商訂購單的韻律大約在40單位,製造商的生產巔峰大約在80單位。

結果,起先每個角色的訂購量都不斷增加,然後再陡然下降。這種變化形態,從零售商到製造商,愈往上游愈放大。換句話說,離開最終消費者愈遠,訂購量愈高,也跌得愈厲害。

在每場遊戲中,扮演製造商的人,都遭遇到重大危機,在每週生產40、60、100或更多的量後沒幾週,就一直以接近零的生產量直至遊戲結束。[12]

遊戲中另一項值得注意的行為變化形態，可以由庫存與欠貨數量中觀察到。

與消費需求脫鉤了

零售商的庫存大約從第五週開始降到零以下，零售商的欠貨數量在繼續增加幾週之後，它的庫存在第十二週到第十五週還是未能回到正數；同樣，批發商的欠貨情形大約從第七週開始，持續到第十五至第十八週；製造商的欠貨情形大約從第九週開始，持續到第十八至第二十週。

然而，一旦庫存開始又有存貨，它的數量便開始激增（在第三十週，零售商大約為40批，批發商大約為80批到120批，製造商大約為60批到80批），遠高於所期望的量。所以，每一個角色都經歷「欠貨—存貨」的循環：先是庫存不足，然後庫存過多。

儘管消費者的需求穩定，然而前述所言「欠貨—存貨」的循環變化形態仍然發生，但消費者實際訂購數量只變動一次，也就是在第二週從每週4箱啤酒增加為8箱，之後一直到遊戲結束，仍然是每週8箱。換句話說，消費者需求提高一次以後，在隨後的模擬過程中，一直是平穩的。

當然，參加啤酒遊戲的三個角色中，除了零售商以外，沒有人知道消費者的需求，而零售商所得到的消費者需求訊息，也是每週一次的片

段訊息，沒有什麼線索得知接下來會發生什麼事。

究竟發生了什麼事？

啤酒遊戲結束以後，我們要求扮演批發商與製造商的人，畫出他們心裡所認為的、最下游消費者的需求情形。大多數的人是畫一條有起有落的曲線，就像他們所收到的訂單有升有降那樣。[13]

換句話說，這些參加遊戲的人認定，如果在遊戲中所收到的訂購量又升又降，必定是由於消費者的需求大起大落。此種認為有一個「外部原因」的假設，正是非系統思考的特性。

參加遊戲的人關於消費者需求的猜想，說明了在發生問題的時候，我們常一味歸咎並責備某些人或某些事情的傾向；遊戲結束時，許多人深信，元凶是遊戲中擔任其他角色的人；但在看到同樣的遊戲，不論是什麼人來扮演這些角色，每次都出現相同的問題，他們原來所深信的假設隨之粉碎。

然而，仍有許多人將歸罪的箭頭指向消費者，他們推論必定是消費者的需求暴起暴落。但是，當他們將自己的推測與消費者穩定的需求量比較之後，這個推論不攻自破。

啤酒遊戲有時會對參加者產生極大的衝擊。我永遠忘不了一家大貨運公司的總裁頹然跌坐，睜大眼睛凝視啤酒遊戲的圖表。到了再次暫停

休息時，他跑去打電話，等到他回來時，我問：「發生什麼事了？」

他說：「就在我們到這裡之前，我的最高管理團隊剛剛完成三天的營運檢討，其中一個部門的車隊運用，有非常不穩定的波動，似乎相當明顯是該部門的總裁沒有做好工作。

「我們當然就責怪這個人，正如在我們這個實驗中的每個人都不假思索地責怪製造商一樣。但我剛剛猛然醒悟，這些問題或許是結構性的，而不是個人的。所以我方才衝出去打電話回公司總部，取消解雇他的手續。」

如何改善啤酒遊戲的績效

當大家了解不能再責怪他人或顧客，參加遊戲的人還有最後一個責怪的對象：系統。

有些人說：「這是一個無法管理的系統，問題在於我們未能互相溝通。」這種論點也已被證實是站不住腳的。

其實，即使是像這樣一個出貨時間遲延、資訊供應不足的存貨模擬系統，仍有許多改善的可能性。

為了能夠先讓各位了解改善的可能性，首先讓我們假想，如果每一位參加遊戲的人，都不採取任何改正庫存過多或過少的行動時，會產生

怎樣的結果？如果遵循「沒有策略」的策略，每一位參加遊戲的人只是發出與他收到的訂單相等量的新訂單，這可能是最簡單的訂購政策。

換句話說，如果你收到新進來4箱啤酒的訂單，就發出4箱的訂單；收到8箱啤酒的訂單，就發出8箱的訂單。

「沒有策略」的策略

如果參加遊戲的三個人完全遵循這種「無為而治」的策略，大約到了第十一週，三個角色便都趨向「穩定」，也就是零售商與批發商一直處於欠貨狀態。

在這個簡單的遊戲中，持續欠貨之所以會發生，乃是由於所訂購的數量遲延交貨，而這些參加遊戲的人並沒有花力氣去改正它們，因為沒有策略的策略排除了以大量訂單調整欠貨的做法。

沒有策略的策略成功嗎？或許大部分參加遊戲的人會說「不」，因為這樣的策略造成欠貨數量居高不下，使系統中的每一個人必須花很長的時間去等候自己的訂單交足。

在真實情況中，這種情形無疑將引誘新的競爭者進入市場，他們可能以提供更佳的交貨服務來取勝。只有對市場有獨占能力的產銷公司，才可能堅守這樣一個策略。[14]

但是，這個策略卻能消除如前所述訂購量急遽上升、下跌，以及相伴而生的庫存波動。此外，在沒有策略的策略之下，由三個角色所產生的總成本，低於大部分（75%）參加過遊戲的人所造成的成本。[15]

換句話說，大多數參加遊戲者（其中許多是經驗豐富的管理者）表現的成績，比使用沒有策略的策略的人差。也就是說，在嘗試改正成本不均衡狀態時，大多數參加遊戲的人矯枉過正，愈弄愈糟。

另一方面值得注意的是，這些參加遊戲的人，有大約25%的得分比沒有策略的策略為佳，其中有大約10%的人分數好很多。也就是說，成功是可能的，但是這需要大多數參加遊戲的人轉變觀點：深入體認「我們習以為常的思考方式所了解的」與「系統實際運作情形」兩者之間根本的差距，也就是我們後面所稱的「改變心智模式」。

大多數參加遊戲的人只專注於自己這一部分的工作，但真正需要做的是，看清自己這一部分與其所處的更大的系統如何互動。

被切割的局限思考

假設你也參加這個遊戲，不論扮演任何一種典型的角色，想想看你的感覺如何。你密切注意自己的庫存、成本、欠貨數量、訂單和出貨情形，但是到了遊戲後半，像大多數的批發商與製造商一樣，你會百思不解，原本預期應有大量訂單源源不絕而來，卻忽然一週接著一週出現零訂單的情況。

另一方面，假想你是製造商，你以出貨回應新的訂單，但是你一點也沒有意識到出貨對於批發商下一回合訂單的影響。同樣，如果你是批發商，對於所下的訂單會發生什麼事情，你也不很清楚，你只是期望在合理的遲延之後訂貨送到。那麼，你對系統的認知範圍就只有〔圖3-8〕的白色部分所示，右邊的環被切斷了。

圖3-8　被切割的局限思考

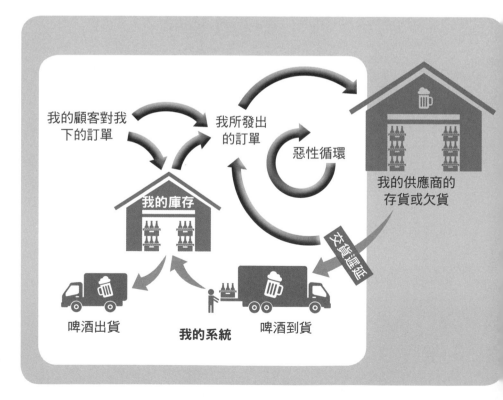

按照〔圖3-8〕中白色部分所認知的情況，如果需要啤酒，你只要向上游發出訂單就好；如果你的啤酒沒有按預期時間送到，你就發出更多訂單。你算是把自己這部分的工作處理妥善，亦即對進來的訂單、送來的啤酒，以及你的供應商沒按預期時間交貨等外部變化，都做出了反應。局限思考的典型疏失，在於誤認為自己的訂單與他人的訂單之互動方式，所影響的變數是「外部的」。

絕大多數人對於自己是較大系統內　部分的這個事實，認知非常模糊。譬如，他們並未想到自己發出的大訂單，會把供應商的庫存吸得精光，因而造成供應商交貨更加遲延；他們更沒想到，如果接下來發出更大的訂單以因應交貨遲延，將導致一個惡性循環，加重整個系統的問題。

這個惡性循環會因任何一位參加遊戲的人發生恐慌而開始加劇，無論他是系統的任何一個角色，即便是製造商，都會因未能生產足夠的啤酒，而產生相同的恐慌效應。最後，當一個惡性循環牽動另一個惡性循環時，恐慌便會上下擴散到整個產銷系統。

系統一旦被恐慌所主導，各人就會發出超過實際需要20倍到50倍的訂單，這是常見到的現象。

擴大思考範圍

要改善啤酒遊戲的績效，參加的人必須擴大思考範圍，如〔圖3-9〕的

圖3-9　擴大思考的範圍

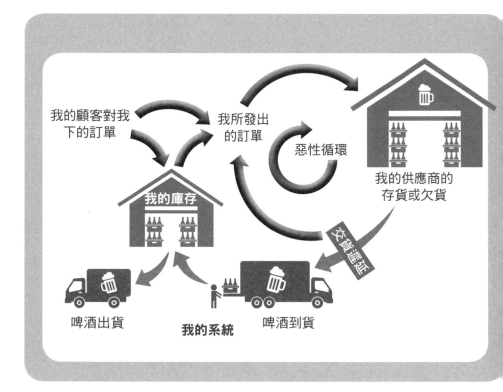

白色部分所示，在任何一個位置上的人的影響，都會超出自己位置的
範圍以外。

舉例而言，當你發出訂單時，供應商送啤酒來，你的訂單影響供應商
的行為，接著他的行為還會影響另外一個供應商的行為。

其次，你的成功不僅受到你所下訂單的影響，也受到系統裡面其他每個人的行動的影響。譬如，如果製造商的啤酒沒貨了，很快其他每一個人也都將沒有貨。大的系統順利運作，每個部分才能順利運作。

在啤酒遊戲及許多其他的系統中，自己若想成功，必須其他人能成功。此外，每位參加遊戲的人必須有此共識。因為，如果任何一位參加遊戲的人產生恐慌，而發出一張大訂單，恐慌便會透過系統而愈演愈烈。

這裡有兩項關鍵要領提供給參加遊戲者參考：

第一，要把你已經訂購，但是由於時間滯延而尚未到貨的啤酒數量牢記在心。我的一帖祕方是：「吞兩顆阿司匹靈，然後耐心等候。」如果你頭痛需要服用阿司匹靈，你不會每五分鐘吃一顆阿司匹靈，直到頭痛消失為止，你會耐心等候阿司匹靈產生藥效，因為你知道阿司匹靈要遲延一段時間以後才產生作用。許多參加遊戲的人每一週都訂購啤酒，直到他們的欠貨量消除為止，其後果可想而知。

第二，不要恐慌。當你的供應商無法像正常那樣，迅速給你想要的啤酒時，你所能做最糟糕的決策就是訂購更多的啤酒，然而這正好是許多參加遊戲的人所做的。當欠貨的數量持續累積，顧客大聲抗議的時候，便更需要修練來抑制自己訂購更多啤酒的衝動。缺乏這種修練，你和其他人都將遭殃。

大多數參加遊戲的人抓不住這些要領，因為只有當你擴大自己的思考邊界，了解不同角色之間的互動情形之後，這些要領才顯而易見。

「吞兩顆阿司匹靈，然後耐心等候」這項要領，來自於了解供應商在處理訂單、出貨上，會有一段時間的遲延；「不要恐慌」這項要領，來自於了解你再發出的訂單，將惡化供應商交貨遲延的現象，而導致惡性循環。

如果參加遊戲的人依照這些要領去做，他們能改善到什麼程度呢？

要完全消除所有過度訂購與「存貨／欠貨」的波動循環是不可能的，但要把這些不穩定控制到一個較小的程度是可能的，我們大約可將總成本降為平均參加遊戲者的十分之一。也就是說，大幅改善是可能的。

更新思考、去除智障

第二章〈你的組織有學習障礙嗎？〉所描述的學習智障，全都可在啤酒遊戲中發現：

● 「局限思考」使人們無法看到自己的行動如何影響其他角色。
● 隨後當問題發生時，他們旋即「歸罪於外」，「敵人」是參加遊戲的其他角色，甚至顧客。
● 他們「主動積極」解決問題，發出更多訂單，事情卻弄得更糟。
● 超量訂購是逐漸累增的，因此他們像「溫水煮青蛙」般，並沒有意

識到情況的嚴重性,直到情況已無法扭轉。

● 他們「未能從經驗學習」。自己的行動在系統內其他地方所引起的
後果,最後回過頭來造成自己的問題,卻責怪他人。[16]

● 通常每個角色是由二至三人所組成的團隊來扮演,當決策出了問題
時,只會互相歸咎責備,無法共同學習。[17]

啤酒遊戲使我們深入體認,在複雜情況下,這些學習智障與我們所習
慣的思考方式之間的關係。大多數人在玩完這個遊戲的時候都感到單
調而不滿,因為只是做些被動的反應而已,然而大多數人後來也體認
到,這種被動的反應,源於自己只專注在一週又一週的事件上。

參加遊戲的人,大多數被庫存及新送到啤酒數量的不足,以及訂單的
突然增加所震懾。當被問及「為什麼會這麼做決定」的時候,他們大
多會針對事件做解釋:「我在第十一週訂購了40箱,因為我的零售商
訂購了36箱,清光了我的庫存。」只要他們持續「專注在事件上」,
他們就注定只能採取被動的反應。

掌握結構層次的洞察力

如〔圖3-10〕所示,以系統觀點解釋複雜的狀況,有多重的層次。在
某些意義上,所有層次都同樣真實,但其效益則十分不同。

如果以「誰對誰做了什麼」的事件層次來解釋事情,注定會採取反應
式的立場。如前面所談到的,事件的解釋在當代文化中最為常見,而

圖3-10　以系統觀點解釋複雜狀況的層次

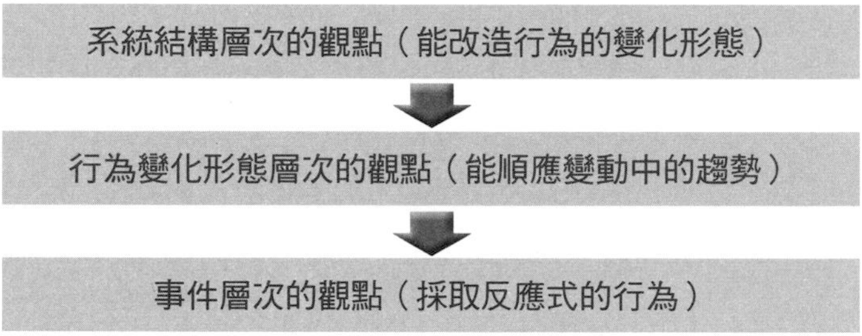

系統結構層次的觀點（能改造行為的變化形態）

行為變化形態層次的觀點（能順應變動中的趨勢）

事件層次的觀點（採取反應式的行為）

這正是為什麼反應式管理盛行的原因。

根據行為變化形態層次而提出的解釋，則專注於察看較長期的趨勢，並評量他們的涵義。譬如在啤酒遊戲中，其中一種行為變化形態的解釋可能是：「產銷系統本來就是循環而不穩定的，你離開零售商愈遠，情形將變得愈嚴重，所以遲早製造商會有發生嚴重危機的可能。」

行為變化模式的解釋開始打破短期反應的局限，至少，它建議如何在經過一段較長期間之後，能順應變動中的趨勢。[18]

第三個層次「結構性」的解釋最罕見，但卻是最強有力而具有創造性的。它專注於回答：「是什麼造成行為變化的形態？」

在啤酒遊戲裡，結構性的解釋必須顯示發出的訂單、出貨、庫存如何互動，而產生所觀察到的不穩定與擴大的效應，以及考量遲延交貨對

新訂單交貨的影響、可能引發的惡性循環。

結構性的解釋雖然不易找到，但是一旦我們能清楚而全盤地從結構層面解釋時，效力則非常之大。

美國前總統羅斯福便是一位具有這種洞察力的領導者，1933 年 3 月 12 日，他透過無線電廣播，解釋為什麼銀行要休假四天。當時全國正陷入恐慌，羅斯福平心靜氣說明銀行系統結構性運作的情形，他說：

「讓我簡單地說，當你把錢存入銀行時，銀行並不是把錢放入保險庫內，而是把你的錢投資在許多不同形式的信用事業上，如：債券與抵押等。換句話說，銀行運用你的錢使經濟保持轉動。」

羅斯福解釋何以銀行要保有儲備，如果提款的人太多，則會造成儲備不足，進而提出為什麼銀行歇業四天對於重整金融秩序是必要的。他最後說服公眾支持這項激進但是必要的措施，也從此獲得大眾溝通高手的美譽。[19]

結構性的解釋之所以如此重要，是因為只有它才能觸及行為背後的原因，進而改進行為變化形態。結構影響行為，因此改變背後的結構，能產生不同的行為變化形態。在這個意義上，結構的解釋就深具創造性。人類系統中的結構，還包括系統中許多影響我們如何做決定的因素，因此，重新設計我們做決策的方式，等於重新設計系統結構。[20]

對大多數參加遊戲的人來說,最大的收穫是深入體認到,自己的問題與改善的可能全都無可避免受到自己思考方式的影響。真正具有創造性的學習,在一個以事件思考為主的組織裡無法持續,它需要一個結構性或系統性的思考架構,也就是找出行為背後所有結構性原因的能力,光有創造未來的熱忱是不夠的。

當參加啤酒遊戲的人了解行為背後的結構後,他們更清楚看見自己改變這些行為的力量,也因此會採取能在大系統中更有效運作的訂購決策。他們也印證了幾年前凱利(Walt Kelly)在他的漫畫《波哥》(*Pogo*)中的一句名言:「我們碰到敵人了,敵人就是我們自己。」

注釋

1. 這個互動遊戲的說明,可向麻省理工史隆管理學院的系統動力學研究小組索取。地址:System Dynamics Group at MIT Sloan School of Management, Cambridge MA 02139,網址:http://www.systemdynamics. org/Beer.htm。

2. 在實際的決策模擬中共有四方參與,而這裡將其中的配銷商予以省略,以簡化已相當複雜的整體局面。

3. 只不過,所有的模擬勢必是經過簡化的。讀者可能會想,若改變遊戲的任何細節,結果是否會不同。其實,我們多年來也思考著這個問題。我們有時候設定三方玩家(如本章節所述),但多數則是設定為四方玩家。我們

對於超額庫存與積壓的欠貨訂單，給予不同的懲罰。有時候我們以電腦模擬計算，但大部分是在長桌上安排大型紙板遊戲，讓一枚枚的一分硬幣從一個個格子移動，代表啤酒的運送過程。我們也試過，預先給予玩家不同程度的消費者需求資訊。有些變數會讓危機較為嚴重，有些則較輕微，但皆不會影響危機的整體模式。

4. U.S. Congress Office of Technology Assessment: *Technology and the American Economic Transition: Choices for the Future* (Washington: U.S. Government Printing Office), 1988 (p.324).

5. Steven Bruke, "Chip Manufactures Find a Pot of Gold in DRAM Shortage," *PC Week*, May 31, 1988, 107; Steven Bruke and Ken Siegmann, "Memory-Board Prices Surging in the Wake of Growing Chip Shortage," *PC Week*, March 1, 1988,1.

6. J. Rhea, "Profits Peak as Semiconductor Sales Boom," *Electronic News* 18:1 (August 6, 1973) ; "Boom Times Again for Semiconductors," *Business Weekly*, April 20, 1974, 65-68; "Semiconductors Take a Sudden Plunge," *Business Week*, November 16, 1974, 64-65; F. Pollare, "Inventory Buildup: Semiconductor Distress Sales Emerge," *Electronic News* 20:45 (February 10, 1975).

7. Joseph B. White and Bradley A. Stertz, "Auto Industry Battens Down for a Slump," *Wall Street Journal*, May 30, 1989, sec. A.

8. Donella H. Meadows, "Whole Earth Models and Systems," *Co-Evolution Quarterly* (Summer 1982) : 98-108.

9. Leo Tolstoy, *War and Peace* (Constance Garnett translation).

10. 出處同前。

11. Janice T. Gibson and Mika Haritos-Fatouros, "The Education of a Torturer," *Psychology Today*, November 1986, 50. Also: "The Mind is a Formidable Liar: A Pirandellian Prison," *New York Times Magazine*, April 8, 1973.

12. 類似的「擴大效應」（amplification），其實是實質景氣週期的一項特色，而原物料製造業通常波動幅度較零售與服務業大得多。參見Gottfried Haberler, *Prosperity and Depression*（London: Alien & Unwin），1964; Alvin H. Hansen, *Business Cycles and National Income*（New York: Norton），1951。

13. John Sterman, "Modeling Managerial Behavior: Misperceptions of Feedback in a Dynamic Decisionmaking Experiment," *Management Science*, vol. 35, no. 3（March 1989）: 335.

14. 在電腦模擬中，「沒有策略」的策略結果顯示，零售商面臨欠貨訂單的情形最為嚴重，因為只有等供應商完全消化了本身的欠貨訂單之後，零售商才能開始獲得自己所有的貨。這表示，在「沒有策略」的策略下，零售業者受害程度最大──這正好解釋為何多數零售商在現實生活下訂單時會下較大量。

15. 在模擬遊戲中，總成本的運算方式為：每週每單位的欠貨訂單須支付一美元，每週每單位庫存則須支付0.5美元。將每一方最終成本加總起來，就是團隊的總成本。在為期三十五週的四階段遊戲中，平均成本為2,028美元（Sterman, "Modeling Managerial Behavior", 331-39），若換算成三十週的三階段遊戲，則約1,270美元。至於「放任」策略的總成本，則為825美元。

16. 只要玩家能重複玩這個遊戲，且大家都能了解他們的決策如何與更大的系統互動，那麼玩家或許能從遊戲經驗，學習到在真正的產銷系統中所學不到的東西。這麼一來，啤酒遊戲就形成了一個「微世界」。

17. 由於這遊戲通常不會讓不同方的人定期接觸，因此不太有機會觀察玩家如何處理面對面的互動。然而，就目前運作的團隊來看，多數團隊成員因各自的問題而指責彼此，浪費精力。其他決策的模擬設計，是更直接地處理團隊學習的動力學。

18. 在業界，觀察行為模式的常見範例為「趨勢分析」，企業可依據分析結果，回應人口趨勢的變動，或者顧客偏好的改變。

19. William Manchester, *The Glory and the Dream*（Boston: Little, Brown），1974, 80-81.

20. 此遊戲的實體結構是可重新設計的，只不過此遊戲第一次玩時，玩家沒有這個選擇。比方說，你可以重新設計零售商的銷售資訊，或完全撤除中間人，讓啤酒廠直接供貨給零售商。重新設計實體系統（貨物、人與原物料的實體流動；資訊；獎金；以及個別決策者無法立即掌控的其他因素），在現實生活中具有重要的領導功能。不過是否能達到成效，則有賴於領導者的系統性理解，正如要改變個體下訂單的方式，也須依賴個體的系統性理解。因此，要達到系統性的理解是主要任務，而重新設計實體系統與營運政策時，皆依照系統性的理解而來。

第二部

新思考與新視野

今天的人類有能力製造出多到讓我們接收不完的資訊。

今天的世界有著任何個人無法單獨處理的相互依存關係,以及快得讓我們跟不上的變化步調。

我們要怎樣才能不迷失於這種巨大而複雜的變動年代?

系統思考將引導一條路,使人由看片段到整體;從對現狀做被動反應,轉為創造未來;從迷失在複雜的細節中,到掌握動態的均衡搭配。

它將讓我們看見小而效果集中的高槓桿點,產生以小搏大的力量。

第4章
第五項修練的微妙法則[1]

動態系統（dynamic system）是非常微妙的，只有當我們擴大時空範圍深入思考時，才有可能辨識它整體運作的微妙特性。如果不能洞悉它的微妙法則，那麼，置身其中處理問題時，往往不斷受其愚弄而不自知。

在本章中，我們將介紹這些和許多常理相違悖，卻和一些古老的智慧相契合的法則。讀者也可對照前兩章的內容，進一步了解這些法則。有些法則或許讓你有重複的感覺，那是因為它們原本就是一體的數面，另外也是為了多方認識的緣故。

法則一：今日的問題來自昨日的解

從前有一位地毯商人，看到他最美麗的地毯中央隆起了一塊，便把它弄平了；[2]但是在不遠處，地毯又隆起了一塊，他再把隆起的地方弄平；不一會兒，在一個新地方又再次隆起了一塊……如此一而再、再而三，他試圖弄平地毯，直到最後，他拉起地毯的一角，一條生氣的蛇溜了出去為止。

我們常常不知道產生問題的原因為何,事實上,此時你只需審視自己以往對其他問題的解決方案,便可略窺一二,因為今日的問題經常來自昨日的解決方案。

素來銷售領先的公司,可能發現這季的銷售銳減,為什麼?因為上一季高度成功的折扣活動,吸引許多顧客提前購買,而使本季市場需求遽降;又如一位新上任的管理者,為了控制成本而減少庫存,也會導致銷售員花更多時間向顧客解釋為何延遲交貨。

執行公務的警官,常有這樣的經驗:拘捕了東街的毒品經銷商,卻發現只是使他們的陣地移轉到西巷。另外,有些城市之所以暴發許多與毒品有關的犯罪活動,竟是因為政府官員查獲大宗毒品走私,造成毒品短缺,價格高漲,而使許多受不了毒癮的吸毒者鋌而走險。

以上解決問題的方式,只是把問題從系統的一個部分推移到另一部分,當事者卻未察覺。這是因為在系統中解決第一個問題者和承接新問題者經常不是同一人。

法則二:愈用力推,系統反彈力量愈大

在歐威爾(George Orwell)的《動物農莊》(*Animal Farm*)一書中,名為「拳擊手」的這匹馬,面對任何困難時總是回答:「我會更努力工作。」起初,他積極向上的意圖鼓舞了大家,但是漸漸地,他的努力在不知不覺中產生反效果,因為他愈辛苦工作,統治者所加給他的

工作愈多。他不知道主管農場的豬，實際只是玩弄權與利於股掌之間的一群。「拳擊手」的勤勉，事實上只會使其他動物看不見這些豬的所做所為。[3]

系統思考對這種現象有個名稱 —— 補償性回饋（compensating feedback），意指善意的干預引起了系統的反應，但這反應反過來抵消干預所創造的利益。

我們都曾有過面對補償性回饋的感覺：你愈用力推，系統反推回來的力量也愈大，於是你更辛苦地推，但愈是花更大的努力去改善事情，似乎需要愈大的努力去回應。

補償性回饋的例子非常多，許多善意的政府干預，成了補償性回饋的犧牲品。

美國政府於1960年代，在老舊的城市內大量建造低收入住宅與提供當地住戶職訓。但是，儘管美國政府不惜投入大量資本和人力，這些城市到了1970年代卻仍未見改善。

原因之一是，低收入戶大量從其他城市和鄉村遷居到這些有補助的城市，最後新住宅區變得過度擁擠，申請工作訓練的人也使實際設備不敷所需。同時，城市的稅基繼續被侵蝕，使更多的人陷於貧困之中。

類似的補償性回饋作用，也抵消了對開發中國家食物與農業援助的美

意。因為雖然食物的供給增加了，但同時卻使死亡率降低，人口因之成長，結果食物反又不足。

同樣地，企圖以「貶值美元」來扭轉美國貿易不平衡的努力，往往會被許多國外競爭者的「同步降價策略」抵消，這是因為許多外幣匯率是緊跟美元而自動調整的。

此外，以引進外國的武力壓制國內游擊隊的政策，常讓游擊隊更堂而皇之地以掃除外來強權干預為號召，獲得更多支持，結果反而增強了反抗力量。

許多公司經歷過補償性回饋。當一項產品在市場突然失掉吸引力時，他們便更積極推動行銷，譬如在廣告方面投下更多的金錢，降低價格等。這些方法可能把顧客暫時拉回來，但在資源有限的情況下，割肉補瘡的結果，只是讓服務品質（譬如交貨速度或品管）衰退。長期而言，公司愈熱中於行銷，失掉的顧客愈多。

補償性回饋也不限於大的系統，個人的例子也很多。

戒菸會使某些人體重增加，身材變差，形成新的壓力，於是為了解除壓力就又開始抽菸；又有些母親殷切希望年幼的小孩能與同學和好相處，再三協助化解衝突，最後卻造成這個孩子無法學習獨自處理衝突；或譬如有些初到公司的新人，急於和大家融洽相處，當別人批評他的工作也絕不回應，最後反而被人認為難以共事。

不論是透過積極干預或徒增壓力的克制本能，更加用力推進只有令人筋疲力竭。

身為個人或組織，我們常不自覺被吸進補償性回饋的陷阱，且以自己的努力不懈為榮。當我們的努力未能產生持續改善的效果時，我們更加用力向前推，那種忠實殷勤，就像「拳擊手」一樣，堅信努力工作將克服所有障礙，這將使我們無法看見自己，反而助長了這些障礙。

法則三：漸糟之前先漸好

那些效果不彰的干預措施之所以能引誘許多人採用，是因為在短期內我們確實可看到一些效果：新房屋建好了、失業的人受了訓練、饑餓的孩童獲得照顧、不足的訂單有了補貨、把菸戒掉、解除孩子的壓力、避免了與新同事的衝突……然而補償性回饋通常要經過一段時間的「滯延」（delay）才會被發現，也就是短期利益和長期弊害之間的時間差距。

《紐約客》雜誌（The New Yorker）曾登過一幅漫畫：有一個人坐在椅子上，推倒左邊的一個大骨牌。他告訴自己：「我終於可以鬆一口氣了。」然而他沒有看見那骨牌正要倒向另外一個骨牌，而後倒向另外一個，一個接著一個，骨牌鏈最後將繞一圈從他的右邊擊中他。

許多管理的干預行為，常在惡果顯示之前，呈現良好狀況的假象，這是為什麼只重表面的政治性決策（譬如為了討好老闆）常製造出反效

果的原因。

人類似乎已發展出一套複雜的系統，有辦法使任何事情在短期內看來很好，但是最後補償性回饋會陰魂不散地回來找你。就像骨牌鏈移動的時間滯延，系統問題很難當下辨認。

典型的解決方案常可在開始的時候治好症狀，我們覺得好極了，誤以為現在已有所改善，或甚至問題已經不存在。但在兩、三年，甚至四年之後，以前的問題會再回來，甚至有新的問題因此引發。到那個時候，舊人已走，新人將面對更難處理的問題。

法則四：顯而易見的解往往無效

這是一則古老故事的現代版。過路人遇到一位醉漢在路燈下，跪在地上用手摸索。過路人發現醉漢正在找自己房屋的鑰匙，他想幫助醉漢，便問道：「你的鑰匙在什麼地方丟掉的？」醉漢回答是在他房子的大門前掉的。

過路人接著又問：「那你為什麼在路燈下找？」醉漢說：「因為我家門前沒有燈。」有燈光才易尋找，因此醉漢也不追究鑰匙真正掉在哪裡，看到燈光便開始找。

在日常生活中，應用熟悉的方法來解決問題，好像最容易，因此我們往往固執地使用自己最了解的方式。雖然有時鑰匙確實是在路燈下，

但也經常掉在暗的地方。當我們努力推動熟悉的解決方案,而根本的問題仍然沒有改善,甚至更加惡化時,就極可能是「非系統思考」的結果。

法則五:對策可能比問題更糟

有時候,容易的或熟悉的解決方案不但沒有效果,反而造成極危險的後遺症。比方說,有些人以飲酒來消除壓力,沒想到後來卻養成酗酒的惡習。

應用非系統的解決方案,在日後常須投入更多心力去解決後遺症,這是為什麼政府許多構想拙劣的干預政策不僅沒有效果,反而降低地方人士解決自己問題的能力、增加對政府的依賴。

短期改善導致長期依賴的例子俯拾皆是,系統思考的學者稱這個現象為「捨本逐末」──把擔子轉給干預者。干預行動也許是中央對地方政府善意的補助,但所有的協助只會讓系統的根本更弱、更需要幫助。

如作家米道斯說的:「捨本逐末的例子是簡單和有趣的,但有時候是嚇人的。」但這種例子也不限於政府部門,我們把簡單的算術交給口袋型計算機去做、把照顧老人的擔子轉給療養院;為了便於管理,我們將原本各自林立的獨立社區改成大型的住宅計畫。

冷戰把談判求和轉成加強軍備,因此軍事及相關產業隨之蓬勃;在商

業界，我們可以把擔子轉給顧問或其他公司，依靠他們的協助度過難關，卻沒有進一步訓練自己的經理解決問題。

如此日子久了以後，干預者的力量日益增長……不論是藥物對個人的控制、軍事預算對整體經濟的影響、外國軍援對國家主權的威脅，或是企業求助預算的增加，情況都一樣。

為了避免捨本逐末結構的弱點，米道斯說，任何長期解決方案都必須增強系統肩負自己擔子的能力。有時候這是相當不容易的，管理者在把人事問題轉給管理顧問公司後，可能發現如何將擔子接手回來才是真正的難題。學習如何處理人事問題，勢必投入許多時間與精力。

法則六：欲速則不達

這也是一則老故事：烏龜跑得慢，但是牠最後贏得比賽。企業界人士通常希望的成長速度是：快、更快、最快。然而，實際上，所有自然形成的系統，從生態到人類組織，都有其成長的最適當速率，而此最適當速率遠低於可能達到的最快成長率。

當成長過速，系統自己會以減緩成長速度來尋求調整，但在組織中，這種調整常會使組織因而被震垮，極其危險。本書第七章〈認清成長是件複雜的事〉中談到人民航空公司的故事，便是一個欲速則不達（甚至造成倒閉）的例子。

無論是管理者、政府官員、社會工作者或其他角色，當面對這些複雜社會系統中令人不滿的問題，而試著有所做為時，常常因為看到這些系統原理的運作如何阻撓行動，而感到非常氣餒。生態學家兼作家湯姆斯（Lewis Thomas）將這種氣餒稱為「本世紀最嚴重的無力感之一」。

這些系統運作所產生的干擾，甚至可以成為他們放棄行動的藉口，因為行動可能使事情更糟。然而系統思考的真正意涵，不是不行動，而是一種根植於新思考的行動。以系統思考處理問題，比一般處理問題的方式更具挑戰性，但也更有希望。

法則七：因與果在時空上並不緊密相連

以上所有問題，皆肇因於複雜的人類社會系統的基本特性：「因」與「果」在時間與空間中並非緊密相連。

我所謂的「果」，是指問題的明顯症狀，例如：吸毒、失業、貧窮、生意上訂單減少，以及利潤下降等；而「因」是指與症狀最直接相關的系統互動，如果能識別出來這種互動，便可以產生持久的改善。為什麼這是一個問題？因為大多數的人往往假設因果在時間與空間上是很接近的。

孩提時玩遊戲，問題和解決方案在時間上都不會相距太遠。在成人的世界中，譬如管理者，也傾向於同樣的看法 —— 如果生產線發生問

題，我們會在生產方面找尋原因；如果銷售人員不能達成目標，我們會認為需要以新的銷售誘因或升遷來激勵他們；如果住屋不夠，我們建造更多房屋；如果食物不夠，解決方案則必定是提供更多食物。

正如啤酒遊戲（見第三章〈從啤酒遊戲看系統思考〉）中各個角色最後所發現的，問題的根源既不是問題的艱難度，也不是對手的邪惡，而是我們自己。

在複雜的系統中，事實真相與我們習慣的思考方式之間，有一個根本的差距。要修改這個差距的第一步，是撇開因果在時間與空間上為接近的觀念。

法則八：尋找小而有效的高槓桿解

有些人稱系統思考為「新的憂鬱科學」，因為它告訴我們：最顯而易見的解決方案通常是沒有功效的；短期也許有改善，長期只會使事情更惡化。但是另一方面，系統思考也顯示，小而專注的行動，如果用對地方，能夠產生重大、持久的改善。系統思考家稱此項原理為「槓桿作用」（leverage）。

處理難題的關鍵，在於看出高槓桿解的所在之處，也就是以一個小小的改變，去引起持續而重大的改善。但要找出高槓桿解（即找出最省力的解），對系統中的每一個人都不容易，因為它們與問題症狀之間，在時空上是有一段差距的。找高槓桿解是一種挑戰，在挑戰中，

生命也意趣盎然。

美國哲學家、建築師及發明家富勒（Buckminster Fuller）對槓桿作用有一個絕佳的比喻，那便是「輔助舵」。它是舵上的小舵，功能是使舵的轉動更為容易，船也因它而更加靈活。船愈大愈需要輔助舵，因為在舵四周大量流動的水使舵的轉動困難。

用輔助舵來比喻槓桿作用之巧妙，不僅是因為它的效益，而且是因為以它極小的體積，卻能產生極大的影響。

假設在完全不懂流體力學的情況下，你看見一艘大型油輪在大海中航行，要使油輪向左轉，你應該推什麼地方呢？你或許會到船頭，嘗試把它推向左。但是你可知道，要使一艘以每小時15海里的速度前進的油輪轉向，要多大的力量嗎？最省力的方法是尋找槓桿點。槓桿點位於船尾，把油輪的尾部向右推，油輪便能向左轉。這便是小小的舵所產生的神奇功效。

輔助舵這個小裝置，對龐大的輪船有很大的影響。當它被轉向某一方向時，環繞著舵的水流被壓縮，造成壓力差，把舵「吸」向所要的方向，而整個系統 —— 船、舵、輔助舵 —— 便是透過槓桿原理運作。飛機也是利用機翼上下的壓力差，而將巨大的機體「吸」上天空的。然而，如果你不了解流體力學，你便完全看不見它的作用。

人類系統的高槓桿解也是不明顯的，除非我們了解這些系統中各種力

量的運作。

要找出高槓桿解並沒有簡單的規則可循，學習系統思考可以幫助我們提高找到它的機率。我們可從學習看系統背後的「結構」而非看「事件」開始。第六章〈以簡馭繁的智慧〉後面所附的每一個「系統基模」（systems archetype），都與尋找高、低槓桿解有關。

觀察變化的全程，而非以靜態方式或固定點的思考，是另外一項需要銘記於心的重點。

法則九：魚與熊掌可以兼得

有時候，即使是最兩難的矛盾，當我們由系統觀點來看時，便會發現它們根本不是什麼矛盾。一旦改採深入觀察變化過程的「動態流程思考」，我們就能識破靜態片段思考的錯覺，看到全新的景象。

譬如，多年來，製造業認為他們必須在低成本與高品質之間做抉擇，因為他們認為，品質較高的產品，製造的成本也必定較高，而由於要花較長時間裝配，需要較昂貴的材料與零組件，並且必然要有更嚴密的品管。

他們一直沒有考慮過，以長期來看，提高品質與降低成本是可以兼得的，因為只要基本工作流程改善，便能夠消除重做、縮減品檢人員、減少顧客抱怨、降低售後保固維修成本、提高顧客忠誠度，以及減少

廣告及促銷等成本。

相反地，他們通常不採取兩者兼得的方式，他們寧願專注在其中一個
目標。當然，時間、金錢和組織變革是發展新策略必須先期投入的成
本。只要你有耐心，先專注在流程改善上，隨後一段時間，品質會上
升，成本也會上升；但不久之後，你便發覺有些成本快速下降；數年
之內，成本大幅下滑，兩者兼得。

許多類似的進退兩難矛盾 —— 像是由中央控制還是由各分公司自己決
定、如何留住員工又不讓勞工成本增加太多、如何鼓勵個人又不破壞
團隊精神等 —— 之所以會發生，乃是由於我們以靜態片段的方式來思
考，因此極易以僵硬的二分法來做選擇。在短時間內，我們或許必須
二者擇一，但是真正的槓桿解在於，看出如何在經過一段時間以後，
兩者都能改善。[4]

法則十：不可分割的整體性

生命的系統有其完整性，而其整體特性也因此顯現在外。組織也是一
樣；要了解組織中管理問題的癥結，必須先了解產生這些問題的系統
整體。

有個古老的故事，可說明這個法則的論點：

三個瞎子遇到一隻大象，每個人都大聲驚叫。第一位抓住大象的一隻

耳朵說：「它是一個大而粗糙的東西，又寬又大，像一片地毯。」第二個人握著大象的鼻子說：「我摸到的才是事實的真相，它是一個直而中空的管子。」第三個人握著大象的一隻前腿說：「它強有力且堅實，像一根柱子。」

這三個瞎子與許多公司製造、行銷、研究的主管有雷同之處。每一位主管都清楚看到公司的問題，但是沒有一個人看見自己部門的政策如何與其他部門的政策互動。按照這些人思考的方式，他們永遠不會知道一隻大象的全貌。

看「整體」，並不表示每個組織問題都能夠以察看整個組織而獲致了解，有些問題只能靠研究主要機能如何互動才能察覺到，像是製造、行銷與研究之間的互動；但是有些問題的關鍵系統力量，是來自某個特別的機能領域；還有些問題，必須考量整個產業中的互動力量。

關於如何判斷整體，有一個很重要的原則：我們應該研究的互動因素，應該是那些與要解決的問題相關的因素，而不是以我們的組織或系統中，因功能而劃分的人為界線為出發點。

這個原則稱為「系統邊界原理」（principle of the system boundary），但實際要應用這個原理卻有困難，因為組織的設計往往讓人看不清楚任何重要的互動。

許多歐洲城市進行城市規劃時，為了維持市區內外平衡的發展，方式

之一是維持一塊面積相當大、環繞城市的「綠帶」,以抑制市郊因過度發展而取代舊市區,致使舊市區加速老化。反之,美國的都市鼓勵郊區不斷發展,市區富有的居民也因此不斷搬到郊區,舊市區則愈來愈差,終至淪為罪惡和貧窮的淵藪。

今天貧窮的區域,像是紐約的哈林區與波士頓的羅克士伯利(Roxbury),原本都是高級區域。企業也常犯同樣的錯誤,只顧不斷購併和投資新事業,而不再對原有基礎做投資。

有時候人們不分青紅皂白把一頭大象分為兩半,但這樣做絕對不會得到兩隻小象,只會搞成一團亂。所謂一團亂,是指找不到槓桿解,困難的問題依舊存在。因為槓桿解位於互動中的位置,無法由你所掌握的片段看出來。

譬如,目前組織設計的方式,使人們很難看見重要的互動關係。一個常見的組織設計的方式是施行硬性的內部分工,並且禁止詢問自己部門以外的問題;如此一來,各部門常為了把自己的部分「打掃乾淨」,而把問題掃給別的部門。

法則十一:沒有絕對的內外

對於我們的問題,我們傾向於歸罪於外,是「別人」(競爭者、市場的改變、政府)所造成。

然而，系統沒有絕對的內外之分；系統思考有時會將造成問題的「外」
部原因，變成系統的「內」部原因來處理，這是由於解決之道常常藏
在你和你的「敵人」的關係之中。

注釋

1. 這些法則是從系統領域中，許多研究者的著作所擷取：*Garrett Hardin,*
   Nature and Man's Fate（New York: New American Library），1961; Jay
   Forrester, *Urban Dynamics*, Chapter 6（Cambridge, Mass: MIT Press），
   1969; Jay Forrester, "The Counterintuitive Behavior of Social Systems,"
   Technology Review（January 1971, pp. 52-68; Donella H. Meadows, "Whole
   Earth Models and Systems," *Co-Systems I: An Introduction to Systems*
   Thinking,（Minneapolis: Future Systems Inc.），1980（available through
   Innovation Associates, P.O. Box 2008, Framingham, MA 01701。

2. 這類蘇非派（Sufi）的故事，可從伊德里斯・夏（Idries Shah）的著作中
   找到，如：*Tales of the Dervishes*（New York: Dutton），1970, and *World*
   Tales（New York: Harcourt Brace Jovanovich），1979。

3. George Orwell, *Animal Farm*（New York: Harcourt Brace），1954.

4. Charles Hampden Turner, *Charting The Corporate Mind: Graphic Solutions*
   to Business Conflicts（New York: Free Press, 1990.）

第 5 章
新眼睛看世界

大部分人都喜歡玩拼圖遊戲，愛看整體的圖像顯現。一個人、一朵花或一首詩之所以美，在於我們看到它（他）們的全貌。

在許多古老的文明中，「完整」與「健康」是同義字。今天我們的世界如此不健康，跟我們沒有能力把它看作整體，有極大的關聯。

系統思考是「看見整體」的修練，它是一個架構，能讓我們看見相互關聯而非單一事件，看見漸漸變化的形態而非瞬間即逝的一幕。

它是一套蘊含極廣的原理，是從 20 世紀開始到現在不斷精煉的成果，跨越眾多不同領域，如：物理、社會科學、工程、管理等。

它也是一套特定的工具與技術，出自兩個來源：控制論（cybernetics）的「回饋」概念與「伺服機制」（servo-mechanism）工程理論（可遠溯至 19 世紀）。

在過去三十年之中，這些工具被用來了解企業、都市、區域、經濟、

政治、生態，甚至生理系統。[1]系統思考可以使我們敏銳覺知屬於整體的微妙「搭配」，正是那份搭配的不同，使許多生命系統呈現他們自己特有的風貌。

世界愈複雜，愈需要系統思考

今日的世界更趨複雜，對系統思考的需要遠超過從前。

歷史上人類首次有能力製造出多得讓人無法吸收的資訊、密切得任何人都無法單獨處理的相互依存關係，以及快得讓人無法跟上的變化步調，複雜的程度確實是空前的。

在我們四周，到處是「整體性故障」的例子，如：全球溫室效應、氣候異常、國際毒品交易等，這些問題都沒有簡單的局部成因。

儘管有聰明絕頂的個人和創新的產品，許多組織還是常常垮掉，因為他們無法把各種機能與才幹結合在一起，成為一個有生產力的整體。

事物的複雜性很容易破壞人們的信心與責任感，就像人們經常掛在嘴上的：「這對我太過複雜了。」或「我無能為力，這是整個體制的問題。」

系統思考能對這個複雜時代的無力感有振衰起弊的作用，它是一項看清複雜狀況背後的結構，以及分辨高槓桿解與低槓桿解差異所在的一

種修練。為了達成這個目標，系統思考提供一種新的語言，重新建構我們的思考方式。

心靈的轉換

我把系統思考稱為第五項修練，因為它是本書中五項修練概念的基石，所有的修練都關係著心靈上的轉換：

● 從看部分轉為看整體。
● 從把人們看作無助的反應者，轉為改變現實的主動參與者。
● 從對現況只做反應，轉為創造未來。

如果沒有系統思考，各項學習修練到了實踐階段，就失去了整合的誘因與方法。

在當年初版的《第五項修練》中，我曾寫道：「美蘇軍備競賽便是缺乏系統思考的悲劇⋯⋯這也是一場『看哪一方能更快達到雙方都不想達到的地方』的競賽⋯⋯這樣的軍備競賽已使美國的經濟力量流失、蘇聯的經濟被壓垮。」那時我也評斷，除非美蘇其中有一方先認清「不願意再進行這種競賽」，否則這樣的形勢不會改變。

諷刺的是，就在我寫下這些話的一年內，蘇聯的解體便為這場悲劇性的美蘇軍備競賽劃下倉皇的休止符。

但到了本書改版的今天，美國與世界許多國家又發現，他們陷入了另一場無止境的競賽，這場比賽的終點也同樣沒人想達到，它就是美國在911事件後主導的全球「反恐戰爭」。[2]

反恐戰爭的循環

就和當年美蘇軍備競賽一樣，美國與恐怖攻擊組織的對峙根源，並不是互不相容的政治意識型態，也不是為特定的軍事目的，而是導源於雙方共有的思考方式。

美國有關當局對於反恐戰爭的觀點大致如下：

恐怖份子的攻擊增多→對美國的威脅增加→美國需要以更強硬的軍事行動回應

而從那些恐怖份子的觀點，這樣的情勢代表了：

美國的軍事行動增加→美國的侵略形象更為鮮明→組織需要招募更多成員（也就是更多恐怖份子）對抗

從美國的觀點，像「蓋達組織」這類恐怖組織是侵略者，因此美國擴張用兵，是對這類威脅做出防衛；但從恐怖組織的觀點，不論從經濟實力或軍事實力上來看，美國才是侵略者，而從這些組織得以招募到愈來愈多的新成員觀察，可見有許多人接受美國是侵略者的形象。

但是，這兩條直線卻形成了一個環，雙方個別的、線性的（或非系統的）觀點，在互動之下形成了一個「系統」—— 一組彼此影響的變數，如〔圖5-1〕所示。

在這個系統觀點下的反恐戰爭，顯示一個持續的侵略循環。美國為回應恐怖組織的威脅，因此增加軍事行動，但這又使美國的侵略者形象更鮮明，導致恐怖組織得以招募更多成員對抗美國，恐怖組織更大了以後，對美國的威脅又更高，更多的美國軍事行動又必須啟動……

從他們各自的觀點，雙方都達成本身的短期目標，雙方都為回應對方而有所舉動，但是他們的行動卻造成相反的結果 —— 長期而言，威脅

圖5-1 「反恐戰爭」的系統圖

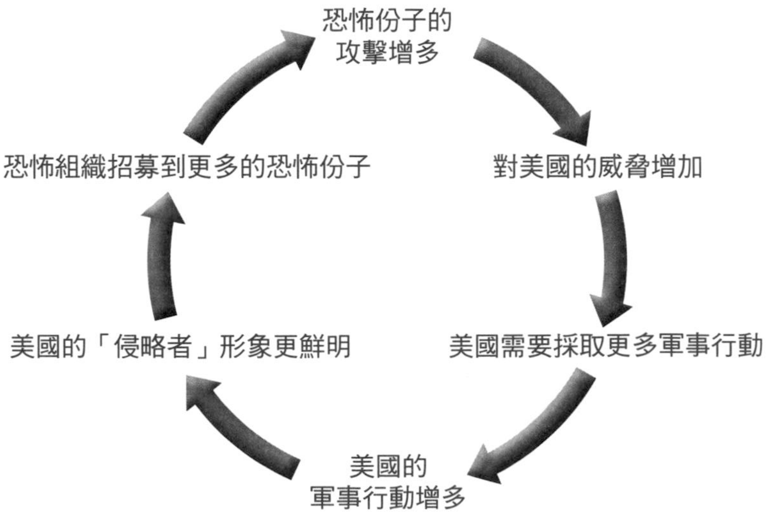

恐怖份子的
攻擊增多

對美國的威脅增加

美國需要採取更多軍事行動

美國的
軍事行動增多

美國的「侵略者」形象更鮮明

恐怖組織招募到更多的恐怖份子

反而升高。這個例子就像許多系統一樣,採取直接的對策無法達到預期的結果,每一方都想要尋求長期的安全,結果全都失敗。

諷刺的是,特別對美國來說,它擁有許多所謂的「系統分析家」,多年來卻都未能採用一個真正的系統觀點,只在忙(盲?)於精細分析這些恐怖組織的武器、資源,以及透過複雜的電腦模擬攻擊與反制戰爭的假想狀況。[3]

然而,為什麼儘管有這些處理複雜事物的工具,卻無法使我們有能力逃脫這場不合邏輯的反恐戰爭?

動態性複雜

同樣地,許多企業管理方面複雜深奧的預測與分析工具,以及洋洋灑灑的策略規劃,常常無法在企業經營上有真正突破性的貢獻,原因在於這些方法只能用來處理「細節性複雜」(detail complexity),而無法用來處理「動態性複雜」(dynamic complexity)。

「動態性複雜」中的因果關係微妙,而且對其干預的結果,在一段時間中並不明顯,傳統的預測、規劃與分析方法無法處理動態性複雜。

烹飪時按食譜加入許多調味料、依照複雜說明書組合一部機器,或是處理店內的庫存等,所涉及的只是細節性複雜而非動態性複雜。

當相同的行動在短期和長期有相當不同的結果,其中必定牽涉了動態性複雜。

如果同樣的行動,在自己這一部分所引起的效應,與系統中另一部分所形成的結果相差懸殊,也必定是因為具有動態性複雜的關係。

倘若理所當然的對策產生不合理的後果,那麼你的系統必定具有動態性複雜。

只要想想,任何企業必須花許多人力才能製造一些成品、要花許多個星期才研擬出新的促銷辦法、要花許多個月才訓練好新進人員,以及要花許多年來發展新產品、培養管理人才、建立品質聲望……所有這些過程不斷在互動,其動態複雜可想而知。

注重細節性複雜將反其道而行

在大多數的管理情況中,真正的槓桿解在於了解動態性複雜,而非細節性複雜。

如何在快速銷售成長與擴充產能之間謀得平衡,是一個動態的問題;如何搭配價格、產品(或服務)品質、設計與控制庫存,成為有利潤的組合,以產生有利的市場地位,是一個動態的問題;改善品質、降低總成本,使顧客滿意,以取得持久的競爭優勢,更是個動態的問題。

很不幸的是，大多數所謂「系統分析」著重於細節性複雜，而不是動態性複雜。許多系統模擬也是如此，但如果我們關注的只是細節性複雜，研究其中數以千計的變數和複雜細節，實際上只會分散我們的注意力，而看不見那些主要的互動關係及其變化形態。

然而，可悲的是，對大多數的人而言，系統思考的意思就是「以複雜對付複雜」，他們往往想出更加複雜的方法來處理複雜的問題。事實上，這和真正的系統思考正好相反。

以反恐戰爭為例

反恐戰爭就是一個非常根本的動態性複雜問題，要洞察其原因與治療方法，首先必須釐清各行動之間的相互關聯，還必須看清行動與後果之間的時間滯延（譬如美國為確保國家安全而增加的軍事行動決策，和因此使得美國入侵者形象更鮮明，並讓恐怖組織招募到更多新血兩者之間的時間滯延），同時也必須看出對立局勢不斷升高的變化形態。

看清楚問題背後的相互關聯後，新的視野會因此產生，以尋求可能的對策。在反恐戰爭的例子中，就像任何衝突不斷升高的情況，明顯的問題是：「惡性循環有沒有可能往相反方向轉？」「反恐戰爭是否能夠往回走，漸步建立起一個對雙方都更安全的系統？」

顯然，在全球安全與中東區域的系統裡，還有許多變數影響著前述動態問題，但對這個系統最根本有益的觀點，仍繫於這個地區的人們怎

麼思考他們的安全問題，以及他們對進步及發展的渴望。

在這個系統中，如果任一方只是採取片段觀點來理解事件發展的過程，特別是把對方橫加定義為衝突中的侵略者，那彼此的受威脅感將無法降低。

因此，系統思考修練的精義在於心靈的轉換：

● 觀察環狀因果的互動關係，而不是線段式的因果關係。
● 觀察一連串的變化過程，而非片段的、一幕一幕的個別事件。

練習系統思考

系統思考的練習，從了解一個簡單的概念「回饋」開始。回饋可以說明，行動如何互相推波助瀾或互相抵消，有助於學習識別反覆發生的結構類型。

1980年代的美蘇軍備競賽背後，就是一個衝突不斷升高的模式。基本上，它的類型跟兩個市井幫派搶地盤、夫妻之間關係惡化，或兩家公司同為市場占有率打廣告戰，並沒有什麼不同。

簡言之，系統思考是一種豐富的語言，用以描述各種不同的環狀互動關係及其變化形態；它的最終目的，在於幫助我們更清楚看見複雜事件背後運作的簡單結構，使人類社會不再那麼複雜。

學習任何新語言，一開始都是困難的，但是當你開始熟練基本的方法，就會變得比較容易。研究顯示，孩童學習系統思考相當快速。[4]也就是說，每個人都有成為系統思考者的潛能，甚至教育系統中的線段式思考，也不能真正把我們這部分潛能抑制下去。希望本書下列章節，能幫助大家重新發現這些潛在的能力，使每個人都成為系統思考者。

因與果環環相扣[5]

真實世界是由許多因果環組成的，但是我們卻往往只看到線段，這扼殺了許多系統思考的萌芽機會。

使我們的思考支離破碎的原因之一，是我們的語言。語言塑造了認知 —— 我們所看見的取決於我們想看見什麼。西方國家的語言「主詞、動詞、受詞」的結構，偏向線段式的觀點。[6]

如果要看整個系統的相互關聯，我們便需要相互關聯的語言，即一種以環狀相連的語言。如果沒有這種語言來引導思考，我們所習用的、片片段段看這個世界的方式，便會產生前述許多反效果的行動，就如軍備競賽的決策者所做的。

這樣一種語言，在面對動態性複雜的問題與策略性的選擇時，都是很重要的，尤其是當個人、團隊或組織需要超越個別事件來看影響變化的背後力量時。

為了說明新語言的基本原理，讓我以一個很簡單的系統為例：注滿一杯水。

你可能會想：「那不是一個系統，它太簡單了。」但是請再想想看，從線段式的觀點，我們說：「我在注滿一杯水。」大多數人的腦子裡所想的，可能是像〔圖5-2〕那樣的景象。

當我們在加滿杯子的水時，事實上我們一直注視著水位上升。我們不斷監測移動的水位和我們的目標（想要的水位）之間的差距，當杯中的水接近想要的水位時，我們調整水龍頭使水流慢下來，直到加好水

圖5-2　注滿一杯水的線段式思考圖

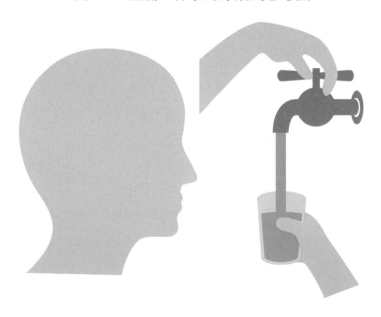

而水龍頭被關緊為止。

其實,當我們為杯子加水的時候,我們是處於一個涉及五項變數的「水量調節」系統:想要的水位、杯子現在的水位、兩者的差距、水龍頭的旋轉位置,以及水的流量。這些變數被排列成圓形或因果關係的環路,稱為「回饋過程」。此一過程不斷運作,使水位達到想要的位置(圖5-3)。

大家經常搞不清楚「回饋」這個字眼到底指些什麼,絕大多數的時候,我們用在詢問別人對自己行為的意見上;你可能說:「請給我一

圖5-3　注滿一杯水的系統思考圖

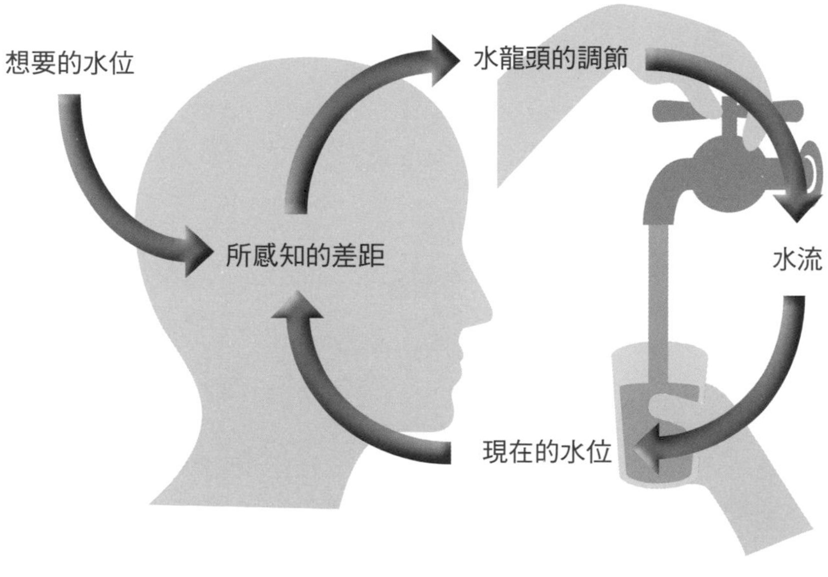

想要的水位

水龍頭的調節

所感知的差距

水流

現在的水位

工具箱一：如何描述系統圖

　　想做到有系統地看清事實真相，要領是看因果的「動環」，而非線段式的因果關係。這是打破線性思考及其所衍生的反應式想法的第一步。事實上，每個動環都在描述一個「故事」。追蹤因果影響的流動，你就能夠看見一再重複出現的變化形態，一次又一次，時而變好，時而變壞。

　　在〔圖5-4〕中，線段連結起兩個要素，其中箭頭表示前一項因素對後一項因素的影響。水龍頭的調節箭頭指向水流，任何對水龍頭調節所做的改變，將使水流改變，但是箭頭從不單獨存在。

圖5-4　注滿一杯水的動環式思考

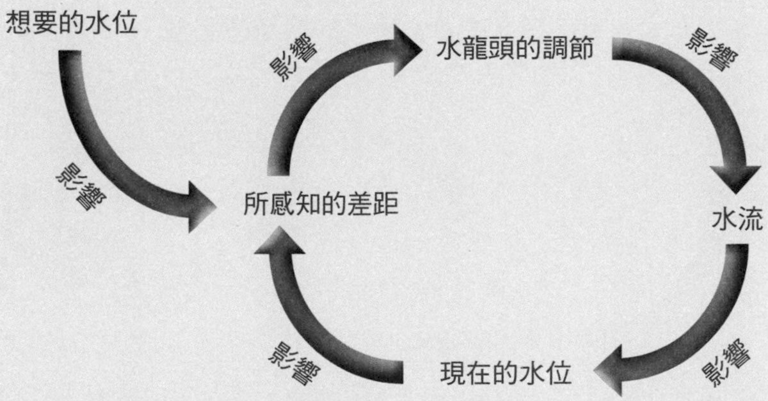

想要的水位　　　　　影響　　　　水龍頭的調節　　影響

影響

所感知的差距　　　　　　　　　　　　　　水流

影響　　　　現在的水位　　　影響

　　為了描述這個動環，我們可以追蹤每一項行動的後續影響，像玩具火車繞圈子那般，重複運行；或者可由決策者採取行動的那點開始：「我要調整水龍頭的水流，改變水位。水位改變時，我所覺知的差距 — 現在的與想要的水位之差也會改變。當差距改變，我的

手在水龍頭的調節位置又改變，然後……」

描述這個回饋動環圖的主要技能是看圖說「故事」：結構如何造成特別的行為模式，以及行為模式如何被影響而改變。這裡的「故事」就是把玻璃杯注滿水，並在杯子注水的時候逐漸關緊水龍頭。

些如何有效經營釀造廠的建議？」或者「你對於我處理這件事情的方式有什麼看法？」在這類用法中，正的回饋指鼓勵的說法，負的回饋指負面的訊息。

但是在系統思考中，回饋是一個更為廣泛的概念，意指任何影響力的反覆回流，是一種循環不息的「動環」。在系統思考，每一影響既是因也是果，沒有什麼事情只受到一個方向的影響。

動環式思考使因果關係更完整

雖然在概念上是簡單的，但是「動環」式的思考打破了根深柢固的想法 —— 線段式的因果關係。

在日常語彙中，當我們說：「我正在加滿杯子的水。」我們並沒有很深入思考這句話真正的意思；它意指一項單向的因果關係：我正在使水位上升。或說得更精確些：「我在水龍頭上的手，正在控制水流進杯子的速度。」這個陳述顯然只描述了一半的回饋過程：從「水龍頭的調節」到「水流」到「水位」的連接（見〔圖5-5〕右半部分）。

圖5-5 「我正在注滿一杯水」的線段式思考

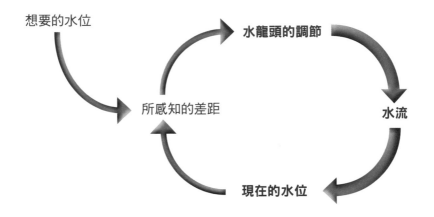

但是只描述另外一半的過程,也同樣只是片段思考:「杯子的水位決定了我的手如何調節水龍頭。」(見〔圖5-6〕左半部分)。

這兩個描述同樣都不完整。因果關係更完整的描述是:我在杯子內加水的意念,產生了一個系統;水位低的時候,使水流入,等杯子水滿的時候關掉水流。

換句話說,結構影響行為的變化形態。這個差異是重要的,因為只看到個別的行動而漏掉在行動背後的結構,就像在第三章〈從啤酒遊戲看系統思考〉的啤酒遊戲中看到的,是使我們在複雜的情況下無能為力的根由。

事實上,在日常語彙中,我們對因果屬性的描述多是線段式的。它們

圖5-6 「我正在調節水位」的線段式思考

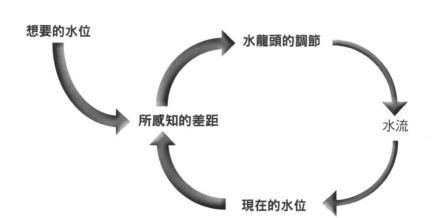

只有部分正確，因為它們都偏向敘述反覆回流動環的一部分，而不是整個過程。

以新語言描述系統

另外一個被系統的回饋觀點推翻的觀念，是自我中心主義，也就是把自己看作活動的中心。當多數人說「我正在加滿杯子的水」時，暗示了他自居於人類活動舞台的中心。然而系統觀點卻指出，人所扮演的任何角色都是回饋環路的一部分，而非獨立存在於回饋環路之外。

這代表一種根本觀念的重大轉換，它讓我們看清自己如何不斷影響周遭環境，同時受到周遭環境的影響。

近代生態學家也強烈主張一種新觀念，那便是把自己看作自然的一部分，不能與自然分割。

所有的行動，都是自然環境運作下的產物。我們由於深深陷入自我中心主義之中，片段的思維方式導致自我認知的極大偏差。反恐戰爭該由誰負責？從每一方線段式的觀點來看，責任明明在對方：是對方的侵略行動引起我們做出建立軍事力量的反應。

線段式的觀點總是簡單歸結出責任所在，所以當事情出了問題時，便開始責怪某人或某事。在系統思考的過程中，我們放棄必定要由某人或某單位負起責任的假設；系統的回饋觀點建議大家，應共同分擔系統所產生的問題。雖然未必每個有關的人都擁有相等的力量去改變系統，但顯而易見的是，尋找代罪羔羊絕不是解決問題的方法。

最後，系統的回饋觀點顯露出人類語言的限制。當我們嘗試以文字描述系統，即使很簡單的系統，像是將玻璃杯注滿水，都顯得相當笨拙：「當我正在注滿一杯水時，有一個回饋的影響引起我調節水龍頭，調整了水流並回饋以改變水位，整個過程使水上升到我想要的水位。」

這正是為什麼我們需要一種新語言描述系統的原因，如果描述像注滿玻璃杯這樣一個簡單的系統都如此笨拙，那麼使用日常語彙來描述組織裡面多重回饋環路時，我們的困難將大得無法想像。

這一切都要費一些功夫才能逐漸習慣。我們習於以線段式的語言來描述我們的經驗，因為用它來描寫因果關係與責任歸屬，是既簡單又熟悉的方法。這不是說必定要放棄它們，因為有許多狀況，簡單的線性描述就已足夠，使用回饋環路反而浪費時間。但是處理動態性複雜的問題時，就非得使用系統語言不可。

系統思考語言的三個基本元件

回饋環路（或「動環」）有兩種不同的類型：**「不斷增強的回饋」**（reinforcing feedback）與**「反覆調節的回饋」**（balancing feedback）。

增強（或擴大）的回饋過程是成長的引擎。不論何時，只要事情是在一直成長的狀況下，你便可以確定是增強的回饋在運作，而它的影響可以是正面，也可以是負面的。增強的回饋也會產生迅速衰敗的形態，原本些許的下降，被擴大成急劇、甚至不可收拾的下跌。像是發生金融恐慌的時候，銀行資產不斷減少便是一例。

不論何時，只要發現有目標導向的行為，就是有調節作用（或穩定作用）的回饋在運作。

以開車為例，如果目標是停車，那麼調節的回饋就以煞車運作；如果目標是每小時移動六十英里，那麼調節的回饋將使你加速到六十英里為止。「目標」可以是明確的，譬如一個公司尋求期望的市場占有率；「目標」也可以是隱藏不明顯的，譬如有些惡習，雖然想除去，

卻始終陷溺其中。

此外，許多回饋環路，包含「**時間滯延**」，會干擾影響的過程，而使得行動的結果以漸進的方式產生。

系統思考的語言都是由這三個基本元件建立起來的 —— 不斷增強的回饋、反覆調節的回饋和時間滯延，就像句子是由名詞與動詞建立起來一樣。一旦我們學會這些構成元件，我們便能開始建構許多「系統故事」，也就是下一章所要介紹的系統基模（systems archetype）。

增強的回饋：雪球效應

當置身在一個增強的回饋系統中，因為改變是漸進的，你或許不易察覺小小的行動如何能發展成巨大的影響，不論是使情勢更好或更壞。看清系統往往使你有能力影響系統的運作方式。

譬如，管理者可能沒想到自己的期望會影響部屬績效的程度。如果我認為這個人具有很高的潛能，我會特別注意和照顧他，他的潛能因而得以發展；當他才華綻放，我覺得自己的評估是對的，因此更進一步幫助他。

相反地，那些被我認為潛能較低的人，可能會在輕忽與不受重視之下，表現出毫無工作意願的樣子，我因此更確信自己的評估是對的，因而更不重視他。

心理學家莫頓（Robert Merton）將這個現象命名為「自我實現的預言」[7]。這也就是在蕭伯納（George Bernard Shaw）名劇《窈窕淑女》（*My Fair Lady*）中為人所熟知的「畢馬龍效應」（Pygmalion effect）。該劇取材自希臘與羅馬神話中的一個角色畢馬龍，這位神話中的主角深信，他所刻的雕像非常美麗，終於使雕像變成有生命。

典型的雪球效應案例

畢馬龍效應可以在無數的情況中看到[8]，比方在學校中，老師對學生的看法，會影響那位學生的行為。

珍妮個性害羞，她在新學校第一學期的成績特別差（因為她的父母感情不睦）。珍妮的老師於是認為她懶散；下一個學期，老師給珍妮的關切更少，她的成績於是更不好，因而個性更退縮。

隨著時間過去，珍妮陷入惡化退縮的漩渦之中，被老師冠上不認真學習的標籤後，她更加封閉。於是，被視為才能高的學生，得到更多的關切；而被視為才能低的學生，他們的成績卻因增強的回饋而更糟。

在畢馬龍效應這種增強回饋的過程中，小小的差異會自動不斷擴大，一旦開始，動作就會擴大，產生更多同方向的運作，就像一個小雪球滾動起來，愈滾愈大；也像以複利方式計算的利息，本金愈滾愈多。有些不斷增強的過程是一種惡性循環；在其中，事情開始就顯得不妙，然後愈變愈糟。

「汽油危機」也是一個典型的例子。汽油不足的風聲傳出後，使大家長途跋涉到偏遠地區的加油站，將油箱加滿；一旦看到汽車大排長龍，他們更相信危機的存在，恐慌得開始囤積汽油。不久之後，每一個人在油箱只耗掉四分之一時就去加滿油，唯恐油槍滴不出油的時候車子行不得也。

人們在颱風前也會因恐懼風災造成停電、市場供應不足，因此存糧儲水。另外，銀行擠兌及某類股票因為市場消息指出其產業遠景看壞而被瘋狂拋售，都是類似的例子。這些增強的結構，都是因為有些事僅朝向不符人們預期的方向小幅改變所致。

但是增強的環路並不一定就是壞的，它也有產生良性循環的時候。譬如運動常能造成一個有益的增強螺旋：你覺得運動好，便會更常運

工具箱二：如何描述增強環路

〔圖5-7〕是由好的口碑所引起增加銷售的增強環路。在本書中，增強環路均以「滾雪球」的圖形來表示。再一次，你可以循著環路描述其不斷增強的過程：

「對一個好產品而言，更多的銷售等於有更多滿意的顧客，等於更多好的口碑。這將帶動更多的銷售，和比以前傳播更廣的口碑……依此循環。另一方面，如果產品有缺陷，良性循環會轉為惡性循環；滿意的顧客減少，好的口碑減少，銷售量於是減少，好口碑於是更少，銷售又更形減少。」（圖5-7）。

圖5-7　由口碑促進銷售狀況的反增強環路

銷售

良好的口碑

滿意的顧客

　　由增強環路所造成的行為會加速成長或加速衰退，譬如，核子武器軍備競賽造成過去半世紀的武器存積加速（圖5-8），或是銀行擠兌使銀行內的儲備金快速短缺。

圖5-8　軍備競賽反覆增強環路的效果

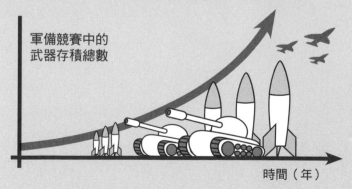

軍備競賽中的
武器存積總數

時間（年）

動，覺得身體更好了些，又因而更勤加運動；又如反恐戰爭以反方向運作，如果持續下去，會產生另外一個良性循環。

任何新產品的成長都可能形成一個增強的螺旋。譬如，許多產品成長得力於良好的口碑。產品的口碑可以增強消費者使用滿足感的「雪球效應」（像是早年的福斯汽車「金龜車」與現在的iPod音樂播放器），滿意的顧客告訴其他人，聽到的人成了滿意的顧客，又告訴其他人。

成長與危機

我們常聽見的語彙，諸如「雪球效應」、「連鎖反應」、「惡性循環」和「貧者愈貧、富者愈富」，都是增強環路的例證。企業也常運用它來增強新產品和新組織的信心。

然而，增強環路常會反向運作，造成反效果。群眾活動便常常受到這種影響，市場口碑也很容易反向操作，造成銷售上無可彌補的損失。

自然界中也可發現增強環路的現象。有個法國童謠描述這種現象：池塘角落最初只有1片荷葉，荷葉的數目每天增加1倍。也就是說，一共需要30天，整個池塘就會布滿荷葉。

但是，在前二十八天，根本沒人理會池塘中的變化；直到第二十九天，村裡的人才注意到池塘的一半突然充滿了荷葉，而開始關心起來，但這時候他們已無能為力。次日，他們所害怕最壞的情形出現

了：整個池塘布滿了荷葉。

這就是為什麼環境危機令人如此擔憂的原因；特別是那些由增強環路所產生的危機，在問題被注意到的時候，或許已經太晚了。物種的滅絕也是如此，開始時通常不易發覺，慢慢加速衰退一段很長的時期後，接著快速絕跡。企業的消失也是如此。

增強環路不會單獨一直運作下去，最後一定會遭遇到極限，使成長減緩或停止，或轉變方式，或反轉方向。荷葉碰上池塘邊緣限制的時候，也就停止成長了。「極限」是「調節的回饋」的形式之一。「調節的回饋」是系統思考語言的第二項基本元件。

調節的回饋：穩定與抗拒的來源

一個反覆調節的系統是一個尋求穩定的系統。如果你處於這種系統中，而系統的目標正好是你所喜歡的，你將感到高興；如果不是，你將因發現所有的改變又回復原狀而感到挫折，直到你能夠改變目標或是減弱它的影響為止。

大自然傾向於平衡，但是人類在做決策時，往往與那些平衡的原則背道而馳，也因此付出極高的代價。

譬如，管理者在預算壓力之下，往往以削減員工人數來降低成本，卻發現結果是使其餘人員工作負荷過量，而成本並未全然下降，因為做

不完的工作無論是外包或加班都使成本增加。成本沒有降低是因為系統自有它們運行的法則，而在這個例子中有一個隱含的目標：預期必須做完的工作量。

一個調節的（或追求穩定的）系統會自我修正，以維持某些目標。加滿杯子的水是一個調節的過程，目標是滿滿的一杯水；僱用新員工是一個調節的過程，目標是預定員工數或成長率；駕駛汽車與騎腳踏車保持穩定也是調節的過程，目標是向預定的方向前進。

調節的回饋環路不勝枚舉，它們影響所有目標導向的行為。譬如像人體般複雜的生物，包含了好幾千個調節的回饋環路，以維持體溫、痊癒傷口、依光的強度調整視力，以及對威脅的警覺等。

生物學家會說，這些回饋環路是使我們穩定體內狀態的機制，也就是在變動的環境中維持生存的能力。

當我們需要食物，調節的回饋提醒我們吃東西；當我們需要休息，提醒我們睡覺；或如〔圖5-9〕所示，當我們感覺冷，提醒我們穿上毛衣（在本書中，調節環路均以一個「天平」的圖形來表示）。就像在所有的調節過程裡，我們的體溫會朝向期望的溫度逐漸調整。

組織與社會的調節環路

組織與社會都是複雜的生物，他們也有無數調節的回饋環路。在公

圖5-9　穿著對體溫的調節回饋環路

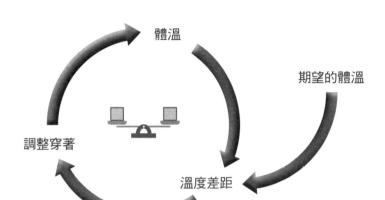

司，生產與材料訂購流程不斷調整，以回應所收到訂單的變動；短期
（打折扣）與長期（標價）價格也要調整，以回應需求或競爭者的價格
變動；借貸必須隨現金餘額或資金周轉需要的變動而調整（圖5-10）。

事前的計畫可產生較為長期的調節環路，例如：人力資源計畫可以建
立人員和技能的長期成長目標，以配合所預期的需要；市場調查與研
發計畫可以引導新產品的發展，以及對人員、技術、設備的投資，建
立企業長遠的競爭優勢。

在管理中，調整的工作之所以如此困難，是因為有些目標往往很難察
覺，使得調節的環路無法辨認。我回想起一位好友，他的企管顧問公
司成長迅速、而他則努力使同仁們不要過度工作。

圖5-10　公司現金餘額的調節環路

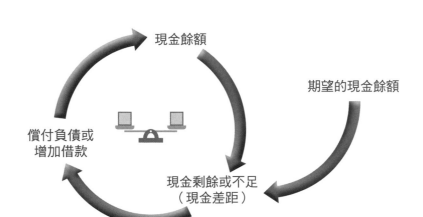

他寫備忘錄、縮短工作時數，甚至提早下班並鎖上辦公室，這一切無非是想要讓員工不再工作過度，但是這些行動都無法奏效 —— 員工忽視備忘錄、違背縮短工作時間的規定，並因辦公室被鎖上而把工作帶回家。

之所以如此，是因為在他的組織內部有一個不成文的標準：「真正的」英雄是關心組織、力爭上游、一個星期工作70小時的人。這是我的朋友因自己旺盛的精力和長時期工作，在無形中建立起來的標準（圖5-11、5-12）。

要了解生物如何運作，我們必須了解它的調節環路，包含明顯的和不明顯的。

圖5-11　工作時數的調節環路

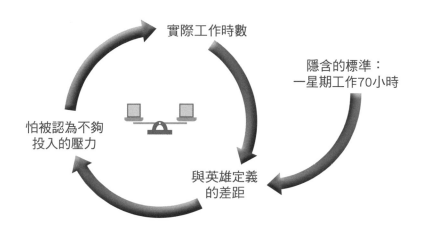

圖5-12　努力減少同仁工作時數的調節結果

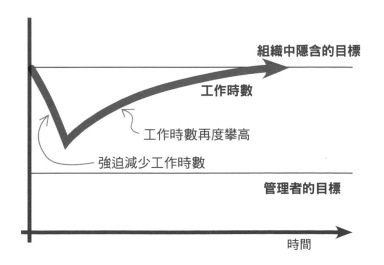

這就好像我們雖然能夠了解身體各部分的器官、骨頭、經脈、血管，但是我們並不會了解身體到底是如何運作的；唯有當我們了解神經系統如何維護平衡，以及循環系統如何維持血壓與氧氣水平，才能一窺人體系統運作的情形。

許多完全由國家操控的集體社會或經濟制度不能成功，便是因破壞了自由市場體系中多重的自動調節環路。[9]公司合併常常失敗，也是因為破壞了原有的調節環路。

美國波士頓有兩家醫院，原先都有悉心照料病患的優良傳統，幾年前

工具箱三：如何描述調節環路

讓我們再回到〔圖5-10〕，它是一個調整現金不足或過多時的調節環路。

要了解這個環路，通常最容易的做法是，以目標與現狀間的差距為起點：

「這裡我們所需現金流量有短缺的現象。」（換句話說，我們所期望的現金餘額與實際的現金餘額有差距。）

接著我們看看調整上述差距所採取的行動：

「我們增加借款，以增大我們的現金餘額，使差距減少。」

〔圖5-10〕顯示，調節的環路總是朝向減少目標與現狀之間差距的方向操作。同時，所期望的現金餘額還可以進一步隨著企業成長或衰退而變動。也就是說，調節環路亦會追蹤變動中的目標，繼續不斷調整現狀。

兩家醫院合併，合併後的醫院有最先進的科技設備，但是失去原有對
病人的親切照顧與員工的忠心。兩家醫院原有的服務品質、重視員
工、跟病人維持友善關係的微妙調節環路，被新的行政結構與程序切
斷了。

隱藏的調節環路

雖然在概念上是簡單的，但若調節環路未被發現，會產生出人意料而
非常棘手的問題。通常調節環路比增強環路更難看出來，因為它看起
來像是沒什麼事情發生；甚至，在所有參與者都已感覺到，並想要改
變平衡流程時，它仍會維持現狀。

那種感覺，就像儘管你奮力奔跑，所能得到的結果卻是留在原地。當
你有這種感覺時，可能就有一個調節環路在附近。

企圖從事組織變革的領導者，常發現他們身不由己地陷入調節環路中
無法脫身。領導者總覺得，他們的努力跟不知來自何處的突發性抗拒
發生衝突。

事實上，就如我前面所說的那位顧問界的朋友那般，當他試著去減少
同仁過度的工作時，系統便會產生抗拒反應，並嘗試維持一個隱含的
系統目標。如果這個目標不被辨識出來，改變的努力注定要失敗。那
位領導者的行為模式被當成模範，如果他真想改變系統，他必須改變
他的習慣或建立新的模範。

只要有「難以改變」的情況，就可能有一個或更多隱藏的調節環路存在。「難以改變」並不是神祕難料的，而是有一些「隱含的規範」在影響著調節環路；與其更努力行動以克服「難以改變」的情況，懂得領導藝術的人會明辨抗拒的來源，他們直接針對隱含的規範、成見、傳統習慣或習以為常的做法著手。

時間滯延：終於……

系統好像是活的，有它們自己的心智，這從系統中的時間滯延效果最易看出。時間滯延是指行動與結果之間的時間差距。它會使你嚴重矯枉過正，不是太過，就是不及，但如你看清它們並善加運用，也能夠產生正面的效果。

在一篇《史隆管理評論》（*Sloan Management Review*）的經典文章裡，類比技術商亞德諾公司前執行長與「麻州高科技協會」創辦人史塔達曾說：「改善系統最有效的方法之一，是把系統的時間滯延減到最低限度。」

史塔達那時指的是1980年代末，美國的製造業漸漸領悟，當他們的傳統生產管理手段「控制庫存」愈來愈不靈光時，他們的日本對手已傾全力在「減少時間滯延」，好讓庫存不足與庫存過高在第一時間都不會發生。

這個觀念後來也導致了所謂的「時基競爭」（time based competition）

思維興起。曾任波士頓顧問集團副總裁的史塔克（George Stalk）即
說：「新一回合的競爭優勢來自於妥善管理時間，不斷縮短在生產、
新產品開發、銷售與配銷方面的時間。」

更進一步來說，也因為普遍正視減少時間滯延一事的重要性，才奠立
了後來企業界發展出「彈性生產」（flexible manufacturing）與新近的
「精實生產」（lean manufacturing）。[10]

所有回饋流程都有時間滯延

在人類的系統之中，行動與結果之間的時間滯延到處都是。我們現在
的投資，要到遙遠的將來才獲利；今天僱用一個人，或許要好幾個月
後才能發揮生產力；為新計畫投入的資源，可能在幾年後才能回收。
但是，時間滯延常常未被察覺而引起動盪，譬如第三章〈從啤酒遊戲
看系統思考〉中，啤酒遊戲的決策者便是一個最典型的例子。

時間滯延是在一個變數對另一變數的影響，需要一段時間才看得出的
情形下發生的，是構成系統語言第三個基本元件。實際上，所有回饋
流程都有某種形式的時間滯延，但時間滯延常未被察覺或充分了解，
而使得企圖改善的行動矯枉過正，超過預定目標。

以進食為例，當我們應當停止的時候，卻感到還沒吃飽，於是繼續
吃，直到太撐為止；新建設計畫的開始，到完工之間的時間滯延，造
成不動產市場過量，終而暴跌；啤酒遊戲中，發出訂單與收到所訂啤

工具箱四：如何描述時間滯延

〔圖5-13〕顯示一個淋浴設備帶有時間滯延時的調節環路。

這是一個老舊的水管，從轉動水龍頭到看到水溫改變，在時間上有重大的滯延。

在〔圖5-13〕中，你看不出時間滯延將持續幾秒，你只知道它長到足夠產生差異。

當你循一個帶有時間滯延的箭頭往下看的時候，在你心中所要描述的故事加上「終於」這個字眼。「我轉動水龍頭的栓柄，『終於』改變了水溫」或是「我們開始一項新建設計畫，『終於』把房屋建好了」。你甚至可能在談話的過程中，想要打拍子「1、2」，才接著說下去。

圖5-13　具有時間滯延的調節環路：反應遲緩的淋浴設備

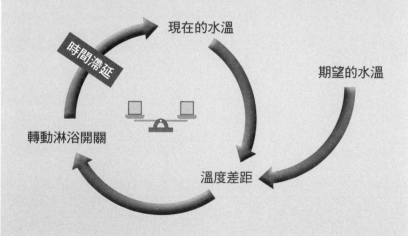

酒之間的時間滯延，經常造成訂購過多。

未被察覺的時間滯延會引起不穩定與運作失調，特別是滯延時間很長的時候。比方說，調整淋浴水溫到適當溫度，7 秒的滯延遠比 1 秒或 2 秒更為困難。

在你增強熱度 10 秒之後，水依然是冷的。你沒有得到對自己行動的反應，因此你認為自己的動作不起作用；你接下來的反應是增強熱度，當熱水終於到達，水龍頭送出 90 度高溫的水，你跳開並把它轉回去，在另一次時間滯延之後，水又是冷的。你透過調節環路的過程，繼續不斷地試，每一環的調整都對前一環有些許的抵消。這個過程的波動效果，如〔圖 5-14〕所示。

你的行為愈積極、愈是猛烈轉動水龍頭，要達到適當溫度所花的時間愈久。這是一個具時間滯延調節環路的教訓；未經思考的積極行動常產生相反的結果。它會產生不穩定與振盪，使你無法很快趨近目標。

增強環路中的時間滯延

時間滯延在增強環路中，也常造成問題。在反恐戰爭的例子中，由於在反應上的時間滯延，每一方在未能察覺對方反應前，都認為自己可從本身一時的軍事行動中獲得利益，而另一方因為要準備新一輪的反擊，仍需時間籌措資源，此一時間滯延可以從幾個月到幾年不等。

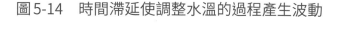

圖5-14　時間滯延使調整水溫的過程產生波動

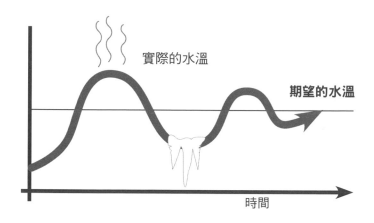

這個暫時認知的優勢,使對立情勢高漲的過程持續下去;若每一方都能夠立即對其對手的軍事行動做出反應,便會失去雙方不斷增強軍備的誘因。

系統觀點通常導向一個較遠的視野,在短期內,不重要的影響力往往會被忽視,它們只會在長期之後回來纏著你,這對時間滯延和回饋環路至為重要。

「增強的回饋」、「調節的回饋」與「時間滯延」,都是構成系統語言的基本元件,下一章將談到的「系統基模」便建立在這個基礎上。「系統基模」是在我們個人與工作上一而再、再而三重複發生的一些更精密的結構。

注釋

1. 社會科學中「控制論」（cybernetic）與「伺服機制」（servo-mechanism）
   思想學派的完整概況，可參考理查森（George Richardson）的著作：
   Feedback Thought in Social Science and Systems Theory（Philadelphia:
   University of Pennsylvania Press），1990。

2. 運用這個詞其實便帶著某種觀點，正如許多「恐怖份子」的支持者表示他
   們正為自由而奮鬥。我用這個詞，只因為它可以反映在廣大的政治光譜上
   （包括許多中東地區），一種流傳甚廣的觀點：有組織地攻擊人民，就可
   貼上「恐怖份子」這個標籤。

3. 在美國的政府機構中，國防部、國家安全局（National Security Agency）、
   中情局（CIA）裡自稱為「系統分析師」的人最多。以他們而言，蘇維埃
   可說是系統理論的先驅；在過去四十年，或許蘇維埃的數學家是所有國家
   中對理論的貢獻最大的。就某種程度而言，蘇維埃政府贊助了系統研究，
   以完成他們的大夢：運用複雜的電腦工具來控制國家經濟。

4. 參閱Nancy Robert, "Teaching Dynamic Feedback Systems Thinking:
   An Elementary View," *Management Science*（April 1978），836-843，
   以及Nancy Roberts, "Testing the World with Simulations," Classroom
   Computer News, January/February 1983, 28。

5. 系統思考的原則與工具，來自物理、工程、生物與數學等許多不同學門。
   本章所提及的特殊工具，是麻省理工學院佛睿思特的「系統動力學」。可
   參考的書籍，包括：*Industrial Dynamics*（Cambridge, Mass.: MIT Press），
   1961；*Urban Dynamics*（Cambridge, Mass.: MIT Press），1969；與"The
   Counterintuitive Behavior of Social Systems," *Technology Review*（January
   1971），52-68。這一段特別感謝米道斯（Donella Meadows）的"Whole
   Earth Models and Systems," *Co-Evolution Quarterly*（Summer 1982），98-

108，這篇文章說明系統動態學的發展模式，以及啟發來源。

6. 相對地，許多「東方」語言，譬如中文與日文，並非建立在主詞、動詞、受詞的線性順序上。David Crystal, *The Cambridge Encyclopedia of Language*（New York: Cambridge University Press），1987。

7. Robert K. Merton, "The Self-Fulfilling Prophecy," in Robert K. Merton, editor, *Social Theory and Social Structure*（New York: Free Press），1968.

8. R. Rosenthal, "Teacher Expectation and Pupil Learning" and R. D. Storm, editor, *Teachers and the Learning Process*（Englewood Cliffs, N.J.: Prentice Hall）; R. Rosenthal, "The Pygmalion Effect Lives," *Psychology Today*. September 1973.

9. 這並不表示光靠著自由市場的力量，就足以制衡與控制現代社會所面臨的問題，譬如滯延、資訊不足、不切實際的期待，而在壟斷等力量的扭曲下，自由市場的效率也因此降低。

10. 精實生產的更多資訊，可參考精實企業網站（Lean Enterprise Web）：www.lean.org。

第 6 章

以簡馭繁的智慧

多年前一個初春,當我在緬因州泛獨木舟的時候,目擊了一件意外的
悲劇。我們碰到了一個小水壩,於是把舟拖上岸,繞到水壩下游;第
二隊裡有個喝了酒的年輕人,卻決定以橡皮筏衝下水壩,不料皮筏翻
了,他掉進冰冷的水中。

由於大家距離他很遠,無法救他,只能驚恐地看著他為了抗拒壩下的
回流,拚命向下游划動。他掙扎了好幾分鐘,之後被凍死,他的軀體
隨即被吸進漩渦中,幾秒過後,在下游十碼的地方浮出來。

在他生命的最後一刻,嘗試去做而徒勞無功的事,水流卻在他死亡之
後幾秒內為他完成了。諷刺的是,殺死他的正是他的奮力對抗,他不
知道唯一的對策是「反直覺的」(counterintuitive)。如果他順著回流
潛下,應該還可保住性命。

複雜中的單純之美

這個悲劇故事與前面所說啤酒遊戲和軍備競賽一般,點出了系統思考

的精義：我們常被未覺察的結構所困。因此，學習看出我們在其中運
作的結構，可把自己從以前看不見的力量中解脫出來，進而擁有熟練
運用和改變它們的能力。

在系統思考這門剛發展出來的新領域中，最重要、最有用的洞察力，
是能看出一再重複發生的結構型態。「系統基模」（archetype，系統的
基礎模型）是學習如何看見個人與組織生活結構的關鍵所在。運用系
統基模可以發現[1]，各類管理問題有其共通性，有經驗的管理者在直覺
上都知道這點。

如果「增強的回饋」、「調節的回饋」和「時間滯延」是系統思考的
名詞與動詞，那麼系統基模則類似基本句子或常被重複講述的簡單故
事。它正如文學上共同的主題和一再出現的情節，加上不同的人物與
場景，便可以改寫成不同的故事 —— 少數幾個系統基模可涵蓋大部分
的管理問題。

系統基模揭示了在管理複雜現象背後的單純之美，當我們學會辨識更
多的基模，在面對困難的挑戰時，就可看出更多隱藏的槓桿解，並能
更有系統地向別人說明。當我們懂得愈多系統基模，愈有助於解決一
個困擾已久的問題 —— 過度分工和知識的片段化。

找到解釋與說明的方法

系統觀點的最大功用是統合跨越所有領域的知識，因為這些相同的基

模在生物學、心理學、家庭保健、經濟學、政治學、生態學,以及管
理上,都一再重複發生。[2]

由於它們十分微妙,因此當這些基模在家庭、生態系統、新聞故事或
一個企業中出現時,你往往看不見它們、甚至感覺不到它們的存在。

你有時會產生一種第六感,告訴自己說:「又是它。」雖然有經驗的
管理者直覺上已經感到這種一再發生的現象,但他們常不知道如何加
以解釋和說明。系統基模提供說明的語言,使我們能更清楚解釋並說
明複雜現象及其解決之道,而不只是簡單地說一句:「憑我的直覺判
斷的嘛!」

認識系統基模

熟習系統基模,是組織開始將系統觀點應用於實務的第一步。光是強
調要有長遠深廣的觀點是不夠的,領會基本的系統法則或是看出某一
問題背後的結構(或許經由顧問的協助)也是不夠的。這樣或許能暫
時解決問題,但是改變不了最初產生問題的思考模式。

對學習型組織而言,只有當系統基模開始成為管理者思考的一部分,
系統思考才會發揮巨大的功效,使我們看清行動將如何產生一連串的
結果,尤其是我們想要創造的結果。

系統基模的目的是重新調整我們的認知,使我們更能看出結構的運

作，以及結構中的槓桿點。現在研究者已經找出大約十二個系統基模，我們將在本書中介紹和使用其中的九個（這些基模的摘要可參考本書〔附錄二〕〈看清人類複雜的問題：九個系統基模〉）。

所有基模都是由增強環路、調節環路與時間滯延所組成。以下是兩個最常發生的基模，這兩個基模是了解其他基模與更複雜狀況的跳板。

基模一：「成長上限」

定義

增強環路導致成長，成長總會碰到各種限制與瓶頸，然而大多數的成長之所以停止，卻不是因為達到了真正的極限。這是由於，增強環路固然產生快速的成長，卻常在不知不覺中，觸動一個抑制成長的調節環路開始運作，而使成長減緩、停頓，甚或下滑。

管理方針

此時不要嘗試去推動成長，而要除掉限制成長的因素。

在什麼地方可以發現它

當遇到「成長上限」時，事實上是一個思索個人或組織停滯不前原因的大好時機。

許多成長的情況會碰到上限 —— 農民以增加施肥來提高收穫，但當農作物成長超過當地雨量所能滋養的上限時，則停止成長；快速節食起初會減重幾公斤肉，但後來因抑制過度，便失去原先減肥的意志；我們可能以較長的工作時數解決突來的限期壓力，然而最後增加的壓力與疲憊，使我們的工作速度與品質下滑，反而抵消了所付出的時數。

有一次在我們的講習會中，一位女士對成長上限有絕佳的比喻：

「那就像談戀愛一樣。邂逅之初，感覺很棒，因此你們花更多的時間在一起，沉浸在兩情相悅的感覺中。你們一有空閒就在一起，然後你們彼此更加了解。

「漸漸地，他未必應允你每次的邀約，卻恢復跟他的死黨每隔一晚打一次保齡球；同時，他也開始發現你個性上的缺點，例如：愛吃醋、脾氣不好或不愛整潔；最後，你們開始互相只看見對方的短處。

「當你們相識日深，了解對方的缺點後，情感成長終於停止，就像所有事情都會遇到成長上限一般。」

結構

任何「成長上限」的個案，都包含了成長或改善的增強環路。運作一段時間之後，最後碰上一個抑制成長的調節環路，改善的速率因而慢下來，甚至終於停止（圖6-1）。

圖6-1 「成長上限」系統基模的基本結構

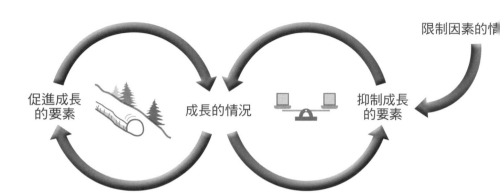

成長上限在組織的許多層次中都會發生,譬如,一個高科技企業因推出新產品的能力而成長迅速;當新產品成長,收入隨之成長,使得研發預算、工程與研究人員等全部相應增加;最後,導致技術部門日益龐大複雜、疊床架屋而難以管理。

在這種情況下,管理的擔子最後落在一些資深工程師的肩上,使他們花在工程研發上的時間較原先為少,結果造成產品開發的時間拉長、新產品推出速度下降[3](圖6-2)。

閱讀任何成長上限結構圖形時,要以成長的增強環路為起點。你繞著環路走,並提醒自己,新產品的成長能夠產生營業收入,用來再投資,產生更多新產品。然而,到了某一點,力量將移轉。

在前述高科技公司新產品研發的例子中,研發預算的成長,使得產品

圖6-2　產品創新的「成長上限」環路

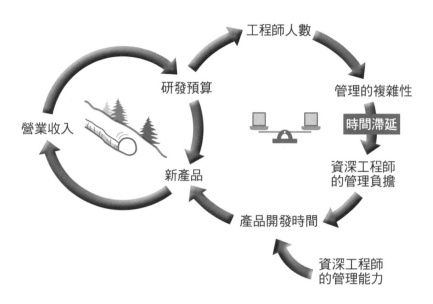

種類和企業組織更複雜，超過資深工程師的管理能力所能勝任，不得不把更多產品發展的時間轉用在管理上。一段時間之後（滯延時間的長短，視成長的速度、產品的複雜性，以及工程師的管理能力而定），新產品的推出和整體成長都慢了下來。

另外舉一個成長上限的例子。在專業組織中，譬如法律顧問公司，當它規模小的時候成長很迅速，提供很好的晉升機會，士氣高昂，有才能的成員受到高度的激勵，期待十年之內自己能夠成為合夥人。

但當公司規模增大的時候，它的成長慢了下來，或許只因它的市場利

基開始飽和,或已經達到一個規模,創業夥伴不再有興趣支持快速的成長。

然而,公司成長率慢下來,等於晉升的機會減少,資淺的成員之間互爭,整個士氣下降。「成長上限」的結構如〔圖6-3〕所示。[4]

行為變化形態

在成長上限的結構中,成長的速度可能大幅減緩,最後使增強環路朝反方向運行,企業可能因而喪失其市場優勢,公司士氣也因而下降(圖6-4)。

「成長上限」常使一開始似乎戰果輝煌的組織變革遭受挫折,譬如:許

圖6-3　員工晉升發展的「成長上限」環路

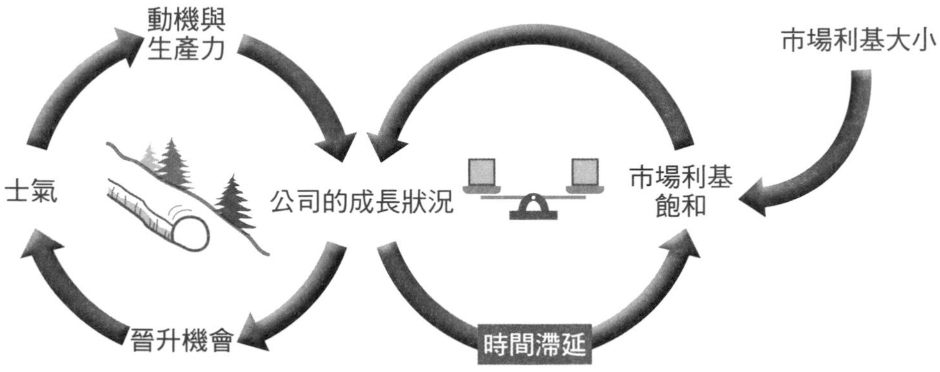

圖6-4　公司成長反轉時的收入與士氣變化形態

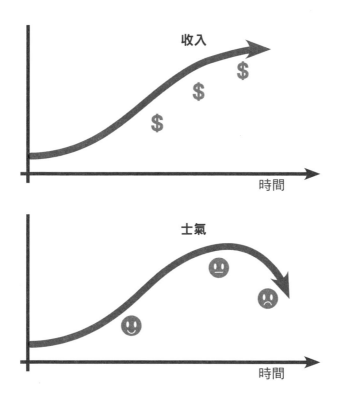

多變革行動，儘管最初有一些進展，最後卻失敗。因為當這些變革開始實行、解決了一些問題並改善績效時，人們對變革的投入也會愈來愈強；但是當變革愈成功，對傳統的威脅也相對愈來愈深，而這種威脅往往會損害變革的執行。

我們在《變革之舞》（*Dance of Change*）[5]實做手冊中，就曾指明幾種

適得其反、阻礙變革推動的問題。

譬如：控管傾向強的經理人，會因為變革中帶來的更開放與公平的文化而感到受威脅；或只花時間談變革帶來哪些好處，卻不提變革花了多少成本的資訊；讓擁護傳統主流做法的人與主張用新辦法做事的人，在組織裡形成兩極意見或開始對抗；以及刻意分拆管理結構，卻反而使不同群體間的創新者無從建立溝通關係。

像這類管理行動，往往使期待中的變革先走上一段好光景，然後便在高原期停滯不前，或者就此開始衰退。常見的情況是：對未能盡如人意的變革結果的辯護行為愈強，往往會把事情弄得更糟。

當企圖推動變革的人愈想積極施力，對變革感到有威脅的人也愈多，抗拒變革的力量也愈強。

你也可以看到「及時交貨」（just in time）庫存系統有類似的結構（圖6-5）。及時交貨庫存系統的運作，要依賴原料供應商與製造商之間的信任關係。

初期的彈性生產與成本改善，使得原料供應商與製造商雙方都有利而願承諾支持。然而，後來原料供應商往往要求成為獨家供應商以彌補風險，如此一來，便使製造商受到威脅；製造商為了確保貨源不致短缺或中斷，向不同的原料供應商發出多重訂單，以確保零件供應，製造商對及時交貨庫存系統的承諾因而動搖。

圖6-5　及時交貨系統的「成長上限」環路

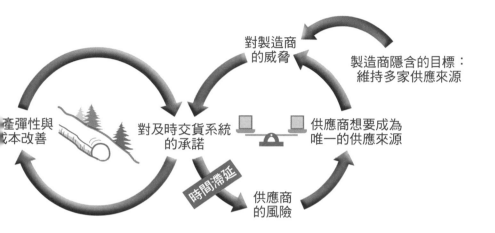

一旦原料供應商體認到製造商要求成為它的主要客戶，原料供應商的承諾也會動搖，因為原料供應商會擔心，製造商是否會向多家原料供應商訂購零件，然後突然取消對他們的訂單。

你愈是積極嘗試推動此一系統，便愈能覺察到兩方所冒的風險。因而，雙方更可能以固守多家供應來源與多家顧客的傳統做法來降低風險，結果逐漸破壞及時交貨系統所要求的信任。[6]

尋找成長上限基模的槓桿解

大多數人遇到成長上限時，會嘗試更努力向前推進，希望繼續成長。例如：在不能戒除自己的壞習慣時，你會變得更勤於監督自己的行

為；在人際關係有問題時，你會花更多時間與他人相處或努力改善溝通；在員工不滿意時，以擢升職位或加薪來取悅他們；如果新產品的銷售減緩，則開始創新產品，或更積極提倡變革方案。

這些反應是可以理解的。

起初你確實看到改善，因此想要以相同的方式做得更多，因為它的效果這麼好；當改善的速度慢下來，你會更加努力去改善。

但，漸漸地，你愈是用力推動你所熟悉的做法，調節環路的反作用愈是強烈，使得你的努力愈是徒勞無功。到了最後，最常有的反應是放棄他們原來的目標，或只是對官方政策表面遵從，實際上並沒有朝真正的改革目標及預期效果努力。

除此外，還有另一個處理成長上限的方式，就是在這種情況中，槓桿解都在調節環路，而不是增強環路。因此，要改變系統的行為，你必須辨認和改變限制因素。這可能需要採取未曾考慮過的行動、從未注意到的選擇，對企業而言，或許需要在獎酬與規範方面有較大的改變。

要達到你的理想體重，只有控制飲食或許是不夠的，你需要加快身體新陳代謝的速度，可能需要做有氧運動；要使愛情關係歷久彌堅，需先放棄「完美伴侶」的想法，因為這個隱含的目標限制了任何關係的持續改善；當一家專業公司步入成熟期，維持士氣與生產力需要與以前不同的規範與獎酬制度，要從以往重視階層高低轉為重視工作表現。

此外，公平分配具有挑戰性的工作給「夥伴」以外的同仁，也相當重要。當公司在成長的時候，維持有效的產品發展流程，需要處理由日益複雜的研發組織所帶來的管理負擔：有些公司採用分權的辦法，有些則聘任擅長管理兼具有創造力的工程師主管（這是很不容易的工作），有些則對希望能擔任管理職務的工程師施與管理能力訓練。

意料之中的是，像「精實製造」這類變革之所以能成功，是因為它背後包含了更廣範圍的改變，包括：組織管理實務、勞資關係及組織員工與供應商關係，都有改變。

成功的變革尤其仰賴人們出自內心努力改變，因為大家必須重新分配控制權限，並處理好放棄單方面控管的不信任感（這通常是個長期過程，需要與各供應商建立全新的品管關係、也反過來帶動它們一起養成更好的能力）。這種種改變之所以必要，就是為了要去除傳統單方面控管的目標背後那種不信任感。

倘若這些目標不隨之改變，所有為追求變革而做的管理努力，也無法擊退為了維持現狀而起的反作用力。難怪那些曾成功推動精實製造的老手，常常強調關鍵是在「文化上的改變」，而不是技術上的改變。

但是，成長上限仍有另一個重要的概念：「上限」之外仍有「上限」，甚至「極限」。當某一限制來源被去除或削弱後，成長再度開始，但很快又會遭遇其他的限制來源，在某些情況下成長最後停止（如第五章〈新眼睛看世界〉所提到荷葉的故事）。

值得注意的是，除去限制以延續成長的努力，實際上有可能是反效果
的；預先估算「末日」來臨的時間，並及早減緩成長的步調，或許可
防患未然，因為增強環路成長的速度往往比我們以為的快許多。

練習繪製「成長上限」基模

　　了解系統基模的最佳方式，就是繪製出自己的版本。愈勤於學
習運用這些基模，將愈精於識別它們和找出槓桿解之所在。
　　大多數人的生活中，都存在許多成長上限的結構。最容易的識
別方式，是透過觀察行為的變化形態。許多時候，事情起初愈來愈
好，然後神祕地停止改善。一旦碰到這種情形，你應該試著辨認其
中增強與調節環路的要素[7]（圖6-6）。

　　首先，找出增強環路：何者愈來愈好？造成改善的是哪些要素？
增強環路中的要素或許有好幾個，但至少可看出一個不斷改善

圖6-6　練習「成長上限」的填空基模

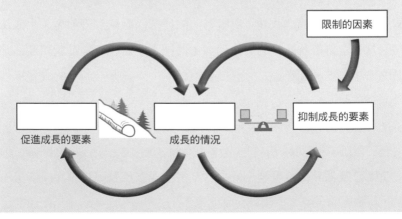

限制的因素

抑制成長的要素

促進成長的要素　　　　成長的情況

的情況，和一個促進改善的要素。它可能是一個企業中改善男女不平等情況的故事，一個無性別歧視的平等雇用法案在公司實施了，在此情況中，「促進成長的要素」是該法案本身，而「成長的情況」是女性主管所占比例。當女性擔任管理職務的百分比提高，對此項辦法的信心或承諾也提高，導致女性管理者進一步增加。

然而，此一成長可能被一個暗藏的因素所抑制，它可能是一個隱含的目標、規範，或資源的有限性（請參閱第九章〈心智模式〉）。所以，第二個步驟是辨認出成長的限制因素與其調節環路 ── 是哪些抑制成長的要素開始發生作用，使得情況無法繼續改善？

在這個例子中，某些管理者心中可能已預設應該有多少位女性主管的「上限」，而沒有說出來的數目便是限制因素，一旦接近限制因素時，成長自然會慢下來，這是因為此時調節環路開始發生作用。類似的情況，在你生活的周遭一定也常發生，你可以試著用這個基模「填充」看看。

一旦繪出了你的基模，接著要找出槓桿點。此時應該削弱或除去限制的狀況，不要更用力去推動成長，否則只會使抗拒變得更強。

基模二：「捨本逐末」

定義

潛在的問題常在症狀明顯出現後才會引起注意，但這正是難處，因為問題的根源常是隱晦不明。或者，即使發現了，大家也因為需要付出極高的代價去克服，而避重就輕，採用一些善意的、簡便的、立即見效的解決辦法。

不幸的是，較為容易的「解」經常只能改善症狀，並不能改變潛在的問題。更有甚者，潛在的問題不但未曾解決，反而更為惡化，但因為症狀已經暫時消除，問題便不再引人注意，使系統因而喪失解決潛在問題的能力。「本末倒置」、「避重就輕」、「轉嫁負擔」、「治標還是治本」等，都是「捨本逐末」這個基模中常用的語彙。

管理方針

因此我們要非常小心，不要落入只解除症狀的陷阱。否則，個人或組織在短期間或許可以獲得效益，但長期而言，當問題再度浮現時，症狀會更嚴重，面臨的壓力將更大。而屆時，解決根本問題的能力早已萎縮。

在什麼地方可以發現它

「捨本逐末」的結構在個人及組織中常可見到。當人們看到問題的症狀，他們先是開始行動，大聲疾呼，之後快速備妥對策除去症狀，因此維持一陣子再沒有看到症狀。

以下是一個暫時使症狀消失，卻引來更大問題的例子。

當個人的工作量增加到超出能力所能負擔時，壓力產生了，我們於是在工作、家庭與許多其他的活動中分身乏術。如果工作量的增加超出我們的能力，唯一的根本解決之道是限制工作量。

這也許是一件棘手的事情，它可能是指放棄一個需要經常出差的晉升
機會，或者婉拒當地學校董事會的一項職位，也就是分辨事情的本末
先後並加以取捨（尤其是「捨」的智慧）。

可是，大部分的人往往想什麼都兼顧，壓力就愈來愈大，於是上焉者
以運動、靜坐，下焉者以酒精、毒品的方式解除壓力。這些方法當然
無法真正解決工作過多的問題，只是暫時解除壓力，遮掩潛在的問
題。然而，問題會一再出現，酒也愈喝愈多了。

捨本逐末的結構在各個層面隱伏，在現代社會中所產生的危害力量是
無法評估的，如果不能警覺而及早對症下藥，組織或個人就會一直習
於捨本逐末，無法根除此一惡習。

捨本逐末的結構會將許多有效解隱藏在後面，問題是，儘管看出那些
有效解，你仍覺得不妥：問題似乎還是沒有充分解決？

譬如，管理者可能認為，應該把工作向下授權給部屬，但卻仍感不
安，所以一出現困難，就插手處理，部屬因此從未得到真正的經驗。

又譬如，企業面臨國外強大的競爭，可能尋求關稅保護，久了以後就
非保護不可，否則難以經營。

許多第三世界國家遇上財政收支大幅失衡時，往往藉著印鈔票來融
資，過了一段時間之後，通貨膨脹成了習慣性的生活方式，人民愈來

愈需要政府的幫助,逐年擴大的赤字變成無可避免的選擇。

另外,像食物救濟計畫、用殺蟲劑除蟲等措施,也是一種負擔暫時轉嫁,並非治本之道。

結構

如〔圖6-7〕所示,「捨本逐末」由兩個調節環路構成,兩個都試圖解決問題。上面的環路代表快速見效的症狀解,它迅速解決問題症狀,但只是暫時的;下面的環路包含時間滯延,它代表較根本的解決方式,但需要較長時間才能顯現效果。然而,它可能是唯一持久見效的方式。

有時候,在捨本逐末的結構中,會多出一個由症狀解帶來的副作用所形成的增強環路。發生這樣的情形時,副作用常使問題更難以解決。

譬如,身體不好是由有害健康的生活方式所引起,如:抽菸、喝酒、不良的飲食習慣、缺少運動,可能唯一的根本解決方法在於改變生活方式、因為使用藥品雖能使症狀好轉,但其副作用常造成更大的健康問題,使原來的問題更難解決。

捨本逐末的結構說明了許多立意甚佳的「解決方案」,長期來看會將事情弄得更糟。這種短期而立即見效的解方,誘惑力很大,而緩和問題的症狀確實解除某些壓力,但也降低了找出更根本解決方法的念

圖6-7 「捨本逐末」系統基模的基本結構

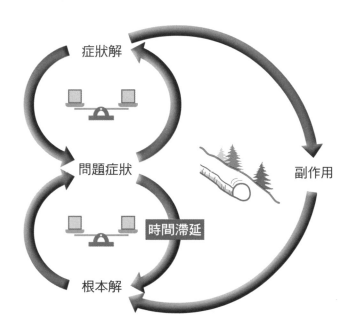

頭。此時，潛在的問題不但沒解決，甚至可能惡化；有時症狀解的副作用火上加油，又會使問題更嚴重。

一段時間之後，大家愈來愈依賴症狀解，漸漸成為唯一的解。有些公司的管理者在處理人事問題的過程中，就常含有捨本逐末的結構。

譬如，忙碌的管理者常引進人力資源專家來整頓人事問題，但人力資源專家可能暫時解決問題，卻沒有改善其他人事相關問題的能力。最後，其他人事問題依舊發生，而管理者將如同以前那樣依靠人力資源

專家，因為以前求助外面的專家獲得成功的事實，使管理者更傾向求助於專家；另一方面，專家們也因愈來愈了解狀況而更有效率。一段時間之後，對人力資源專家的需要日深，人員成本上升，管理者解決這類問題的能力反而退化（圖6-8）。

擔心喪失競爭優勢，也常在不知不覺中使企業掉進捨本逐末的陷阱。有一家原本以不斷創新而成功的公司，後來因為擔心喪失市場優勢，逐漸以改良現有產品來維持競爭優勢，卻因此漸漸失去創新能力，偏離原來的策略及方向。

圖6-8　「捨本逐末」：人事問題的「轉嫁負擔」環路

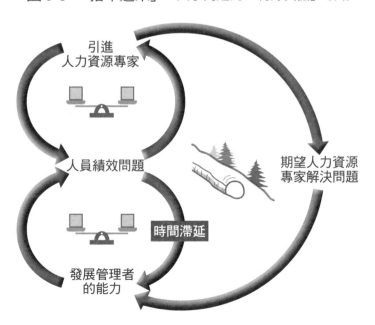

另一家公司的管理者，也是由於忽略捨本逐末的結構，而讓危機逐漸形成。這家公司不論何時，只要有一個產品的業績下降，就做新的廣告促銷。以廣告解決問題的方式漸漸根深柢固，最近三任執行長都從廣告部主管職位晉升，他們變得愈來愈依靠廣告而非創新產品來解決問題。

捨本逐末最嚴重的後果是「目標腐蝕」，只要目標與現況有差距，就會產生下列兩種壓力：改善現況或降低目標。如何處理這些壓力將是第九章〈心智模式〉修練的核心課題。

在人類社會中，原有目標逐漸被腐蝕的情況常常發生。

以美國政府為例，聯邦政府雖然希望充分就業，但「可容忍」的失業率仍從1960年代的4%，上升至1980年代初期的6%至7%（上升了50%到75%）。

在1960年代初，3%到4%的通貨膨脹被視為嚴重的事情，但同樣的數字在1980年代初期，卻被認為是一次反通貨膨脹政策的勝利。

另外，在1992年，柯林頓在美國政府史上預算赤字最高的情況下接任總統，但他藉著1993年國會通過的《預算調解法案》之助，在1990年代末反轉赤字，還創下了史無前例的2,000億美元聯邦預算結餘。到了2005年，小布希政府卻又要號召一場「對抗赤字戰爭」，而這次的赤字竟又回升到約3,180億美元。這個目標腐蝕的結構可以由〔圖

圖6-9 「捨本逐末」：削減赤字的「目標腐蝕」環路

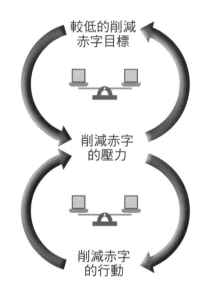

6-9〕說明。

其他目標腐蝕的例子在組織中不勝枚舉，下兩章我們會討論企業的各種目標，諸如品質、創新、員工成長和組織改善等。事實上，因為我們總能找到一些合情合理的藉口，因此極易染上降低目標的「癮」。

行為變化形態

我們之所以會選擇症狀解，是因為它總能以某種方式奏效。

譬如，喝酒能暫時消除一些工作過量的壓力 —— 症狀解如果不能減
輕問題的症狀，大家也不會選擇它，但是它也因此讓人覺得問題已解
決，而移轉對根本問題的注意 —— 工作量的控制。壓力減輕一段時間
之後，過多的工作量繼續產生壓力，許多人又以喝酒來減輕壓力，其
環路如〔圖6-10〕所示。

使捨本逐末的結構隱伏而不易察覺的，是因它所逐漸形成微妙的增強
環路，提高了對症狀解的依賴。

圖6-10　以喝酒消除工作壓力的「捨本逐末」環路

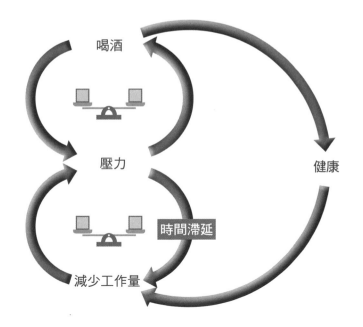

喝酒

壓力

健康

時間滯延

減少工作量

譬如當酗酒的人終於發現自己有了酒癮時，健康早已惡化。這時由於
他們的自尊心和判斷力萎縮，控制工作量的能力也愈來愈弱，以致更
無法解決原來工作過量的問題。〔圖6-10〕亦顯示，酗酒在解決工作
壓力時，所形成的增強環路。

事實上，所有事情背後幾乎都有捨本逐末的結構：都因選擇症狀解而
使根本解能力逐漸萎縮，相對地對症狀解的依賴提高。組織和整個社
會也跟人一樣，會逐漸耽溺於許多症狀解的「癮」。

捨本逐末的結構常會週期性出現，當壓力症狀表面化，通常是以更多
的症狀解來暫時化解危機；如果症狀的出現需要長時間醞釀，例如：
健康耗損或公司的財務逐漸惡化，則捨本逐末結構就更易形成。

惡化的過程愈長，愈不引人注意；大家等待治本原因出現的時間愈
長，往後要扭轉情況就愈難。當治本的反應漸弱，治標的反應就變得
愈來愈強（圖6-11）。

尋求捨本逐末基模的槓桿解

想要扭轉捨本逐末的情勢，需要增強治本的反應與減弱治標的反應。
組織的特性常顯示在如何處理捨本逐末情勢的能力上，而增強治本的
反應總是需要一個長期與共有的「願景」。

企業如果不能建立長期不斷創新的願景，那麼暫時解決短期問題的策

圖6-11　以喝酒消除工作壓力的「捨本逐末」結果變化形態

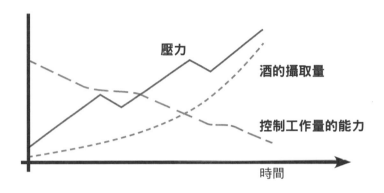

略將取得主控地位；組織如果缺乏培養真正領導人才的願景，便永遠
不會投注足夠的時間與心力在重要的工作上；政府若不能建立一個能
為民服務的願景，使人們願意納稅支持，便不可能有平衡政府開銷與
收入的長期解決辦法。

減弱治標的反應，需要誠實說出那些「症狀解」的真相。譬如，管理
者必須承認，雖可藉由大量的廣告，從其他競爭者手中贏得市場占有
率，但實際上，這樣做並不能真正擴大市場，政府領導者必須先勇於
承認，許多問題和拙劣的政策都是因為政府的腐敗所造成，才能跨出
改革的第一步。

找尋捨本逐末結構的槓桿解，可以某些最有效的戒酒和戒毒的例子來
說明。

戒酒、戒毒中心的做法，是一方面堅持人們要誠實面對他們有酒癮或毒癮的事實，另一方面則提供專業醫護人員與訓練來幫助他們復健，藉由結合同儕支援，幫助患者面對自己酗酒和吸毒的事實及原因，強迫患者坦承自己耽溺於酒癮之中無法自拔，進而幫助他們建立「問題能夠解決」的願景。[8]

而在企業方面，管理者解決前述依賴人力資源顧問的槓桿解，是學習將眼光放遠 —— 即使事前要做大量的投資，管理者仍必須加強開發自我的能力。

人力資源專家是教練，幫助管理者發展自己的技能，而不是問題的解決者。

練習繪製「捨本逐末」基模

「捨本逐末」結構通常有三個線索可循：第一，有個長期逐漸惡化的問題，雖然它有時似乎暫時好轉；第二，系統整體的「健康」漸漸惡化；第三，無助感與日俱增。最初人們開始感到沾沾自喜，以為他們已經解決了問題，但是最後覺得好像自己是被害者。

如果某個問題常使你有「真正的問題從未被有效地解決過」的那種感覺，找找看你常依賴的「解」。當下一次你心中出現這樣的想法時，看看是否能正確找出如〔圖6-12〕中，調節環路與增強環路中的要素。

圖6-12 練習「捨本逐末」的填空基礎

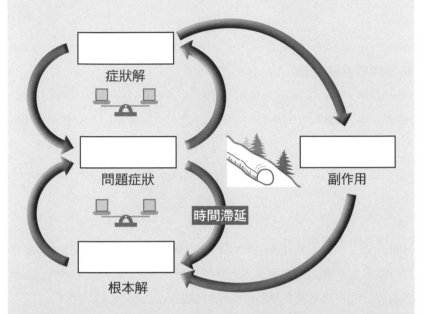

症狀解

問題症狀

副作用

時間滯延

根本解

先找出問題症狀,像是壓力的產生、市場占有率下降等,然後找出一個或數個「根本解」—— 你相信將導致持久改善的一系列行動,再找出一個或數個在一段時間中可以改善症狀的症狀解。這裡要提醒大家的是,「根本解」與「症狀解」是相對的用語,最好是找出能夠解決一項問題的多種方法 —— 從最根本的到最表面的。

識別捨本逐末結構的能力將來自兩方面:區別不同類型解決方案的本質,以及看出對症狀解的依賴如何日益加深。捨本逐末的槓桿解永遠是加強下面的環路或削弱上面的環路。另外,就像成長的極限,一開始時最好以小的行動測試你的看法,並且給與時間等待結果產生。強化一項萎縮的能力可能要花一段很長的時間。

有時，採用症狀解有其必要，但必須認清那只是為了舒緩痛苦症狀的權宜之計，而此時最容易忽略的是，一旦壓力舒緩，就停止尋找根本解的努力。

學習應用系統基模

「成長上限」與「捨本逐末」只是兩個基本的系統基模，其他一些系統基模將在以下各章中介紹。本書的〈附錄二〉為所有基模的摘要，其中有些基模與「成長上限」或「捨本逐末」類同，但所強調的重點並不相同。

一旦熟習了這些基模，可將它們組合成更加精緻的整體敘述，也就是把基本的句子組合成段落；然後，進一步練習將簡單的故事整合成情節較複雜的、具有多重主題、角色與情節的故事。

認識基模是精通系統思考的起點，使用基模能使我們開始看到許多圍繞著我們日常活動的因果關係環路，時間久了自然會有更整體性的思考與行動。此外，讀者也將發現，本書其他各項修練，也是朝向這些基模中槓桿解所指引方向的各種努力。

為了要看見基模的實際效用，下章將運用「成長上限」與「捨本逐末」的基模，去觀察一家原本具有很大成長潛力的公司，最後卻消失沉寂的例子。

注釋

1. 以下先說明兩種系統基模的細節，而本書中還會說明其他八種。系統思維
   專家所闡述的系統基模，這裡就介紹了一半以上了。

2. 以類屬結構為基礎的學門已經發展一段時日，請參見Mark Paich,
   "Generic Structures," in *System Dynamics Review*, vol. 1, no1（Summer
   1985）: 126-32；Alan Graham, "Generic Models as a Basis for Computer-
   Based Case Studies"（Cambridge, Mass: System Dynamics Group Working
   Paper D-3947）, 1988；Barry Richmond et al, *An Academic Use's Guide
   to STELLA*. Chapters 8, 9（Lyme, N.H.: High Performance Systems）,
   1987；David Kreutzer, "Introduction to Systems Thinking and computer
   Simulation," *Lesley College Graduate Course Comp* 6100. 1987。

3. 在這種情況下，制衡的回饋循環過程在圖表的外圈展開，先從研發預算出
   發，接下來是管理複雜度提高、產品開發時間拉長、新產品上市速度放
   緩，最後回到研發預算降低。

4. 就筆者所知，里奇蒙（Barry Richmond）開啟了分析這項結構的先河，之
   後我們發現，這結構幾乎充斥於管理顧問公司，更遑論快速發展的學術部
   門出現終身職教授過多、頭重腳輕的現象。

5. Peter Senge, Art Kleiner, Charlotte Roberts, George Roth, Rick Ross, Bryan
   Smith, *The dance of change: The Challenges to Sustaining Momentum in
   Learning Organizations*（New York: Doubleday/Currency）, 1999.

6. *Facts on File 1990*（New York: Facts on File）.

7. 此處與其他「系統基模」的範本，係經由創新顧問公司同意而複製；
   這些範本使用在 *Leadership and Mastery and Business Thinking: A Systems*

Approach workshops。

8. 關於戒酒無名會（Alcoholics Anonymous）的資訊，可參考下列書籍：
Alcoholics Anonymous, 1976；*Living Sober*, 1975；*Twelve Steps and Twelve Traditions*, 1953；all published by Alcohoics Anonymous World Services, Inc., P.O. Box 459；Grand Central Station, New York, NY 10163。

第 7 章
認清成長是件複雜的事

我們很難不同意槓桿原則,但在現實人生裡,對大部分系統中的大多數參與者而言,槓桿都不是那麼明顯。由於我們沒有看到行動背後潛藏的結構,所以我們總是把注意力的焦點放在最急迫的症狀上。

我們設法消除或改善症狀,但這樣的努力頂多只能讓情況在短期內好轉,長期而言,卻會更加惡化。像「成長上限」和「捨本逐末」這類系統基模的目的,就是要幫助大家(尤其在現實企業經營環境的種種壓力和困難中)看到這些結構,並因而找到適當的基模。

舉例來說,以下就是我們一再看到的真實故事。事實上,以下案例是將好幾個案例綜合而成,而這些案例中都發生了相同的情況。[1]

自己創造的「市場限制」

1980 年代中期,有一家剛創立的電子公司神奇科技推出獨特的高科技產品 —— 新型態的高階電腦。多虧了他們的工程能力和獨門技術,神奇科技公司稱霸利基市場,產品在市場上有龐大的需求,而且也找到

很多投資人，確保資金供應無虞。

這家公司儘管一炮而紅，飛速成長，但三年後卻再也無法重現最初的高成長，最後日漸衰落，終至破產。

在神奇科技剛創立的頭三年，每年銷售額都加倍成長，簡直難以想像日後會落得這樣的下場。事實上，由於產品熱賣，第二年開始，積壓的訂單愈來愈多。即使他們穩定提升產量（蓋更多工廠、工人輪更多班、科技更先進），但需求量成長太快，交貨時間開始些微延遲。

最初，神奇科技公司承諾要在接單後8週內交貨，他們希望恢復這樣的水準，但是最高主管帶著一些傲氣，告訴投資人：「我們的電腦太棒了，有的顧客願意等14週才拿到電腦。我們知道這樣有問題，我們正努力解決，不過他們拿到電腦時，仍然很高興，而且非常喜歡我們的產品。」

治標不治本的做法

經營團隊深知必須提高產能，研究了半年之後，他們決定生產作業從一班制，改成每天兩班作業，同時向銀行貸款來蓋新工廠。為了保持成長速度，他們將大部分營收直接投入銷售和行銷。

由於這家公司乃是靠直銷人力來賣電腦，所以必須僱用和訓練更多業務員。等到公司創立的第三年，他們的銷售人力已經加倍成長。

儘管如此，到了第三年年底時，銷售額仍然開始下滑。第四年年中，銷售額大幅滑落，已經到達危機的地步。銷售曲線看起來如〔圖7-1〕。

偏偏在這時候，新產能上線了。製造部副總裁表示：「我們僱了這麼多人，現在要怎麼辦？」經營團隊變得倉皇失措，先前花了這麼多錢蓋新廠，他們不知道該怎麼向投資人交代。

這時候，彷彿全公司的人都同時轉過頭去，注視著一個人：行銷與銷售副總裁。

可以想見，原本行銷與銷售副總裁是公司裡竄升的新星，在公司景氣大好的時候，他率領的銷售團隊表現出色，原本他還期待會因此升官；現在，面臨業績下滑，他肩負了極大的壓力，必須設法反敗為勝。

圖7-1　神奇科技公司前四年營收曲線

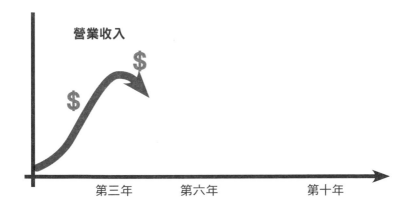

所以,他採取了看似最合理的行動方案,召開動能十足的銷售會議,會議中傳達的訊息只有一個:「推銷!推銷!再推銷!」他開除了績效不彰的員工,提高業績獎金,增加特殊折扣,推出新廣告,以更新穎有趣的方式描繪他們的電腦。

隱藏於事實背後的結構

的確,銷售額再度回升了。行銷與銷售副總裁再度成了能激勵人心、克服艱難挑戰的大英雄。神奇科技又回到順境中,訂單快速成長。但後來,積壓的訂單數目又逐漸攀高。

一年後,交貨時間再度拉長 —— 先拉長為10週,然後12週,最後變成16週。此時,公司內部重新開始討論是否應擴充產能,但這一回,記取上次的痛苦教訓,經營團隊謹慎多了。最後,他們還是核准投資新廠,但是公文才剛簽好,就發生了新一波銷售危機,業績直落谷底,行銷與銷售副總裁只好捲鋪蓋走路。

接下來幾年,儘管換了幾任不同的銷售經理,同樣的狀況仍然一再出現。業績急速竄升後,緊接著就是低成長或成長停滯,形態如〔圖7-2〕。

幾年下來,神奇科技公司雖然還算成功,但卻從來不曾完全發揮原本的潛力。高階主管漸漸擔心,其他公司終將生產其他產品來與他們競爭,所以急切地推出還不成熟的新功能,並且賣力行銷,但始終無法恢

復最初的成長速度。神奇科技公司不再「神奇」，最後終於步向衰亡。

執行長對殘留的經營團隊最後的談話是：「在這樣的情況下，我們仍然表現出色，但市場上卻沒有足夠的需求，顯然這是個有限的市場 —— 我們已經有效滿足了這個利基市場。」

神奇科技公司的故事一點也不新鮮，每十家新創公司中，就有一半在創立的頭五年銷聲匿跡，只有4家能存活到第十年，能存活到第十五年的公司更只剩3家。[2]每當公司失敗了，大家總會把失敗的原因歸咎於某些特殊事件：產品問題、主管無能、關鍵人才流失、市場競爭比想像中激烈、景氣衰退，卻看不清企業之所以無法持續成長，其實有更深層的系統性原因。

圖7-2　神奇科技公司營收變化形態

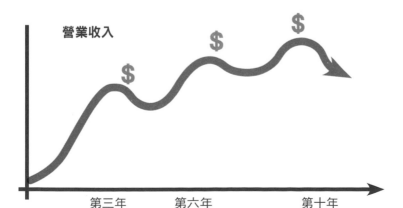

我們可以靠系統基模的協助，了解這些因素，並且在許多情況下，還可以據以制定成功的政策。神奇科技的故事中很諷刺的一點是，原本以他們的產品優勢和市場潛力，神奇科技應該可以享受多年的快速成長，而不是只有兩、三年。

神奇科技的經理人無法認清公司衰敗的原因。但問題並非出在資訊不足，他們已經掌握了所有的重要事實──你在讀完這個故事以後，也掌握了同樣的事實，但是他們看不到事實背後潛藏的結構。

典型的「成長上限」基模

如果你是一位系統思考者，並且想要診斷神奇科技公司的問題何在，你會尋找各種線索，試圖勾勒可能的基模。你會先從最明顯的行為模式著手：起初高速成長，然後拚命擴充，希望能更加成長茁壯。但是成長速度逐漸趨緩，最後銷售額終於不再成長。這個形態，是「成長上限」的典型症狀。

有許多可能的增強環路創造了神奇科技最初的快速成長，對產品的投資、巨額廣告費、好的口碑等，都可能強化了過去的成功，並帶來新的成功；但是在神奇科技的故事中，我們可以格外明顯地看到將營收投資於增加銷售人力所創造的增強環路：銷售量增加表示營收也隨之增加，於是公司僱用更多銷售人力，因此銷售量繼續提高。（圖7-3）

當然，成長上限結構的另外一部分，是調節環路。有一些因素會拖慢

銷售成長速度,但是,只有當市場飽和、競爭愈來愈激烈,或顧客不再對產品著迷時,銷售才會趨緩。不過,就這個例子而言,顧客對神奇科技電腦依然有強烈的需求,他們在市場上也沒有碰到太大的競爭,只有一個因素令顧客卻步:交貨時間拖得太長。

由於產能不足,積壓的訂單愈來愈多,交貨時間愈來愈長,業界普遍認為他們的交貨服務很差,結果神奇科技的業務員愈來愈難把電腦推銷出去。他們的成長上限結構如〔圖7-4〕。

被忽略的調節環路

在成長上限基模中,最糟糕的做法就是拚命對增強環路施壓,但神奇科技的經理人正好就是這樣做,他們試圖透過銷售激勵措施、促銷活

圖7-3　神奇科技公司銷售的增強環路

動和產品的小改善,重新啟動「成長引擎」,但這些做法都缺乏槓桿解。在成長上限結構中,槓桿解乃潛藏在調節環路中。

為什麼沒有人注意到調節環路呢?

第一,神奇科技的經營團隊以財務為導向,沒有注意到交貨服務惡化的問題,只把焦點放在追蹤銷售額、利潤、投資報酬率和市場占有率。只要財務數字看起來很健康,他們絲毫不在意交貨延遲的問題;再者,交貨時間延遲的現象,往往在銷售額和利潤都快速成長時才會出現,所以這個問題更加不受重視。

當財務績效不彰,壓力全轉移到增加訂單上。通常到這個時候,交貨時間已開始縮短,因為訂單數量也愈來愈少。因此,無論公司生意好

圖7-4 神奇科技公司的「成長上限」環路

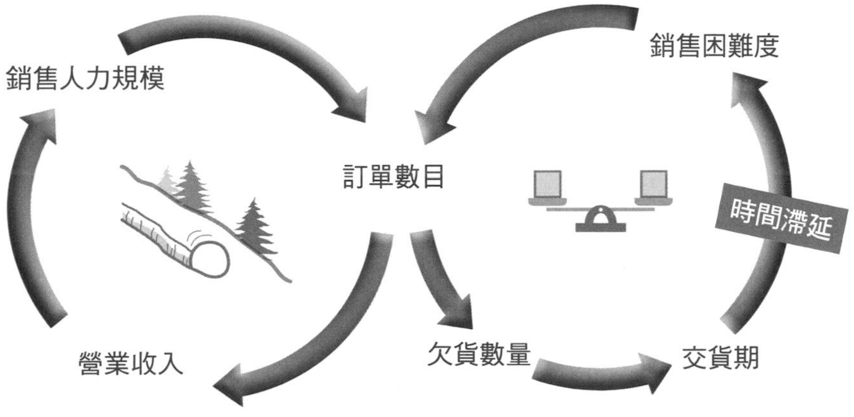

銷售人力規模　訂單數目　銷售困難度

營業收入　欠貨數量　交貨期　時間滯延

或不好，經營團隊都不太關心顧客需要等多久才能拿到電腦的問題。

未能看清時間阻隔的因果

即使他們注意到這個問題，他們也不一定認為交貨時間是影響銷售業績的關鍵要素，於是交貨時間愈拖愈長，而在神奇科技面臨第一次危機之前，這種情形持續了一年半之久，所以經營團隊更加堅信：「顧客不在乎我們晚一點出貨。」

但是他們不該如此自滿，因為顧客其實很在意，只不過由於系統內部的滯延，神奇科技的經營團隊才沒有察覺到顧客的不滿。

顧客會說：「我希望 8 週內拿到電腦。」業務員滿口答應，但是經過了9 週、10 週或 12 週，顧客仍然沒有拿到電腦。幾個月後，耳語會慢慢傳播出去。

然而潛在顧客的數量實在太龐大了，最初耳語傳播幾乎起不了什麼作用，直到最後積少成多，神奇科技的壞名聲終於擴散出去。「交貨時間」和「產品推銷不出去」之間的時間滯延可能長達六個月以上。

神奇科技的經理人深受典型的學習障礙之苦，無法看清受到時間阻隔的因果關係。

一般而言，如果你等到需求下降才開始擔心交貨延遲的問題，已經太

晚了，系統已經開始（暫時）自我修正交貨過慢的問題。

神奇科技公司到了第三年，也就是快速成長的最後一年，交貨時間愈來愈長。然後由於業績下滑，交貨延遲的問題有所改善，但當業績成長時，又再度惡化。

神奇科技公司的十年歷史，所展現的整體趨勢是：交貨時間愈來愈長，期間偶有間歇性的改善，系統的整體健康每況愈下，成長速度愈來愈慢，利潤也日漸下滑。

「捨本逐末」基模的典型症狀

公司暴起暴落，雖然快速致富，但每次走下坡時，都大幅虧損。早期快速成長的興奮不再，反而陷入沮喪和絕望中。最後，他們覺得自己好像變成受害者。執行長私下表示，最初業務部門的樂觀預估 —— 認為市場潛力無窮，誤導了公司的發展方向。

沒有人明白，神奇科技的處境也是典型的「捨本逐末」基模的特色。問題症狀（交貨時間）日益惡化，只偶見間歇改善，企業整體的健康狀況也每況愈下，受害的感覺愈來愈強烈。身為系統思考者，你首先應該找出最重要的問題症狀，然後才思考症狀解和根本解。

就神奇科技的案例而言，根本解（〔圖7-5〕的下方環路）是擴充產能，以控制交貨時間。交貨時間超過神奇科技原本訂定的標準，表示需要更

多的產能,而一旦新產能上線運作,就能解決交貨時間過長的問題。

但是,如果根本解太慢出現,他們可能會捨本逐末,針對顧客不滿導致訂單下滑,尋求症狀解(〔圖7-5〕的上方環路)。

由於神奇科技的經理人沒能藉由快速擴充產能來解決交貨延遲的問題,不滿的潛在顧客「解決」問題的辦法是棄他們而去。

更嚴重的是,由於神奇科技的經營團隊大都漠視顧客的不滿,所以症狀愈來愈嚴重 —— 正好和捨本逐末基模反映的情況一樣。

症狀解與根本解的角力

當神奇科技出貨服務很差的壞名聲逐漸在市場上傳開後,每當神奇科技的交貨時間愈拉愈長時,消息在市場上傳開的速度就愈來愈快。到了第四年,由於訂單下滑,擴充的產能毫無用武之地,經營團隊感到很頭痛,變得益發謹慎,不敢隨便擴充產能。

換句話說,新產能愈來愈慢上線作業,或根本不會上線。等到神奇科技終於準備增加產能時,往往症狀解已經紓解了原本的壓力,交貨時間開始加快,因此不再需要擴充產能。他們說:「再等一段時間吧,先確定確實有需求,再來擴充產能。」

事實上,症狀解和根本解之間在賽跑。經過一段時間以後,症狀解速

圖7-5 神奇科技公司的「捨本逐末」環路

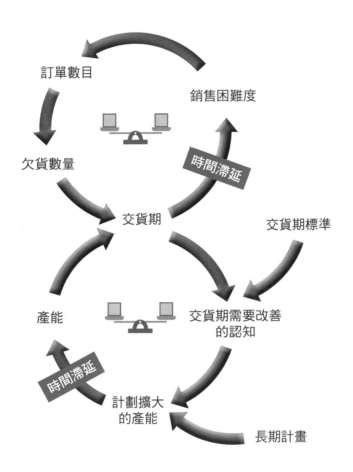

度加快，根本解卻愈跑愈慢。淨效應是，「顧客不滿」愈來愈成為控制交貨時間的解決方案。

神奇科技原本可以扭轉自己的命運。整個結構中原本有一個備受忽視

的槓桿點：神奇科技公司最初訂下的目標——8週的交貨時間。

在捨本逐末基模中，系統思考者考慮的第一件事是：什麼事情有可能減弱症狀解的效應？就這個案例而言，神奇科技訂定了交貨的標準時間——8週，但是眼中只有財務數字的高層顯然從來不認真看待這個標準。

認清什麼是最重要的標準

三年後，神奇科技製造部門實際執行的標準是10週的交貨時間，而且在業務暢旺的時候，他們連達到這個標準都有困難。過了一段時間，當交貨延遲的老問題又出現時，標準又再度下降。沒有人認真看待這個問題，公司高層更是毫不在意。

結果，第二任行銷與銷售副總裁定期向經營團隊報告顧客不滿交貨延遲的問題，製造部門主管承認他們偶爾會落後進度，延遲交貨，但只有當產能不足時才會發生這種狀況。公司高層表示：「沒錯，我們知道這是個問題，不過除非我們很有把握市場需求一直都在，否則我們不能匆忙投入龐大資金。」他們不明白，除非他們投資，否則市場需求不會持續存在。

我們永遠無法確知，神奇科技當初如果堅持8週的交貨標準，並且積極投資於擴充產能，以達到目標，會產生什麼結果。但我們根據這個結構（結合成長上限基模和捨本逐末基模），和實際銷售做了模擬，模擬

時，我們不允許廠商降低交貨標準，迫使他們更積極擴充產能。

在這些模擬中，雖然偶爾會成長停滯，但銷售額在十年內確實持續快速成長。

交貨時間雖然會上下起伏，但並沒有愈拖愈長，交貨時間的標準仍然維持在8週。神奇科技現在了解自己的成長潛力了。十年後，銷售數字是上述例子的好幾倍（圖7-6）[3]。

圖7-6　模擬狀況中神奇科技公司堅守交貨期標準的成長潛力

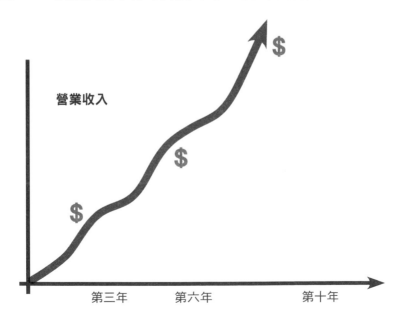

最初的銷售與行銷副總裁直覺地看到這些問題,他從一開始就主張,神奇科技對工廠產能的評估錯誤。「我們只把產能拿來和現有訂單數目相比較,」他說,「而沒有預估如果可以達到目標、準時交貨,以及可能爭取到的潛在訂單。」

不幸的是,公司認為副總裁的論點只是銷售業績不佳的託辭,完全漠視他的洞見。再加上他沒有辦法以概念化的方式解釋他的想法,更加於事無補。如果他能夠說明系統基模,或許會有更多人明白他憑直覺看到的事情。

不自覺沉溺限制成長

事實上,神奇科技的微妙動態證實了許多老練經理人的直覺:在任何情況下,都要堅持重要的績效標準,而且盡一切努力達到標準。

最重要的標準往往是顧客最在意的標準,通常包括:產品品質(設計和製造)、交貨時間、服務可靠度和服務品質,以及服務人員是否態度親切、關心顧客。

神奇科技的系統結構把管理直覺轉化為清晰的理論,顯示降低標準和太慢擴充產能會阻礙整個企業的成長。我們整合成長上限基模和捨本逐末基模後,產生了如〔圖7-7〕的完整基模。

如〔圖7-7〕所示,兩個基模相互重疊,共用一個調節環路 —— 不滿

圖7-7　整合「成長上限」與「捨本逐末」環路

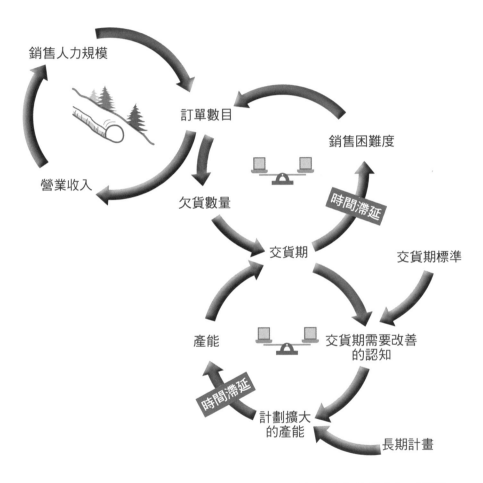

的顧客因為交貨時間太長而減少下單。(在捨本逐末基模中)干擾他
們擴充產能的同一個調節環路也(在成長上限中)阻礙銷售額成長。

「不滿的顧客」環路是否具主導力量,完全要看交貨時間延長時,公司

是否能及時擴充產能而定。如果公司容許降低標準，對問題的反應就
會比較弱，壓力於是轉移到不滿的顧客身上。換句話說，公司不自覺
沉溺於不斷限制自己的成長。

需要看清動態複雜系統的能力

神奇科技潛藏的系統結構說明了許多複雜的情況，例如：許多曾經快速
成長並高度成功的公司為何莫名其妙一蹶不振，像人民航空公司，曾是
美國史上成長最快的航空公司。事實上，這個結構是另外一個稱為「成
長與投資不足」的系統基模，比前面兩個基模更複雜一些。

當公司由於投資不足而限制了本身的成長時，就陷入這個基模。投資
不足表示產能不足以因應日漸高漲的顧客需求，當公司裡所有員工都
已經拚命工作（投資不足的跡象），卻還是無法達到應有的成長幅度
時，就可以看到成長與投資不足的型態。

在這種情況下，通常財務壓力會愈來愈大，諷刺的是，這既是投資不
足的因，也是果。財務壓力太大時，企業很難、甚至根本不可能大膽
投資，但今天的財務壓力往往是過去投資不足所種下的。如果你仔細
檢視，也會看到品質標準下降的情況（我們所說的品質，乃是指顧客
在意的所有事情，例如：產品品質、服務品質和出貨穩定度）。

標準下降或落後競爭對手，都會導致產能擴充不足，無法滿足顧客需
求（「投資」可能表示增加或改善實際產能、工作流程、組織結構或

訓練人力），於是不滿的顧客轉投其他公司懷抱；顧客需求下降紓解了需求未獲滿足的症狀，也不再需要動用財務資源，投資擴充產能。

當這些力量打垮了整個產業——譬如1960年代和1970年代美國製造業（如：鋼鐵業、汽車業、工具機業和消費性電子業）的狀況。結果，當標準更高、投資政策更健全的外國競爭者大舉進攻時，美國製造業毫無招架之力。

前述的美國鋼鐵業、汽車、工具機和消費性電子等產業，都把外國競爭者攻占市場歸咎於外在因素，但真正追本溯源，卻是美國企業降低標準、投資不足和顧客不滿所引發的結果。然而，由於走下坡的速度非常緩慢，難以察覺，而且通常還藉由「捨本逐末」的治標措施（例如：增加廣告、提高折扣、組織重組或關稅保護）而暫時紓解。

很難察覺這個型態的原因有二：首先，整個發展是漸進式的。如果所有的一切都在一個月內發生，那麼整個組織或產業都會動員起來，極力防止情況惡化。但是，逐漸降低目標和放慢成長，卻比較難以察覺。這是我們在第二章〈你的組織有學習障礙嗎？〉討論過的「溫水煮青蛙」症狀下隱藏的結構。當情勢逐漸惡化時，青蛙設定的安全水溫標準愈來愈寬，最後根本完全無法因應沸騰熱水所造成的威脅。

第二，陷入「溫水煮青蛙」症候的經理人眼見有這麼多緊急的問題需要處理，根本看不見背後更大的隱患。系統思考的藝術就在於，能否在真實經營環境中的種種細節、壓力和阻力中，認清愈來愈複雜而微

妙的結構。

事實上，要精通系統思考的修練，根本之道就在於，能從其他人認為需要立即反應的事件和力量中看出型態，但是能看清動態複雜系統的人，可說寥寥無幾。今天，有多少企業執行長能站在那裡，發表十五分鐘深具說服力的演說，解釋重要問題的系統原因，以及因應問題的高槓桿和低槓桿策略？

見樹又見林

我們都聽過見樹不見林的比喻，不幸的是，當我們大多數人「退後一步」時，看見的卻只是很多樹木。我們挑選自己偏愛的一、兩個原因，然後把所有心力都放在上面。

事實上，系統思考的藝術就在於穿透細節中的複雜，找到能激發變革的潛藏型態。系統思考並不表示要忽視細節中的複雜，而是要將細節中的複雜組合成一致的故事，以說明問題的起因，以及如何以持久的方式修補損害。比方說，在神奇科技這樣的科技公司裡，要認清現實必須先從理解本章最後的〔圖7-8〕的細節開始。

由於今天的世界愈來愈複雜，許多經理人都假定，他們因此無法有效行動的原因在於缺乏需要的資訊。但我認為經理人面對的根本「資訊問題」，不在於資訊太少，而是資訊過多。

圖7-8　影響神奇科技營運狀況的各項因素

生產產能	・機器產能 ・輪班次數 ・製造能力 ・生產排程 ・製程技術	・供應通路和交貨時程 ・能源成本 ・競爭者計畫 ・生產工時
人力資源	・服務人員 ・製造人力 ・維護 ・聘雇 ・訓練 ・流動率	・士氣 ・經驗 ・生產力 ・團隊管理 ・工作輪調 ・員工配股
競爭要素	・市場規模 ・市場區隔 ・技術趨勢 ・聲譽 ・服務品質	・競爭者的服務品質 ・價格 ・對人才的吸引力、資金、勞工生產力

我們最需要的其實是了解哪些事情重要、哪些事情不重要，應該把焦點放在哪些變數上、不要花太多力氣在哪些因素上 —— 我們需要找到能協助團隊發展共識的方法。

在培養見樹又見林的能力時 —— 也就是能從更宏觀和更細部的型態檢視資訊。精通這些基本的成長上限和投資不足基模只是起步，唯有能

見樹又見林，才能在面對複雜和變動的挑戰時，採取有效回應。

最後，精通系統思考的語言也需要借助其他的學習修練。每個修練都能貢獻重要的原則和工具，讓個人、團隊和組織更有能力從線性思考的世界觀轉換到有系統的觀察和行動。

注釋

1. 下文闡述的模式，是從佛睿思特（Jay Forrester）對於組織成長的研究衍生而來，這些著作包括：Jay W. Forrester, "Modeling-the Dynamic Processes of Corporate Growth," IBM Scientific Computing Symposium on Simulation Models and Gaming（December 1964）, and J. W. Forrester, "Markel Growth as Influenced by Capital Investment," *Industrial Management Review*,1968, 83-105。

2. David Birch, *Job Creation in America*（New York: The Free Press）, 1987, 18.

3. 這個圖表是以電腦模擬神奇科技結構的互動，其具有固定的送貨時間標準。這項模擬中所採用的簡化假設，是成長潛力無限的市場，而神奇科技早年確實處於這樣的環境。然而，即便潛在市場有實際限制，如果交貨時間標準維持固定，則行為仍可大幅改善。這項模擬是以史戴拉（STELLA）程式完成，此為一套建立與模擬思考模式的程式，可從高性能系統公司（High Performance Systems）購得。實際採用的模型，則可參閱佛睿思特的著作，以及 P. Senge, "Systems Principles for Leadership," in *Transforming Leadership*, J. Adams, editor（Alexandria, Va.: Miles River Press）, 1984。

第三部

四項核心修練

▼

1903 年 12 月，一個冷冽的清晨，萊特兄弟於北卡羅萊納州小鷹鎮試飛成功。

但這項創舉過了三十年，第一架準商業飛機 DC-3 才誕生，它融合了五項重要技術，終於形成一架成功的飛行器，使商業航空美夢成真。

「學習型組織」的核心修練：自我超越、改善心智模式、建立共同願景、團隊學習，加上系統思考，也就像 DC-3 的五項技術，正逐漸聚合。

這些修練可以帶我們去開拓那片未被發掘的、個人與組織的成長空間。

第 8 章

自我超越

只有透過個人學習，組織才能學習。雖然個人學習並不保證整個組織也在學習，但是沒有個人學習，組織學習無從開始。

目前有些組織的領導者已開始重新思考公司的經營理念，他們深切體認引導個人學習的重要性。

日本京都陶瓷（Kyocera，一家陶瓷技術居世界領導地位的公司，其技術可使用在電子零組件和醫學材料方面，另擁有自己的辦公室自動化與通訊設備產品線）的創辦人兼社長稻盛和夫（Kazuo Inamori）說：

「不論是研究發展、公司管理，或企業的任何方面，活力的來源是『人』。而每個人有自己的意願、心智和思考方式。如果員工本身未被充分激勵去挑戰成長目標，當然不會成就組織的成長、生產力的提升，以及產業技術的發展。」[1]

稻盛和夫相信，要開發員工的潛能，必須對「潛意識」、「意願」與「服務世界的真誠渴望」等人類心靈活動有新的理解。他教導京都陶瓷

的員工在公司「敬天愛人」座右銘的引導下，不斷為追求完美而努力的同時，還要向內反省。身為管理者，他深信提供員工物質的富足和精神的福祉同樣重要。

以人為起點

在地球的另一半，一個全然不同的產業，當時擔任美國漢諾瓦保險公司總經理的歐白恩，也不約而同朝類似的目標努力，他說：

「我們努力的方向是建立一個更適合人性的組織模式。工業時代之初，人們一週工作6天，才能賺得足夠的金錢，以取得食物與棲身之所；今天，我們大多數人在星期二下午就達成同樣的目標。傳統階層式的組織設計，並沒有提供員工自尊與自我實現這類較高層次的需求，而現代組織必須開始關照所有員工這些需要，否則管理效果不彰的現象仍會繼續下去。」

歐白恩和稻盛和夫一樣，主張管理者必須重新定義他們的工作。他們必須放棄規劃和控制的舊信條，並認識這個意義重大的新責任。根據歐白恩的看法，管理者的基本工作是：「提供員工追求充實生活的工作環境」。

為了避免大家認為，這種建立企業的理念只是浪漫的口號，我必須指出京都陶瓷的輝煌業績，它從初創到四十五年後，銷售額達90億美元，幾乎沒有舉債過，其所達成的利潤水準令許多公司欽羨。

漢諾瓦保險公司也相同，1969年，當歐白恩的前任總經理亞當（Jack Adam）開始重建一套以人為核心的價值與信念時，漢諾瓦資產在保險業中仍敬陪末座，但到1990年歐白恩退休時，該公司獲利排名居該產業所有同行中的前四分之一，且其過去十年中的成長比該產業的平均成長率高了50%。[2]

汽車大亨福特的觀察，也是企業管理中的另一真知灼見：「依我的想法，每個人都是一個有智慧而完整的實體，都願意為崇高的使命發揮精神力量，但我們常缺少等待結果的耐心。

「我們所需要的是，以這股期待實踐崇高使命的精神力量，來強化這樣的心……我知道確實有一個精神力量的寶庫，只是我們輕率地切割了自己與它……我相信，總有一天，我們能足夠了解這精神力量，並找到力量的來源。」[3]

「自我超越」是個人成長的學習修練。具有高度自我超越的人，能不斷擴展他們創造生命中真正心之所向的能力，從個人追求不斷學習為起點，形成學習型組織的精神。

不斷釐清「願景」與現況

「自我超越」雖然是以磨練個人才能為基礎，卻有超乎此項目標的最高目的；它雖以精神的成長為發展方向，卻超乎精神層面的抒發之上。自我超越的意義，在於以創造而非反應式的觀點，來面對自己的生活

與生命。

如同與我長期共事的弗利慈（Robert Fritz）所說：「古往今來，幾乎每一個文化都有藝術、音樂、舞蹈、建築、詩歌、歷史故事、陶器與雕刻等。創造的欲望不會受信念、國籍、信條、學歷或時間的限制。這種衝動存在我們心中，它不限於藝術，可能含括生命中的一切，從日常俗務到非常深奧的事情。」[4]

當自我超越成為一項修練、一項融入我們生命之中的活動，它的背後包含兩項動作：首先是不斷釐清到底什麼對我們最重要。我們常花太多時間來應付沿路上的問題，卻忘了我們為什麼要走這條路。結果，對於我們真正重要的，反而模糊不清。

其次，是不斷學習如何看清目前的真實情況。人往往會在情況已經惡化的時候，自欺欺人地佯裝每件事都沒有問題，最後一敗塗地；或者，當置身於一個人人都以為「我們正按照計畫進行」的情況中時，未能發現真實情況未必盡然如此。在邁向目標的過程中，知道自己目前身在何處是非常重要的。

產生創造性張力

當我們將「願景」（vision，願望的景象）與一個清楚的「現況景象」（相對於「願景」的目前實況景象）同時在腦海中並列時，心中便產生一種「創造性張力」（creative tension），一種想要把二者合而為一的

力量。

這種由二者的差距所形成的張力,會讓人自然產生紓解的傾向,以消除差距。自我超越的精義,便是學習如何在生命中產生並延續創造性張力。學習在此並非意指獲取更多資訊,而是培養如何實現生命中真正想要達成的結果的能力;它是開創性的學習,除非組織裡每個層次的人都學習自我超越,否則無法建立學習型組織。

「超越」一詞有時具有左右其他人或事的意思,但在這裡,「自我超越」是指突破極限的自我實現,或技巧的精熟。用有形的標準來看,它是指在專業上,具有某一水準的熟練程度。

對一位技術精湛的藝匠而言,將其巧思融合熟練的手藝而形成渾然天成的作品,便是一種自我超越的實現。生活中各個方面都需要自我超越的技能,無論是專業方面或自我成長。

自我超越是終身的修練過程

高度自我超越的人具有共同的基本特質,他們對願景所持的觀點和一般人不同。對他們來說,願景是一種召喚及驅使人向前的使命,而不僅是一個美好的構想。

另一方面,他們把目前的真實情況,看作盟友而非敵人。他們學會如何認清並運用那些影響變革的力量,而不是抗拒這些力量。他們具有

追根究柢的精神，將事情的真相一步步釐清。他們傾向與他人、同時也與自我生命本身連成一體，因此並不失去自己的獨特性。他們知道自己屬於一個自己有能力影響、但無法獨力控制的創造過程。

高度自我超越的人永不停止學習。但是，自我超越不是你所擁有的某些能力，它是一個過程、一種終身的修練。高度自我超越的人會敏銳警覺自己的無知、力量不足和成長極限，卻絕不動搖他們高度的自信。顯得矛盾嗎？只有那些不能看清過程重要性的人才會這樣覺得。

在漢諾瓦公司，人們追求「更成熟」。歐白恩在他的著述中說，真正成熟的人能建立和堅持更高的價值觀，願意為比自我更大的目標努力，有開闊的胸襟，有主見與自由意志，且不斷努力追求事情的真相。他說，真正成熟的人不在意短期效益，這使他們能專注於一般人無法追求的長遠目標，他們甚至顧及自己做的選擇對後代子孫的衝擊。

歐白恩指出，現代人缺乏對人類前途的關懷：「不管是什麼理由，我們對於追求精神層面做的努力，遠比不上對物質發展的追求。這是人類的大不幸，因為只有在精神層面得以發展的前提下，我們的潛能才能充分發揮。」[5]

組織生命力的泉源

歐白恩指出：「員工個人的充分發展，對於企業追求卓越的目標至為重要。」對於有人主張商場上的道德水準可低於其他活動，他不以為

然地說：「我們相信生活中高尚的美德與經濟上的成功，不但沒有衝突而且可以兼得；事實上，長期而言，更有相輔相成的效果。」

歐白恩從他的觀點，說明組織為何必須自我超越。有些企業或許不是用「自我超越」這個字眼，但他們同樣堅持員工的成長。自我超越層次高的人誓願也高，且更為主動，工作責任感深而廣，學習也更快，因此許多組織支持員工個人的成長，他們相信這樣做能強化組織。

歐白恩指出，追求自我超越還有一個更關乎個人的原因：「我們鼓勵員工從事此項探索，因為對個人而言，健全的發展成就個人的幸福。只尋求工作外的滿足，卻忽視工作在生命中的重要性，將會限制我們成為快樂而完整的人的機會。」[6]

當領導者決定接受並力行這個理念時，這勢必是組織演進過程中的關鍵時刻，也就是組織開始表明對其成員幸福真誠誓願的一刻。

傳統上，這是一種契約關係：以一天的辛勤工作，交換一天對等而公平的報酬。現在，員工與企業之間可以建立一種不同的關係。

傳統上，組織一向支持大家朝工具性的觀點發展，也就是強調，如果我們有了「工具性」的成長和發展，那麼組織將更有效率。

歐白恩進一步說：「在我們尋求建立的組織類型中，人的自我發展與財務的成功是同等重要的。這與我們最基本的前提並行不悖：生活的

美德與事業的成功不僅可以相容，而且相得益彰。這與傳統的商場信條相去甚遠。」

打破契約關係

把人員的發展視為達成組織目的的手段，會貶低了個人與組織之間關係的價值。赫曼米勒家具公司前執行長帝普雷（Max de Pree）談到組織與個人之間的「盟約」（covenant）和傳統「契約」（以一天的勞力交換一天的報酬）的不同。

他說：「契約是一項關係的小部分，一個完整的關係需要一項盟約。盟約關係建立在對價值、目標、重大議題，以及管理過程的共同誓願上面，盟約關係應是和諧、優美與均衡的。」[7]

一位《基督教科學箴言報》的記者，在訪問日本松下公司時觀察到：「有一種近乎宗教的氣息瀰漫在這個地方，好像工作本身被看作某種神聖的事情。」

京都陶瓷的稻盛和夫說，他對自我超越的誓願，是從傳統上日本人對終身雇用制的承諾演化而來，「我們的員工同意要生活在一個共同體之中，在其中他們不是互相利用而是互相幫助，如此每一個人的潛力都能充分展現。」

歐白恩則曾說：「這種盟約關係是有效的，你往往可從員工的成長得

到驗證。

十年前來到公司的一個新人,在那時還摸不清自己,對這個世界和自己的前途抱存極大的疑惑;然而,現在這個人領導著十多位員工,對於承擔責任、整理複雜概念、權衡不同立場、研擬正確抉擇,他已游刃有餘。他所說的話,別人會留心聆聽,他也因此對家庭、公司、社會有了更大的抱負。」

在此之中,有一項無條件的承諾,它是一種義無反顧的勇氣,堅持組織真正自我超越的承諾:我們想要如此,不為其他,而是我們真心想要如此。

突破「自我超越」的障礙

既然自我超越的好處如此多,為什麼還是有很多人和組織不願意這麼做呢?因為採取讓員工充分發展自我的立場,對傳統員工和雇主的契約關係而言,是一場難以接受的革命。就某一方面來說,這是學習型組織與傳統組織最截然不同之處。

公司抗拒自我超越的理由很明顯,因為「自我超越」對大多數人而言是不容易定義和捕捉的概念,無法以數量來計算,像是一種直覺與個人願望。沒有人能夠以達到小數點後二位的精確度,衡量自我超越對生產力和最終效益貢獻的大小。在物質主義掛帥的文化社會中,人們甚至不屑去談論它。

另一類抗拒自我超越理念的，是那些一開始對它寄予厚望，最後卻感到挫折而跌入失望谷底的人性管理人士，他們從而對此抱持著犬儒主義（cynicism）的嘲諷態度。

1970年代和1980年代主張尊重個人和人性管理的呼聲甚囂塵上，業界也對此抱持過高的期望，主管們將其理想化，並期待人們的性格有重大、立即的轉變，但這個美夢從未實現。

在此，我們需要了解一下犬儒主義的根由。當你揭開大多數犬儒主義者的面紗時，你看到的是一位受挫的理想家。這些一度對人抱持高度理想的人，最後因失望、受到傷害、理想幻滅、身心俱疲，而對自己和他人的自我超越採取嘲諷的態度。

歐白恩說：「身心俱疲並不只是因為工作過度。有些老師、社會工作者與神職人員，終其一生備極辛勞地工作，卻極少發出身心俱疲的感歎，這是因為他們對人性有正確看法的緣故。他們並不把人過度理想化，因此當他們對人失望的時候，也不會因挫折而終止行動。」

最後，有些人擔心自我超越會使原本管理良好的企業生存受到威脅。這樣的憂慮是合理的，因為在一個目標不一致的組織中，鼓勵人們各自追求願望會產生反效果。

原因在於，如果員工並未對他們的企業持有共同願景，也未對他們企業運作的現況持有共同的「心智模式」，那麼，鼓勵人們各自追求願

望，只會增加組織的困擾，以及管理階層維持凝聚力的負擔。

這就是自我超越必須與學習型組織其他幾項修練共同應用的原因，舉例而言，如果組織領導者缺乏建立共同願景和共有心智模式以指導旗下各階層決策者的能力，組織對「自我超越」做出承諾便是天真而又愚蠢的。

要發展「自我超越」，必須把它當作一項修練、一種透過實際應用來驗證的一系列練習。就像要經過持續地練習而成為藝術大師一般，以下的原理與練習是不斷精熟與擴大自我超越的基礎工作。

自我超越的修練一：建立個人「願景」

個人的「願景」，發乎內心。幾年前，我與一位年輕女士談論她對這個地球的願景，她提到，跟自然和諧共處是一件多愉快的事情。她不疾不徐地談論著這樣美麗的想法，可以看出這些就是她真心嚮往的。

我問她是否有其他任何想要的事物。在停了一會兒之後，她說：「我想生活在一個綠色的星球上。」說著說著，便哭了起來。她以前不曾說過這句話，但是方才那些字眼似乎具有自己的意志般，脫口而出。它們所帶來的清晰意象，顯然對她有深遠的意義。

大多數人對於真正願景的意識都很微弱。我們有目標，但這些不一定是願景。在被問起想要什麼時，許多人都會提到他們眼前想要擺脫的

事情。

譬如,想要換一個更好的工作、想要遷居到環境較佳的地區、希望丈母娘趕快搬回去自己的家裡住、希望困擾已久的背部不再疼痛等,這樣負面的願景比比皆是,甚至所謂成功的人也擺脫不掉。這類願景是生活中適應或解決問題的副產品,它只是不斷地去擺脫困擾的事情,並不會促進成長。

使願景逐漸消逝的一種微妙形式,就是專注於「手段」,而非「結果」。譬如許多高級主管選擇「高市場占有率」做為他們願景的一部分,因為他想要公司獲利,有些人可能認為獲利就是最終結果。但是,對有些領導者而言,利潤是達成一項更重要結果的手段。

有些管理者選擇高的年度利潤,是因為要保持公司的獨立地位,以防被人接手經營;或者,領導者可能想要保持公司實力,以維護創業時的宗旨。

前述這些目標都是正當的,然而最後一項「忠於創業的宗旨」,對某些主管而言,具有最重大的意義,其餘都是達成目的手段,而手段在特殊的情況下可能會變,把焦點放在真心追求的終極目標,而非僅放在次要的目的,這樣的能力是「自我超越」的基石。

如果欠缺「上層目標」的概念,就無法了解真正的願景。在這裡,我所謂的「上層目標」與一個人對於自己為什麼而活有關。至於證明人

生有或沒有「終極目的」,只會陷入一些老掉牙的辯論之中。我在此只想指出「上層目標」的強大力量。

生活中喜悅的感覺也常來自對這種目標的堅定不移,蕭伯納生動地表達了這個想法,他說:「生命中真正的喜悅,源自當你為一個自己認為至高無尚的目標,獻上無限心力的時候。它是一種自然的、發自內心的強大力量,而不是狹隘地局限於一隅,終日埋怨世界未能給你快樂。」[8]

在有些組織中,「願景」是一種內心真正最關心的事。

在有些場合,當人們談及人生的目標時會覺得很不自在,但當他們談及最關心的事情時,卻又毫無拘束。同時因為人們真正在乎,自然會給予承諾;又因是在做真正想做的事情,因此精神奕奕,並充滿熱忱。於是當面對挫折的時候,他們會堅忍不拔,因為他們認為那是自己分內該做的事,覺得很值得做,意願很強大,效率也自然提高。

但是,「願景」與「上層目標」並不相同。上層目標屬於方向性的,比較廣泛;願景則是一個特定的結果、一種期望的未來景象或意象。上層目標是抽象的,願景則是具體的。

譬如,上層目標是「提升人類探究宇宙的能力」,其願景則是「在1960年代結束之前把人送上月球」。上層目標可能是挑戰極限,願景則是打破「一英里賽跑四分鐘」的紀錄。

上層目標和願景是相輔相成的。願景如果有了背後的上層目標，就更有意義和方向感，而能持續，進而更上一層樓；而上層目標若是有了願景，就更落實、具體，容易衡量、描繪與溝通。

認清願景與競爭的差異

「願景」常與競爭混淆不清。你可能會說：「我的願景是打敗其他隊伍。」競爭確實能做為設定願景及其衡量尺度的一個有用方式，打敗網球俱樂部排名第十名的選手，跟打敗第一名是不同的；但是如果只在一堆平庸之輩裡名列第一，可能無法實現你心中的上層目標。此外，在達到第一名之後，接下來的願景又是什麼？

終極而言，願景是內在的而不是相對的，它是你渴望得到某種事情的內在價值，不是為了讓你與別人的願景互別苗頭。相對的願景，在短時期內，或許是適當的，但是它們很少引導產生偉大的成就。

我這樣區別願景和競爭，並不是說競爭有什麼錯。競爭自遠古的人類歷史便有，它能讓彼此的潛力發揮到極致。但是在競爭過後，在「願景」被達成了（或者沒有達成）以後，是「上層目標」吸引你更上層樓，驅策你設定一個新的「願景」。

這是「自我超越」為什麼必須是一項修練的另一個理由。「自我超越」是對一個人真正心之所向的「願景」，不斷重新聚焦、不斷自我增強的過程。

「願景」有多個構面，它可能是物質上的欲望，像是我們想住在哪裡？有多少銀行存款？願景有個人的構面，像是健康、自由、對自己誠實；它也可能是貢獻社會方面的，像是幫助他人，或對某一領域的知識有所貢獻。這些，都是我們心中真正願望的一部分。

但社會趨勢常會影響個人的願景，社會輿論也常會褒貶個人願景的好壞，這也是為什麼實現個人願景需要勇氣，而自我超越層次高的人便能游刃有餘地處理自己的願景。正如日本人對此高超境界的描述：「到了合一的境界，一個人的願景與他的行動之間，甚至連細如髮絲也放不進去。」

在某些方面，釐清「願景」是「自我超越」較為容易的一面；對許多人來說，面對目前真實的情況，才是一個困難的挑戰。

自我超越的修練二：保持創造性張力

即使願景是清晰的，人們對於談論自己的願景卻常有很大的困難，因為我們會敏銳意識到存在於願景與現實之間的差距：「我想要成立自己的公司，但是沒有資金」，或是「我想從事真正喜愛的職業，但是我必須另謀他職以求度日。」

這種差距使一個願景看起來好像空想或不切實際，可能使我們感到氣餒或絕望。但是相反地，願景與現況的差距也可能是一種力量，將你朝向願景推動。由於此種差距是創造力的來源，我們把這個差距稱為

「創造目前真實的情況性張力」[9]。

假想在你的願景與現況之間有一根拉長的橡皮筋（圖8-1），拉長的時候，橡皮筋會產生張力，代表願景與現況之間的張力。張力的紓解只有兩種可能途徑：把現況拉向願景，或把願景拉向現況。至於最後會發生哪一種情形，在於我們是否對願景堅定不移。

創造性張力是自我超越的核心原理，它整合了這項修練所有的要素。然而大部分人對它有所誤解。譬如「張力」一詞本身含有焦慮或壓力的意味；但是創造性張力是在我們認清一個願景與現況之間有差異時，所產生的那股正面的力量。

圖8-1　創造性張力的來源

願景

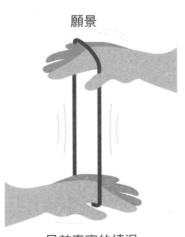

目前真實的情況

此外，創造性張力常常夾雜著焦慮、悲哀、氣餒、絕望或擔憂等感覺，以致人們易於將創造性張力與這些情緒混淆，甚至以為創造的過程就是處於焦慮狀態。因此很重要的是，了解因創造性張力而產生的負面情緒並非創造性張力本身，而是所謂的「情緒張力」（emotional tension）。

情緒張力與創造性張力

如果我們未能分清創造性張力與情緒張力的不同，便會因深感氣餒而降低願景：「算了，只得75分沒什麼好大驚小怪的，我以前也曾以80分風光過。」

或者，「我真的不在乎能否在獨奏會上演出，無論如何我必須教音樂賺錢。」解除情緒張力的過程是不易察覺的，只要不堅持願景，把它降低一點，創造性張力鬆些，就能夠解除情緒張力。如此我們所不喜歡的那些負面的感覺消失了，但是目標也因此降至更接近現況。消除情緒張力並不難，所付出的唯一代價，是放棄真正想要的願景。

在第七章〈認清成長是件複雜的事〉中，情緒張力是侵蝕神奇科技目標的肇因。創造性張力與情緒張力的互動，是一種「目標侵蝕」的環路，如〔圖8-2〕所示。

當我們握住一個不同於現況的「願景」，就有一個差距存在（創造性張力），這個差距能夠以兩種方式加以消除。位於下方的調節環路代

圖8-2　願景的「目標侵蝕」環路

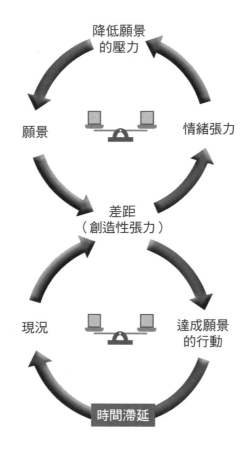

表根本解：採取行動把現況拉向願景。但是改變現況需要時間，這導致位於上方的環路調節在過程中會產生挫折與情緒張力，症狀解於是降低「願景」，把它拉向現實。

然而，降低一次願景還不是故事的結局。當願景不易達到，進一步降

低它的壓力依然存在，典型的「捨本逐末」結構於焉形成。一個潛藏的「未能達成目標→挫折→降低願景→暫時紓解壓力」增強螺旋，使願景進一步降低。於是，漸漸地，愈來愈以降低願景的「症狀解」方式來解決問題。

神奇科技解除情緒張力的方式，是降低看起來似乎不可能達成的關鍵性作業標準，即降低交貨績效與服務品質的標準。

因為是漸進的，標準的下降相當難以察覺。神奇科技的每一次危機，交貨標準只侵蝕了一點點，同樣地，當我們逐漸放棄想要成就的工作、想要擁有的家庭生活，或想要居住的世界，個人「願景」便在不知不覺中受到侵蝕。

在組織中，常因對情緒張力的容忍不夠，而讓目標受到侵蝕。沒有人願意擔任傳達壞消息的信差，最容易的方法是裝做沒有壞消息，或乾脆聲稱勝利；只要降低判斷所依據的標準，把壞消息重新定義為沒有那麼壞就可以了。

降低情緒張力的環路存在於人類活動的所有層次，它們是妥協的由來，是造成放棄真正理想的根源。如英國作家毛姆（Somerset Maugham）所言：「只有平庸的人才總是處於自己最滿意的狀態。」

當不願意與情緒張力相處的時候，我們容許目標被侵蝕；相反地，如果我們了解創造性張力，它將不但不會降低願景，反而使願景變成行

動的力量。

弗利慈指出：「願景是什麼並不重要，重要的是願景能夠發揮什麼作用。」真正有創造力的人，會使用願景與現況之間的差距來產生創造的能量。

實現願景的動能

舉例而吉，全錄公司位於帕洛奧圖的研究中心（Xerox Palo Alto Research Center，簡稱PARC）是許多個人電腦關鍵功能的發源地。

該中心研究負責人凱伊（Alan Kay）有一個「願景」，就是想要推出一種交談式的電腦：dynabook。他的理想是，小孩子也能夠用它來測試理解力、玩遊戲，和重組傳統課本中的靜態資訊，以培養創造力。

就某種意義而言，凱伊是失敗了，因為這種交談式的電腦從未實現，但是這個「願景」改造了電腦產業。在這個研究中心開發的電腦雛型所創造的一些功能，如：視窗、下拉式目錄、滑鼠控制、圖像顯示等，十年之後被麥金塔（Macintosh）電腦系列產品實現了。

美國波士頓賽爾提克（Celtics）籃球隊的傳奇靈魂球員羅素（Bill Russell），有保留自己評分卡的習慣。他在打完每一場球之後，用一張滿分為100分的評分表為自己評分。

在羅素的籃球生涯中，他從來沒有得過65分以上。依我們多數人以目標為終點的思考方式，我們會將他看作落魄的失敗者，並說：「可憐的羅素，打了一千兩百多場的球賽，卻從未達到自己的標準！」然而，也正因為他拚命想要達到自己的標準，他成了最傑出的籃球員。[10]

這印證了前面所說的：願景是什麼並不重要，重要的是願景能夠發揮什麼作用。

創造性張力可轉變一個人對失敗的看法。失敗不過是做得還不夠好，是願景與現況之間存在的差距；失敗是一個學習的機會，可看清對現況的不正確認知、體察策略為何不如預期有效，以及檢視願景是否明晰正確。

拍立得的創立及發明者，並擔任十幾年該公司總裁的蘭德（Ed Land），在他的牆上有這麼一句警語：「每一項錯誤都是一個累積最後成果的事件。」

創造性張力能培養毅力與耐性。一位日本主管在我們的講習會上告訴我，日本人與美國人對時間的看法相當不同。

他說：「美國商人在與日本人交涉業務時，常發現日本人並不立即開始談業務。美國人按照緊湊、細心規劃的五天工作進度表到了日本，急於立即開始工作，日本人卻安排優雅的品茗會向他們致意，老是不觸及細節。過了一天又一天，日本人還是保持緩慢的步調，而美國人

變得愈來愈心神不寧。」

這位日本高級主管說：「對美國人而言，時間是敵人；對日本人而言，時間是盟友。」

真實是盟友

對大多數人來說，現況本身是個敵人。創造性事物的拉力，比不上已存在現況的阻力。按照這樣的邏輯，我們愈是厭惡現況，愈有改變的動力。換句話說，除非事情變得壞透了，否則大家不願做任何根本的改變。

前述說法使許多人誤以為，根本的改變必須要到面臨生存威脅時才會產生。這是一個過度簡化的陷阱，我常在研討會上問：「有多少人相信，危機會使人與組織產生根本的改變？」一般總有75%到90%的人舉手。

然後，我請他們假想，身處於一種生活中的每件事都如意的狀況：在個人生活、家庭、工作、社區上，絕對沒有任何問題。接著我問：「如果你有一個完全沒問題的生活，什麼將是你首先想追求的？」絕大多數的回答都是：「改變或創造某種新的事物。」

事實上，人類比我們假設的更為複雜，我們既害怕改變又尋求改變。或如一位研究組織改變的專家所說：「人們並不抗拒改變，他們是抗

拒被改變。」

精熟創造性張力，可使我們看待現況的心態產生根本的轉變：真實的情況成了盟友而非敵人。正確而深入地認清現況的真相，跟有一個清晰的「願景」一樣重要。大多數人習於在對現況的認知中，不自覺加入自己主觀的偏見，這便是下一章將要討論的「心智模式」。

弗利慈說：「我們習於依賴自己心中認知的現況，甚於自己的觀察。因為假設現況的真相類似我們所認知的想法，比重新觀察眼前的現況方便得多。」[11]

如果追求自我超越的第一要件是忠於自己的願景，那麼支持自我超越的第二要件便是忠於真相，二者對於產生創造性張力都極為重要。或者如弗利慈所說的：「真正有創造力的人，知道所有的創造都是通過重重限制達成的，沒有限制就沒有創造。」

自我超越的修練三：看清結構性衝突

有時連許多極為成功的人，也有一些根深柢固的、與「自我超越」信念相反的成見，這些信念往往隱藏在意識的底層。以下的實驗可證明前述說法。

請大聲說出下列句子：「我能夠創造我真正想要的生活，在每一方面，不論工作、家庭、人際關係、社區生活，以及其他更大的範圍。」

注意你內心對於這項宣示的反應，在你的心中有微弱的聲音在說：
「你在開玩笑嗎？你真的相信會如此嗎？那是不可能達到的。個人或工作方面或有可能，至於更大的範圍嘛……？」這些對自己能力限制的想法，便是在心中一種根深柢固的成見。

曾經協助過上萬人發展創造能力的弗利慈說，實際上，大部分人都有一個牢不可破的信念，認為我們沒有能力實現自己想要的。

弗利慈認為，它是成長過程中，一項不可避免的副產品：「自孩提時代、我們就開始學習種種限制。理智尚未完全成熟的兒童，當然必須在行為上有所限制，但是這樣的學習常在不知不覺中，應用得過於廣泛。我們不斷告訴自己不能做某些事情，因而到頭來我們可能假設自己沒有能力擁有心裡真正想要的。」[12]

多數人心中都有限制自己創造力的矛盾，其中較為常見的是，相信自己沒能力實現真正在乎的事情。

潛在矛盾的作用力

另一種阻礙自己發展的矛盾，是認為自己不夠資格得到所想要的，我們應當時時警惕自己不要掉入這兩個陷阱之中，並且讓阻礙創造及實現願景的這股強大的、結構性的負面力量，在我們心靈、智慧的強光照射之下無所遁形。

弗利慈使用一個隱喻，描述潛在矛盾如何發生結構性的作用，使我們與目標背道而馳（圖8-3）。假想你向著自己的目標移動，有一根橡皮筋象徵創造性張力，把你拉向想要去的方向；同時，也請想像，還有第二根橡皮筋，被無力感或不夠格的信念拉住。

當第一根橡皮筋把你拉向目標，第二根橡皮筋把你拉回你不能（或不夠格）得到這個目標的潛在想法時，弗利慈稱這種系統為「結構性衝突」（structural conflict），它是一個各方力量互相衝突的結構，同時把我們拉向和拉離所想要的。

因而，當我們愈是接近達成願景時，第二根橡皮筋把我們拉離願景的力量愈大。這個向後拉的力量可以許多方式呈現：我們開始詢問自己是否真正想要這個願景、感覺完成工作愈來愈困難、意外的障礙在我們的路途上突然冒出來，或者周遭的人也讓我們失望。

然而，我們常察覺不到結構性衝突的系統存在，但也就是因為我們未

圖8-3　結構性衝突

深信無力
或不夠格　　　　　　你的現況　　　　　　你的願景

能察覺，更增強了結構性衝突的力量。

當我們在尋求一個願景時，如果有無力感或不夠資格的想法產生，則結構性衝突的力量就會開始活動，阻止我們邁向成功。然而，成功的人是如何克服結構性衝突的力量，以竟全功呢？

改變生命中的深層結構

弗利慈歸納出一般人對付「結構性衝突」力量常見的三種策略，然而每一種都有其缺失與限制。[13]

消極地讓願景被侵蝕，是其中常見的一種策略；其次，是「操縱衝突」（conflict manipulation），也就是透過刻意製造的假性衝突張力，來「操縱」自己或他人更加努力，追求想要、專注於除去，或避免我們所不想要的。操縱衝突是那些害怕失敗的人所偏好的策略。

此外，許多管理者非常擅長運用這種「如果我們的目標無法達成，後果會如何」的方式來激勵人們。不幸的是，絕大多數的社會運動者便是運用此策略，製造「負面願景」來鼓勵大眾（譬如高喊反這個、反那個），建立「共同願望」。

但是或許有人問：「如果能夠幫助我們達成目標，利用些許的憂慮或害怕又有什麼錯？」對尋求自我超越的人來說，這是一個簡單的問題：「你真的想要一輩子生活在害怕失敗的狀況中嗎？」

可悲的是，人們一旦習於運用操縱衝突的方式，便會陷入「捨本逐末」的結構，相信只有透過連續的焦慮與害怕狀態，才能使自己成功。他們於是開始贊頌情緒張力，即使達成目標也沒有什麼喜悅，因為他們馬上開始煩惱已經得到的終將失去。

第三種常見的策略是「意志力」的運用，也就是全神貫注去擊敗達成目標的過程中所有形式的抗拒力。多數高度成功的人具有過人的意志力，因而許多人把這項特性看作與成功同義：願意付出任何代價以擊敗阻力，達成目的。

但是意志力帶來許多問題，這些問題可能一直為全心追求成功的人所忽視。首先，可能它造就的是一種沒有效率的成功；以系統思考的語言來說，也就是行動沒有找到槓桿點。我們達成了自己的目標，但是耗費了巨大的心力與資源，而當我們成功的時候，會發現自己已筋疲力竭，並懷疑這是否值得。

諷刺的是，意志力堅強的人，事實上很可能會自己去找尋需要克服的障礙，或塑造必須除去的惡魔與必須征服的敵人，來顯示神勇。此外，還有料想不到的後果。有些成功的人將這種使自己事業成功的意志力運用在家庭中，然而不但不管用，還破壞了婚姻，以及與子女的關係。

最糟的是，意志力的運用並未改變背後的結構性衝突，特別是潛在的無力感並沒有真正去除。儘管有重大的成就，許多成功的人仍然覺得

在他們生命中，有一種沒有說出來的、深深的無力感，譬如個人及家庭關係的不和諧，或是心靈的不安寧。

這些因應策略，在某種程度上是無法避免的。它們是一種根深柢固的習性，無法在一夜之間改變。每一個人都有自己最習用的策略。接近我的朋友都知道，我長期以來最習用的就是意志力的策略。

那麼，能夠解決結構性衝突的槓桿點到底在哪裡？如果結構性衝突起於內心深藏的信念，那麼只有從改變信念開始。但是心理學家一致同意，像是無力感或不夠格這樣的根本信念，無法輕易被改變。

這些信念在人生的早期就開始發展，一旦我們仍抱持固有信念，則自我超越不易開展。

矛盾的是，信念只有在自我超越的過程中，才會逐漸累積或改變。我們如何開始改變自己生命中較深層的結構呢？

自我超越的修練四：誠實面對真相

我們或許能用一項人們自古奉行的、簡單卻睿智的策略，做為處理「結構性衝突」的開始，那便是說真話。

人們通常不認為「誠實地面對真相」（commitment to the truth）是一個了不起的策略。

「我要怎麼做才能改變我的行為呢？」「我要怎樣改變潛藏的信念呢？」人們常常想要有一個公式、技術或有形的東西，來解決結構性衝突；但當他們絞盡腦汁尋求解決之道時，卻忽略了這項最有力的策略：誠實面對真相。

誠實面對真相不是指追求一項絕對的真理或追究萬有之本源，而是根除看清真實狀況的障礙，並不斷對於自己心中隱含的假設加以挑戰，也就是不斷加深我們對事件背後結構的理解與警覺。自我超越層次高的人，對於自己行為背後的結構性衝突，尤其能夠看得更清楚。

因此，處理結構性衝突的首要工作，在於辨認出這些衝突，以及它運作的模式。然而，在我們使用這些策略時，辨認它們又非常困難，尤其是其中伴隨著焦慮和壓力時，因此必須事前發展內部警告訊號。

當我們發現自己為了某個問題在責怪某件事或某個人，例如：「我會放棄，是因為沒有人感謝我」，或「我會這麼煩惱，是因為要是我不把工作做好，他們將要開除我」等情形時，便要意識到自己可能正處於結構性的衝突中。

反思有無必要事必躬親

以我自己為例，在處理重大計畫時，我常覺得別人在緊要關頭時不支持我。因此在發生這種情形的時候，我會勇往直前、孤軍奮鬥，來克服別人的不盡心盡力或能力不足。

過了許多年，我才看出這樣一個重複發生的模式，是我所習用的「意志力」策略的特殊方式。

因為在我的深層意識中，總認為別人不盡心盡力的心態是無法改變的，所以最後總是覺得好像所有的事情都非自己做不可。

一旦我辨認出這個模式，當再遇到同仁不盡心盡力的時候，我所採取的行動開始有所不同。我變得比較不會生氣，反而接受這種有些刺痛的感覺：「喔，我的模式又出現了。」我因此對自己的行動和所產生的結果看得更深入：有可能是我自己創造了不可能完成的工作，或是由於自己領導不當。

本書第九章〈心智模式〉中，將會再介紹相關的技術。

心靈的變換

相反地，如果未能發生心靈的變換，我將無從發展這種應付結構性衝突的能力。只要我仍以事件來看問題，我還是會相信自己的問題是由外部引起：「是他們害我的。」一旦我看清了造成問題的結構，我開始思索自己能夠做什麼，而不是他們曾做了什麼。

由此可知，是我們未曾覺察的結構囚禁著我們。一旦我們看得見它們，它們就不再能夠像以前那樣囚禁我們，並且我們開始能夠以改變結構的方式，把自己從支配自己行為的神祕力量中解放出來，對個人

和組織都是如此。

近年來發展頗有成效的「結構性家庭療法」，就是基於這種原理來治療個人的心理疾病 —— 使人在了解個人與家人的主要互動關係結構之後，產生持久的行為改變。[14]

發現這些在暗中運作的結構，對於高度自我超越的人來說，是喜而不是憂。有些結構很快就可以改變，有些則只能逐漸改變，譬如「結構性衝突」。

在確認了結構性衝突的起源以後，所需要的是，對這些結構做更有創意的變革，而不是去跟結構纏鬥。一旦找出一個運作結構，這個結構本身就會變成「真實情況」的一部分。

誠實面對真實情況的意願愈強，所看見的真實情況也愈接近它的真相，創造性張力也愈有力量。在創造性張力結構中，誠實面對真實情況變成創造性力量，就像「願景」成為一股創造性的力量一樣。

這種過程的典型例子，是英國文豪狄更斯寫的《耶誕頌歌》（A Christmas Card）。在耶誕夜，透過訪問三個鬼魂，書中生性吝嗇的主角史克羅齊愈來愈清楚地看到自己過去所拒絕面對的真實情況。他看到了自己過去的自私和冷酷無情的真相；他也看到了自己目前的真實情況，尤其是那些他試圖逃避的事情真相；他還看到，如果以自己現在的方式繼續生活下去，未來可能發生的事情真相……

但是，到這裡，他醒過來了；他明白自己可以拒絕成為這些真相的俘虜，明白自己可以有所選擇，因此，他選擇了改變自己。

顯然史克羅齊在更深入察覺他所處的真實情況之前，無法做出改變的選擇。正如狄更斯所指出，不論我們多麼盲目，和懷有多深的偏見，只要我們有勇氣選擇，我們就有徹底改變自己的力量。

自我超越的修練五：運用潛意識

「自我超越」層次高的人最引人注意的一項特質是，他們在忙亂之中，仍能優雅而從容地完成異常複雜的工作，令人驚歎不已；就像芭蕾舞者令人屏息的美麗舞藝，這是經年累月修練而來的能力。

自我超越的實踐過程中，隱含心靈的另外一個面向 —— 潛意識。事實上我們都曾不自覺透過潛意識處理複雜的問題。

使自我超越層次高的人與一般人有所區別的，在於他們能在意識與潛意識[15]之間，發展出較高的契合關係。與一般人偶然短暫的感應不同，他們將潛意識的運用當作一種修練來加以提升。

潛意識跟管理與組織有關嗎？

稻盛和夫說：「當我全神貫注時，我便進入了潛意識的心。據說人類有一個意識層的心（conscious mind）和一個潛意識層的心

（subconscious mind），而後者的容量遠高於前者。」

歐白恩則認為，這種以前被忽視的心智能力是建立新型組織的核心：「世界上最大、尚未被發掘的領域，是位於我們兩耳之間的空間，而學習型組織將會找出方法，來滋育和凝聚在我們內部不凡的能力。」

但是這些所謂「不凡」的，實際上是跟許多生命中十分「平凡」的事物密切關連，以致我們幾乎未注意到它們。我們常常可十分幹練地處理生活中細微複雜的工作，卻幾乎不經意識的思考。

請你嘗試做一個實驗：觸摸你的頭頂。

你是怎樣做到的？多數人的回答都是大同小異：「我只想到把我的手放在頭上，它就在那裡了。」

但是由神經生理學的層次來看，把你的手舉上頭頂，是一件異常複雜的工作。從大腦傳送訊號到手臂，訊號再傳回大腦，這個過程牽涉到無數神經細胞的刺激與反應。這項複雜的活動從頭到尾的協調，我們並未在意識上察覺。

同樣地，如果你必須思考步行的每一個細節，你的麻煩可大了。走路、談話、吃東西、穿鞋子、騎腳踏車，都是在幾乎沒有意識下完成的；然而，事實上，這些都是極端複雜的工作。這些工作之所以能正確完成，便是靠潛意識的作用。

潛意識對我們的學習是非常重要的。人自出生開始，每件事都需要學習，只有漸進的學習，嬰孩才能夠學會一切新事務，而任何新的工作，起先都需要意識非常專注與努力。

潛意識學習

在我們學習的過程中，整個活動從有意識的注意，逐漸轉變為由潛意識來掌管。

譬如，在你初學開車的時候，需要相當大的注意力，甚至要和坐在你身旁的人談話都有困難；然而，練習幾個月後，你幾乎不需要在意識上專注，就可做同樣的動作；不久之後，你甚至可在車流量很大的情形下，一面駕駛，一面跟坐在旁邊的人交談。顯然，現在你對必須監測和回應的上百個變數，幾乎不必在意識上加以注意了。

學鋼琴、學繪畫、學舞蹈、學打球、學太極拳都是如此，把熟練的部分交給潛意識來管，而讓意識專注於其他部分或新的事物上。

在日常生活中，我們不斷訓練潛意識，進而熟練各類技能。一旦學會了，就變成好像天生就會的，所以當我們在運用潛意識的時候，甚至不會注意到它的存在。但是，對於我們如何熟練這些技能、如何能夠精益求精，不斷發展我們一般意識與潛意識之間的契合，多數人並不曾仔細思考過。然而，這正是「自我超越」這項修練最重要的部分。[16]

這就是為什麼有些人藉由如「靜坐」（meditation）的方式不斷修練「自我超越」。另外如宗教上透過默禱，或是使意識的心沉寂下來的其他方法，都可讓潛意識的心提升。

潛意識沒有自己的意志，也沒有特定的目標或方向，當我們意識的心思活躍的時候，潛意識便被矛盾思緒的洶湧浪潮淹沒；如果心靈處於平靜的狀態，當我們專注於某些特別重要的事情，或是願景的某些方面時，潛意識便浮現而不易分心。

此外，「自我超越」層次高的人，有特殊的方式來引導自己專注於焦點。那便是前面討論過的，他們專注在所想要的結果，而非達成結果所必要的過程或手段。

學習專注於心中真正想要的結果，是一種技能。這在開始的時候是不容易的，需要時間與耐心去培養。對多數人來說，一想到某項心中重要的目標，幾乎馬上想到這項目標難以達成的所有理由或障礙。

雖然不斷思考達成目標的各種可能策略是很有幫助的，但這也可能是缺乏修練的一個訊號 —— 對於「過程」過分專注，會不斷掩蓋目標的焦點。我們必須努力學習，如何區別自己真正想要的與達成它的過程。

不斷對準焦點

學習如何更加清楚把焦點對準想要的結果，一項有用的起步練習是，

只將「願景」中的一項特定目標或某一方面納入思考。

首先，想像這個目標已經完全實現了；然後，問自己：「如果我真的得到這個，它將帶給我什麼？」許多人發現，對這個問題的回答，揭開了在目標背後更深的渴望。

事實上，目標是為了達成一項更重要結果的、必要的中間步驟。

譬如，某一位女士的目標是晉升到組織階層的某個層次，當她自問：「成為資深副總將帶給我什麼？」她發現她的回答是：「同儕的尊敬」或「行動中的自我實現」。

雖然她可能依舊熱切期望升上副總的職位，但她現在看清一個她所渴望的更為深層的結果；而她現在便可以開始追求她的「願景」的一部分，與她位於組織階層的位置無關（如果她沒有釐清她真正尋求的結果，可能在達到她的預定目標時，發現更高的職位仍無法稱心滿意。）

這個技能之所以如此重要，是因為潛意識對明確的焦點有較佳的回應能力。如果我們不能明白分辨階段性目標與終極目標，潛意識就無法區分輕重緩急和對準焦點。

明確選擇目標

另外，明確選擇目標也同樣重要。只有經過選擇，潛意識的能力才能

充分發揮。誠實面對真實,對發展潛意識也同樣重要,這跟測謊器的基本原理一樣。

測謊器之所以有效,是因為大多數人講謊話時,他們的體內會產生某種程度的壓力,這種壓力會產生可測量的生理效應,如:血壓、脈搏,以及呼吸的加速。所以不誠實面對真實,不僅阻礙潛意識獲取現在已到達「願景」什麼境界的資訊,也會輸入使潛意識分神的資訊。

運用潛意識來形成創造性張力,也是在焦點明確對準「願景」與目前真實情形下最為有效。潛意識的有效運作必須結合許多技能,使潛意識對準焦點的一個有效途徑,是透過心靈描繪的景象(imagery)與視覺化呈現(visualization)。譬如:世界級的游泳健將發現,想像自己的手比實際的大2倍,自己的腳掌有蹼,確實游得更快。高難度複雜動作演出前的「心智預演」已成為各種專業表演者的例行心理訓練。

釐清生命終極目標

但是,這一切真正有效的關鍵,仍然在於知道對你最重要的是什麼。在不知道對你真正重要的是什麼的情形下,將易流於機械式地運用潛意識。這雖然是一種使自己更有生產力的新方式,然而在沒有廓清和不斷修正自己生命終極目標的情況下,幾乎所有精神方面的傳承,都反對以學習來增強心智力量的技術。

總之,培養潛意識最重要的是,它必須契合內心真正想要的結果。愈

是發自內心深處的良知和價值觀，愈容易與潛意識深深契合，甚至有時就是潛意識的一部分。

追求對一個人真正重要的事情，到底可產生多大的力量？卡普蘭（Gilbert Kaplan）的故事是一個很好的例子。他是一家十分成功的大型投資期刊的發行人兼編輯。

1965年，卡普蘭在一場排演中，第一次聽到馬勒（Mahler）的第二號交響曲，他發現自己感動得無法入眠，「我再次去欣賞演奏，在步出演奏廳的時候，我感覺自己完全變成另一個人。這是一段與音樂漫長愛情故事的開始。」

儘管他沒有受過正式的音樂訓練，他決心投入時間、精力和財力（他必須僱用一個交響樂團）來學習如何指揮交響樂團。今天，他演出的交響曲獲得世界各地評論家最高的讚美。《紐約時報》稱讚卡普蘭在1988年指揮倫敦交響樂團灌錄的交響曲唱片，為年度最佳五張古典唱片之一，「紐約馬勒協會」的理事長則稱之為「傑出的錄音演奏」。

只依賴意識層的學習，將永遠達不到這個藝術水準，甚至集合這個世界所有的意志力也辦不到。而卡普蘭之所以辦到，是因他將高層次的潛意識，與所追求的新「愛」相契合所致。

在潛意識之中去發展高度「自我超越」的關鍵，是與發展個人「願景」的修練相連結。這是為什麼「願景」的概念在創造性的藝術中，總是

居於非常重要地位的原因。

畢卡索曾說：「我們可以從傳記或其他紀錄中，了解畫家心靈是循怎樣的途徑，找到使他們夢想具象化的方法。但是，真正重要的是，從這些紀錄中看出，他們最初的願景幾乎始終如一。」[17]

自我超越與系統思考

從事「自我超越」這項修練的時候，內心漸漸會發生改變。這些變化有許多是相當難以察覺的，因而往往未引起注意。

自我超越修練結構性的特徵，在前面已說過，例如：創造性張力、情緒張力與結構性衝突等。

另外，系統觀點也彰顯了自我超越更為精緻的幾個構面，特別是：一、融合理性與直覺；二、看清自己跟周遭世界是一體的；三、同理心；四、對整體的使命感。

構面一：融合理性與直覺

有一個古代伊斯蘭教國度的故事是這麼描述的：一個瞎子迷失在森林裡，被東西絆倒了。瞎子在森林地面上摸索，發現自己跌在一個瘸子身上。瞎子與瘸子開始交談，悲歎自己的命運。

瞎子說：「我已經在這個森林裡徘徊很久了，因為我看不見，所以找不到出去的路。」

瘸子說：「我也躺在森林的地上很久了，因為我站不起來，無法走出去。」

當他們坐著談話的時候，瘸子突然大聲叫起來，他說：「我想到了，你把我背在肩上，我來告訴你往哪裡走，我們聯合起來就能找到走出森林的路。」

這位古代說故事的人，將瞎子象徵理性，瘸子象徵直覺，而我們必須學會如何整合二者，才能找到走出森林的路。

直覺在管理上的應用，被刻意忽視好長一段時間之後，近來日益受到注意與接受。許多研究顯示，有經驗的領導者相當重視直覺，他們並非全然以理性的方式摸索複雜的問題。

對於一些異樣的情況，他們也依賴第六感，以直覺描繪出事情可能發生的方式，或在似乎不相關的事情之間找出相關性。[18]有些管理學院甚至開設直覺與創造性解決問題的課程。但是在組織與社會朝向重新整合直覺與理性的路上，我們還有很長的路要走。

「自我超越」層次高的人，不會在一開始就著手整合理性與直覺，而是因勢利導、掌握契機，將它們當做可利用的資源之一。他們不會武斷

地在理性與直覺、腦與心之間做選擇，不然就會像是選擇用一條腿走或用一隻眼睛看那樣。

「配對」是高等生物演進背後的原理，大自然似乎學會了以成雙成對的方式設計；甚至，有些事物不成雙就發揮不了力量。

雙腿與雙手對於攀爬、上舉與操作物件非常重要；兩隻眼睛配上兩隻耳朵和知覺，讓我們看見立體的景象。依相同的設計原理，我們難道不可能將理性與直覺調和運作，使潛在的智慧得以發揮？

系統思考或可掌握一個整合理性與直覺的關鍵。直覺，經常是非直線的思考，通常不包括因與果在時空上非常接近的情況，這也正是為什麼多數人覺得直覺不合理。

有經驗的管理者，對於複雜的系統，大多有他們無法說明的豐富直覺。直覺告訴他們，因果在時空上並不接近，不加深思的解決辦法所產生的害大於利，短期對策則會產生長期問題。但是，直覺常無法用簡單的直線式因果語言來說明，他們往往只好說：「只要這麼做就行，會有效的。」

譬如，許多管理者意識到目標或品質正在被侵蝕，但是無法解釋市場成長的困境，是因投資不足而自我設限更深的緣故。或者，管理者可能感覺到。他們把焦點放在確切、容易衡量的一些績效指標，反而會掩飾較深層的問題，而使問題惡化，但是他們無法說服別人為什麼這

些是錯誤的績效指標,或者為什麼替代方案能夠產生較佳的結果。

只要了解背後的系統結構,這兩種直覺都能夠得到解釋。

直線式(非系統)的思考與直覺之間的衝突,已經種下理性與直覺相對立的種子。偉大的思想家或發明家也並非都憑理性來發明或創新,愛因斯坦說:「我從來沒有以理性的心發現過任何事物。」他敘述如何以想像自己跟著光束旅行而發現了相對論,更重要的是,他能夠將直覺轉換成明確而且可以理性驗證的定理。

當管理者能夠自在地使用系統思考為語言時,他們將發現自己的許多直覺變成能夠加以說明。系統思考的一項重大貢獻便是,重新整合理性與直覺。

構面二:看清自己跟周遭世界是一體的

我的兒子怡安(Ian)在剛出生六週時,似乎還未了解他手與腳的功能。我懷疑他是否知道手與腳的存在,或者並未覺察是他在控制手與腳的行動。

前幾天,他被一個可怕的增強回饋環困住了。他以左手抓住耳朵,你從他痛苦的表情和愈來愈用力的扭打,看得出他開始激動起來;但是,激動使他更用力拉,這樣使他更加不舒服,導致他變得更激動和更用力拉。如果我沒有拉開他的手使他靜下來,可憐的小傢伙可能會

繼續拉下去。

怡安不明白，手是可以由自己控制的，他把不舒服的來源想成是外部的力量。似曾相識？

怡安的困境，跟第三章〈從啤酒遊戲看系統思考〉中玩啤酒遊戲的人並無不同 —— 將自己對於遲遲收不到供應商的貨所做出的反應，視為是外部因素所引起。又或者，像是第五章〈新眼睛看世界〉中提過的，美蘇軍備競賽雙方，各對他方的軍備擴展做出反應，好像自己沒有力量改變情況一般。

怡安的動作令我開始思考，個人成長中一個未被注意的方向 —— 不斷將事物的互動關係「銜接成環」，即不斷發現我們原本視為外部的力量，實際上是與我們自己的行動互相關聯的。

怡安很快就會認得他的腳與手，並學習控制它們的動作。然後，他將發現自己能控制身體的姿勢，如果背部不舒服，他能夠翻滾；然後是體內狀況，譬如體溫可以接近或遠離熱源加以控制；最後，領悟到父母的行動與情緒是受到自己的影響。

在進步的每個階段，他心中關於真實的圖像，將逐漸納入愈來愈多由生活的行動所獲得之回饋，而做出相應的調整。但是對許多人而言，在生命早期便停止了看見外部力量與自身行動相互影響的能力。年紀愈大，發現的速度愈慢，看見自己的行動與外部力量之間新的連結也

愈來愈少。

幼兒的學習過程，為我們所面對的學習挑戰提供了一個美麗的隱喻：不斷擴展我們的洞察力，看見更多自身行動與目前情況之間的關聯性，並進而看見我們與周遭世界是連成一體的。我們或許永遠無法完全知覺自己的行動如何影響目前情況的各種方式，但只要對這種可能性存著開放的心，就足夠擴大我們與周遭的一體感。

對於此種學習的挑戰，愛因斯坦說：「人類以為自我是獨立的個體，這是一種錯覺。

「這個錯覺對我們來說是一種束縛，使我們的願望只限於自己及最親近的一些人。我們的任務是必須把自己從束縛中解放出來，以擴大與周遭的一體感，擁抱所有的生物與整個美麗的大自然。」這也是「自我超越」修練系統觀的一個重要部分。

構面三：同理心

藉著看見個人與外界的相互關聯，人們改變了怪罪他人和自責的態度。我們開始看到所有人都被困在結構中：結構深藏在我們的思考方式裡，存在人與人之間，存在我們所生活的社會環境中。如此，我們一看見不對便反射性互相挑毛病的習慣，自然漸漸減弱，而會深深體認自己置身其中的系統的力量。

這並非指人們只是系統的受害者，行為完全被系統所控制。事實上，這些結構常常是我們自己創造的，但多數人看不見身在其中運作的結構。我們既不是被害者，也不是囚犯，而是尚未學會如何察覺及控制自身力量的人類。

我們慣於把同理心（compassion）想成一種情緒狀態，一種基於我們對他人的關係。但是，它也奠基在一個洞察的層次上面。

依我的經驗，當人們看到更多在其中運作的系統，對彼此如何互相影響也會有更清楚的了解，再經由設身處地為別人著想後，他們也自然會發展出更多同理心。

構面四：對整體的使命感

歐白恩說：「真誠的誓願是一種對於比自我為大的、整體的使命感。」自我超越層次高的人，經由與外在整體連成的一體感，會自然而然形成一個更寬闊的「願景」。沒有這樣的願景，人類的潛意識所認知的世界，常常是以自我為中心 —— 只顧追求自己想要的。

當人類所追求的願景超出個人利益，便會產生一股強大的力量，遠非追求狹窄目標所能及。

組織的目標也是如此，稻盛和夫說：「任何一個曾經對社會有貢獻的人，都一定體會過一股驅策其向前的精神力量，那是一種來自 —— 追

求更遠大的目標而喚醒了內心深處真正的願望所產生的力量。」

在組織中培養自我超越

我們必須謹記，走上任何一條個人成長的路都是一種自我的選擇。沒有人能夠被強迫發展自己的自我超越，如果這樣做，保證一定會產生反效果。組織如果變成太過積極推動內部人員的自我超越，可能會碰到很大的困難。

有些組織企圖設計一些強迫性的個人成長訓練課程。不論立意多麼良善，這樣的課程必定會妨礙組織中自我超越的發展，因為這會和自我的選擇相衝突，我這幾年親眼目睹過許多這樣的失敗例子。[19]那麼，領導者對於培養自我超越，能夠做些什麼？

他們可以鼓勵一種員工可在其中鍛鍊「自我超越」的公司氣氛。說得更具體些，就是建立起一種組織，在這個組織中，大家在建立願景的時候有安全感，「追根究柢」與「誠實面對真相」變成一種文化，「挑戰現狀」是一種期望 —— 尤其是當現狀中隱含著大家一直在逃避而不願意面對的問題時。

這樣的組織氣氛，將以兩種方式增強自我超越。首先，它將持續強化個人的成長對組織是真正有益的理念；其次，由成員們的回應，組織將可提供對發展自我超越有所助益的在職訓練。

就像其他任何訓練一樣，發展自我超越必須成為一個持續不斷的過程。對於有心自我成長的人來說，沒有什麼比一個願意支持這種發展的環境更為重要。而能夠發展自我超越的組織，便能不斷鼓勵個人願景、不斷探究目前的真實情況，以及誠實面對兩者之間的差距。

發展自我超越的許多實踐方法，都深藏在建立學習型組織的其他各項修練之中，例如：學習系統思考的能力、練習如何反思心中隱藏的假設、表達個人的願景和傾聽他人的願景，以及共同探索每個人對於目前情況各種不同的看法。所以，一個組織為了培養自我超越所能採取最積極的行動，在許多方面都與發展其他四項修練有關。

至於核心的領導策略則很簡單：以身作則。自己先誓願自我超越。雖然以文字或言辭宣揚自我超越的理念與方法，多少會開啟人們的心靈，但行動永遠比言談的效果來得大。鼓勵別人追求「自我超越」最大的力量，便是你自己先認真追求自我超越。同時，也請將史隆管理學院教授施恩（Edgar Schein）的這句名言放在你的心上：組織在本質上就是個「強制系統」（coercive system）。

注釋

1. K. Inamori, "The Perfect Company: Goal for Productivity." Speech given at Case Western Reserve University, June 5, 1985.

2. 麥肯錫公司（Mckinsey & Co.）於1978年到1993年一項名為「旅程」（The Journey）的研究中指出，在這段期間，只有兩家產物保險業者能維持在產業前四分之一的地位，其中一家就是漢諾瓦。歐白恩退休的原因，是因為這段期間掌握公司多數股權的國家保險公司（State Mutual）惡意併購所致。

3. Henry Ford, *Detroit News*, February 7, 1926.

4. Robert Fritz, *The Path of Least Resistance*（New York: Fawcett-Columbine），1989.

5. William O'Brien, *Character and the Corporation*（Cambridge, MA: SoL），2006.

6. 出處同前。

7. M. dePree, *Leadership is an Art*（New York: Doubleday），1989.

8. 蕭伯納，*Man and Supermen*. Preface（Penguin, 1950）。

9. 這項原則是來自弗利慈的著作，他稱之為「結構張力」。我們稍微更改這個用詞，以免與系統思考中的「結構」混淆。

10. Bill Russell and Taylor Branch, *Second Wind: The Memoirs of an Opinionated Man*（New York: Random House），1979.

11. 弗利慈的 *Path of Least Resistance* 深入探討這項習慣的背後理由。

12. 出處同前。

13. 出處同前。

14. David Kantor and William Lehr, *Inside the Family: Toward a Theory of Family Process*（San Francisco: Jossey-Bass）, 1975.

15. 「潛意識」這個詞已有許多人使用，譬如佛洛伊德與榮格，然而代表的現象與本處所討論的略有不同。

16. 以下討論的信仰，是借用於許多精神傳統而來，從基督教到禪發展皆包括在內。要特別感謝弗利慈（見注4）的著作。若要了解這些傳統，下列書籍是有用的參考資料：*Finding Grace at the Center*, editor Thomas Keating et al.（Still River, Mass: St. Bede Publications）, 1978; and Shunryu Suzuki Roshi, *Zen Mind, Beginner's Mind.*（New York and Tokyo: Weatherhill）, 1975。

17. 引自弗利慈的 *The Path of Least Resistance*。

18. Weston Agor, *Intuitive Management: Integrating Left and Right Brain Management Skills*（Englewood Cliffs, N.J: Prentice-Hall）, 1984; Henry Mintzberg, "Planning on the Left Side and Managing on the Right," *Harvard Business Review*（July/August 1976）: 49-58; Daniel Isenberg, "How Top Managers Think" *Harvard Business Review*（July/august 1976）: 49.

19. Karen Cook, "Scenario for a New Age; Can American Industry Find Renewal in Management Theories Born of Counterculture?" *New York Times Magazine*, September 25, 1988; Robert Lindsey, "Gurus Hired to Motivate Workers are Raising Fears of Mind Control," *New York Times*, April 17, 1987.

第 9 章
心智模式

在管理的過程中,許多好的構想往往未有機會付諸實施,許多具體而微的見解也常常無法切入運作中的政策;也許組織中有過小規模的嘗試成果,每個人都非常滿意,但始終無法全面將此成果繼續推展。我們的研究發現,這不是根源於企圖心太弱、意志力不夠堅強,或缺乏系統思考,而是來自「心智模式」。

更確切地說,新的想法無法付諸實施,常是因為它和人們深植心中、對於周遭世界如何運作的看法和行為相牴觸。因此,學習如何將我們的心智模式攤開,並加以檢視和改善,有助於改變心中對於周遭世界如何運作的既有認知。

對建立學習型組織而言,這是一項重大的突破。

沒有人能在腦子裡裝進整個組織、家庭或社區的事情,我們腦子所裝的是一些對事物的印象和假設。

哲學家談論心智模式起碼已經有兩千多年,古代中國《列子》一書中

有一個典型的故事：有一個人遺失了一把斧頭，他懷疑是鄰居孩子偷的，便暗中觀察他的行動，怎麼看都覺得他的一舉一動像是偷他斧頭的人，絕對錯不了；後來，他在自己的家中找到了遺失的斧頭，他再碰到鄰居孩子時，便怎麼看也不像是會偷他斧頭的人了。

心靈的新科學

嘉納（Howard Gardner）在其研究認知科學的最新成果而寫成的《心靈的新科學》（*The Mind's New Science*）一書中說道：「我認為認知科學最主要的成就是，清楚展示人類行為各個不同構面的心智表現層次。」[1]我們的心智模式不僅決定我們如何認知周遭世界，也影響我們如何採取行動。

哈佛大學的阿吉瑞斯，從事心智模式與組織學習的研究三十餘年，他認為：「雖然人們的行為未必總是與他們所擁護的理論（他們所說的）一致，但他們的行為必定與其所使用的理論（他們的心智模式）一致。」[2]

心智模式可能是簡單的概括性看法，像是「人是不可信的」；也可能是複雜的理論，像是有關人與人間互動方式的假設。但是，最重要的是要知道，心智模式如何影響我們的行動。

舉例而言，相信「人是可信的」與相信「人是不可信的」，兩種不同的心智模式將導致兩種不同的行為方式。如果我確信我的兒子缺乏自

信，而我的女兒深具侵略性，我一定會不斷介入他們之間的爭端，以防止女兒傷到兒子的自尊。

為什麼心智模式對我們的所做所為有這麼大的影響力？原因之一是，心智模式影響我們所「看見」的事物。

選擇性的觀察

兩個具有不同心智模式的人觀察相同的事件，會有不同的描述，因為他們看到的重點不同。譬如你和我一起去參加一個熱鬧的宴會，我們的視覺所收到的基本資料都相同，但是我們所留意的面孔卻不盡相同。正如心理學家所說的，我們做了選擇性的觀察。

即使在理論上應該是最「客觀」的科學家，也無法絕對客觀地觀察這個世界。

愛因斯坦說：「我們的理論決定了觀測的結果。」多少年來，物理學家進行了許多與古典物理學衝突的實驗，雖然還沒有人真正看過這些實驗最後提供的數據，但是像量子力學與相對論等理論已經造成 20 世紀的物理學大革命。[3]

心智模式影響我們認知的方式，在管理上同樣重要。

我有個難忘的經驗是在二十多年前，和底特律幾家大車廠的高階經理

人一起參訪日本的同業;那時,美國的汽車業者終於開始面對一個事實:原來這些正逐漸侵蝕他們在美國市占率及利潤的日本同業,可能是因為他們的管理方式更傑出,而不是因為他們有較廉價的勞工,或僅是因日本的國內汽車市場保護政策占了便宜。

在與這些來自底特律的經理人於參訪期間初步交談後,我看得出來,他們不大滿意,其中一個參訪成員告訴我:「這不是真正的生產線。」當我進一步追問後,那人回答:「我們看的所有工廠裡都沒有備料,我在這行三十年了,我可以告訴你,這絕不是真正的汽車工廠,這只是他們安排好給我們看的。」

原則與假設

今天,我們都知道,那是貨真價實的日本汽車工廠,也是「及時生產」系統的傑出實例,當時日本汽車業者已經用這套方法營運多年,成功大幅縮減了生產流程中,於「在製階段」的備料需求。

在該次參訪之後幾年間,美國的汽車業者拚了命想追上這項製造業的管理創新 —— 只不過,在那天行程結束傍晚,底特律的經理人們顯然沒看到任何警訊。或者,我們也可以看見,心智模式使得幾十年以來(也許到今天也還是),底特律三大汽車公司相信美國人購買汽車主要考慮的是「式樣」,而非其他原因。

根據管理顧問米特羅夫(Ian Mitroff)的看法,這些關於式樣的信

念，是通用汽車長期信奉的成功原則之一，也是不可推翻的假設[4]：

● 通用的事業是以獲取利益為首要。

● 汽車是地位的象徵，所以式樣比品質重要。

● 美國的汽車市場不受世界其他市場的影響。

● 工人對於生產力或產品的品質沒有重大的影響。

● 堅信企業的分工與功能導向的組織結構。

米特羅夫分析，多年來，這些原則對這個產業一直很管用，但是汽車
產業把這些原則當作「在任何時候都會成功的神奇公式，最後卻發現
它只在有限的時段內有效。」

檢視心智模式

心智模式的問題不在於它的對或錯，而在於不了解它是一種簡化了的
假設，以及它常隱藏在人們的心中不易被察覺與檢視。

底特律汽車製造業者不會說：「我們有一個假設所有人都在乎式樣的
心智模式。」他們說：「所有人都在乎式樣。」

因為他們一直未覺察自己的心智模式，所以這些模式一直未受到檢
視，而由於未受到檢視，這些模式也就一直沒有改變。

當這個世界改變了，底特律的心智模式與真實情況之間的差距拉大，

導致反效果的行動。[5]如底特律汽車製造業者所顯示的，整個產業可能慢慢發展出與現實之間搭配不良的心智模式。

由於對心智模式缺乏了解，使許多培養系統思考的努力受挫。

1960年代末，有一家美國最大的工業貨品製造公司，發現自己的市場占有率流失，該公司最高主管延請麻省理工學院系統動力學研究小組的專家協助分析狀況。

這個研究小組以所建的電腦模型為依據，判定問題的根源在於該公司主管採行的庫存政策和生產管理方式。由於該公司單價高、體積大的產品儲存成本很高，生產主管盡可能壓低庫存數量，並且只要訂單下降就立刻削減生產，結果即使在產能充足的情形下，交貨速度仍然是又慢又不準時。

事實上，這個研究小組所做的電腦模擬，預測該公司在景氣低迷的時候交貨會更遲延，且比景氣上揚時更嚴重。這個預測與一般的想法相反，但是後來證實，電腦模擬是對的。這令該公司的最高主管非常驚訝，於是開始按照研究小組的建議，實施新的政策。從此，在訂單下降的時候，他們仍維持正常的生產量，並嘗試改善交貨的情況。

在1970年經濟衰退期間，這項實驗發揮效用：因交貨的速度加快，滿意的顧客續購率增加，使公司的市場占有率提高。主管們非常高興，並因而成立自己的系統小組。

可惜的是，這個新政策從未深入人心，改善只是一時的。後來景氣復甦，主管們就不再注意維持交貨服務的水準。四年之後，當石油輸出國家組織引發更嚴重的經濟衰退時，他們又恢復採用原先大幅減產的政策。

為什麼他們拋棄這樣一個成功的實驗？原因是，深植在公司管理傳統之中的心智模式。每一位生產主管都心知肚明，如果此時站出來對堆積在倉庫未出售的貨品負責，將自毀前程；每一任最高主管都在鼓吹控制存貨的信條，儘管進行了這個新的實驗，舊有的心智模式仍揮之不去。

其實，不只系統思考會碰上這種推展上的阻力，所有新的管理理念或方法都會踢到「心智模式」這塊隱在暗處的頑石。

不良的心智模式會妨礙組織學習，而如果建立健全的心智模式，它能反過來幫助學習嗎？多年以來，這個問題也驅使我們更想要追求「讓心智模式浮現出來，並對其挑戰及改善」的修練。

打造新的商業世界觀

第一家發現心智模式對於組織學習具有潛在力量的大型公司，或許是殼牌石油公司。這家高度分權的公司，度過 1970 年代全球石油業的動盪不安之後發現，幫助管理者釐清他們的假設、找出這些假設內部的矛盾，並透過新假設和新策略來思考，是獲得絕佳競爭優勢的來源。

打從創業之初，殼牌石油就是個有多元文化的環境。它原本是皇家荷蘭石油公司與總部在倫敦的殼牌運輸貿易公司，雙方經由協定，在1907年組合而成。

正因為多元，殼牌石油的經理人發展出他們自稱為「追求共識」的管理風格，相互尊重公司內來自不同文化的同僚們。尤其，當殼牌成長到於全球擁有一百個以上營運據點，各地域及部門由不同背景經理人領導的大公司時，它就必須力圖追求共識，以整合各種想法並增進彼此間的了解。

在1972年，也就是石油輸出國家組織成立的前一年，殼牌石油的企劃人員就認定：殼牌石油管理階層所熟悉的那種穩定、可預期的石油市場即將改變 —— 而那種改變，到今天都還深刻影響著石油公司策略及全球的地緣政治。

在分析石油生產與消費的長期趨勢之後，當時擔任殼牌石油資深企劃的瓦克（Pierre Wack）發現，在歐洲、日本與美國正日益依靠石油進口時，伊朗、伊拉克、利比亞、委內瑞拉等石油輸出國家的原油儲備量正逐日下降；甚至，沙烏地阿拉伯已達到石油生產的極限。

這些趨勢暗示，歷史上穩定成長的石油需求和供給，終將轉變為慢性供給不足、需求過多，以及一個由石油輸出國家控制的賣方市場。雖然瓦克沒預判石油輸出國家組織成立後的壟斷本質，但已預見到，這個組織終究會給石油市場帶來什麼衝擊。

不過，瓦克和他的團隊那時無法真正說服絕大多數殼牌石油的管理者，體認這項即將來臨的巨變，並調整策略。

情境企劃

殼牌石油的企劃群是整個集團的中央企劃部門，負責全球企劃活動的協調工作。此時，他們發展出一套名為「情境企劃」（scenario planning）的新技術 —— 一種整理未來可能變化趨勢的方法。

他們開始將未來可能突然轉變的狀況，擬定成幾種情境，並將這些情境告訴所有管理者。然而，由於這些新的情境和管理群多年來預測市場會穩定成長的經驗迥然不同，管理者毫不重視企劃群的見解。

這時，瓦克和他的同僚終於明白，自己徹底誤解本身的工作。

瓦克說，從那一刻開始：「我們領悟到我們的工作不是為公司的未來寫企劃書，而是重塑公司決策者的心智模式。我們現在要設計一些未來情境，讓管理者會質疑自己相對於實際狀況的心智模式，並在必要的時候改變它。」[6]

過去，企劃人員的工作是將資訊交付給決策者；現在，他們明白，自己的工作是幫助管理者重新思考他們所習以為常的看法。

在1973年的1、2月間，企劃群發展出一套新的、未來可能的情境，

這使管理者認真思考未來公司能夠順利營運的所有必要條件。這時，大家發現一些以前從未注意到的必要條件，也就是隱藏的假設。

隱藏的假設

這些未來可能的情境，經過細心的設計，由殼牌石油管理者現有的心智模式開始出發，先讓大家看到目前大家習以為常的「石油業將像往常那樣繼續下去」的看法，它的背後是以對全球地緣政治與煉油工業特質所做的假設為基礎，然後他們說明這些假設在不久的將來不可能站得住腳。

他們請這些管理者徹底思考 —— 在這個新的情境中，自己必須如何處理可能的狀況 —— 以協助管理者開始建立新的心智模式。

譬如，如果價格上升、需求成長減緩，煉製廠的擴建就必須慢下來，同時長期的石油探勘必須擴展到新的國家。此外，如果石油價格愈來愈不穩定，各國將有不同的反應。

有些具有自由市場傳統的國家，將讓價格自由上漲，而採取市場管制政策的國家則將努力維持低價。因此，這代表殼牌石油各國子公司需進一步加強因應當地狀況的能力。

雖然殼牌石油有許多管理者仍然抱持懷疑的態度，他們還是認真思考新的未來可能情境，因為他們漸漸開始看清，自己目前的看法很難站

得住腳。經過相當一段時間的反覆演練，殼牌石油的管理者開始解凍原有的心智模式，並培養出新的心智模式。

培養新的心智模式

當石油輸出國家組織突然在1973年至1974年冬季宣布石油禁運政策時，殼牌石油與其他石油公司的反應不同。他們放慢對煉油廠的投資，並設計能因應任何原油種類的煉油廠設施；他們預測的能源需求水準一直比競爭者的預測水準低，並且他們也迅速加快在石油輸出國家組織以外國家的油田開發。

其他競爭者對危機的普遍反應是，限制各分公司權限，實施集中控制；殼牌石油所做的恰好相反，它給了各地分公司更大的營運空間，各地分公司因而較競爭者有更機動的調度能力。

殼牌石油的管理者清楚認識到，自己進入一個供給不足、成長降低，以及價格不穩定的石油新紀元。由於已經預見1970年代將會動盪不安，他們有效地回應了動盪。殼牌石油發現，心智模式也可加以管理，且效力宏大。

他們努力的成果十分可觀，1970年時，殼牌石油還只是世界七大石油公司中最弱的一個。《富比士》雜誌稱它為「七姊妹」中的「醜丫頭」；到了1979年，它卻成為最強的一個，它的產品與艾克森（Exxon）石油公司並列第一級。[7]

到了 1980 年代初，檢視心智模式成為殼牌石油企劃過程中的一個重要部分；而在 1986 年，石油再次增產造成價格崩落的半年前，時任殼牌石油企劃主任的德格就主持過一次個案研究，假想一家石油公司對突然發生的世界石油供應過剩要如何因應，參與的公司管理者必須對個案中石油公司的決策提出評論，使他們在心理上已提前準備好應付這項後來真的成為事實的危機。

兩年後，這項個案練習再一次推演，如果當時的蘇聯崩解，對石油市場的改變如何？再兩年，蘇聯的結局一如他們所料。

下放的思考權

和殼牌一樣，英國石油（BP）也因為從事心智模式改進工作而獲益良多。英國石油在過去十五年間快速成長，在全球石油業中，它的產量及營收僅次於艾克森。不過，英國石油對心智模式的修練學習和殼牌的途徑不同，英國石油並沒有設置如殼牌那種位於中央總部的企劃部門，相反地，他們矢志追求將公司的決策及治理權高度分散。

在 1990 年代末，英國石油的組織裡就有 150 個地區的利潤中心，而各事業部門的經理人都享有高度自主權。

「我們也知道殼牌使用那種『情境企劃』的方式來挑戰人們既有的心智模式，」曾任英國石油資訊長及集團副總裁的李捷特（John Leggate）說，「但這類由中央規劃而下的辦法，我們總是不太列入考慮。

「我們的大老闆布朗（John Browne，自1995年起擔任英國石油執行長）非常熱中於建立一種績效導向的文化，而這也代表，公司裡有更多人必須負起業績責任，也要更懂得去思考自己面對的問題。

「在我們這麼大而且事業複雜整合的組織裡，要把損益責任下授的確不好做，但我們還是逐步貫徹了。實施高度分權化最顯而易見的風險是：你要如何確保組織扁平後，不會阻礙人們能針對各種事業難題進行學習？

「我們的解決對策是，發展各種極易於協助員工互相溝通的人際網絡機制，同時培養能公開討論問題與挑戰他人想法的組織氣候，『不斷質疑我們自己』其實已成為英國石油人心智模式修練的基石，雖然我們從沒把它訴諸文字廣為發布。」

落實挑戰心智模式

殼牌與英國石油的成功故事，點出了三個能幫助組織浮現並測試心智模式的關鍵面向：

一、組織裡有哪些能提升個人自覺及反思技巧的工具？

二、能讓組織裡的人們透過制度化設計，持續不斷練習挑戰既有心智模式的基礎環境如何？

三、組織是否有一種鼓勵探詢並自我質疑的文化？

更重要的是，這三個面向如何連結？舉例來說，信奉「開放」的文化特質是一回事，但要實踐這件事，仍需要許多經理人承諾投入並培養他們原本缺乏的技巧，同時這些技巧也在平常就要有許多練習的機會；而且，整個組織設計也必須把這些事反映在工作環境中。

去除組織階層的病根

不令人意外，企業的執行長們多半傾向於強調他們的組織文化。

漢諾瓦前執行長歐白恩說：「傳統威權組織的信條是管理、組織與控制，學習型組織的信條將是願景、價值觀與心智模式。健康的企業將是一個能夠以整體方式，把人們匯集起來，為現在所面對的任何狀況，發展出最完善心智模式的公司。」

歐白恩想起，過往漢諾瓦為改變這種長久支配組織的傳統階層概念，說道：「我們開始找尋使工作更符合人性的組織與修練，並漸漸找出一套核心價值觀，這些價值實際上是克服階層組織深層病根的原則。」

其中，特別是「開放」（openness）與「實質貢獻」（merit）這兩項價值觀，在引導漢諾瓦發展管理心智模式的方式，占有極重要的地位。[8]

開放，被視為可克服會議中人們不願說出真正想法的毛病；實質貢獻，是指在做決策時，要以組織的最高效益為依歸，這是對於漢諾瓦官僚體系中邀功作秀、追求升遷和名位風氣的解毒劑。

當開放與實質貢獻成為主導的價值觀,那麼,一個深深的信念便逐漸形成;如果人們變得更能攤開心中各種不同觀點,並且有效討論這些觀點,那麼決策過程的蛻變便是可能的。

但是,如果這兩項觀念能發揮如此大的功能,為什麼身體力行的人這麼少?在1970年代中期,阿吉瑞斯及其同僚開始對此提供答案。[9]

在《行動科學》(*Action Science*)一書中,他們發展出一整套的理論與方法,用以「反思」(reflection)和「探詢」(inquiry)行動背後的原因,並且設計了一連串的工具,以便能夠有效應用於組織中,處理組織的問題。

阿吉瑞斯與他的同僚認為,我們掉入了自己的陷阱「習慣性防衛」(defensive routine),使我們無法審視自我的心智模式,因而養成「熟練的無能」(skilled incompetence):阿吉瑞斯用此來描寫大多數的成年學習者,「有高度熟練的技巧,保護自己免於受到學習中的痛苦與威脅」,但也因此而未能學到如何締造自己心之所向的結果。

行動中的反思

儘管那時讀了不少阿吉瑞斯的著作,當我與麻省理工學院研究小組的六位成員,在一個非正式的聚會中,第一次看到阿吉瑞斯使用他的方法時,我並沒有把握自己會學到什麼。

阿吉瑞斯做了一個引人人勝的示範，那是行動科學者所稱的「行動中的反思」（reflection in action）——他要每個人詳述跟客戶、同僚，或家庭成員發生的衝突。我們必須回憶，不僅是以前和這些人說過的話，也包括當時想說而未說的。

當阿吉瑞斯開始講評這些個案，我們馬上看出自己思考上的一個盲點：我們對於他人言行所做的粗淺而概括性的想法決定了我們回應的言行，然而，我們從來不把這些概括性的想法提出來與人溝通。

我可能認為：「傑克不相信我是個有能力的人。」但我從未直接向傑克問起這件事情，我只按照自己認定的想法，不斷嘗試使自己看起來值得讓傑克尊敬。

或者，我認為：「王副理（我的上司）沒有耐性，喜歡簡單而立刻見效的方案。」於是我就按照自己所認定的想法，提供王副理一些簡單而且快速見效，但卻是我認為不能觸及問題核心的解決方案。

在短短幾分鐘之內，我看到整個小組反思及說話的警覺程度大幅提升，這種變化並非由於阿吉瑞斯的個人魅力，而是他以純熟的技巧，導引出那些概括性的想法。接著在下午進行的主題，是引導參與者看看個人行為背後、難以察覺的推理模式，以及那些模式如何不斷使我們陷入困境。

我從未像這樣赤裸裸地面對那些在背後影響自己言行的心智模式，但

更重要的是，我發覺經過適當的訓練後，更加能夠察覺自己的心智模式和它們如何運作。這是一件令人感到興奮的事情。

長期及系統性的訓練

歐白恩和他的管理團隊，也和阿吉瑞斯及其同事鮑爾門（Lee Bolman）合作。歐白恩說：「阿吉瑞斯使我們體認，儘管我們都想要以開放及有建設性的方式來討論那些重要課題，我們還有很長的路要走。在某些情形下，阿吉瑞斯的方法痛苦揭露了我們大家都心照不宣的自我防衛遊戲。

「阿吉瑞斯對真正的開放及反思所要求的標準非常高，然而，他也不是只要求把一切都告訴別人，他示範的是如何切入困難的課題，以便大家都能從中學習的一種技術。如果我們要實現開放與實質貢獻這兩項核心價值，顯然這是重要的新課題。」

在接下來的幾年內，漢諾瓦又把阿吉瑞斯的訓練工具整合進一個由新罕布夏大學（University of New Hampshire）退休教授貝克特（John Beckett）設計的工作坊「機械式思考的限制」。

歐白恩指出，「貝克特證明了，如果你仔細研究東方與西方文化對基本道德、倫理、管理問題的處理方式，就會發現它們各有道理，但是卻導出不盡相同的結論。因此可知，個人對問題的詮釋可以有一個以上的方式，這對打破本公司各項範疇之間、不同思維方式的藩籬，非

常有幫助。」

這項訓練也對漢諾瓦公司的許多經理人猶如暮鼓晨鐘，讓他們更深刻了解自己的心智模式。正如歐白恩所言，「許多人說，這是他們有生以來，第一次看清自己所想的都是假設而不是真相。我們總是透過自己的心智模式來看這個世界，而心智模式總是不完全的，尤其在西方文化中，它是嚴重非系統性的。」

至於英國石油，也用一個類似的四天訓練營方式，在三年內讓該公司超過五千位被定位為「第一級領導人」的幹部參加，這個訓練營裡包含了一些自我超越及心智模式的基礎課程。

「我們試圖把一些組織學習的工具及觀念帶入管理活動中，」英國石油的李捷特說，「這些先導課程主要著眼於發展出讓各部門經理人連結的網路，而他們可以由此共同學習、分享最佳實務、互相幫助解決難題；先導課程也是我們首次對以『跨職能、地域網路共同創造績效』這項議題的努力，而結果證明，人們喜歡也能夠使用這種工具。從那之後，類似的觀念介紹便在英國石油的全組織中流傳。」

不過，無論前述那類基礎訓練在組織裡有多麼廣泛，它顯然也需要有機會讓人們去實踐、演練，並培養更好的技巧。

我曾見識過許多種以制度化設計的環境，使人們得以在管理實務中不斷反思並讓心智模式浮現出來（後面第十四章〈在行動與思考中學習〉

會介紹更多建立這類學習型組織環境的實例）。

制度化的實踐

殼牌石油的企劃主任德格和他的團隊重新思考，策略規劃部門在殼牌這麼大的組織中，到底該扮演什麼角色？

他們的結論是：這種角色將愈來愈不重要，與其要他們為公司擬出一個最完美的策略，不如讓經理人藉由策略規劃流程，重新思考他們的假設，並成為整體學習的一部分。

德格說，後來這種流程長期有效，乃是因為「它使得各地的經理人得以改變他們各自對公司、市場及競爭者持有的心智模式。也因此，我們視策略規劃是一種學習，而總公司層級的策略規劃流程也就猶如制度化的學習。」

漢諾瓦則設計了一種「內部董事會」，讓資深的經理人和地區的管理者可以定期一起挑戰並增益他們各事業部門的決策背後思考。這種管理的設計，意圖使事業部門在重大議題的決策假設可以被更廣泛驗證討論，同時也納含了更多需管理多個事業部門層級的資深經理人在這些議題上的想法。

而哈雷機車也如漢諾瓦一樣，從管理結構著手，尤其他們大幅更動、擴張了高階的管理角色，有部分原因正基於哈雷想讓心智模式的修練

納入日常的管理活動中。

就在實施改變的同一時間，該公司也正有許多經理人在「組織學習中心」內參與初級的訓練。他們於是創造了所謂「圈型組織」（circle organization），改寫了原有的經理人角色，圈型組織必須同時面對三個相互重疊的任務：「創造需求」、「製造產品」，以及「提供支援」。

這種組織設計，就是要故意打破傳統階層式的高階經理人地位，結果許多公司裡的「上司」變成了「圈教練」。

「圈教練是最令我們感到興奮的創新之一，」哈雷機車前執行長提爾令克（Rich Teerlink）說，「圈教練多半是某個公司職能，如：產品發展或製造的副總裁，但哈雷機車定義他們的新角色是要去促進溝通、聆聽及影響的技巧，同時也得到『圈內成員』及總裁的重視。」

提爾令克並強調，「我們不把這種職務明令於文字，因為那會流於口號，但我們衷心想藉由圈教練使公司裡人們不同的心智模式浮現出來，而且後來也證明它真的很有效。」

修練心智模式的工具與技巧

殼牌、英國石油及哈雷機車各採用了非常不同的方法改善他們的心智模式，而這些作為所要培養的技巧，大致分為兩個部分：一是反思的技巧、二是「探詢」的技巧。

反思意在使我們減緩自己的思考程序,並使我們更能看清自己持有的心智模式如何造成,以及它如何影響我們的行動;探詢則關注我們怎樣處理與他人面對面的互動,尤其是在處理複雜及具衝突性的議題時。這兩類技巧及其學習的工具,建構了心智模式修練的四項核心:

● **正視「擁護的理論」(我們所說的)與「使用的理論」(我們依之而行的)兩者間的差異。**

● **辨認「跳躍式的推論」**(leaps of abstraction):留意自己的思維如何從觀察跳到概括性的結論。

● **練習「左手欄」**(left-hand column):寫下內心裡通常不會說出來的話。

● **「兼顧探詢與辯護」**(balancing inquiry and advocacy):彼此開誠布公探討問題的技巧。

雖然心智模式的修練有部分是非常個人化的,但有效管理心智模式仍可以是非常實務的工作,方法是把隱藏在企業重要問題背後的假設找出來。

這是非常重要的,因為任何組織最關鍵的心智模式,就是決策者們共有的心智模式;這些模式如果未經檢視出來,組織的行動將限於熟悉而安適的範圍內。

其次,經理人也必須去發展反思及面對面學習的技能,而不只是做諮商者和規劃者,否則這些學習將不會對實質的行為與決策產生真正的

影響。

運用行動中的反思加強修練

阿吉瑞斯長年的合作者麻省理工學院的熊恩（Donald Schon），證實反思在醫學、建築、管理等專業學習上的重要性。

許多專業人員在離開學校之後就停止學習了，相反地，有些人變成終身的學習者，發展出熊恩所謂的「行動中的反思」，也就是一面行動、一面自我反省的能力。

對熊恩來說，行動中的反思使真正傑出的專業人士與眾不同：「他們不僅能邊做邊想，也能邊想邊做。就如同爵士音樂名家在一起即興演奏的時候，在體會出合奏中所發展出來的方向時，仍然不斷調整新方向一樣。」[10]

行動中的反思對心智模式的修練絕對必要。

對經理人而言，這既要商業技巧，也得兼修自我反省及人際溝通的技巧。因為經理人天生就具有務實的性格，如果在訓練他們「管理心智模式」及「兼顧探詢與辯護」的技巧時，這些東西若與業務沒有直接相關，他們往往毫無興趣；或者，會導致他們只把這些技巧當成純求知的學問，不會拿出來實際使用。

另一方面，如果管理者不用反思和探詢的技巧去處理人際問題，基本上仍然只是適應性的學習，無法成就創造性的學習。要使組織產生創造性的學習，只有做到這樣，才能使組織內每個層次的人，在外部情況逼迫他們重新思考之前，攤出並挑戰自己的心智模式。

核心修練一：擁護的理論與使用的理論

學習最後應導致行為的改變，不應只是取得一些新資訊，也不應只是產生 一些新構想而已。那正是為什麼看清我們擁護的理論（我們所說的）與我們使用的理論（在我們行為背後的理論）之間的差距，是非常重要的。否則，我們只要學了些新的語言、觀念或方法，就認為自己已學會了，即使行為毫無改變。

譬如，我主張「基本上人是可以信賴的」（一個擁護的理論），但是我從不借錢給朋友，唯恐他們借了不還。顯然，我使用的理論（較深層的心智模式），與我擁護的理論不同。

雖然擁護的理論與使用的理論之間的差距，可能造成氣餒，或甚而形成嘲諷戲弄的態度，但有時它的影響未必是負面的。差距的出現常是因為我們有了較高的願望，而不是偽善。

譬如，信賴他人可能真的是我「願景」的一部分，而「願景」與現在行為之間的差距，具有創造性改變的潛力；差距不是造成問題的根源，問題的根源是第八章〈自我超越〉所談的 —— 不能誠實面對和說

出這個差距。除非承認心中擁護的理論與現在行為之間的差距，否則無法學習。

所以，當我們面對擁護的理論與使用的理論之間的差距時，第一個應提出的問題是「我是否真正重視擁護的理論？」「它是否真正是我願景的一部分？」如果對擁護的理論並非堅定不移，那麼這個差距並不代表現況與「願景」之間的張力，而是現在行為與大家認為較好的行為（或許這樣的主張能使別人覺得我不錯）之間的差距。

因為要看清使用的理論很難，你可能需要另外一個人的幫助 —— 一位「既嚴且慈」的修練夥伴。在培養反思能力的探索過程中，我們與別人互為對方最有價值的資產。正如那句古諺說的：「眼睛看不見它自己。」

核心修練二：辨認「跳躍式的推論」

我們心靈活動的速度快如閃電。不幸的是，這樣往往使我們學習的速度慢下來，因為我們很快就「跳躍」到概括性的結論，以致於我們從來沒想過要去檢驗它們。

有意識的心智處理大量具體的細節時，常有不周全的地方。如果讓我們看一百個人的照片，大多數人無法記住每張臉孔，但是我們會記得各種類別，像是高個子的男人、穿紅衣服的女人、東方人、老人等。

心理學家米勒（George Miller）曾指出，我們在任何時候，能同時專注的不同類變數是有限的。[11]我們的理性心智常將具體事項概念化：以簡單的概念替代許多細節，然後以這些概念來進行推論。但是，如果我們並未覺察自己從具體事項跳躍到概括性的概念，那麼以概念來推論的能力反而會限制我們的學習。

譬如，你或許曾聽過像「亨利不關心他人」這類的話。

想像亨利是這樣一個人：很少慷慨讚美人，當別人跟他說話的時候，他常不注視對方，然後問：「你說了什麼？」有時候他會打斷別人的話。他從不參加辦公室同事所開的派對，並在績效檢討的時候表現出漠不關心的態度。最後，透過這些行為，同事都對亨利下了一個結論：他不太關心他人。

發生在亨利身上的這件事情，是因他的同事做了一些跳躍式的推論。他們以「不關心他人」這個論斷，概括亨利的所有行為。更重要的是，他們已經開始把這個論斷當作事實。沒有人再詢問亨利是不是關心他人，它已成為一個既定事實。

跳躍式的推論之所以會發生，是我們直接從觀察轉移到概括性的論斷，未經檢驗。它有礙學習，因為它將假設當作事實，視為理所當然而不需再加以驗證的定論。

一旦亨利的同事認定亨利不關心他人是事實，當亨利真的做了不關心

他人的事情，每個人都視為理所當然；而當亨利做了與這個刻板印象不相符的事情，反而沒有人注意。

亨利不關心他人的普遍看法，造成人們對待他更加冷淡，他因此失去任何表現關心他人的機會。最後，亨利和同事們都陷入一個彼此不希望出現的結果。未經檢驗的假設在「更加確認」之後，很容易「弄假成真」。

提醒1：未經檢驗的假設容易弄假成真

你我也和亨利的同事一樣，往往直接從觀察跳到概括性的定論。

「亨利在與別人交談時不注視對方」是我們觀察到的「原始資料」；「亨利不關心別人說什麼」則是一種概括性的推論；「亨利是個不關心別人的人」則是更進一步概括性的推論，由於始終未加驗證，推論竟成定論。

如果同事向亨利驗證一下的話，他們可能發現，實際上亨利是個非常關心別人的人；之所以會給人錯誤印象，可能是因為他有些從未告訴別人的聽覺障礙，或者他非常內向害羞而不敢多注視別人。

跳躍式推論也是企業常見的問題。

譬如公司的高階管理者，往往因顧客不斷施壓要求更大的折扣，而相

信「顧客購買產品時，考慮的是價格，服務品質不是一項重要因素。」當主要的競爭者逐漸進行服務品質的改善而拉走顧客時，也許有新進行銷人員提醒上司投資在改善服務上，但他的請求很可能被委婉但堅定地否決了。

資深領導者並未檢驗這位新進人員所提出的想法，因為原來根深柢固的看法已成為一個「事實」，結果該公司在那兒眼睜睜看著市場占有率漸漸下滑。

提醒 2：使跳躍式推論現形的方法

要怎樣使跳躍式推論現形？首先，問自己對周遭事物基本上抱持什麼樣的看法或信念（企業應如何經營，或對一般或特定人的看法）。

第一步，質問自己某項概括性的看法所依據的「原始資料」是什麼？然後問自己：我是否願意再想想看，這個看法是否不夠精確或有誤導作用？誠實回答這項問題很重要，如果答案是不願意，再繼續下去是沒有多大意義的。

如果你願意質疑自己某項概括性的看法，就應明確地把它和產生它的原始資料分開。可能的話，直接檢驗概括性的看法，但這往往需要回頭探詢一個又一個行動背後的理由。這樣的探詢需要技巧，方法有很多，我們會在後面介紹。

單刀直入地問亨利：「你關心別人嗎？」可能激起防衛性的反應。這樣的交流有其門道，透過誠實說出我們對於他人的假設，並說出這些假設所依據的原始資料，可以減少防衛的機會。

但是，除非我們開始察覺自己跳躍式的推論，否則我們根本不會發覺有探詢的需要。這正是為什麼將反思當成一項修練是非常重要的。從行動科學發展出來的第二項技巧「左手欄」，對於開始和加深這項修練都非常有用。

核心修練三：練習運用「左手欄」

「左手欄」是一項效果強大的技巧，可藉以開始「看見」我們的心智模式在某種狀況下如何運作。它暴露出我們是如何操縱狀況來避免處理真正的想法，因而使狀況無從獲得改善。

「左手欄」的練習證實管理者確實具有心智模式，它們常扮演重要的角色，有時也會帶來負面影響。一旦一群管理者做了這個練習，不僅可察覺自己的心智模式所扮演的角色，並開始明白為什麼更坦誠地處理自己的假設是很重要的。

「左手欄」是由阿吉瑞斯和他的同僚所發展出來，開始時，自己選擇一個特定的情況，在這個情況中，自己感覺當時與人交談的方式好像沒有達成什麼效果，或是很不滿意，於是以對話的形式寫出當時交談的過程。在一張紙的右側記錄實際的對話，在左側寫出交談的每一個階

段，心中所想說而未說出的話。

譬如，想像在同事老張向老闆做了重要的專案簡報之後，自己跟老張的一次交談。這個專案是兩個人一起做的，自己不得已錯過這個簡報，但是已經聽說反應不佳。

我：簡報進行得如何？

老張：嗯！我不知道，要下結論實在還太早。此外，這個案子以前沒
　　　做過，我們這次的嘗試有些新突破。

我：那麼，你認為我們應該怎麼做？我相信你當時提出的課題很重要。

老張：我也不太確定。讓我們等等看事情如何發展。

我：你或許是對的，但是我想我們可能需要有所行動，不能只是等待。

現在，讓我們把這段交談用「左手欄」的方式呈現如〔圖9-1〕所示。

練習「左手欄」經常可成功將隱藏的假設攤出來，並顯示這些假設如何影響行為。在前述例子中，我對老張做了兩項關鍵假設：第一，他缺乏信心，特別是當他正視自己不佳的表現時；第二，他不夠主動。兩項假設或許都不對，但是在我自己內心的對話中可以明顯看出來，這兩項假設都影響我對情況的處理方式。

由於我認為他缺乏信心，害怕如果我直接說出來，他將喪失僅有的一點點信心，所以我未將真正想法說出。當我們談論接下來做什麼的時候，我認為老張缺乏主動精神的看法浮上心頭，因為我提出問題，他

圖9-1　左手欄示例

我所想的	我們說的
每一個人都說這次簡報是一個炸彈。	我：簡報進行得如何？
難道他真的不知道這次簡報有多糟？或者，他不肯面對這件事？	老張：嗯，我不知道，要下結論實在還太早。此外，這個案子以前沒做過，我們這次的嘗試有些新突破。
他其實是害怕看見真相。只要他更有信心，他或許已從這個狀況中學到東西了。我無法相信他不知道那次簡報對我們日後的進展禍害有多大。	我：那麼，你認為我們應該怎麼做？我相信你當時提出的課題很重要。 老張：我也不太確定，讓我們等等看事情如何發展。
我必須設法讓這傢伙開始動起來。	我：你或許是對的，但是我想我們可能需要有所行動，不能只是等待。

卻沒有說出明確的行動路線。我把這看作是他懶惰或缺乏主動精神的
證據。

由此種種,我歸結:自己必須設法產生某種形式的壓力,激勵他有所
行動,否則我只好親自動手做這些事情。

看清我們自己的「左手欄」所得到最重要的教訓,就是我們如何喪失
在衝突狀況中的學習機會。老張與我並未坦然面對問題,而是繞著主
題的邊緣說話;我們本應決定接下來該如何解決問題,結果卻在沒有
明確行動方針的情形下結束交談,甚至不曾認清這是個屬於需要行動
的問題。

提醒:把握在衝突中學習的機會

為什麼我不直接告訴老張我認為有問題?為什麼我沒有說出我們必須
檢討該採取哪些步驟,才能使我們的專案能夠順利進行?或許是因為
我不確定要如何以有建設性的方式提出這些敏感問題。

如同前面提到亨利的同事,我以為提出來會引發防衛性的、反效果的
相互指責,我害怕情況會比現在還糟;也有可能,我避免提出這些問
題,是出於禮貌或不想逼人太甚。無論原因如何,結果是我對這次的
交談並不滿意,以致於想要訴諸更有效的方式來激勵老張,使他有些
積極的反應。

就像我跟老張的交談那樣，處理棘手的狀況，並沒有哪種模式一定是對的，但先看清自己在未來可能使情況惡化的推論與行動，會有很大益處，這便是「左手欄」的效用，因為一旦更清楚看見自己的假設，以及我是如何被這些假設所阻礙，我就可能使交談進行得更有效益。

無論是哪一種方法，基本上都要分享彼此的看法和它們所依據的原始資料。此外，有可能老張不認同我的看法和數據，也有可能我的看法和數據根本是不正確的（因為告訴我老張簡報不佳的那位同事可能有所偏頗），我都需要隨時保持一種開放的態度來面對。

重要的是，我應該把情況轉變成老張和我都能夠從中學習。這需要我能夠清楚誠懇地說明自己的看法，並了解溝通對象的看法，亦即一個阿吉瑞斯稱為兼顧探詢與辯護的過程。

核心修練四：兼顧探詢與辯護

大多數的管理者都被訓練成善於提出與辯護自己的主張。在許多公司，所謂有才幹的管理者，就是要能解決問題，想出必須採取什麼行動，並獲得完成工作所需要的支援。

在企業組織中，往往重視辯才無礙、影響力或其他才能，探詢的技巧卻被忽略。當管理者晉升到高階職位，他們遭遇的問題比個人經驗所能涵蓋者更複雜、更多樣化，他們更需要深入了解別人的想法及學習。

管理者辯護的技巧有時反而會產生反效果 —— 會把我們封閉起來，無法真正相互學習。我們所需要的，是綜合運用辯護與探詢，來增進合作性的學習。

兩個善於為自己主張辯護的人，即使一起開放、坦率地交換看法，也不一定會有什麼學習的效果。他們或許真的開始對對方的看法感興趣，但是仍抱持全然的辯護心態，於是產生這樣的交談結果：「我欣賞你的真誠，但是我的經驗與判斷讓我得到不同結論。讓我告訴你，為什麼你的建議行不通……」

最初每一方都理性而心平氣和地為自己的觀點辯護，但只要辯護較為強烈一點，局面就會變得愈僵。缺乏彼此探詢的辯護過程，只會產生更強烈的辯護。有一個對立情勢逐漸升高的增強環路（圖9-2），可以

圖9-2　辯護時對立情勢逐漸升高的增強環路

描寫接下來的發展，它跟前面提過的美蘇軍備競賽結構一樣。

甲的辯護愈激烈，對乙的威脅愈大，因而相對地，乙的辯護也更加激烈；然後，甲的反辯還要更激烈，因而愈來愈對立。有些人因為發現對立情勢只會愈來愈僵、愈來愈兩極化，徒然耗人心力、傷人感情，以致於此後他們避免公然表達任何不同意見。

儘管有些無關緊要的議題，不值得如此爭論不休，然而遇到重要議題時，如果依然抱持這種態度，就會使討論中斷，喪失重要的共同學習機會。

另外，有些人則是練就一身辯論功夫，認為「真理」愈辯愈明，像好勝的公雞般愈辯鬥志愈高昂，全心全力要辯到對方無話可說為止。然而，除了「勝利」的快感外，毫無實質效果，反而愈來愈養成好辯的習慣，無法真正共同學習。

學會探詢問題，可以停止增強辯護的雪球效應。「是什麼使你產生這個主張？」或「你可以說明你的觀點嗎？」（你可以提供一些支持它的原始資料或經驗嗎？）像這樣的簡單問題，可以把探詢這項要素融入討論之中。

我們常錄下接受我們協助、發展學習技能的管理團隊開會時所講的話。團隊發生困難的一個指標，是開了好幾個小時的會，就算有寥寥幾個人提出問題，也乏人回應。在這樣的會議中，不會有很多的探詢

提出來。

但是，純粹的探詢產生的效果也有限。雖然探詢對於打破辯護的增強環路可能具有決定性的影響力，但除非團隊或個人學會合併運用探詢與辯護的技巧，否則所能學習的都是非常有限的。

純粹的探詢之所以有限的其中一個原因，是我們幾乎總是有自己的看法。因而，只是探詢問題，把自己的看法隱匿在不停的問題之後，也可能只是　種學習的阻礙。

提醒 1：學習相互探詢

管理者如果將辯護與探詢的技巧合併運用，通常能夠產生最佳的學習效果。我們也可將這種方式稱之為「相互探詢」。所謂相互探詢是指每一個人都把自己的思考明白說出來，接受公開檢驗。這可創造出真正不設防的氣氛，沒有人隱匿自己看法背後的證據或推論。

譬如，當探詢與辯護兼顧的時候，我不會只是探詢別人看法背後的推論，而是先陳述我的看法，並說明我的假設與推論，以這種方式來邀請他人深入探詢。我可能說：「我的看法是這樣，我是怎樣產生這個看法的，你認為如何？」

在純粹辯護的情形下，目標是贏得爭辯；探詢與辯護合併運用的時候，目標不再是「贏得爭辯」，而是要找到最佳的論斷。

這顯示在我們如何使用原始資料和如何推論之中，譬如，當我們運用純粹辯護的時候，我們傾向於選擇性使用原始資料，只提出能印證自己論點的原始資料，或只採取較有利的推論來使我們的說法成立，而避開較為不利的推論。

相反地，當辯護和探詢的程度都很高時，我們開放地面對全部的原始資料，無論這些原始資料是確實的或是尚未求證過的，因為我們真正目的是想要找出自己看法的瑕疵。此時，我們攤出自己的推論，以尋找其中是否有瑕疵，同樣地，我們也試著了解別人的推論過程。

提醒 2：修練的準則

兼顧探詢與辯護是具有挑戰性的工作，如果你是在一個高度「政治化」的組織中工作，沒有開放的環境來進行真正的探詢，或者你碰到的是極度自以為是、完全抗拒學習的人，則此工作對你而言更加困難，只能耐心地做和等待較為成熟的時機。

就我而言，它需要耐心與毅力，而進展則是階段性的。以我自己為例，第一階段是當我不贊同別人看法的時候，學習如何深入探詢別人的看法。

在過去，遇到看法不一致的情形，我的習慣反應是更努力為自己的看法辯護；通常這樣做並沒有惡意，而是由於相信自己把事情徹底思考過了，論點應該是正確的。不幸的是，這樣做常使討論中斷或兩極

化，且得不到我真正期望的合作關係。

現在我對不同看法的回應方式，經常是請別人更詳細說明他的看法，或這種看法是如何形成的。（目前我才剛剛進入第二階段；我會先陳述自己的看法，以鼓勵其他人也對我的看法深入探詢。）

只要願意終身精修「兼顧探詢與辯護」的技巧，它會帶給你相當大的幫助。現在的我，很少浪費太多時間說服別人非要接受我的觀點，而老實說，這麼做讓我的人生輕鬆很多，並且更有樂趣。每當我面對現實的壓力，使自己又變回一個單一立場的擁護者時，我也總是會提醒自己「兼顧探詢與辯護」的修練。

總而言之，當兩個人運用純粹辯護，其結果是可預期的：不是甲獲勝就是乙獲勝，或者兩個人都毫無進展，然而彼此內心的想法卻絲毫未變。當探詢與辯護合併使用的時候，這些情況就大不相同了：由於甲與乙敞開心胸，深入探詢彼此的看法，進而發現全新的看法。

在練習「兼顧探詢與辯護」這項修練的時候，我發現牢記以下的準則將有所幫助[12]：

在辯護你的看法時：

● 使自己的推論明確化。例如：說明你如何產生這樣的看法，以及所依據的原始資料。

● 鼓勵他人探究你的看法。例如：「你看我的推論有沒有破綻？」

● 鼓勵他人提供不同的看法。例如：「你是否有不同的原始資料或不同的結論？」

● 主動深入探詢他人不同於自己的看法。例如：「你的看法為何？」「你如何產生這樣的看法？」「你是否有不同於我所依據的原始資料？」

在探詢他人的看法時：

● 如果你是在對他人的看法做假設，清楚敘述你的假設，並承認它們是假設。

● 敘述你的假設所依據的原始資料。

● 如果你對他人的反應並不是真的有興趣，那就不要問問題。例如：你只是想表示禮貌或表現給別人看。

當你陷入僵局時（他人不再敞開心胸探詢他們自己的看法）：

● 詢問什麼樣的資料或邏輯可能改變他們的看法。

● 詢問你們是否有可能共同設計一項能夠提供新資訊的實驗或其他的探詢方式。

當你或他人對表達看法，或實驗其他替代方案猶豫不決時：

● 鼓勵他人或自己努力思考：以開放的態度交流的原因為何？

● 如果彼此都有意願，設計其他的方式來克服這些障礙。

「兼顧探詢與辯護」這項修練的重點，並不在於只是依循這些準則來練習，而是在於兼顧探詢與辯護的精神。

可是，就像任何事情的開始一樣，這些準則應該被當作你第一輛腳踏車上練習用的輔助輪使用，它們幫助你開始練習辯護與探詢；當你熟習之後，這些準則應可拋棄。但是，如果你尚未得心應手，每隔一段時間最好重溫這些準則，尤其是當你碰到比較困難的狀況時。

然而，如果你不是真正願意改變自己對於某些議題的心智模式，準則將沒多大用處。換句話說，修練兼顧探詢與辯護技巧的意思，就是願意承認自己思考上的缺陷，有知錯必改的意願。

前述幾項關於心智模式的修練，必須花時間才能有所進步，而且其成果有時是在細微處才能體會。

我詢問過曾經擔任哈雷機車總裁的布魯斯登（Jeff Bluestein），請他告訴我，在投注很多資源於組織學習工作數年後，「你覺得公司內有什麼東西改變了？」

他的答案很簡單：「我聽到愈來愈多人說：『這是我看這件事的方式。』而不是說：『這件事就是這樣。』也許這兩者聽來沒太大不同，但是前一種講法讓對話的品質變得更好。」

有件事很重要：改善心智模式，並不以達到全體一致的想法為目標。許多不同的心智模式可以同時存在，有些模式則能持反對立場，它們全都需要以未來的情況加以檢驗和重新考量。

這就需要組織誠實地面對真相 —— 由「自我超越」的修練所養成，而且必須大家都理解「事實全部的真相也許我們永遠也難以盡悉」這種可能。正如推動及思考心智模式修練工作多年的歐白恩所說：「我們可能到頭來想法互異，但我們的目標很聚焦：幫助對此一課題負最大責任或最為關鍵的那個人，去建立可能的最佳心智模式。」

「大家同意」真的重要嗎？

雖然並不刻意追求所有人看法一致，但是如果過程發揮預期效用，會產生使大家意見調和一致、達成共識的效果。

歐白恩說：「我們不介意會議的結果是否會造成看法出現很大的分歧。重要的是，大家把自己的看法攤出來，即使你不贊同這些看法，它們還是有助於多方面考量，這個方式比起被強求達成協議，更能使人們同心協力。因為他們都有主張自己看法的機會。只要學習的過程是開放的，而且人人都感覺被尊重，雖然最後是別人的看法獲得採行，卻能泰然處之。」

歐白恩並說，「在漢諾瓦，我們沒有任何神聖不可侵犯的心智模式，我們有的是一套改善心智模式的哲學。如果我們到現場宣稱：這是處

理某某狀況標準的心智模式，這樣會有問題的。」

同樣地，組織內總有些聲音最大或地位最高的人，認為其他人都將在六十秒之內輕易地全盤接受自己的心智模式。縱使這些人的心智模式較好，但這並不是把心智模式灌輸給別人了解，而只是把它攤出來讓別人去斟酌接受。

也有許多人發現，不特意強調協議與一致所得到的和諧效果反而出奇地好。許多傑出團隊成員也曾向我提出與歐白恩前述說法類似的論調；他們持有的「只要大聲說出心中的想法，便能知道應如何做」這種信念，也使他們可以在過程裡含納更多所謂的「深度匯談」，那是「團隊學習」修練的基石之一，我們會在第十一章〈團隊學習〉介紹。

心智模式與系統思考

我相信系統思考如果沒有心智模式，就像DC-3的輻射狀氣冷式引擎沒有擺動副翼一樣。因為如果引擎缺乏擺動副翼，波音247的工程師必須把引擎縮小；就像系統思考如果沒有心智模式這項修練，它的力量將大為減損。

這就是為什麼我們在麻省理工學院現行的研究焦點，大部分放在幫助管理者整合心智模式與系統思考技巧的原因。這兩項修練會自然融合成一體，因為一個專注於如何暴露隱藏的假設，另一個專注於如何重新架構假設以凸顯重要問題的真正原因。

如本章開頭指出的，根深柢固的心智模式將阻礙系統思考所能產生的改變。管理者必須學習反思他們現有的心智模式，直到習以為常的假設公開接受檢驗，否則心智模式無從改變，系統思考也無從發揮作用。

倘若管理者「相信」，他們對周遭的看法都是事實，而非一組假設，他們不會敞開心胸挑戰自己的看法；倘若他們缺乏探詢自己和別人思考方式的技巧，他們將無法共同實驗新的系統思考方式。

此外，如果組織內部未建立起對心智模式正確的理解與信念，人們將把系統思考的目的，誤認為只是使用圖形建立精緻的模式，而不是改善我們自己的心智模式。

系統思考對於有效確立心智模式也同樣重要。研究顯示，從系統的觀點來看我們的心智模式將發現許多瑕疵。心智模式常會遺漏掉重要的回饋關係，或因時間滯延而判斷錯誤，或只注重明顯、易衡量，卻未必是高槓桿點的變數。

類屬結構圖書館

麻省理工學院的史德門以啤酒遊戲做實驗，發現參加遊戲的人對收到訂貨的時間滯延一致判斷錯誤。在恐慌的情況下，多數參加啤酒遊戲的人在下訂單時，無法看見或未曾考慮他們正在製造致命的增強環路（發出更多的啤酒訂單，用光供應商的庫存，而迫使供應商出貨更慢，因而引起更大的恐慌）。史德門還透過各種不同的實驗，來顯示類似

的心智模式瑕疵。[13]

了解這些瑕疵,有助於看清團體中目前習以為常的許多心智模式中,何者最弱?以及為了做有效的決策,除了把管理者的心智模式浮現出來之外,還需更進一步做些什麼?

長期而言,能夠使心智模式加速成為一項實用管理修練的,將是一個由整個組織使用的「類屬結構」(generic structures)圖書館。這些「結構」將以第六章〈以簡馭繁的智慧〉所提出的系統基模為基礎,但它們應當依個別組織的特性及其產品/市場與技術加以調整。

譬如,針對石油公司的「捨本逐末」與「成長上限」結構,應與保險公司的有所不同,但是背後的基模則相同。這樣一個「類屬結構圖書館」,應該是組織內部系統思考修練中,自然產生的副產品。

最後,融合系統思考與心智模式所得到的回報,不僅是改善我們的心智模式(我們的想法),還改變我們思考的方式;從以事件主導的心智模式,轉變為認識較長期的變化形態,與產生這些變化形態背後結構的心智模式。

譬如,殼牌石油的企劃部門提出未來情境,不僅使公司的管理者警覺到變化,也改變管理者對變化的思考方式,並讓他們及早開始採取行動因應。

正如今天片段式的思考方式是許多重要決策主要的心智模式，未來的學習型組織，將以組織對於互動關係與變化形態的共同心智模式為基礎，來做關鍵性的決策。

注釋

1. H. Gardner, *The Min's New Science* (New York: Basic Books), 1984,1985.

2. C. Argyris, *Reasoning, Learning and Action: Individual and Organizational* (San Francisco: Jossey-Bass), 1982.

3. Thomas S. Kuhn, *The Structure of Scientific Revolutions* (Chicago: University of Chicago Press), 1962, 1970.

4. Ian Mitroff, *Break-Away Thinking* (New York: John Wiley), 1988.

5. 底特律車廠的例子也說明了整體產業與現實脫節、長期發展出的心智模式。就某些層面來說，因為產業中的所有個體靠著觀察彼此，尋找最佳實務的標準，因此特別容易發生問題。或許需要引進「系統外」的某人，譬如具有完全不同心態模式的外國競爭者，才能打破這個魔咒。

6. Pierre Wack, "Scenarios: Uncharted Waters Ahead," *Harvard Business Review* (September/October 1985), 72; and "Scenarios: Shooting the Rapids," *Harvard Business Review* (November/December 1985), 139.

7. 引自莫斯柯維茲（Milton Moskowitz）：「在中東與北非國家主張並控制

其土地的石油之後，殼牌石油的地位更加獲得鞏固。該公司享有的優勢，使其更接近創辦人迪特丁（Deterding）的目標：侵蝕艾克森全球最大石油公司的地位。」—Milton Moskowitz in *The Global Marketplace*（New York: Macmillan），1978。

8. 漢諾瓦的核心價值，除了開放與實質貢獻之外，還有「權力下放」（localness；意指若非絕對必要，則不需要職位更高的人來做任何決策）與精實（持續增加產能、生產更多，以更少的資源創造更好的品質）。

9. C. Argyris and D. Schon, *Organizational Learning. A Theory of Action Perspective*（Reading, Mass: Addison-Wesley），1978; C. Argyris, R. Putnam, and D. Smith, *Action Science*（San Francisco: Jossey-Bass），1985; C. Argyris, *Strategy, Change, and Defensive Routines*（Boston: Pitman），1985.

10. Donald Schon, *The Reflective Practitioner: How Professionals Think in Action*（New York: Basic Books），1983.

11. G. A. Miller, "The magical number seven plus or minus two: Some limits on our capacity for processing information," *Psychological Review*, vol 63, 1956, 81-97.

12. 特別感謝史密斯（Diana Smith）同意我在此處引述這些準則。

13. John Sterman, "Misperceptions of Feedback in Dynamic Decisionmaking," Cambridge, Mass.: MIT Sloan School of Management Working Paper WP-1933-87, 1987.

第 10 章
共同願景

你也許還記得一部取材自羅馬奴隸鬥士的電影,名叫《萬夫莫敵》(*Spartacus*)。斯巴達克斯在紀元前71年領導一群奴隸起義[1],他們兩度擊敗羅馬大軍,但在克拉斯(Marcus Crassus)將軍長期圍攻之後,最後還是被征服了。

在電影中,克拉斯告訴幾千名斯巴達克斯部隊的生還者:「你們曾經是奴隸,將來也還是奴隸。但是羅馬軍隊慈悲為懷,只要你們把斯巴達克斯交給我,就不會受到釘死在十字架上的刑罰。」

經過一段長時間的沉默,斯巴達克斯站起來說:「我是斯巴達克斯。」接著,他隔鄰的人站起來說:「我才是斯巴達克斯。」下一個人站起來也說:「不,我才是斯巴達克斯。」在一分鐘之內,被俘虜軍隊裡的每一個人都站了起來。

這個故事是否虛構並不重要,重要的是它帶來更深一層的啟示。這個故事的關鍵情節在於,每一個站起來的人都選擇受死,但是這個部隊所忠於的,不是斯巴達克斯個人,而是由斯巴達克斯所激發的「共同

願景」（shared vision）—— 大家共同願望的景象一致，即有朝一日可以成為自由之身。這個願景是如此讓人難以抗拒，以致於沒有人願意放棄它。

發自內心的意願

「共同願景」不是一個想法，甚至像「自由」這樣一個重要的想法，也不是一項共同願景，它是在人們心中一股令人深受感召的力量。剛開始時，可能只是被一個想法所激發，一旦進而發展成受到一群人的支持，就不再是個抽象的東西，人們開始把它看成是具體存在的。

在人類群體活動中，很少有像共同願景一般，能激發出如此強大力量的存在。

對於共同願景最簡單的描述是：「我們想要創造什麼？」正如個人願景是人們心中或腦海中所持有的意象或景象，共同願景也是組織中人們所共同持有的意象或景象，它創造出眾人是一體的感覺，並遍及到組織全面的活動，而使各種不同的活動融匯起來。

如果你我只是在心中個別持有相同的願景，但彼此卻不曾真誠地分享對方的願景，這並不算共同願景。當人們真正共有願景時，這個共同的願望會緊緊將他們結合起來。

個人願景的力量源自一個人對願景的深度關切，而共同願景的力量源

自共同的關切。其實，我們逐漸相信，人們尋求建立共同願景的理由之一，就是他們內心渴望能夠歸屬於一項重要的任務、事業或使命。

共同願景對學習型組織是至關重要的，因為它為學習提供了焦點與能量。在缺少願景的情形下，充其量只會產生「適應型的學習」（adaptive learning），只有當人們致力於實現某種他們深深關切的事情時，才會產生「創造型的學習」（generative learning）。

事實上，除非人們對他們真正想實現的願景感到振奮，否則整個創造型學習的概念 —— 擴展自我創造能力 —— 將顯得抽象而毫無意義。

今天，「願景」對公司領導而言，是個熟悉的概念。然而，只要你小心觀察便會發現，大部分的願景是一個人（或一個群體）強加在組織上的。這樣的願景，頂多博得服從而已，不是真心的追求。一個共同願景是團隊中成員都真心追求的願景，它反映出個人的願景。

孕育無限的創造力

如果沒有共同願景，將無法想像AT&T、福特汽車、蘋果電腦等是怎麼建立起他們傲人的成就。

這些由他們的領導人所創造的願景，分別是：裴爾（Theodore Vail）想要完成費時五十多年才能達成的全球電話服務網路；亨利・福特想要使一般人，不僅是有錢人，能擁有自己的汽車；以及賈伯斯

（Steven Jobs）、伍茲尼克（Steve Wozniak）與其他蘋果電腦的創業夥伴，希望電腦能讓個人更具力量。

同樣地，日本公司若不是一直被一種縱橫世界的願景所引導，也無法如此快速崛起。譬如，小松（Komatsu）公司，在不到二十年間，從只有卡特彼勒公司（Caterpillar）三分之一的規模，成長到與其規模相當；佳能（Canon）從一無所有到趕上全錄（Xerox）影印機的全球市場占有率；或是本田（Honda）公司的成功，也是一例。[2]

在前述案例中，最重要的是共同願景所發揮的功能；這些個人願景被公司各個階層的人真誠地分享，並凝聚了這些人的能量，在極端不同的人之中建立了一體感。

許多共同願景是由外在環境刺激而造成，例如：競爭者。百事可樂的願景明確指向擊敗可口可樂；租車業的艾維斯（Avis）的願景是緊追赫茲（Hertz）。然而，如果目標只限於擊敗對手，僅能維持短暫的時間，因為一旦目標達成，心態常轉為保持現在第一的地位便可。

這種只想保持第一的心態，難以喚起建立新事物的創造力和熱情。

真正的功夫高手，比較在意自己內心對「卓越」所定義的標準，而不是「擊敗其他所有人」。這並不是說願景必須是內在的或是外造的，這兩種類型的願景是可以共存的，但是依靠只想擊敗對手的願景，並不能長期維持組織的力量。

京都陶瓷的稻盛和夫懇求員工們「向內看」，發掘他們自己的內部標準。他認為，雖然在努力邁向成為同業中最優秀的目標時，公司會把目標瞄向成為「最好的」，但是他的願景是，京都陶瓷應當持續追求「完美」，而非只是「最好的」。[3]

追求比工作本身更高的目的

共同願景會喚起人們的希望，特別是內生的共同願景。工作變成是在追求一項蘊含在組織的產品或服務之中、比工作本身更高的目的 —— 蘋果電腦使人們透過個人電腦來加速學習、AT&T藉由全球的電話服務讓全世界互相通訊、福特製造大眾買得起的汽車來提升行的便利。

這種更高的目的，亦能深植於組織文化或行事作風之中。

赫曼米勒家具公司退休的總裁帝普雷說，他對赫曼米勒公司的願景是：「為公司人員心中注入新的活水。」因此，他的願景不僅只是加強赫曼米勒的產品，還包括提升它的人員和企業文化的層次，以及追求富創造力和藝術氣息的工作環境。[4]

願景令人歡欣鼓舞，它使組織跳脫庸俗、產生火花。前蘋果執行長史考利（John Sculley）在一篇關於蘋果電腦願景產品（visionary product）的大作中提到：「不論公司內憂外患有多嚴重，一步入麥金塔大廈，我馬上又精神奕奕。我們知道自己即將目睹電腦史上一項重大的改變。」

企業中的共同願景會改變成員與組織間的關係 —— 不再是「他們的公司」,而是「我們的公司」。共同願景是使互不信任的人一起工作的第一步,人們可以因此產生一體感。事實上,組織成員所共有的目的、願景與價值觀,是構成共識的基礎。

心理學家馬斯洛(Abraham Maslow)晚年從事於傑出團隊的研究,發現它們最顯著的特徵是具有共同願景與目的。馬斯洛觀察到,在特別出色的團隊裡,任務與本身已無法分開;或者應該說,當個人強烈認同這個任務時,定義這個人真正的自我,必須將他的任務包含在內。[5]

願景的強大驅動力

共同願景自然而然地激發出勇氣,這勇氣會大到令自己都吃驚的程度。在追求願景的過程中,人們自然會產生勇氣,去做任何為實現願景所必須做的事。

1961年,美國總統甘迺迪宣示了一個願景,它匯聚許多美國太空計畫領導者多年的心願,那便是:在十年內,把人類送上月球。[6]

這個願景引發出無數勇敢的行動。1960年代中期,在麻省理工學院的德雷普實驗室(Draper Laboratories),發生了一個現代斯巴達克斯的故事,該實驗室是美國太空總署阿波羅登月計畫慣性導航系統的主要承製者。計畫執行數年後,該實驗室的主持人才發現,他們原先的設計規格是錯誤的。

雖然這個發現令他們十分困窘，因為該計畫已經投入了數百萬美元，但是他們並未草草提出權宜措施，反而請求太空總署放棄原計畫，從頭來過。他們所冒的險不只是一紙合約，還有他們的名譽，但是已經沒有別的選擇。他們這麼做唯一的理由，是基於一個簡單的願景：在十年內，把人類送上月球。為了實現這個願景，他們義無反顧。

朝向真實目標前進的拉力

1980年代中期，在幾乎所有小型電腦產業都投向IBM個人電腦陣營之際，蘋果電腦堅持它的願景：設計一部更適合人們操作的電腦、一部讓人們可以自由思考的電腦。

在發展過程中，蘋果電腦不僅放棄成為個人電腦主要製造廠商的機會，也放棄了一項他們領先進入的創新技術 —— 可自行擴充的開放型電腦。這項策略，後來證明是對的。蘋果公司最後發展出來的麥金塔電腦，不僅容易使用，同時成為新的電腦工業標準，它的使用介面，包含外觀及感受，讓使用個人電腦成為一件快樂的事。

如果沒有共同願景，就不會有學習型組織。

如果沒有一個拉力把人們拉向真正想要實現的目標，維持現狀的力量將牢不可破。願景建立一個高遠的目標，以激發新的思考與行動方式。共同願景是一個方向舵，能夠使學習過程在遭遇混亂或阻力時，繼續循正確的路徑前進。

學習可能是困難而辛苦的，但有了共同願景，我們將更可能發現思考的盲點，放棄固守的看法，以及承認個人與組織的缺點。比起我們努力想要創造的事情的重要性，前述所有困擾似乎都微不足道。

就如弗利慈所形容的：「偉大的願景一旦出現，大家就會捨棄瑣碎的事。」若沒有一個偉大的夢想，則整天忙的都是些瑣碎之事。

另外，共同願景培育出承擔風險與實驗的精神。被願景感召的人們常常不知如何去達成那個願景，於是他們進行實驗、修正方向，然後再次實驗。

儘管每次的行動只是實驗，可是目標卻不會混淆不清，人們知道自己正在做些什麼。他們不會問：「請告訴我怎麼做才保證有效？」因為沒有什麼一定成功的方法，但他們每個人都願意為了成功而承諾投入。

創造明天的機會

最後，共同願景點出一項在管理上阻礙系統思考發展的主要迷惑：「如何培育長期的『行願』（commitment）？」

幾年來，系統思考研究者致力於說服管理者，除非他們能保持將眼光放得長遠，否則會遭遇更大的困難。我們以極大的心力向管理者說明，許多短期不錯的對策，會產生長期的惡果，而若僅採取消除症狀的對策，則會產生捨本逐末的傾向。

然而，我還是很少看到他們持久的轉變，或成為長期的行願。我逐漸覺得，我們之所以失敗，不是因為缺乏說服力，也不是由於欠缺充分有力的證據，而只是因為根本不可能說服人堅持長期觀點。

許多人類歷史上的事例，顯示在事務的實際運作中，只要發現有長期觀點，其中就有願景在引導。

中世紀天主教堂建築者便是一個動人的例子，他們將一生的力量奉獻給一個百年後才能建築完畢的願景；日本人相信，造就偉大的組織，就如同栽培樹木，必須費時二十五年到五十年；又如許多父母，努力為孩子建立成年後必須用到的價值觀。這些事之所以能成就，都是由於人們堅持只有長期才能實現的願景。

策略規劃（strategic planning）原本應該是公司長期前瞻性的思考，但它卻經常是反應式與短期性的。

建立共同願景的修練

對當代策略規劃提出最尖銳批判的兩位學者，倫敦商學院的哈默爾（Gary Hamel）與密西根大學的普哈拉（C. K. Prahalad）指出：「雖然策略規劃被認為是使組織變得更能掌握未來的方法，但大多數的管理者都承認，在壓力較大時，他們的策略規劃解決今日的問題，多於創造明日的機會。」[7]

典型的策略規劃往往過於強調分析競爭者優劣勢、市場利基與公司資源等，卻無法培育出長程行動所需要的、也就是哈默爾與普哈拉所指稱的那種「值得全心追求的目標」。

雖然「願景」這項企業學習的要素備受矚目，但它仍常被視為是一種神祕、無法控制的力量，持有願景的領導者成為受崇拜的英雄。

儘管沒有公式可以教我們如何找到願景，但確實有一些原理和實用的工具，能協助建立共有願景，這些原則和工具已開始逐漸形成一種修練，將「自我超越」的原理與見解延伸而成共同願景與奉獻的世界。

共同願景的修練一：鼓勵個人願景

共同願景是從個人願景匯聚而成，藉著匯集個人願景，共同願景獲得能量和培養行願。就如同歐白恩所觀察到的：「我的願景對你並不重要，唯有你的願景才能夠激勵自己。」這並不是說人們只需在乎自己個人的利益；事實上，個人願景通常包含對家庭、組織、社區、甚至對全世界的關注。

歐白恩之所以強調個人對周遭事物的關注，是由於真正的願景必須根植於個人的價值觀、關切與熱望，這就是為什麼若要由衷關注共同願景，還是必須回歸到個人願景。但是，這個簡單的道理卻被許多領導者忽略，他們往往希望自己的組織必須在短期內建立一個共同願景。

有意建立共同願景的組織，必須持續不斷鼓勵成員發展自己的個人願景。如果人們沒有自己的願景，他們所能做的就僅僅是附和別人的願景，結果只是順從，絕不是發自內心的意願；另一方面，原本各自擁有強烈目標感的人結合起來，則可以創造強大的綜效（synergy），朝向個人及團體真正想要的目標邁進。

「自我超越」是發展「共同願景」的基礎，這個基礎不僅包括個人願景，還包含忠於真相和創造性張力。

共同願景能產生遠高於個人願景所能產生的創造性張力，那些能獻身去實現崇高願景的人，都是能掌握創造性張力的人，也就是對願景有明確的了解，並持續深入探詢真實情況的人。正是因為體會過創造性張力的力量，他們深知自己有能力創造自己的未來。

在鼓勵個人願景時，組織必須注意不要侵犯到個人的自由。如第八章〈自我超越〉所談的，沒有人能將自己的願景給別人，也不能強迫他人發展願景。然而，有些正面的行動卻能創造鼓勵個人願景的氛圍，最直接的是由具有願景意識的領導者，以鼓勵其他人分享其願景的方式溝通。這是願景的領導藝術：從個人願景建立共同願景。

共同願景的修練二：塑造整體圖像

如何結合個人願景以創造共同願景呢？一個貼切的比喻是全像攝影術（hologram），它是一種以交錯的光源創造出三維空間圖像的攝影術。

如果你將一張照片分割成兩半，每一半只能顯示出整個圖像的一部分，但若你分割一張全像照片，每一部分仍能不折不扣地顯現整個影像。你繼續分割全像照片，不論分割得多細，每一部分仍然能顯現出整個影像。

相同地，當一群人都能分享組織的某個願景時，每個人都有一個最完整的組織圖像，每個人都對整體分擔責任，而非只是對自己那一小部分負責。

但是，全像照片的每一小片並非完全相同，因為每一小片都代表從不同角度所看到的整個影像；就如同你從窗簾戳幾個洞看過去，每個洞都提供一個特有的角度來觀看整個影像。同樣地，每個人所持有的整體願景也都有其不同之處，因為每個人都有獨自觀看大願景的角度。

如果你把全像照片的各個小片組合起來，整體影像基本上並未改變，畢竟每個片段都有個整體的圖像，但圖像卻會愈來愈清晰、真實。

當有更多人分享共同願景時，願景本身雖不會發生根本的改變，但是願景變得更加生動、更加真實，因而人們能夠真正在心中想像願景逐漸實現的景象。從此，他們擁有夥伴、擁有「共同創造者」，願景不再單獨落在個人的雙肩上。

在此之前，當他們尚在孕育個人願景時，人們可能會說那是「我的願景」，但是當共同願景形成之時，就變成既是「我的」也是「我們的」

願景。學習建立「共同願景」這項修練的第一步,是放棄願景總是由高層宣示,或是來自組織制度化規劃過程的傳統觀念。

共同願景的修練三:理解願景絕非官方說法

在傳統的階層式組織裡,沒有人懷疑過願景應來自高層。在這樣的組織中,通常指引公司的大藍圖是沒有被大家分享的,每一個人只是聽命行事,以便能夠完成他們的任務,來支持組織的願景。

赫曼米勒家具公司的賽蒙說:「如果我是傳統威權組織的總經理,推行新願景的工作,將會比今天所面對的問題簡單得多,因為組織裡大多數的人不必了解這個願景,只須知道我對他們的期望是什麼。」

然而,近年流行的建立願景的過程,與傳統中由上而下形成的願景沒什麼不同。

最高管理當局通常藉由顧問的幫助寫下「願景宣言」,這些願景通常是為了解決士氣低落或缺乏策略方向的問題;它可能結合對競爭者、市場定位,與組織優弱勢等項目的廣泛分析,但結果常令人感到失望,原因如下:

首先,這樣的願景通常是治標而非治本的,透過一次建立願景的努力,為公司的策略提供依循方向,一旦寫下來後,管理者就認為他們已卸下建立願景的職責。

最近，我在創新顧問公司的一位同事，向兩位企業主管說明我們的顧問群如何協助建立願景。在他進一步說明之前，其中一位主管打斷他的話說：「我們已經做好了，我們已經寫下共同願景宣言了。」這位同事回答說：「那很好，你們得出什麼樣的願景？」這位主管轉向另一位問道：「喬治，我們的願景宣言放在哪裡？」

寫下願景宣言或許是建立共同願景的第一步，但是，願景只在紙上陳述而非發自內心，將很難使願景在組織內扎根。

其次，由最高管理當局撰寫願景宣言的第二個缺失是，這種願景並非是從個人願景中建立起來的。

在追尋「策略性願景」時，個人願景常被忽略，而「官方願景」所反應的又僅是一、兩個人的個人願景。這種願景很少在每一個階層內進行探詢與檢驗，因此無法使人們了解與感到共同擁有這個願景，結果新出爐的官方願景也無從孕育出能量與真誠的投入。

事實上，有時它甚至無法在建立它的高階管理團隊中激起一絲熱情。

第三，願景不是問題的解答，如果它僅被當成問題的解答，一旦士氣低落或策略方向模糊不清的問題解決以後，願景背後的動力也會跟著消逝。

領導者必須把建立共同願景當成日常工作的中心要素，是持續進行、

永無止境的工作。實際上，它是經營理念的一部分；經營理念不僅是企業中每個人的願景，還包括企業的目的與核心價值。

有時候，管理者期望從公司的策略規劃過程中顯現共同願景，但結果與意圖由上而下建立願景一樣失敗，大多數的策略規劃都無法孕育真正的願景。

領導者的個人願景不等於組織願景

根據哈默爾與普哈拉所說：「創造性策略很少從每年例行的規劃過程中產生，每年例行的規劃雖然逐年有所改進，但下個年度策略的起點，幾乎仍然總是這個年度的策略，因此在大部分情況下，公司仍會對它熟悉的市場區隔與地區堅守不移。

正因如此，推動佳能公司進入個人式複印機事業的想法，出自海外銷售分支機構，而不是在日本本土的企劃人員。」[8]

願景並非不能從高層發散出來，但有時願景是源自不在權力核心者的個人願景，有時是從許多階層互動的人們中激盪而出。分享願景的過程，遠比願景源自何處重要，除非共同願景與組織內個人的願景連成一體，否則它就不是真正的共同願景。

對那些身居領導位置的人而言，最要緊是必須記得，他們的願景最終仍然只是個人願景，位居領導位置並不代表他們的個人願景自然就是

組織的願景。

最後，意圖建立共同願景的領導者，必須樂於不斷把自己的個人願景與他人分享。他們也必須試著問別人：「你是否願意與我一同追求此一願景？」對領導者而言，這並不是一件容易的事。

願景的實例：創新配銷系統

約翰是一家大型家用產品公司的分公司總經理，他的願景是讓他的分公司成為該產業中最優秀的。這個願景不僅需要有優異的產品，還必須以較其他公司更有效率的方式，把產品送到顧客（零售雜貨商）手上。他構想建立一個獨特的全球配銷系統，能夠以原先一半的時間，將產品運送到顧客手上，並大幅降低損耗及重新發貨的成本。

於是，他開始對其他管理者、生產工人、配銷人員、雜貨商談起這個構想，每一個聽到的人似乎都很熱中，但也都指出他的想法不可行，因為它與母公司太多的傳統政策衝突。

為了達成目標，約翰尤其需要母公司產品配銷部門主管寶琳的支持。在公司的矩陣組織裡，她與約翰是同階級的主管，但實際上，寶琳比約翰多十五年的經歷。

約翰為寶琳精心準備了一份簡報，說明他的配銷新構想和優點，但他所提出每一項支持自己構想的資料，寶琳都持相反的看法。約翰會後

離開時，心想寶琳的質疑或許是對的。

之後，他想到一個方式，就是只先在一個區域市場測試新系統，因為這麼做他所冒的風險較少，而且能得到當地對此構想特別熱中的食品雜貨連鎖店的支持。

但是他應該怎麼面對寶琳呢？他的直覺是，最好還是不要告訴她，畢竟他還有運用自己的配銷人員執行這個實驗的權限，但他也同樣重視寶琳的經驗與判斷。

左思右想了一週之後，約翰還是回去再一次請求寶琳的支援，但是這次他把圖表和資料留在家裡，他只告訴她為什麼他對這個構想深具信心、它如何能與顧客融合成一個新的夥伴關係，以及如何能以較低的風險測試它的優點。

令約翰意外的是，寶琳聽完他的陳述後，這位頑固的配銷主管開始提供實驗設計的意見，她說：「上星期你來見我時，你只是試圖說服我，現在，你樂意測試你的構想。我雖仍然認為它有些不合理，但是我看得出你很在乎。所以，試試看，或許我們可以從中學到一些東西。」

這已是很多年前的事，今天，這家大型家用產品公司幾乎全球所有分公司都已採用約翰的創新配銷系統，並顯著減少成本，成為公司與連鎖店策略聯盟的一部分。

此外，約翰的例子也昭示了：當願景肇始於組織中階時，其共享與傾聽的過程，基本上和源自高階層的過程相同，但這可能比較費時，尤其在願景與整個組織都有關聯的情形下，更是如此。然而，它還是可能的。

學習聆聽

組織顧問基佛（Charlie Kiefer）說：「儘管願景令人振奮，但建立共同願景的過程卻未必都是這麼迷人。善於建立共同願景的管理者，是以日常用語談論這個過程，以與日常生活交織在一起。」就如歐白恩所說的：「一個有願景的領導者並非四處演講鼓舞人群，而是在處理日常任何問題時，心中不離自己的願景。」

在團隊中，要達到彼此的願景真正地分享及融匯，並非一蹴可幾；共同願景是由個人願景互動成長而形成，但經驗告訴我們，願景若要能夠真正共有，需要經過不斷交談，如此個人不僅能自由自在表達他們的夢想，也能學習如何聆聽其他人的夢想，並在聆聽之間逐漸融匯出更好的構想。

聆聽往往比說話還難，尤其對有定見、意志堅強的管理者更是如此。聆聽需要不凡的胸襟與意願來容納不同的想法，這並不表示我們必須為「大我」而犧牲「小我」的願景，而是必須先讓多樣的願景共存，並用心聆聽，以找出能夠超越和統合所有個人願景的正確途徑。

就像一位成功的企業領袖所形容的：「我的工作，基本上就是在傾聽組織想要說些什麼，然後以清晰有力的方式把這些話表達出來。」

擴展願景：奉獻、投入，以及遵從 [9]

很少主題能夠像「奉獻」（commitment）這樣深獲今日管理者青睞。以美國社會為例，管理者有鑑於研究顯示大多數美國工人奉獻感很低，又聽到許多國外競爭者的工作團隊奉獻精神的故事，他們轉而採取所謂「奉獻管理」、「高奉獻工作系統」，甚或是其他方法。

然而，在今天的組織中，真正的奉獻仍然少有。依我們的經驗，90%被認為是奉獻的，事實上只是「遵從」（compliance）。

今天的管理者常以交易的心情要員工持有共同願景，於是願景變得像是一件商品，我付出、你獲得。然而，付出（selling）的行為與「投入」（enrolling）的行為，背後有著很大的差異；付出的行為會因為「價格」而改變，投入的行為則含有自由選擇的意思。

以基佛的話來說，「投入是一種選擇成為某個事物一部分的過程」，「奉獻是形容一種境界，不僅只是投入，而且心中覺得必須為願景的實現負完全責任。」我能夠徹底投入你的願景，或真心希望你的願景實現，然而，它仍然是你的願景。在你需要我的時候，我會採取行動，但是我不會把自己醒著的時間花在尋思下一步該怎麼做。

譬如參與某些社會活動的人，必須有真正的意願，並且衷心支持這些
活動，活動的意義及功效才能彰顯。投入的人會每年捐一筆款或全心
支持許多活動，奉獻的人則會做一切為了實現願景所必須做的事情，
願景的驅力使他們展開行動，有人以「生命意義的來源」描述這個能
使人們奉獻並實現願景的強大能量。

在現今的組織中，真正投入的人只有少數，而真正奉獻的人則更少，
大多數人仍在遵從的地步。遵從的跟隨者跟著願景走，他們依照別人
的要求做事。他們對願景都有某種程度的支持，但是，他們並非真正
投入或奉獻。

「遵從」常被誤認為是投入及奉獻，部分原因是大多數的組織一直都是
以遵從為基本要求，以致不知道如何識別真正的奉獻。另外，遵從有
數個層次，有些層次的遵從會使得某些行為看起來非常類似投入和奉
獻。322頁的表格便可說明，成員對組織共同願景的支持程度。

願景態度將導致行為差異

有個比喻可說明對願景所持的態度不同，將表現出不同的行為。

舉例來說，美國各州的車速限制大多是55英里，一個真正遵從的人，
開車從不超過55英里；一個適度遵從的人，會開到60英里至65英
里，因為在大多數的州，只要在65英里以內就不會接到罰單；勉強遵
從的人，會開在65英里以內，但卻不斷抱怨；一個不遵從的駕駛者，

願景態度

奉獻：衷心嚮往之，並願意創造或改變任何必要的「法則」（結構性的），全心全意實現它。

投入：衷心嚮往之，願意在「精神的法則」內做任何事情。

真正遵從：看到願景的好處，去做所有被期望做的事情，或做得更多。遵從明文規定，像個「好戰士」。

適度遵從：大體上，看到了願景的好處，做所有被期望做的事情，但僅此而已，是個「不錯的戰士」。

勉強遵從：未看到願景的好處，但也不想打破飯碗。不得不做剛好符合期望的事，但也會讓人知道，他不是真的願意做。

不遵從：看不到願景的好處，也不願做被期望做的事情。「任你苦口婆心，我就是不幹！」

冷漠：既不支持也不反對願景，既不感興趣，也沒有幹勁。總在問：「下班時間到了嗎？」

把油門踩到底，並且盡量設法避開交通巡邏警察；至於一個真正衷心選擇保持安全速限的人，開車時會保持55英里這個速度，即使它不是法律上規定的速限。

在多數的組織裡，大部分人對於組織的目標與基本法則，仍然還在適度的，或頂多真正遵從的境界。他們遵照計畫進行，也誠心誠意想要有所貢獻。那些勉強遵從的人會做，但不盡力，且只想證明這本來就是行不通的。而不遵從的人常是計畫的阻力，他們反對組織的目標或基本法則，並且以不行動抗議，讓人知道他們站在反對的立場。

各種不同程度的遵從,其間的差異很難察覺。最常發生混淆的是,真正的遵從常被誤認為是投入或奉獻。

典型真正遵從的「好戰士」,會心甘情願做任何主管期望他做的事情。「我信任在願景背後的人;我會盡心盡力做任何必須做的事,或做得更多。」

甚至,連真正遵從的人,通常也認為自己是奉獻,事實上,他的確是奉獻的,但只是奉獻自己成為「團隊的一份子」,而不是為了願景。

其實,從工作上的行為表現來看,很難區分誰是真正遵從、誰是投入或奉獻。一個由真正遵從的人所組成的組織,在生產力與成本效益上遙遙領先其他大多數組織。

遇到真正遵從的人,你用不著第二次告訴他們該做什麼,他們會立即設法回應。他們的態度與行為是積極的,如果被要求「自動自發」與「預先因應」(proactive)去達成高績效的目標時,他們也會如此做。總之,對於真正遵從的人而言,不論正式或非正式的、有形或無形的規則,他們都會由衷奉行不逾。

更上一層樓

然而,遵從與奉獻之間還是有很大的差別。奉獻的人全身帶著一股能量、熱情與興奮,這是無論哪一個層次的遵從都無法產生的;奉獻的

人不會只是墨守遊戲規則，他要對這個遊戲負責，如果遊戲規則妨礙他們達成願景，他會設法改變規則。當一群人真正奉獻於一個共同願景時，將會產生一股驚人的力量。

普立茲獎得主紀德（Tracy Kidder）曾經報導過關於數據通用公司（Data General）的產品開發小組，在不可思議的短時間內，開發出突破性新電腦的事蹟。我在幾年之後，也曾親自訪問該小組的領導人韋思特（Tom West）。

韋思特說，當時他們整個計畫中某項關鍵軟體的發展進度落後好幾個月，負責該部分的三位工程師在某天傍晚來到辦公室，直到第二天早上才離開，而就在那個晚上，他們竟然完成了近三個月的工作，實在令人難以置信。

這絕不是韋思特要求他們如此的，而是由於他們自己真心想要實現這份願景，這也就是真正地投入或奉獻與遵從的差別所在。

有時，真正的願景很難讓人具體體認它的可能性。

某家商品公司的執行副總，他深切希望該公司能從傳統組織轉變成全新的組織型態。他開始發展新的企業願景與主動全心投入的精神，然而，經過一整年的努力，大家還是被動聽命行事。這時他發現更深一層的問題：許多人在整個生涯中從未被要求對任何事全心投入，而只是被要求遵從，這是他們僅有的心智模式。

無論他如何說明發展的真正願景與真正投入，都起不了什麼實質作用，因為人們的心智模式依然使他們只知道如何遵從。發現這一點之後，這位執行副總開始改變方式，他發起了一項「追求健康」計畫，因為他假設人們至少可能會真心投入自身健康的追求吧。

一段時日之後，有些人做到了，並開始體認在工作上真正投入與奉獻是可能的，從而開啟了一窺此願景的一扇小窗。

傳統的組織並不在乎人們是否真正投入或奉獻，整個指揮與控制的組織層級只要求遵從。今天許多管理者仍在思索如何「管理」投入與奉獻，實際上，這樣做最多只能使人們在遵從的階梯上，再往上爬一層而已。

投入與奉獻的準則

對某件事投入，是一種極自然的過程。對你自己而言，它是導源於你對願景真正的熱忱；對別人而言，是由於你願意讓其他人自由選擇而發生。必須注意的是：

● **自己必須投入**：如果你自己不投入，就沒有理由鼓勵別人投入。強迫推銷不能得到他人誠心的投入，頂多只產生形式上的同意與遵從。更糟的是，它可能是未來不滿的種子。
● **對願景的描述必須盡可能簡單、誠實而中肯**：不可誇張好的一面而藏匿有問題的部分。

● **讓別人自由選擇**：你不必說服別人願景的好處，事實上，當你勸服
   他人投入，反倒常被視為意圖左右他人而阻礙別人投入。你愈願意
   讓人自由選擇，他們愈覺得自由。這種做法對部屬可能特別困難，
   因為他們常認為遵從是第一要務。這時，你必須表現出能夠幫助他
   們的誠心，給他們時間與安全感來發展自己的願景意識。

然而在許多情況下，管理者確實需要部屬遵從。他們當然希望部屬真
正投入或奉獻，但是為了完成任務，必須要求部屬至少適度遵從。

如果難以在一開始就以投入和奉獻要求部屬，我建議你不妨開誠布公
表明需要遵從。你可以說：「我很了解你對這個新方向或許不是由衷
贊同，但是在這個管理團隊決定全心投入此一新方向的重要時刻，我
需要你的支持以促其實現。」這樣的態度不但能予人不虛偽的印象，
也使得人們更容易做選擇，經過一段日子，或許還會選擇真正地投入。

在投入與奉獻這方面，管理者將要面對的最大難題是，所能做的實在
非常有限，因為它涉及個人的自由選擇。前述準則只能建立適於引發
投入與奉獻的環境，卻無法確保一定有投入的行動。奉獻的境界則更
難，任何勉強最多只會產生遵從。

融入企業理念

建立共同願景實際上只是企業基本理念中的一項，其他還包含目的、
使命與核心價值觀。願景若與人每日信守的價值觀不一致，非但無法

激發真正的熱忱，反倒可能因挫敗、失望而對願景改採嘲諷的態度。

這些企業基本理念需要回答三個關鍵性的問題：「追尋什麼」、「為何追尋」與「如何追尋」。

● **追尋什麼？**追尋願景，也就是追尋大家希望共同創造的未來景象。
● **為何追尋？**企業的目的或使命，是組織存在的根源。有使命感的組織，有高於滿足股東與員工需求的目的，他們希望對這個世界有所貢獻。
● **如何追尋？**在達成願景的過程中，核心價值觀會包含行動、任務的最高依據和準則。這些價值，可能包括：正直、開放、誠信、自由、機會均等、精簡、實質成效、忠實等。這些價值觀反應出公司在向願景邁進時，期望全體成員在日常生活中的行事準則。

這三項企業基本理念合而為一，便是組織上下全體的信仰，它引導企業向前運作。

當松下的員工背誦公司的信條：「體認我們身為實業家的責任，促成社會的進步和福祉，致力於世界文化進一步的發展。」他們是在描述公司的存在宗旨；當他們唱著公司的社歌：「將我們的產品如泉湧般源源不斷地流向全世界的人們。」他們也是在宣示公司的願景。

他們接受公司內部訓練計畫，課程包含「公平」、「和諧與合作」、「為更美更善而奮鬥」、「禮貌與謙遜」與「心存感謝」等主題，學習

公司精心建構的價值觀（松下將它們稱為公司「精神價值」）[10]。

我相信很多人都有渴慕成為某種崇高使命一份子的強烈意念，但僅是述說任務或目的給他們聽是不夠的，他們需要許多願景來使目的更具體、更明確。

我們必須學習如何具體描繪我們想要的組織，而「核心價值觀」對於協助人們做日常性的決策也絕對必要，因為目的很抽象，而願景是長期性的，人們需要單一、清晰、易辨認的「北極星」來引導日常決策的方向。

但是，核心價值觀只有化成具體行為之後才有用。譬如，如果你的組織核心價值觀是「開放」，那你最後須在互相信任與支持的整體脈絡中，以反思與探詢的技巧實踐它。

恐懼與希望

「我們想要的是什麼？」與「我們想要避免什麼？」是不同的。事實上，在我們的內心，負面的願景或許遠比正面的願景更為常見。

許多組織只有在生存受到威脅時，才會真正團結起來；例如：瀕臨被購併、破產、失去市場占有率、連連虧損等問題時，才開始採取行動，迎擊難題。負面的願景在公共政策上更常見：「反毒品」、「反菸」、「反戰」或「反核」等層出不窮的社會運動，便是明顯的例子。

負面的願景往往限制了組織的發展，原因有三：

第一，原本能夠用來建立新事物的動力，轉而用在防止不想要的事物上；第二，負面的願景微妙地在人群中造成無力感，人們可能因此變得不在乎，只在受到嚴重威脅時才會團結起來；第三，負面的願景無可避免都只有短期效果，威脅繼續存在就能激勵組織，一旦威脅消除，組織的願景與能量也跟著消失。

能夠激勵組織的基本能量有兩種：恐懼與希望。負面願景是由潛在的恐懼力量激發，推動正面願景的則是希望。恐懼能使組織在短期內產生超乎尋常的變化，但希望能成為持續學習與成長的泉源。

忠於真相

在第八章〈自我超越〉中，我已強調，單有個人願景，並不足以造成更有效的創造力。創造性張力是關鍵，它是存在於願景與現況之間的張力。最有效的人能夠堅持願景，同時看清現況的真相。

這個原則對組織而言同樣成立。學習型組織的建立並不是去追逐一個高遠縹渺而動人的願景，而是力行毫不留情、不斷檢驗願景及其發展現況的真相。

佛睿思特對於如何辨認一個偉大的組織有一句名言：「只需要看它的壞消息向上傳遞的速度。」1960 年代的 IBM 公司具有此一特質：對於

錯誤快速反應，斷然改過，並從中記取教訓。

舉例來看，在1960年代初期，IBM為追求一個大膽的願景，展開一系列非比尋常的實驗。它把資產、名譽，以及在電腦業界領導的地位，下注在一個極端新穎的概念上：一系列相容的電腦系統；其應用範圍極廣，從最精密複雜的科學到一般中小企業的通用科技。[11]結果，這部被寄予厚望的機器只賣出幾部。

1961年5月，當時的IBM執行長華生果斷結束這個計畫。對他而言，沒有什麼選擇的餘地，因為這部機器無法讓顧客滿意，甚至無法達成原先保證70%以上的顧客滿意度。幾天之後，華生坦承他們所犯的最大錯誤：「我們登上本壘，然後指著中外野的看台，在揮臂投球時，才發覺並非是全壘打，而是一個又高又遠的界外球。我們以後一定會對我們的承諾更為小心。」

經歷這段失敗經驗，三年以後，IBM推出360系統，這個系統證實是IBM往往後十年突破性成長的基礎。

共同願景與系統思考

儘管許多願景潛力無限，但卻從未生根和廣為擴散，這是因為在中途出現了一些「成長上限」的結構，抑制了新願景背後的動能。

了解這些結構，對於堅持願景的過程有很大的幫助。

願景的擴散是經由不斷釐清、投入、溝通與奉獻所形成。

當人們談論得愈多，願景就愈清晰，大家也就開始熱中於追求願景的好處。因此，很快地，願景會經由溝通以逐漸增強的螺旋擴散開來，如〔圖10-1〕所示。在追求願景的初期若能成功，熱忱也能夠被逐漸增強。

為何許多願景都夭折？

如果前述的增強環路不受限制，將使願景愈來愈清晰，會有更多的團體成員願意為願景奉獻，但此時會有各種限制因素開始發生作用，使這個良性循環慢下來。

圖10-1　願景的增強環路

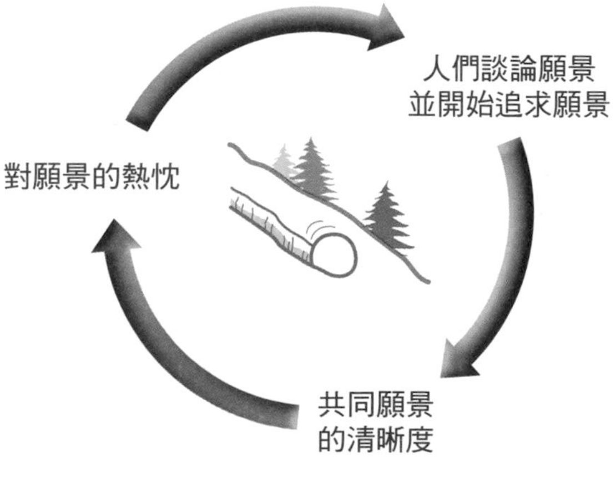

人們談論願景
並開始追求願景

對願景的熱忱

共同願景
的清晰度

當更多人涉入，不同的見解會使願景的焦點分散，並產生無法掌握的衝突，建立願景的過程因而式微。

每個人對理想的未來所見不同，那些未立即贊同正在成形的共同願景的人，是否必須改變他們的看法？他們是否應該認定願景已經固定而無法再加以影響？他們是否覺得自己的願景無足輕重？

如果前述任一問題的回答為「是」時，「投入」的過程可能在日益增強的極端化作用衝擊之下，分崩離析而終告停止。

成長上限一：缺乏探詢與調和分歧的能力

這是典型「成長上限」的結構，在這個結構中，追求願景的熱忱不斷成長的增強環路，牽動了一個由於意見逐漸分歧化與極端化所形成的調節環路，而抑制了願景的擴散過程。

讓我們參看〔圖10-2〕，循順時針方向解讀這個抑制願景的環路。從頂端：當熱忱建立後，更多人談論到願景，看法的分歧也因此提高，導致人們所表達的願景互有衝突。如果不容許其他人表達不同看法，則極端化作用增強，降低共同願景的清晰度，並抑制熱忱的升高。

在成長上限的結構裡，槓桿點通常在了解限制因素：找出造成限制過程的原因。在這個結構中的限制因素，是探究不同願景以融會更深一層的共同願景。如果組織無法發展出這種調和分歧的能力，個人願景

圖10-2　共同願景「成長上限」之一：缺乏探詢與調和分歧的能力

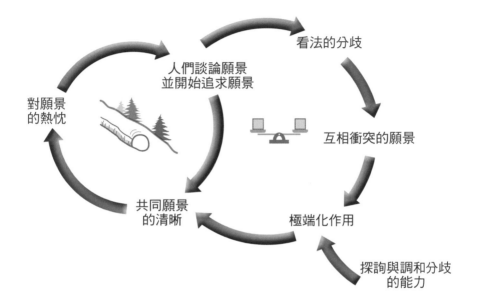

的分歧將逐漸擴大。

除去這個限制最重要的技巧，是在第九章〈心智模式〉中所介紹的
「反思與探詢」技巧。實際上，建立願景的過程是一連串探詢的過程，
主要目的在廓清我們真正想要創造的未來；如果只是透過一個不斷倡
導與辯護而缺乏探詢的過程，它至多只會產生遵從，絕不是奉獻。

然而，透過探詢的過程來擴散願景，並不意味著我必須放棄自己的觀
點。相反地，願景需要強而有力的辯護者。但辯護者也應以開放的態
度探詢他人的願景，才有可能逐步將個人願景匯集而成更大的共同願

景，這就是全像攝影術的原理。

成長上限二：未能保持創造性張力而氣餒

願景的實現過程中，會遭遇到一些不易解決的困難，而使人們感到氣
餒，這也是造成願景凋謝的原因之一。

當人們愈能看清共同願景的特性，愈能察覺願景與目前現況之間的差
距很大。人們可能會變得沮喪、不確定、甚至對願景採取嘲諷的態

圖10-3 共同願景「成長上限」之二：未能保持創造性張力而氣餒

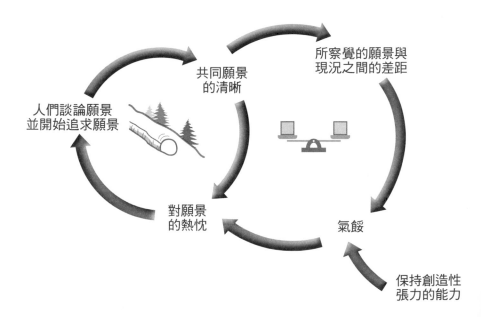

度,因此造成熱忱的衰退;「組織氣餒」形成了另一個可能的「成長上限」,如〔圖 10-3〕所示。

在這個結構中,限制因素是組織內的人確實保持創造性張力的能力,這也是「自我超越」的中心原理,這也就是為什麼我們一再強調「自我超越」是建立共同願景的基石。不鼓勵「自我超越」的組織,很難培養出對崇高願景經久不變的奉獻。

成長上限三:專注於願景的時間不足

當匯集願景所需時間及處理目前問題所需時間過多時,會相對使可用於實現願景的時間減少,而失去對於願景的專注,也會使願景在萌發階段夭折。

此時,限制因素是專注於願景的時間與精力不足,這種狀況如〔圖 10-4〕所示。

這種結構的槓桿點在於,能夠找出方法,減少花在對抗危機與處理目前問題的時間和精力,或者是讓追求願景的人與負責處理目前問題的人各司其職。

這種策略是由一小群人在組織的主要活動之外追求新構想,但儘管這種方式往往是必要的,卻難以避免形成兩個完全無法支援的陣營。

圖10-4　共同願景的「成長上限」之三：專注於願景的時間不足

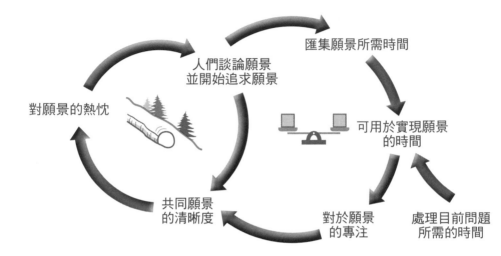

成長上限四：破壞了一體關係

最後，如果大家忽略他們彼此連成一體的關係，願景也會凋零，這也就是願景的追求必須透過共同探詢的理由之一。一旦員工不再問：「我們真正想要創造什麼？」並在原本的願景之外，產生另一種願景時，往後繼續進行的交談品質，以及想要透過這項交談提升的關係，都會受到侵蝕。

在共同願景背後最強烈的渴望之一，原本是來自希望連結與歸屬於一個更大的目的，以及彼此連成一體的關係。

但不得不注意的是，這樣的連結需要時時悉心照應，否則它是非常脆

弱的。只要我們對彼此的見解失去尊重，團體的凝聚力便會分崩離析，導致共同願景破滅。當發生這種現象時，團體成員便不再產生對願景的真正熱忱，如〔圖10-5〕所示。

當有些人開始產生另一種願景而破壞彼此關聯的感覺時，應仔細檢視「時間」和「技能」，因為這兩者可能會產生限制的因素。如果大家對新願景的認同覺得很急迫，可能就沒有充分的時間彼此徹底談論和傾聽；如果大家對如何進行這樣的交談，以及應以什麼方式分享彼此的願景才不至於產生分歧的願景，欠缺熟練的技能，彼此的一體關係就受到破壞。

圖10-5　共同願景的「成長上限」之四：破壞了一體關係

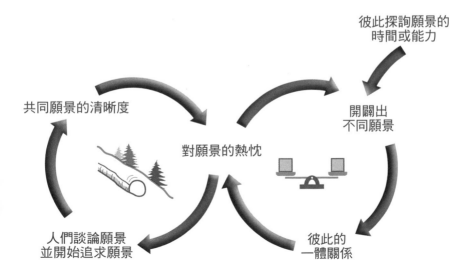

如果沒有系統思考的配合，建立共同願景的修練會缺乏重要的支撐。願景描繪我們想要創造的事物，系統思考揭示我們如何導致自己目前的情況。

建立共同願景的沃土：系統思考

近年來，有許多領導者趕搭願景列車，他們擬定了企業願景及任務宣言，努力使每個人投入願景。然而，所期望的生產力與競爭力卻經常無法達成。這個現象，導致許多人對願景不再感興趣。

只要願景是審慎發展出來的，問題通常不是出在共同願景本身，而在於我們對目前情況被動式的反應。只有當大家真正相信他們能塑造自己的未來，願景才會變成一股生命力。

然而，透過前面所說，我們應可體認，共同願景的實現還牽連著許多大部分管理者尚未能實際體認到的系統結構與槓桿點，以致於他們不知道該從何處著手改善問題，而以為自己的問題是由「外面」的某些人或「系統」所造成。

多數主管不會坦白承認具有這樣的想法，因為一般總認為，良好的管理者應有主動因應的能力，並對任務負責。公然質疑組織已著手進行之事的可行性，會被看作問題人物。

然而，過分樂觀的預期，基本上也屬於反應式思考，它是由於缺乏整

體觀點的片段思考所導致，是對事件的單點反應，而非根本創造性的改變。事件導向只會排除真正的願景，留下空洞的「願景宣言」。

但是，當組織裡的人開始了解現有政策與行動如何創造或改變現況，適合建立願景的一片沃土就開發出來了，也培養出一個新的信心來源，這個信心來源是由於更深層地了解塑造現實的力量，以及影響這些力量的槓桿點。

正如一位剛受完系統思考訓練的主管所指出，他的最大收穫是：「發現自己目前擁有的真相，只是好幾種可能真相之中的一種。」

注釋

1. 關於斯巴達克斯這人的事情，是取自柯斯勒（Arthur Koestler）小說後記：*The Gladiator*, translated by Edith Simon (New York: Macmillan), 1939。

2. 這些企業願景的案例分析，來自 G. Hamel 與 C. K. Prahalad 的著作："Strategic Intent," *Harvard Business Review*, May-June, 1989。

3. Kazuo Inamori, "The Perfect Company: Goal for Productivity," speech given at Case Western Reserve University, Cleveland, Ohio, June 5, 1985.

4. Max de Pree, *Leadership is an Art* (New York: Doubleday/Currency), 1989.

5. A. Maslow, *Eupsychian Management* (Homewood, Ill.: Richard Invin and Dorsey Press), 1965.

6. William Manchester, *The Glory and the Dream* (Boston: Little, Brown and Company), 1974.

7. G. Hamel and C. K. Prahalad, "Strategic Intent."

8. 出處同前。

9. 這個段落所闡釋的概念，是我與創新顧問公司的同事經長時間討論而得，這些同事包括：齊菲（Charles Kiefer）、高提爾（Alain Gauthier）、羅柏茲（Charlotte Roberts）、羅斯（Rick Ross）與史密斯（Bryan Smith）。

10. M. Moskowitz, *The Global Marketplace* (New York: Macmillan Publishing Company), 1987.

11. "IBM's $5,000,000,000 Gamble," *Fortune*, September 1966 and "The Rocky Road to the Marketplace," *Fortune*, October 1966 (two-part article).

第 11 章

團隊學習

美國的波士頓賽爾提克職業籃球隊的退休球員羅素（Bill Ruesell）曾經如此描寫他們的球隊：「就像其他專業領域一樣，我們也是由一群專家組成的團體，我們的表現依靠個人的卓越與團隊的良好合作。我們都了解彼此有互相補足的必要，並努力設法使我們更有效結合……然而有趣的是，不在球場上時，按照社會的標準來看，我們多數是古怪的，絕不是那種能跟別人打成一片，或者刻意改變自己來迎合別人的人。」[1]

羅素告訴我們，使他的球隊打起球來與眾不同的，不是友誼，而是那種團隊關係。隊員們在球場上的配合，造就了登峰造極的演出，那種高度的默契，難以用筆墨來形容，幾乎像慢動作般清楚，任何神奇的妙傳或投射都可以發揮到不可思議的境界。

潛在的團隊智慧

羅素所屬的球隊（在 13 個球季中得過 11 次 NBA 總冠軍）呈現出一種我們稱之為「整體搭配」（alignment）的現象，即一群人良好發揮整

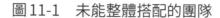

圖11-1　未能整體搭配的團隊

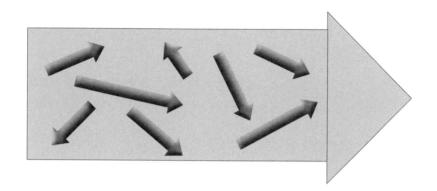

體運作功能。然而，在多數團隊裡，成員各自朝向交錯的目標努力。
如果我們為這種團隊畫一幅圖，看起來可能像是〔圖11-1〕所示。[2]

未能整體搭配的團隊，許多個人的力量一定會被抵消浪費掉。個人可
能格外努力，但是他們的努力未能有效轉化為團隊的力量。

當一個團體更能整體搭配時，就會匯聚出共同的方向（圖11-2），調
和個別力量，而使力量的抵消或浪費減至最小，發展出一種共鳴或綜
效，就像凝聚成束的雷射光，而非分散的燈泡光；它具有目的一致性
及共同願景，並且了解如何彼此截長補短。

這不是指個人要為團隊願景而犧牲自己的利益，而是將共同願景變成
個人願景的延伸。事實上，要不斷激發個人能量，以使團隊力量提高
的大前提，必須先做到整體搭配。在團隊中，如果個人的能量不斷增

圖11-2　整體搭配的團隊

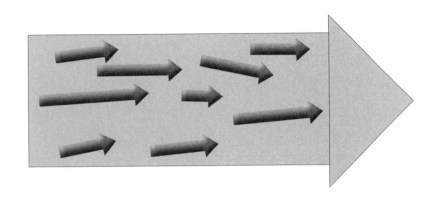

強，但是整體搭配的情形不良，只會造成混亂，而使團隊的管理更加困難，如〔圖11-3〕所示。

「團隊學習」是發展團隊成員整體搭配與實現共同目標能力的過程，它是建立在發展「共同願景」這一項修練上；它也建立在「自我超越」上，因為有才能的團隊是由有才能的個人所組成。

但是，只有共同願景和才能還不夠，世界上不乏由有才能之士所組成的團隊，其成員雖然暫時共有一個願景，卻無法共同學習。偉大的爵士樂團的先決條件，雖是擁有才能出眾的團員和一個共同願景，但真正重要的是這些音樂家知道怎樣一起演奏。

組織在今日尤其迫切需要團隊學習，無論是管理團隊、產品開發團隊，或跨機能的工作小組。曾任殼牌石油企劃主任的德格說，團隊就

圖11-3　不斷激發個人能量而整體搭配不良的團隊

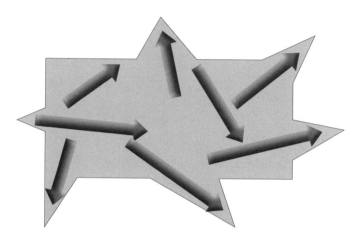

是彼此需要他人行動的一群人。而團隊在組織中漸漸成為最關鍵的學習單位，是因為現在幾乎所有重要決定都是直接或間接透過團隊做成，並進一步付諸行動。

在某些層次上，個人學習與組織學習無關，即使個人始終都在學習，並不表示組織也在學習。然而，如果是團隊在學習，團隊變成整個組織學習的一個小單位，他們可將所得到的共識化為行動，甚至可將這種團隊學習技巧向別的團隊推廣，進而建立起整個組織一起學習的風氣與標準。

團隊學習的三個面向

在組織內部，團隊學習有三個面向需要顧及。

首先，**當需要深思複雜的議題時，團隊必須學習如何萃取出高於個人智力的團隊智力**。這說起來容易，但組織中常有一些強大的抵消和磨損力量，造成團隊的智慧傾向小於個別成員的才智。這些力量有許多是可由團隊成員加以控制的。

其次，**需要既創新而又協調一致的行動**。在一流的球隊和爵士樂隊中，便常會發現這種既有自我發揮的空間，又能協調一致的方式。在組織中，傑出團隊也會發展出同樣的關係 —— 一種「運作上的默契」，每一位團隊成員都會非常留意其他成員，而且相信人人都會採取互相配合的方式行動。

第三，**不可忽視團隊成員在其他團隊中所扮演的角色與影響**。譬如，高階管理團隊大部分的行動，實際上是透過其他團隊加以實現。因此，一個學習型團隊，可透過廣為教導團隊學習的方法與技巧，不斷培養其他學習型團隊。

雖然團隊學習涉及個人的學習能力，但基本上它是一項集體的修練，因此，強調個人正在精進的團隊學習修練是沒有意義的。

團隊學習的修練必須精於運用「深度匯談」（dialogue）與「討論」，這是兩種不同的團隊交談方式。深度匯談是先暫停個人的主觀思維，彼此用心聆聽，自由地、有創造性地探究複雜而重要的議題；討論則是提出不同的看法，並加以辯護。

深度匯談與討論基本上是能互補的，但是多數團隊缺乏區分及妥善運用這兩項交談技巧的能力。

團隊學習的修練

團隊學習也包括學習如何避開與前述這兩種有建設性的交談相反的巨大力量，其中首推阿吉瑞斯所稱的「習慣性防衛」──那些使我們及他人免受威脅與窘困的習慣性互動方式，將阻礙我們的學習。譬如，面對意見衝突時，團隊成員往往不是折衷妥協，就是爭得你死我活。當解開學習性防衛的癥結時，便可發掘出原先不曾注意的學習潛力。

首先，我們必須運用在第九章〈心智模式〉中所介紹的反思與探詢技巧，讓我們開始釋出這個能量，然後才得以專注於深度匯談與討論。

由於系統思考的中心信念是「我們的行動造成現況」，因此特別容易挑起自我防衛。為了避免別人指控是自己的策略造成這些問題，團隊可能因而抗拒採用更有系統性的方式來察看問題。

許多團隊口頭上雖然擁護系統的觀點，但實際上卻從未付諸實行，從來不會用所有心力來認真檢驗自己的行動如何造成問題。系統思考需要一個真正成熟、能夠深究複雜與衝突議題的團隊，才能實行。

最後，團隊學習的修練像任何的修練一樣，都需要練習，而這正是現代組織所缺乏的。

試想，一個從不排演的交響樂團，將如何演出？一個從不練習的球隊，將如何出賽？同樣地，任何團隊的學習過程，都是透過不斷的練習與演出。

目前我們還處於學習如何為管理團隊創造類似練習機會的起步階段。在之後的章節，我們將會提供一些例子做說明。

儘管團隊學習很重要，我們對它的了解卻非常貧乏，對它的許多理論和實踐方法，也都尚在試驗階段。

我們必須能更清楚描述，當它發揮功能時的現象是如何，並且更明晰地區分，消極被動的「群體思考」和真正有創造性的「群體智力」之不同。只有當我們能找回團隊學習的有效方法，才能真正掌握建立傑出團隊的要訣。這就是為什麼精熟團隊學習是建立學習型組織的一個關鍵步驟。

深度匯談與討論 [3]

在《物理學及其他：相會與交談》（*Physics and Beyond: Encounters and Conversation*）這本引人矚目的書中，海森堡〔Werner Heisenberg，首先提出「不確定原理」（uncertainty principle）的現代物理學者〕認為：「科學根源於交談。在不同的人合作之下，可能孕育出極為重要的科學成果。」

接下來，海森堡回憶他平生與鮑立（Pauli）、愛因斯坦、波耳（Bohr），以及其他在這個世紀前半葉改造傳統物理學等偉大人物的交談。

這些海森堡認為對他的思考有不可磨滅影響的交談，在某種程度上，也孕育了許多使這些人後來成名的理論。海森堡對交談細節的回憶，說明合作學習具有令人吃驚的潛能；集體可以做到比個人更具洞察力、更為聰明，團隊的智商可以遠大於個人的智商。

依海森堡所說的這些感想，那麼團隊學習這項修練的重要貢獻者之一，竟然是一位當代物理學家包姆，就不足為奇了 —— 包姆這位傑出的量子物理學家，發展出「深度匯談」的理論與方法。

深度匯談一：情境的產物

當一群人進行深度匯談時，他們是以開放的心胸，面對彼此之間一股更大的智識之流。深度匯談是一個非常古老的觀念，受到古希臘人的推崇，並被許多諸如美洲印第安人的原始社會加以實踐。

然而，深度匯談在現代世界幾乎已經不復存在。

其實，許多人都曾領略過深度匯談，這種特殊的交談方式，像是有它自己的生命一般自由發展，帶著我們走上從來不曾想像、也未曾事先規劃的方向。但是這樣的體驗難得碰上，因為深度匯談通常都是情境的產物，不是有系統引導與苦心練習的結果。

另外，包姆關於深度匯談理論與實踐的作品，則將本書前幾章所討論的幾項修練背後，兩項主要的智識之流融匯起來：其一，是對自然系統性或整體性的看法；其二，是思考與內在「模式」之間的互動，以及認知與行動之間的互動。

包姆說：「雖然有時候在處理較大的系統時，非得分割成許多小部分來研究，量子理論卻指出，宇宙基本上是整體而不可分割的。就量子理論所要求的嚴謹水準而言，觀察的工具與被觀察的對象，彼此是以一種無法再予分割的方式相互加入。就此一嚴謹水準而言，認知與行動也是如此無法分割的。」

這讓我們回想起前面提過的系統思考關鍵特色：它要我們注意眼前所發生的事情，常是在我們認知引導下的行動所產生的後果。相對論也提出過類似的問題；包姆在 1965 年《狹義相對論》（ *The Special Theory of Relativity* ）[4] 一書中也曾經指出。

在這本書中，包姆開始更明確地連接系統觀點與心智模式。尤其是他認為，科學的目的不是知識的累積（真正的科學家都深切了解，許多科學理論遲早都會被證實是錯的），而是創造、引導和塑造我們認知與行動的「心智圖」，它引導一種「自然與人類意識之間持續的相互加入（mutual participation）」。

然而，包姆最特出的一項頁獻，在於把思維看作是集體的現象，因而對團隊學習產生獨到的見解。包姆很早就對「電子海」（electron sea）

的集體特質，與我們思維運作方式之間的類比感到興趣。稍後，他發現這個類比，對幫助解釋生命中每個階段都觀察得到的「思維的反效果」很重要。

包姆相信：「我們的思維是前後不一致的，而且所造成的反效果是這個世界上問題的根源所在。」他認為，思維既然在很大程度上是集體的，我們不能只是透過個人加以改善，「我們必須將思維看作是像電子一樣的整體現象，起因於我們如何互動與如何交談。」

深度匯談二：超越個人見解

交談有兩種主要類型：深度匯談與討論。一個團隊如果要能擁有持續開創性學習的能力，這兩種交談都很重要，但必須配合使用以產生綜效，才具有威力。如果不了解兩者的差異，就無法運用它們產生綜效。

包拇指出，「討論」（discussion）這個字跟「碰擊」（percussion）與「震盪」（concussion）有相同的字根。它的意象有點像打乒乓球般，將球來回撞擊。

一場討論就像是球賽，透過參賽者所提供的許多看法，對共同感到興趣的主題加以分析和解剖。這樣做，本來應該有用。

然而，一個比賽的目的，通常都是為了要贏；這裡所說的贏，是使個人的看法獲得群體的接受。為了強化你自己的看法，你可能偶爾接受

別人的部分看法，但基本上你是想要使自己的看法勝過別人；如果將勝利視為最優先，就無法將前後一致及追求真相視為第一優先。

包姆認為，我們需要一種不同的溝通方式，即「深度匯談」，來改變這種優先順序。相對於討論，深度匯談源自希臘的「dialogos」。「dia」意指「透過」，「logos」意指「文字」或「意義」。

包姆認為，「dialogos」之原義是「在人們之間自由流動，就像流盪在兩岸之間的水流那般。」[5]包姆堅認，在深度匯談中，群體可以進入一種個人無法單獨進入的、較大的「共同意義的匯集」，它是由整體來架構各個部分，不是設法將各個部分拼湊成整體。

深度匯談的目的是要超過任何個人的見解，而非贏得對話；如果深度匯談進行得當，人人都是贏家，個人可以獲得獨自無法達到的見解。「如此，以共同意義為基礎的新心智開始呈現，大家不再以反對為主，他們也不能算是在互動，而是加入這個能夠不斷發展與改變的共同意義的匯集。」

深度匯談三：觀察自己的思維

在深度匯談時，大家以多樣的觀點探討複雜的難題，每個人攤出心中的假設，並自由交換他們的想法。在一種無拘無束的探索中，人人將深藏的經驗與想法完全浮現出來，而超過他們各自的想法。

包姆認為：「深度匯談的目的，在於揭露我們思維的不一致性，這種不一致的起因有三：一、思維拒絕周遭任何交流加入；二、思維停止追求真相，而像已設定好的程式，下了指令便不假思索地進行；三、思維所面對的問題，正源自它處理問題的方式和模式。」

為了加以說明，試以偏見為例說明。一個人一旦開始對某一類人有刻板印象，這個想法就變成你行動的代理人，影響自己和這類人接觸時的行為，然後對方的行為也會被你這種態度所影響。持有偏見的人，看不見偏見如何影響自己的所見和言行；如果看得見，那也就不是偏見了。偏見在思維運作的時候，總是無法被偏見的持有者察覺。

包姆曾將思維比擬成演戲：「思維總是代我們在前台表演，卻又假裝並不代表我們，它就像演員般，在舞台上演得渾然忘卻他真實世界的角色。我們陷入思維的戲劇之中而不自知。

「所以，每當我們開始思維，就會產生不一致性，因為真實世界已在轉變，而戲卻照舊演下去。我們在戲中運作，定義問題，採取行動，『解決』問題，然而卻與所源出的周遭真實世界失去了聯繫。」

深度匯談便是一種幫助人們看清思維「代表」（representative）與「加入」（participatory）這兩種本質的交談方式，使我們對思維的不一致性更敏感，和減少面對思維不一致時的不安。在深度匯談中，人們變成自己思維的觀察者。

我們可由深度匯談中觀察到，思維是主動的。譬如，在深度匯談中，當衝突被攤出來時，我們很可能會感受到一種緊張狀態，但嚴格說來，緊張狀態的來源是我們的思維。大家會說：「事實上，衝突源自於我們的思維以及我們執著的方式，而不是源自於我們自身。」

一旦看清思維「主動加入」的本質，大家便會開始將自己與思維分離，對自己的思維採取更具創造性、較少被動反應的立場。

深度匯談四：增進集體思維的敏感度

在深度匯談中的人也開始注意到思維的集體性本質。包姆說：「大多數思維的起源都是集體的，周圍的每個人對自己的思維都有不同程度的影響；譬如語言完全是集體性的，如果沒有語言，我們所知道的那些思維不可能存在。」我們所持的大多數假設，來自文化上可被接受的假設之中，很少有人學會真正自己獨立思考。

集體思維是一種過程，像是一個源源不斷的水流；想法則像是浮在水流表面、而被沖上岸邊的葉子，是那個思維過程所產生的結果。我們蒐集這些葉子，而把它們當作自己的「想法」，因為我們沒看到產生想法的集體思維之流，便誤以為那些想法源於自身。

在深度匯談中，人們開始看見在兩岸之間流動的水流，他們開始加入這個可以不斷發展和改變的、共同意義的匯集。

包姆相信，我們平常的思維過程像是一個「網目很大的網子，只能網住水流中最粗、最大的要素」。而在深度匯談中，一種超乎平日思維的敏感度發展出來，這個敏感度像是一個網目很細的網，能夠蒐集思維之流中不易察覺的意義。包姆認為，這個敏感度存在於真正智力的根部。

因此，依包姆的看法，集體學習不僅是可能的，而且對於發揮人類智力的潛能至關重要。透過深度匯談，人們可以互相幫助，覺察彼此思維中不一致的地方，如此集體思維才能愈來愈有默契。我們很難在此為默契下一個簡單的定義，因為它不是和諧、一致、有秩序等描述所能表達的。

然而，我們的重點不在於強求某種抽象的默契，而是在共同努力增進全體參與者對所有可能形成的「不一致」的敏感度。矛盾和混亂或許是不一致的必然現象，但是，最根本的不一致，還是在於我們的思維產生了不是真正想要的後果。

有效深度匯談的三項條件

包姆認為，深度匯談有三項必要的基本條件：

一、所有參與者必須將他們的假設「懸掛」在面前。

二、所有參與者必須視彼此為工作夥伴。

三、必須有一位「輔導者」來掌握深度匯談的精義與架構。

這些條件可以降低彼此間意義流動的阻力,有助於群體內意義的自由流動。就像電路中的阻力會使電流產生熱量,浪費能源,同樣地,群體若以一般的方式運作時,也會像電路那樣浪費能量。

深度匯談中會有一種「像超導體內的冷能源般」(在超導體中,由於電阻差不多為零,電流在其中流轉時,只會產生微少的熱量),能夠使本來可能造成意見不和的「熱話題」(可能引起爭議的話題),變成可以討論的主題,甚而變成窺見更深入見解的窗戶。

條件一:「懸掛」假設

「懸掛」你的假設,意思是先將自己的假設「懸掛」在面前,以便不斷接受詢問與觀察。這並不是拋棄、壓制或避免表達我們的假設,更不是指發表意見是一件壞事,或者應當完全消除主觀意識,而是察覺和檢驗我們的假設。如果我們一味為自己的意見辯護,或未察覺自己的假設,或未察覺我們的看法是以假設而非事實為依據,我們就無從懸掛自己的假設。

包姆認為,一個人一旦堅持「事情就是這樣」,深度匯談就被阻斷。因此深度匯談時,必須非常用心,因為「心智傾向於避免懸掛假設,而採用沒有商量餘地及非常肯定的意見,以使我們覺得必須為它辯護。」

以一家高度成功的科技公司最高層管理團隊的深度匯談為例,參加的主管都覺得,公司內的研發部門與其他單位之間存在很深的歧見,而

這個歧見是由於該公司自創辦以來，一直重視研究發展。

這家科技公司在過去三十年之中，率先推出一連串轟動市場的創新產品，並成為所屬產業的標準。產品創新是該公司市場聲望的基礎，因此，即使這個部門間的歧見造成許多問題，還是沒人有勇氣把它提出來談論。該公司長久以來十分珍惜它的技術領先地位，並且賦予具有高度創造能力的工程師追求自己產品願景的自主性。

當被要求談論「懸掛所有的假設」時，行銷主管問道：「所有的假設？」「是的，所有假設。」他得到肯定的回答，但是看起來很困惑。在接下來的談話中，行銷主管承認，自己心中持有研發部門自視為公司得勝關鍵的假設，並由此進一步假設這使研發部門漠視可能影響產品發展的市場資訊。

這時，研發部門經理表示，他也假設別人是這樣看他，而令人意外地，他覺得這個假設限制了研發部門的效能。

於是，雙方都體認出，這些假設全是「假設出來的」，而不是經過驗證的事實。結果，接下來的深度匯談變成很開放，對一些看法進行不同的探討，而其討論之誠懇和深入，是前所未見的。

「懸掛假設」，很像第九章〈心智模式〉所討論的反思與探詢技巧中所看到的「跳躍式的推論」與「探詢推論背後的論證」。但是在深度匯談中，懸掛假設必須集體去做。

團隊懸掛假設的修練,可以讓成員更清楚看見他們自己的假設,因為此時可以把自己的假設跟別人的假設對照。包姆認為,懸掛假設是件不容易做好的事情,這是因為思維本質的緣故;思維會不斷使你深信,事情原本就該如此。團隊懸掛假設的修練,是此種錯覺的解毒劑。

條件二:視彼此為工作夥伴

團隊的成員只有視彼此為工作夥伴,才能共同深入思考問題和發生深度匯談。視彼此為工作夥伴很重要,因為在團體溝通的過程中,彼此的思維會不斷補足和加強。把彼此視為工作夥伴,能產生較好的互動。這看似簡單,但它能夠使情況大為改觀。

視彼此為夥伴,能幫助建立一種成員彼此間關係良好的氣氛,以及消除深度匯談時由於階級差距所帶來的障礙。因為在深度匯談中,人們確實覺得好像他們是在建立一種新的、更深入的了解。視彼此為工作夥伴,看似簡單,卻極為重要。我們跟夥伴與非夥伴的交談方式是不同的。

有趣的是,隨著深度匯談的進展,團隊成員會發現,甚至跟那些原先與他們沒有多大共同點的人,也發展出夥伴的感覺;其中關鍵在於,視彼此為工作夥伴的意願。此外,將假設懸掛出來也常令人覺得不安,視彼此為夥伴可以減少這種不安的感覺。

工作夥伴的關係,並不是說需要贊成或持有相同的看法。視彼此為夥

伴真正能發揮力量的,反而是在看法存有差異的時候。雖然夥伴的感覺,在每個人都贊成的情況下較為容易產生;但如能在意見出現重大不一致的情況下,發展出此種視「反對者」為「意見不同的夥伴」的想法,則收穫更大。

包姆認為,在組織進行深度匯談是極不容易的,主要是由於組織階層會使夥伴關係難以建立。他說:「階層和深度匯談是背道而馳的,而組織要避開階層結構很困難。」他問道:「那些掌握權限的人真能和部屬平起平坐嗎?」這樣的問題對組織中的團隊有幾項啟示。

每一位參加深度匯談的人,真正想要得到深度匯談好處的意願,必須高於保持階層優勢的欲望。在組織的深度匯談中,不但要除去因地位高而可能占優勢的情況,同時要避免因地位低而害怕陳述自己看法的情況。

深度匯談是極有趣的,但需要有意願多方探索這些被提出的新構想,並檢驗和測試它們。如果過度關切誰說了什麼,或自己的想法是否愚昧可笑,「深度匯談」就不再是有趣的過程了。

懸掛假設及視彼此為夥伴,這些條件一定要確實做到。我們發現,在團隊中,如果每個人事先知道他在深度匯談中被期望什麼,則許多組織中的團隊都具有接受這項挑戰的能力。

事實上,我們在內心深處都有深度匯談的渴望,特別是在針對最重要

課題的時候。但這並不意味在組織內總是可以做到深度匯談，如果參加深度匯談的成員，不願奉行懸掛假設與建立夥伴關係的條件，則不可能做到深度匯談。

條件三：掌握深度匯談精義與架構的輔導者

缺乏熟練輔導者的情況下，過去的思維習慣會不斷把我們拉向討論，而拉離深度匯談；尤其是在發展深度匯談成為團隊修練的早期，我們習於將思維所代表的假設視為真相本身，相信自己的想法比別人的更正確，並怯於在眾人面前將自己的假設懸掛出來。

至於要將「所有的假設」都懸掛出來，更是令人感到不安（總該有一些假設要保留一下吧，否則叫我怎麼做人？）

一個深度匯談的輔導者必須做好一個「過程顧問」（process facilitator）的許多基本工作，這包括幫助人們了解他們自己才是過程與結果的「主人」──對深度匯談結果負成敗責任。

如果輔導者未能扮演好角色，讓成員感覺某項話題被刻意禁止，成員便會開始抱著保留的態度，而不願懸掛假設。輔導者也必須保持對話的進行順暢而有效率。

如果有人在不該討論時，開始把過程轉向討論，輔導者要能及時識別並輔正。更重要的是，輔導者對於進行中的匯談過程，必須小心翼翼

拿捏應該啟發或直接協助，且不以專家的姿態出現，以免有些成員因過分注意輔導者而分散了注意力，或疏忽了自己的想法及責任。[6]

除此之外，輔導者的另一項功能是：基於他對深度匯談的了解，使他可以透過參與，去影響深度匯談發展的動向。譬如，在某一個人做了某項觀察與推論之後，輔導者可能要提醒大家：相反的情況也可能是對的。

也就是說，除了擔任深度匯談的提醒者之外，輔導者的參與也是一種深度匯談的示範。

深度匯談的藝術在於體驗其中的意義，也就是要看清當下需要說的話。輔導者只在必要的時刻講話，並且做出正確的示範，這比任何抽象的說明更能加深他人對深度匯談的體認。

當團隊養成了深度匯談的經驗與技能，輔導者的角色漸漸變成不那麼重要，或可以成為參與者之一。一旦成員深度匯談的技巧養成了，團隊就變成一種沒有領導者的群體。

交互運用深度匯談與討論

在習於深度匯談的社會中，通常不需要指定輔導者。譬如，許多美國印第安族群，深度匯談的修練境界便已高達如此，其中巫醫和智者各有他們自己的角色，但是群體能夠靠自己開始進行深度匯談。

在團隊學習之中，討論是深度匯談不可少的搭配。討論是提出不同看法並加以辯護，這可能對整個狀況提供有用的分析；深度匯談則是提出不同的看法，以發現新看法。通常我們用深度匯談來探究複雜的問題，用討論來做成事情的決議。

因此，如果團隊必須達成協議，並必須做成決定，討論是需要的。在討論之中，大家依據共同意見，一起分析、衡量各種可能的想法，並由其中選擇一個較佳的想法（也許是原來的想法之一，或是從討論中得到的新想法）。如果具有成效，討論將匯集出結論或行動的途徑。

相反地，深度匯談是發散性的，它尋求的不是同意，而是更充分掌握複雜的議題。深度匯談和討論都能產生行動的新途徑，如何行動通常是討論的焦點，然而新的行動只是深度匯談的一種副產品。

一個學習型的團隊善於交互運用深度匯談與討論，兩者的基本規則不同，目標也不同，如果無法加以區別，通常團隊就不能深度匯談，也無法有效討論。經常深度匯談的團隊，成員之間會逐漸形成一種獨特的關係，雖然這種關係對討論不一定有所幫助，但是他們發展出一種彼此間深深的信任。

他們對每一位成員獨特的觀點，逐漸有了充分的了解。另外，他們體會如何溫和地主張自己的看法，而使更廣泛的見解逐漸出現。他們也學習如何持有立場，而不被自己的立場所「持有」的藝術。當需要為自己的看法辯護時，他們不會衝動，或固執己見、毫無轉圜的餘地，

或把贏當作第一要務。

此外，與深度匯談所需的技巧大致相同，反思與探詢（本書第九章〈心智模式〉所介紹的）也是討論必備的技巧。事實上，深度匯談如此重要的理由之一，是它提供一個有安全感，又可讓心靈自由發展的環境，使這些技巧得以磨練，並能引發深入的群體學習。

反思、探詢是深度匯談的基礎

在包姆的思想中，我們得到了在第九章中所談的「行動科學」方法的迴響，即讓個人的想法攤出來接受影響的重要性，以及澄清我們的心智模式與真相混淆的問題。

包姆的成就之所以不凡，是因為他清晰描述了一個新的願景，指出在群體之中一種新的可能，超越行動科學家所指陳的「無能為力」。此外，包姆指出，深度匯談是團隊的修練，無法由個人達成。

深度匯談的目標之一是，為一個群體匯集更多的意義和想法。這個目標，乍看之下可能顯得有些難於理解，但對於長久以來一直想培養集體探詢與建立共識的管理者而言，是深切需要的。

這些管理者早就學會區別兩種類型的共識：一種是「向下聚焦」型的共識，在各種個人觀點之中找出共同部分；另一種是「向上開展」型的共識，尋找一個比任何個人觀點為大的景象。

第一類型共識是以個人觀點的內容為出發點，找出自己與他人看法的共同部分，而建立起大家都同意的共同立場；第二種類型則是一種探究真相的方式，是以每個人都有一個觀點的想法為基礎，來建立更高層的共識。

每個人的觀點都是對一個較大真相的獨特視角，如果我們彼此能透過別人的觀點來「向外看」，則每一個人都將多看到些自己原來看不到的事物，而深度匯談有助於形成這種共識。如果深度匯談明確地成為團隊學習的一個特有的願景，那麼反思與探詢的技巧，對於實現這個願景是不可或缺的。

正如個人願景提供建立共同願景的基礎，反思與探詢技巧也提供了深度匯談與討論的基礎。建立在反思與探詢技巧上的深度匯談，將產生一種更可靠的團隊能力，因為它較不依賴諸如團隊成員之間、某種良性關係這類特定的先決條件。

善用衝突

和一般的想法相反，傑出團隊的特性並不是沒有衝突。相反地，就我所知，團隊不斷學習的一項可靠的指標，是看得到彼此想法之間的衝突。傑出團隊內部的衝突，往往具有建設性。事實上，建立願景的過程，便是從原本相互衝突的個人願景之中，逐漸浮現出一個共同願景。

即使當人們已經分享一個共同願景，對於如何達成願景，可能仍有許

多不同的想法。願景愈是崇高，我們對於如何達成願景就愈不確定，衝突也愈多。

當團體中每個成員都苦於無法找到新對策時，攤開相互間的衝突、讓想法自由交流，是很重要的；此時，衝突實際上成了深度匯談的一部分。另一方面，平庸團隊的內部通常以下列兩種方式之一來處理衝突：不是表面上看起來都沒有衝突存在，就是為極端的見解僵持不下。

表面呈現和諧的團隊，成員們相信，為了維持團隊的完整，必須抑制互相衝突的看法；他們認為，如果每個人都說出自己心中的想法，團隊將會被不能調合的歧見弄得分崩離析。而在一個意見極端化的團隊中，互相衝突的看法根深柢固存在團隊裡；雖然每個人都知道其他人的立場是什麼，但少有願意退讓的。

習慣性防衛

阿吉瑞斯和他的同事花了四十年以上的時間研究這個困局：為什麼聰明又有能力的管理者，在管理團隊之中常無法有效學習。結果他們發現：傑出團隊與平庸團隊之間的差別，在於他們如何面對衝突，以及處理隨著衝突而來的防衛。阿吉瑞斯說：「我們的內心好像被設定了習慣性防衛的程式。」[7]

如第九章〈心智模式〉所述，習慣性防衛是根深柢固的習性，用來保護自己或他人免於因為我們說出真正的想法而受窘，或感到威脅。習

慣性防衛在我們最深層的假設四周，形成一層保護的殼，保衛我們免於遭受痛苦，但也使我們無從知道痛苦的真正原因。

然而，根據阿吉瑞斯的研究，習慣性防衛的根源，並不如我們以為的是強詞奪理，或是為了保持社會關係，而是懼怕暴露出我們想法背後的思維。他說：「防衛性的心理，使我們失去檢討自己想法背後的思維是否正確的機會。」[8]

對多數人而言，暴露自己心中真正的想法是一種威脅，因為我們害怕別人會發現它的錯誤，且這種認知上的威脅自孩提時便開始，許多人在學校裡更是不斷加重。還記得被點名問問題而沒答對的創傷嗎？在日後工作場合上，這種情形更加嚴重。習慣性防衛種類繁多，且常常發生，但通常不會引起注意。

當我們無意認真接受某個想法時，我們會說：「那是一個非常有趣的構想。」我們故意不斷說服別人某個構想行不通，而真正的想法只是不想再考慮這個構想；或者我們假裝支持他人某項論點，以免讓自己類似的論點也遭到批評；又或者在一出現困難議題時，便改變話題，表面上則顯得很有風度、若無其事的樣子。

是什麼造成了組織內的政治遊戲？

最近有一位以強勢領導聞名的某公司總裁，向我感嘆他的組織內部缺乏真正的領導者。他覺得，自己的公司充滿聽命行事的人，沒有執意

追求願景的理想家。這對一位自認善於溝通和勇於承擔風險的領導人來說，尤其感到挫折。

事實上，正是因他明確表達「他的」願景，以致於他周圍的人感到怯懼；也因此，他的看法很少受到公然的檢視與挑戰，員工已經學會不在他面前表達自己的看法與願景。雖然他不願意把自己的強勢當作是一個防衛策略，但如果他細心觀察，應該會看到，自己正是如此。

最「有效」的習慣性防衛，往往就像那位強勢領導的總裁所使用的，是那些看不見的習慣和思維方式。這位總裁如此行事，自然使自己的看法免於受到挑戰。

在組織中，如果大家認為對事情的了解不夠完整或是不正確，是一種差勁或無能的表徵，習慣性防衛所衍生出的問題就更加嚴重。

許多組織的管理者有一種心智模式，認為管理者必須知道所發生的任何事情。那些已經晉升到高階的管理者，善於表現得像是知道發生了什麼事情；那些意圖晉升高階主管的人，也很早就學會表現出一副很有自信的樣子。

有這種心智模式的管理者，通常被兩種束縛所捆綁。有些人被這種假裝出來的信心自我蒙蔽了，相信自己知道絕大多數重要問題的答案。為了保護自己這樣的信念，他們必須自絕於其他可能看法，使自己不受影響，以堅持既定的立場。

另一種人則相信，他們被期望知道造成問題的原因，但在內心深處對自己的解決辦法並沒有把握。這種束縛是隱匿自己的無知，維持看起來有信心的樣子。不論屬於哪一種束縛，管理者都會因此養成習慣性防衛，絕不顯露自己決策背後的心理，以維持他們是個有能力的決策者風采。

這樣的防衛心態，變成組織文化中可以被接受的一部分。阿吉瑞斯說：「我曾經問過，是什麼造成組織內的政治遊戲？答案是人性與組織特性。我們是習慣性防衛的帶原者，組織是我們的寄身處，一旦組織也被感染了，它們也成了帶原者。」[9]

組織中的隱形牆

團隊是大組織中的一個小世界，因此大組織所顯現的防衛特性，也深植於團隊之中，這種如隱形牆一般的習慣性防衛使其成員無法共同學習，並不令人驚訝。

事實上，習慣性防衛阻礙了本來可以貢獻於共同願景的團隊能量，對於陷入習慣性防衛的團隊成員而言，他們覺得好像碰上了許多隱形的牆和陷阱，完全無法共同學習。為了體認團隊習慣性防衛的影響有多重大，這裡以某公司成立不久的部門ATP產品的真實個案為例。

這是一家具創新性、高度分權的公司。泰柏年方33歲，擔任該事業部門總經理，對公司的「自由」與「地方自主經營」這兩項價值觀深信

不疑,且篤實力行。

泰德對所屬部門的ATP產品有強烈的信心,該產品是以新的印刷電路板技術為基礎發展出來的。他非常熱心,是員工當然的啦啦隊隊長,因而他的管理團隊成員工作格外努力,分享他對ATP前景的熱忱。

他們的努力得到回報,訂貨連續幾年快速成長,1994年銷售達5,000萬美元。如此快速成長的原因,是兩家主要的迷你型電腦製造廠商對這家公司的技術深具信心,因此將該公司的電路板納入他們硬體新產品線的設計,並大量生產。

但是,1995年,在迷你型電腦產業不景氣的打擊下,[10]這兩家製造廠商暫停此新產品的生產,使該公司預估的訂貨減少了50%;1996年,景氣並未回升,泰柏終於被解除部門總經理的職務,重任工程主管。

這家公司出了什麼問題呢?問題在於,管理者一方面對自己的產品深具信心,另一方面卻為了取悅總公司,設定了一個在內部並不能完整搭配的積極成長目標,銷售人員因此產生很大的業務壓力。

為了紓解壓力,銷售人員以和少數幾家關鍵客戶建立大量而集中的交易做為因應,因此對這些客戶的依賴日深。當這些客戶有幾家碰到營業問題時,該公司也就難逃劫數了。

為什麼這個部門的管理團隊核准執行這個風險極高的策略?為什麼總

公司的領導階層不介入，建議這位年輕的事業部門主管分散他們的客戶群？他們問題的核心是深藏在一個「捨本逐末」結構中的習慣性防衛，如〔圖11-4〕所示。

防衛反應

如阿吉瑞斯所說，習慣性防衛是對一項問題的反應，而此處的問題被定義為「已經知道的」和「需要知道的」兩者之間的「學習差距」。彌補這項差距的「根本解」是探詢，因為它能逐漸導致新理解與新行為，也就是學習。

但是，學習新事物，對某些成員而言是一種威脅，因此個人與團隊會對威脅做出防衛性的反應；這便導致「症狀解」：用習慣性防衛來降低認知上的學習需求，以消除學習差距。

泰柏和ATP其他管理者，都被他們自己特有的習慣性防衛束縛住了。有幾位管理者曾經表達他們對依賴少數幾家大客戶的擔憂。當這項問題在會議上提出的時候，每個人都同意那是一項問題，但沒有人對此採取任何行動，因為每個人都太忙了。

由於泰柏對ATP產品有著無比的信心，所訂定的成長目標又深具挑戰性，使管理者產生了強大的業績壓力，他們積極擴大產能，這又產生不斷接新訂單的壓力，而顧不得這些新訂單是從哪裡來的。

圖11-4 「捨本逐末」結構中的習慣性防衛

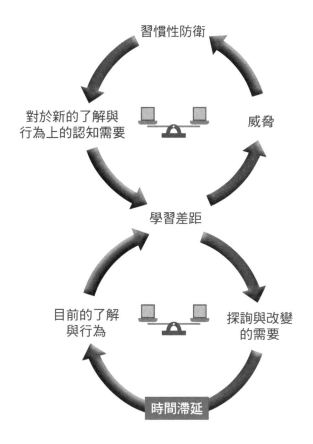

總公司主管同樣被一個類似的束縛綁住了。總公司也認為ATP的客戶
群太過狹窄,有些總公司主管私下質疑泰柏的計畫並不能提升公司長
遠經營的能力,但是這些主管既不願破壞公司向來尊重部門總經理經
營權限的價值觀,同時也不願使泰柏難堪,所以他們只做間接的批評
或保持緘默。

泰柏也曾對自己的方案感到猶疑不定。他以前不曾擔任過事業部門總經理的高階職務，很渴望這次能證明自己的才能。由於不願讓部屬和上司失望，他絕口不談自己對設定積極成長目標的不安。

這些存在於ATP其他管理者、總公司與泰柏心中的困擾和矛盾，被掩蓋在習慣性防衛之下，因而從未獲得化解。

ATP的管理團隊礙於泰柏對成長目標的熱切，始終未採取應有的行動；總公司的管理者礙於公司的價值觀，也始終未能對泰柏提出應有的忠告；泰柏則是雖需要幫助，但又不想顯得沒有自信的樣子。以該公司強調的互相支援、同志愛及一體的精神，這些困擾原本應該有許多處理的方式，卻受困於習慣性防衛這個組織中的隱形牆。

說實話的恐懼

習慣性防衛愈是「有效」，背後的問題就愈不易彰顯，也因此得不到有效的解決，這使得原本就岌岌可危的情況，更加惡化。這是因為他們並未運用學習來解決根本問題。在這個例子中，由於他們沒有真正面對問題 —— 如何擴大客戶群，問題因而更加惡化。就像所有「捨本逐末」的結構一般，團隊愈是訴諸習慣性防衛，就變得愈加依賴它們。

阿吉瑞斯指出，當習慣性防衛成功消除了眼前的痛苦，它們也同時阻礙我們獲悉怎樣消除造成痛苦的根源。阿吉瑞斯又說，習慣性防衛常被人刻意隱藏起來。

這是因為一般的輿論都贊成開放，認為防衛是不好的，使大家不願意承認自己有習慣性防衛的心態。如果泰柏的總公司主管，曾經說出：「我們是為了避免引起衝突與尷尬，所以未曾當面指出泰柏計畫的缺失。」他們必然已經避免了這個想法。

同樣，如果泰柏能說出：「我是在逃避使自己看起來軟弱無能。」他的防衛策略將不會持續太久。但是沒有人說出這些感覺，因為說出事實的恐懼，使每個人一開始就採取習慣性防衛。

如何降低習慣性防衛？

用什麼方法可以降低習慣性防衛呢？多數「捨本逐末」結構，槓桿點所在位置有兩個可能的方向：一、削弱症狀解，二、增強根本解。

方向一：削弱症狀解

削弱症狀解的方法之一，是先行減低防衛反應對情緒的威脅。譬如，如果泰柏在總公司上級主管面前坦承他自己沒有把握，或上級主管對泰柏坦然說出他們心中的疑問，像這樣在發生習慣性防衛的時候就處理它們，便可削弱症狀解。[11]

習慣性防衛只有在禁止討論的環境中，才會強而有力；或只有當團隊假裝自己沒有習慣性防衛，像駝鳥般對問題視而不見，才會受困於習慣性防衛。一旦開放討論，它們就會「見光死」。

但是，如何使問題變得可以被討論，是一項巨大的挑戰。嘗試「治療」別人的習慣性防衛，幾乎一定會受到還擊。

譬如，質問某個人為什麼表現出防衛的行為，幾乎毫無例外，對方的第一個反應是抗議：「我？我並沒有防衛的行為！」而向別人提出此問題者，似乎並不了解這樣的問法只會加強對方的習慣性防衛。

一個巴掌拍不響，如果我們認為別人有習慣性防衛心態作怪，極可能我們是這個習慣性防衛互動結構的一部分。

有技巧的管理者知道如何處理防衛，而不會導致更加防衛的情況。他們的做法是自我揭露，並以詢問的方式探究自己和別人防衛的原因。

他們可以這樣說：「我覺得這個新提議不妥。你或許也有這種感覺，能否幫我看看這個不妥的感覺來自何處？」或「我所說的合理嗎？我的溝通方式是否太過強硬或主觀？但是我想聽聽你的觀點，這樣我們可以對狀況有一個更加客觀的看法。」這兩段話都承認講話的人感到不妥，而邀請別人一起探詢原因。

方向二：增強根本解

消除習慣性防衛所需的技巧，基本上與在「捨本逐末」結構中增強「根本解」的技巧是相同的，也就是反思與相互探詢的技巧。以探詢的方式討論問題的原因時，個人應毫不隱藏地攤出自己的假設和背後的

推理過程，並鼓勵別人也如此做。如此一來，習慣性防衛便無從發生作用。[12]

雖然習慣性防衛對團隊特別有害，然而，如果真正有學習的決心，團隊正是轉化個人習慣性防衛的最佳場所。而我們所需要的，正是前面再三提出的，是一個我們真正想要的願景，其中包括：企業的績效、希望如何在一起工作，以及坦誠地說出「目前狀況」真相的決心。在這個意義下，團隊學習與建立共同願景是一體兩面的修練。這兩項修練自然可結合形成團隊的創造性張力。

在真正共同願景的面前，習慣性防衛變成只是目前現況的另一個面向。就像在第八章〈自我超越〉所談的，結構性衝突之所以會危害個人或組織成長是因未被察覺。一個忠於真相的團隊，有勇氣承認自己的習慣性防衛，則習慣性防衛就開始成為一種動力的來源，而非阻力。

它的做法是，如果我們將習慣性防衛當成一種團隊學習停滯的信號，那麼，習慣性防衛也可成為在建立學習型團隊的過程中的親密戰友。當我們防衛的時候，縱使我們無法充分斷定防衛的來源或模式，多數人還是覺察得到。

學習型團隊的實用技巧可用於辨認下列問題：別人是否對自己的假設反思？是否探詢彼此的思考？是否先攤出自己的想法以鼓勵他人探詢自己的想法？當我們感覺自己在防衛、逃避問題，或思考如何保護某人或自己，就表示我們重新努力學習的時候到了，然而我們必須學習

如何辨認這些訊號,以及學習如何承認防衛而不會激起更多防衛。

習慣性防衛的強弱,可能是問題的困難度與重要性的指標。防衛的強度愈高,問題往往也愈重要。習慣性防衛如果處理得當的話,它可以為彼此的思考開一扇窗。當團隊能夠以「自我揭露」和「兼顧探詢與辯護」成功處理防衛時,團隊成員就開始更加看清彼此的思考。

最後,當團隊成員學會如何運用、而不是排斥自己的習慣性防衛,他們便建立了處理自己防衛心態的信心。習慣性防衛使成員受困,並損耗他們的心神和精力。所以,當團隊成員超越了妨礙學習的障礙——這些被許多人認為是無可避免的、甚至是組織本質的障礙之後,他們獲得一種實際的經驗:也許現況中的許多其他問題,他們也是有力量加以改變的。

學習型團隊的煉金術

在中古時代流行的煉金術,是嘗試把最普通的鉛,變成最珍貴的黃金。學習型團隊也是在演練一種特殊的煉金術,把具有潛在分裂作用的衝突與防衛變成學習。他們透過自己的願景與技巧來試煉,並透過深度匯談,成員得以真正體認範圍更廣、可產生巨大作用的團體智慧和共同願景。

除此之外,團隊也需看清現況的真相,他們的學習能力才得以更扎實。當然,反思與探詢的技巧也是不可缺少的,因為當防衛出現的時

候，他們是否能繼續以學習來改善問題，將視是否有此技巧而定，否則他們還是會故態復萌。

一個能夠學習的團隊所表現的特徵，並非沒有防衛，而在於面對防衛的方式。一個下定決心學習的團隊，不僅必須承諾要忠實敘述外面的情況，在面對內部所發生的事時，一樣要說實話。為了進一步看清真相，我們還必須看清自己用來遮蓋真相的策略。

當修練到相當程度的時候，能量與洞察力開始顯現。習慣性防衛實際上就像一座保險箱，過去我們把集體學習的能量鎖在裡面。現在，經由修練，打開了這座保險箱的鎖，洞察力與能量被釋放出來，可用來建立共識，並且朝向團隊成員真正想創造的事情推進。

虛擬世界的演練

團隊學習是一種屬於團隊的技巧，無論再努力都無法單獨學習。一群富才幹的學習者，未必能夠成為一個學習團隊，好比一群有天分的運動員，未必能成就一個傑出的運動隊伍一樣。在學習型團隊中，人人都在學習如何共同學習。

團隊技巧的養成，比個人技巧的養成更具挑戰性。這就是為什麼學習型團隊需要「演練場所」和練習方式，來讓他們發展集體學習的技巧。缺乏有效的演練，或許是大部分管理團隊無法成為有效學習單位的主因。

「演練」到底是什麼？熊恩在他的《反思的實踐者》（*The Reflective Practitioner*）一書中，把他所認定的重要演練原則，比喻為在一個「虛擬世界」（virtual world）之中做實驗[13]。虛擬世界是一個「依真實世界所建構的表徵」，它可能像建築師的素描簿那麼簡單——在這上面，他們可以畫圖，以空間語言談論他們的提議，留下建築物式樣的藍圖。

因為圖畫可以顯示出最初憑空想像時，沒有預測到的問題，具有實驗的功能，而虛擬世界的精神，在於它容許有實驗的自由，行動的步調可以放慢或加快。在真實世界發生速度很快的現象，在這裡可以放慢來看，仔細研究；原本時間拉得很長的現象，在此可以「壓縮」，更清楚看見某項行動的後果。

在虛擬世界中，沒有不可運行的行動。在真實情況中不能逆轉或重做的行動，在此可以無限次重來。環境中的改變在此可以完全或部分被消除，複雜的現象可以經由整理在真實世界中糾纏不清的變數而予以簡化。

熊恩所描寫的建築師及其他專業人士對於虛擬世界熟練的操控，與籃球隊或交響樂團演練的情形十分相像。

他們變化行動的步調，譬如放慢音樂或以慢動作進行比賽；他們分離各個構成部分，並簡化複雜性，譬如分開演奏各個小節，或在沒有對手球隊的情形下進行比賽；或可重複演練，譬如一再重複演奏同一個小節，或一場又一場的練習比賽。

有趣的是,企業團隊中少數幾個能長時間在一起不停學習的例子,似乎正好都是以有效的虛擬世界來運作。例如:現代廣告的運作,便是以一個富創意團隊的概念為基礎,即專案負責人、廣告設計與廣告撰文三者在工作上密切配合,集思廣益,而創造出新構想。他們往往一做就是好幾年。

這些團隊的配合如此密切,最後常常發生隊友一起跳槽到別家廣告公司,而非各奔前程的情況。廣告團隊之所以特別,是因為他們在一起演練的一貫性與密集性,跟籃球隊成員沒有兩樣。他們共同激盪腦力去構想,然後實驗這些構想,以情節板(storyboard)或模擬場景不斷測試,最後提出簡報先向上級簡報,然後再向客戶簡報。

團隊學習要定期有這類演練,但這也是目前的管理團隊所通常欠缺的。他們對於各種構想確實有過概念性的辯論,也很了解彼此的意見,但缺少類似情節板或排演的動作。

企業團隊的主要工作成果,是針對特定的狀況 —— 往往在很大的時間壓力下 —— 進行辯論和做出決策,而且每一個決策一經做成,就是最後決定,並未對決策進行實驗,也很少有機會再去評估其他解決方案,或再回頭以團隊的方式反思如何能共同達成更佳決策。

學習如何「演練」

我相信,團隊學習的修練在今天已經具備突破的條件,因為我們已漸

漸學會如何「演練」。尤其,有兩種不同的「演練場」正在發展中。

第一種是在團隊中練習深度匯談,以結合眾人的智慧,使團隊智商高於個人智商;第二種是建立「學習實驗室」(learning laboratories)與「微世界」(micro-worlds),在電腦支援的環境中,團隊可學習面對複雜企業狀況的動態,我們將在第十四章〈在行動與思考中學習〉及第十五章〈領導者的新角色〉再更詳談這種演練的環境與設計。

深度匯談的集會可以讓團隊聚在一起「演練」匯談,以及發展它所需要的技巧。這樣的集會包括下列基本條件:

一、集合所有「團隊」成員(這裡的「團隊」是指彼此需要,並一起行動的一群人)。

二、說明深度匯談的基本規則。

三、力行這些基本規則,以便在有人發現無法「懸掛」自己的假設時,團隊可辨認出目前進行的是「討論」,而不是「深度匯談」。

四、誠懇鼓勵團隊成員提出最困難、敏感、具衝突性,而對團隊工作非常重要的議題。

我們把深度匯談集會看作「演練」,因為它們的設計是用來培養團隊技能。這樣的集會產生之結果,是極為重要的。

前不久,美國電腦資訊公司(DataQuest Drives,一家磁碟機與電腦周邊設備製造廠商)的管理團隊曾舉行過一次深度匯談集會。[14]這家

備忘錄

發文：約翰・麥卡錫
主題：特別會議

　　我想大家都充分了解，目前公司正在加快改變的速度，在我們的策略與執行計畫定案之前，我需要聽取你們的意見。我相信，還有機會讓我們增進彼此的了解和推動變革的方式。

　　這次聚會的安排，先是進行一系列的深度匯談，幫助我們釐清執行關鍵策略背後的假設、方案與責任。

　　我們有一個看法，認為只有透過大家的集思廣益，在執行變革計畫時，才能步調一致，而不會有含糊不清的地方。這兩天聚會的目的，是徹底思考此刻我們所面臨的重大課題，以了解彼此的看法。

　　這個聚會與其說是企圖做出決定，不如說是一個檢驗這些決定背後方向與假設的安排。

　　我們還有另一個目標，就是大家在一起視彼此為工作夥伴，把所有的角色與職位棄之門外；在這次深度匯談中，我們應該平等相待，視大家都是對彼此所考慮的狀況有相當了解的人。

　　我們把這次集會看作在我們之間建立持續深度匯談的第一步。我們的經驗已經顯示，從事深度匯談需要演練，我們應當期待從這次的聚會中學習如何練習。以下幾項基本規則是很有幫助的，我們邀請你盡最大可能在深度匯談中應用這些規則。

建議的基本規則

　　一、懸掛假設：基本上我們往往只採取一個立場，並防衛、堅持這個立場；其他不同意的人則站在相反的立場，結果是產生意見

兩極化。在這個聚會裡面，我們所想要的，是檢驗在我們的方向與
策略背後的假設，而不是尋求防衛這些假設。

　　二、**視彼此為工作夥伴**：我們要求每一個人把他的職位棄之門
外。這次的集會是不分階級的，但是輔導者是一個較特別的角色，
他使我們的匯談循正確的軌道進行下去。

　　三、**探詢的精神**：我們希望大家探索自己看法背後的思考，也
就是自己可能持有的更深層假設，以及導致產生這些看法的證據。
所以不妨以這樣的問題開始探詢：「是什麼導致你說出或相信這
個？」或「是什麼使你問起這件事情？」

公司素有科技創新能力傑出的良好市場形象。但這家公司內部最近有
了些改變：除了改由研發部門帶頭，該公司深具魅力的創辦人，在領
導公司成長三十多年以後，最近退休了。

釋放鎖在心中的問題

新的管理團隊在第一年時勉強維持業務成功，之後情況便開始坎坷。
新任總裁麥卡錫（John MacCarthy），除了面對秉承前人傳奇性成功
這個令人望而生畏的挑戰，還要面對更為艱苦的業務狀況（市場整體
已經供過於求），以及在工作上還未凝成共識的工作夥伴。

混亂的改組才告復原，管理團隊接到總裁麥卡錫的信函，邀請他們參
加一個為期兩天的聚會，信函內容如380頁的「備忘錄」。

在這兩天期間，許多以前鎖在心中的問題被釋放出來了，溝通的障礙降低了，不和也痊癒了。更重要的是，研發部門與行銷部門兩單位之間的關係因而改善。

研發主管喬伊與行銷主管查理，兩個人維持友善卻保持距離的關係已經有十年多。兩個人對此公司的成就深感自豪，並對該公司「參與式管理」（participative management）及對人與組織的理想，有高度的認同和承諾。

然而，兩人陷入一種難以自拔的衝突之中，這種衝突壓制了該公司磁碟機持續成長的力量。研發部門被視為藝術家、設計家和創造者，行銷則被認為（甚至也自認為）是次一等員工，必須在混亂中跟各地設備老舊又斤斤計較的經銷商，以及憤怒的顧客打交道。

研發與行銷兩種不同的文化，反映在公司的許多衝突之中。譬如，喬伊和查理各有他們自己的產品預算，前者的預算用來開發新產品，後者的預算則用來併購一些規模較小的公司，以補足該公司產品線的產品，並且使公司在市場上更有競爭力。然而，這家公司並沒有整體的計畫來統合這兩個單位。

行銷部門覺得，研發部門對整體的客戶需求未能適時反應，卻要由負責與客戶直接接觸的行銷部門收拾殘局；研發部門則認為，自己被排除在重要的產品計畫決策之外。然而，當深度匯談逐漸展開後，喬伊急切的建言讓大家吃了一驚，因為大家都假設研發部門十分重視它的

自主性。

以下是這次議程中的部分對話摘錄：

喬伊：我想提供一個如何看待產品策略的方式。我今天提出的這個產品策略可視為比腕力。實際上，我們已經演變成一個雙頭產品策略，而從未有人公開指陳過。形成這雙頭政策的原因，是我們並未真正把組織內各方面的人集合起來，共同去了解我們的產品到底在自製與購買上，應有怎樣的比例分配。

一批人把錢花在甲項產品計畫上，而另一批人因觀點不同，把錢花在乙項產品計畫上，這個雙頭政策總是沒有合而為一的時候。事實上，應該有一個統合研發與行銷兩方意見的上層產品策略。在這個產品策略之下制定自製或購買的決策。

麥卡錫：我想我們基本上都贊同這個看法。

喬伊：我可以再說嗎？

其他人：當然。

喬伊：事實上我們現在是反其道而行，這比做得不夠好還要嚴重。

查理：在決定自製與購買比例時，我也曾不斷重複思考這個問題。它出現不協調的原因，是我們一方面把焦點放在解決問題，即由研究帶動的策略；另一方面，對於公司沒有生產的產品，我們又透過購買其他工廠的產品來補足產品種類。

之所以會有購買其他工廠產品的決定，是因為這比研發導向的政策更能回應市場反應；而另一個原因是，我們想要研究工作保持單純。

菲力普（人力資源副總裁）：我想這是使我們陷入衝突的原因。

喬伊：絕對沒有錯！那就是問題，也就是我無法容忍的偏見。請不要找藉口說是在保持研究工作的單純。

查理：唉……我只是坦白說出我們確實的想法。也許還有更好的方式去做這件事情。但我確實認為，過去有幾次，我們決定不投資研發目前市場流行的普遍機型，因為那不是創新的。我們想把有限的資源與才能分配在公司的市場形象上，那就是研究、創新、產品領導……所以我們才向外面購買普遍的機型。

菲力普：讓我們今天打開天窗說亮話。我可以告訴你們哪些事情總是困惑我，讓我夾在行銷和研發兩個單位間難以自處。我們總是將自己定位成「由研發帶動產品的公司」，當我們給自己這樣定位時，我們有點是說任何產品要是沒有本公司投資在創新性的研究，就不是本公司的產品。不管怎麼樣，我們已經用那個方式架構自己……

麥卡錫：那是以研究為基礎的定義方式之一，你是否知道另一個定義方式？就是如果不是新產品，本公司沒有人會對其進行研究發展。

喬伊：我也不喜歡那樣。

菲力普：你說對了！無論我們在董事會上主張要有上層策略方向也好，決定自製或購買也好，仍然必須是由研究發展帶動的，因為公司的政策就是創新。

麥卡錫：我想我們討論到一些重點了。我們前面所說的，是本公司過去被鎖在一個觀念裡，認為能夠使我們出色的只有產品的研究發展，這造成內部很大的緊張關係。我想喬伊幫助我們認清，基本上我們應該提供客戶需要的任何產品。我建議我們可從購買子公司開始，讓公司起步。

還有一種說法，認為：「一旦是本公司研究的產品，就必須掛上本公

司的商標。」然而,這種說法並不表示,不是出自本公司研發單位的
產品,就不能掛上本公司的商標。要掛上什麼標籤應該是一個行銷決
定,視你嘗試的定位是什麼而定。那是很有幫助的,因為一項不準備
掛公司商標的產品,你根本就不會考慮開發。

哈德里(製造部門副總經理):但那也是在宣示全公司都是由研究
帶動的,不僅是研發部門帶動,包括可能出自公司其他部門的創新構
想,並非全部都透過研發部門。

喬伊:那很好,我不明白為什麼這還用說。但是,這裡面還有一件
令我困擾的事情,不知道你們能不能幫我想想看。我覺得自己好像被
套上馬鞍,必須代表本公司研發部門過去的傳承,我一直無法接受這
點。我發現,我愈是拚命把公司向前推進到新的境界,你們就愈想把
我們拉回原地!這對我們而言是一個兩難的困局。

哈德里:同樣地,其他部門的人也有這種感覺。

所有的人:是啊。

哈德里:我們也嘗試把本公司往前推進,但似乎又被拖回原地,因為
「除非透過研發部門,否則不算是研究導向和創新」,這個說法把我們
困住了。

喬伊:我從來沒說過那樣的話……現在,我可否換個方式來說?我認
為我們是一家研究導向的產品公司,這項宣示是正確的。我堅持本公
司的成功,部分取決於高超的產品技術,看到任何開始侵蝕這個方針
的事情都讓我驚恐。

我們必須有好的服務與產品,但這並不表示得到好產品只有一種方
式。我們缺乏一個配合良好且同心協力的流程,我們必須建立這樣的
流程。

麥卡錫：現在我們或許應有另一種想法：我相信查理在市場和配銷方面所做的一些工作，如：發展本公司獨家經銷商的新網路，跟研發部門所進行的一樣重要。

喬伊：我完全相信。

麥卡錫：所以，現在令我們困擾的是，如果所做的投資不能即刻得到回收，這個單位就招致嚴厲的批評。

喬伊：歡迎光臨研發的世界 —— 研發的投資都是無法立即回收的。

查理：從這裡我想提出兩點看法。在我看來，有些我們委託外面廠商製造的產品，也可考慮是否由你們來發展，而有些由你們發展的產品，則可考慮是否授權其他公司製造，以免浪費本公司的研發資源。我始終認為，毫無彈性的自製或外包與商標政策，是不合理的。

喬伊：我很同意這個看法。

查理：還有一點就是，在我們的行銷與研發部門之間，缺乏有效的溝通方式。事實上，兩個部門愈來愈疏遠。如果我們想要朝向滿足顧客需要的方向努力，必須有一種方式讓這個訊息在公司各角落都被看見。

哈德里：你剛才詢問，為什麼研發與行銷之間存在緊張關係？事實上，製造與財務之間也存在緊張關係。我認為，這些緊張關係部分源於組織的控制結構。

我今天最大的收穫是，原來並不只是我們這個部門有這種感覺，原來大家都是在類似的處境。整體而言，我們的組織偏向以控制為導向，由上面在控制，我似乎難以插手，這讓我在過去有很大的無力感。現在，我準備跳過他們，好好地做些事。

這次深度匯談的結果，對電腦資訊公司來說是非常有收穫的。首先，

研發與行銷之間長達三十年的不和開始痊癒；其次，行銷部門不再需要單打獨鬥去擴充產品系列，因為研發部門對此也感興趣，並想要加入併購的研究，以及開發不是掛該公司商標的產品，成為搭配產品計畫的一部分。

神聖不可侵犯的該公司商標，不再限於用自己研發部門開發的產品，而是基於市場考量加以使用，研發部門的最高主管跳脫該部門獨自負責創新的舊有刻板印象。照他的看法，其他單位都是應該平等對待的創新伙伴，不論是在製程創新、在了解客戶需要，以及在企業管理，都是如此。

團隊學習與系統思考

系統思考的觀點和工具對團隊學習極為重要。包姆在深度匯談方面的著述，處處透露著整體觀點的訊息。事實上，一條貫穿包姆著述的縱軸，是進一步闡揚物理學「整體性」（wholeness）的觀點。包姆針對當代思潮對集體思考的汙染，批評最甚的是「分割」（fragmentation），也就是把事情分解開來的思想趨勢。

學習型團隊以整體的觀點來處理習慣性防衛。一般總把防衛看作是別人行為造成的，然而，其槓桿點應在於辨認習慣性防衛是共同造成的，並找出自己在產生和持續習慣性防衛時所扮演的角色。

如果我們只「在外面」找尋習慣性防衛，而未能看清它們是「在裡

面」，那麼，我們愈是努力對付它們，只會愈激起更強烈的防衛。

系統思考的工具對團隊學習也同樣重要，因為管理團隊的每一項主要工作，如：發展策略、塑造願景、設計政策與組織結構等，實際上都需要克服無比的複雜性。此外，這個複雜性並非靜止不動，而是在不斷改變。

短期對策讓問題一再出現

或許管理團隊最大的障礙，是他們使用本來只是為了很簡單、靜態問題而設計的「語言」，來應付複雜、動態的實際情況。

對此，管理顧問基佛說：「企業的實際狀況是由多個同時發生、相互依存的『因－果－因』關係所構成，但一般語言則是從這個實際狀況，抽離出簡單、直接的因果關係。這是管理者老是往槓桿作用低的方向尋求對策之原因。」

比方說，如果問題是產品研發的時間太長，我們就僱用更多工程師來縮短時間；如果問題是利潤低，我們就降低成本；如果問題是市場占有率下降，我們就削價來提高市場占有率。

因為我們以簡單而明顯的方式來看這個世界，造成我們深信簡單、立竿見影的解決辦法，而汲汲於找尋簡單的對策，占用了許多管理者的時間。福特阿爾發專案（Project Alpha）的負責人馬諾吉安（John

Manoogian）說：「這種發現問題與找出對策的心智，造成必須使用一個接一個、沒完沒了的短期對策，看起來好像使問題消失了，但事實上卻是問題一再回來。」

內部矛盾愈演愈烈

管理團隊因為集合各種機能，一旦發生這種問題，情況便更加嚴重。

團隊中的每一位成員都有自己習用的直線式心智模式，而每個人的心智模式都只專注於系統的不同部分，每個人都強調不同的因果鏈。因此，在一般的交談中，共有的系統圖像不可能以整體顯現，所以討論出來的策略常是七折八扣之後的妥協，且以晦暗不明的假設為基礎，充滿內在矛盾。

如此產生的策略，如何能讓組織中其他人了解？更不用說如何加以執行了。團隊的成員真像是在摸象的盲人，每個人都知道他摸到的部分，每個人都相信整隻大象必定看起來像自己所接觸到的部分那樣，每個人都覺得自己的了解才是正確的。

除非團隊共有一種可供描述複雜性的新語言，否則這樣的情況不可能獲得改善。今天，企業唯一的共同語言是財務會計，但是會計是用來處理細節性的複雜，而不是用來處理動態性的複雜，它提供企業財務狀況的片段，卻未說明財務狀況是如何產生的。

今天，雖然有一些工具與架構，提供在傳統會計這項語言以外的選擇，包括：競爭分析、全面品質與情境企劃（由殼牌石油所發展而應用，尚未普及）[15]，但這些工具都無法處理動態性複雜。

系統基模的運用

系統基模為管理團隊提供了一個極有效處理複雜性語言的堅實基礎。譬如，泰柏所處公司的ATP團隊如果精於運用基模，他們的交談自然將轉向背後的結構，並且將愈來愈不受緊急事件和短期對策左右，轉而看出他們那種狹隘的、只專注於達成每月及每季的銷售目標，未來會導致什麼樣的後果。

尤其，如果他們能體會出自己行為中「捨本逐末」的結構：逃避開發新客戶的根本解，而採風險較低的、銷售更多產品給現有客戶的症狀解，將導致更加依賴少數幾家客戶。

如果該公司管理者同樣可以看清楚和討論這個結構，應當能夠更有效地提出他們對泰柏管理方法的關切，而不是掙扎著要如何提出不表支持、卻不傷害泰柏的看法。他們只需畫出兩個回饋環，彼此相互探詢誰有辦法更有信心，使擴大客戶群這個根本解得到充分注意。

當這些系統基模被用來討論複雜和有潛在衝突的管理問題時，總是能夠使交談更客觀，談問題的「結構」，也就是產生影響的那些整體的力量，而不是談個性與領導風格。

原本難以啟齒的問題,能夠以不帶影射管理無能或隱含批評的方式提出來。大家會問:「是不是把擔子從擴大客戶群,轉到對現有客戶的銷售?」「如果是這樣,我們怎麼知道?」

當然,這正是為複雜性而設計的語言帶來的好處,它能客觀而不情緒化地討論複雜問題。

如果沒有一種共同的語言來處理複雜性,團隊學習是有限的。假使團隊中只有一位成員比其他成員更有系統地看問題,此人的洞識將很難被接受,只因為其他成員是以我們日常習用的直線式語言來思考,根本無法看到整體的關係。

所以,如果團隊中的成員都能精熟系統基模語言,則效果非凡;而以團隊的方式來學習這種語言,學習的困難度也確可降低。如包姆所說,語言是集體的。學習一種新語言的意思,就是學習如何使用此種語言彼此交談。學習一種語言,沒有比「使用它」更有效的方式。團隊開始學習系統思考語言的情形,也是如此。

注釋

1. W. Russell and T. Branch, *Second Wind: Memoirs of an Opinionated Man* (New York: Random House), 1979.

2. 此圖表原出處為：C. Kiefer and P. Stroh, "A New Paradigm for Developing Organizations," in J. Adams, editor, *Transforming Work*（Alexandria Va.: Miles Riler Press），1984。

3. 這段特別受惠於與伊薩克（Bill Isaacs）及包姆（David Bohm）的談話；包姆慷慨地讓我重述他許多觀察。亦請參考：William Isaacs, *Dialogue and the Art of Thinking Together*（New York: Currency），1999。

4. David Bohm, *The Special Theory of Relativity*（New York: W.A. Benjamin），1965.

5. 此處提及包姆的許多主張，是取自他多年來在劍橋等地參與的「深度匯談」。非常感激他允許我在本處引用，也准許我節錄他與艾德華茲（Mark Edwards）的共同著作 —— 書名暫定為 *Thought, the Hidden Challenge to Humanity*（San Francisco: Harper & Row）。其他相關書籍尚包括：*Wholeness and the Implicate Order*（New York: Ark Paperbacks），1983; with F. D. Peat, *Science, Order, and Creativity*（New York: Bantam），1987。

6. 可參閱的著作包括：E. Schien, *Process Consultation*, vol. 2（Reading, Mass: Addison Wesley），1987。

7. C. Argyris, *Strategy, Change and Defensive Routines*（Boston: Pitman），1985.

8. 出處同前。

9. 出處同前。

10. 可參閱的著作包括 D. C. Wise and G. C. Lewis, "A Fine Sale in Personal

Computers," *Business Week*, March 25, 1985, 289, and "Rocky Times for Micros," *Marketing Media Decisions*, July 1985。

11. 有趣的是,在談論敏感議題時降低威脅,正好是「深入匯談集會」所做的事,這時的基本原則為:對於見解是「對」或「錯」的擔憂能很快消失。一旦深度匯談成為團隊合作方式的常態,那麼團隊成員感受的威脅通常也會消失。

12. 為了超越防衛,此方式有助於創造學習型環境(也就是我們所謂的微世界),大家在此環境中可暢言他們對於更開放有何猶豫。一旦大家在這種背景下開誠布公,就能設計小型實驗,幫助他們嘗試更多新方式,採取行動以處理眼前的疑慮。

13. Donald Shon, *The Reflective Practitioner: How Professionals Think in Action* (New York; Basic Books), 1983.

14. 故事中的公司名稱與細節是虛構的,但是深度匯談及其所處理的背景組織議題則是真實的。這段深度匯談是取自真實的會議紀錄(我們在團隊學習的研究中,常採用這種方式),只不過稍微縮短,且未加編輯,藉以保留深度匯談的感覺。特別感謝伊薩克協助整理資料。

15. Michael Porter, *Competitive Advantage: Creating and Sustaining Superior performance* (New York: Free Press), 1985, and Michael Porter, *Competitive Strategy: Techniques for Analyzing Industries and Competitors* (New York: Free Press), 1980.

Y

接下來幾章所表達的概念，綜合了我和二十幾位我非常推崇的人物之間的談話內容，他們都是「學習型組織的藝術與實務」極具天分的倡導者。他們來自各式各樣的組織——商界、政府和非政府組織、中小學，以及社區組織。他們代表了數量更龐大的組織學習實踐者，多年來，我一直向他們學習，也受到很多啟發。

在《第五項修練》第一版第四部的前言中，我提出「雛型」來暗喻創造學習型組織的旅程。1903 年，萊特兄弟在小鷹鎮飛行時，「發明」了飛機；從那時候到 1935 年，第一架在商業上成功的飛機 DC-3 推出，期間出現了數不清的雛型（再過了二十年，知識和基礎架構才達到臨界規模，容許民航業成為重要產業）。

我在前言中亦指出，從發明到成功創新的旅程，代表了在各式各樣的發展中尋求綜效的努力，唯有加以整合，才可能促成具體可行的創新構想。在這樣的情況發生時，（借用飛機的比喻）雛型才能展翅高飛。我當時指出，五項修練或許能為發揮這樣的管理創新綜效奠定基礎。

自從本書在 1990 年首度完成之後，發生了許多事情，但在我看來，雛型的基本隱喻仍然很恰當。我們無法提供任何解答或特效藥，必須透過實驗來學習，沒有替代方案。單單研究「最佳做法」、向標竿學習，仍然是不夠的——因為建立雛型的過程不只包含以既有做事方式推動的漸進式改變，也包含激進的新構想和新做法所創造的新管理方式。

幸運的是，如今在許多不同的產業和文化中，已經有了許多成功的雛型典範。

物理性的工程雛型通常都會在實驗室中接受檢驗，組織雛型則很快就面對殘酷的現實。今天「漸入佳境」和「每況愈下」的幾股相互衝突的力量，讓情況更加棘手。一方面，《第五項修練》在 1990 年代提出的基

第四部

實踐後的反思

本概念已經廣泛建立起公信力；另一方面，對大多數組織學習的實踐者而言，組織環境比過去更加困難。

「毫無疑問，主流管理界已經接受了學習和持續創造知識的重要性，」曾任福特汽車資訊長兼策略部門主管的亞當斯（Marv Adams）評論，「但這和在大多數的公司裡，無論景氣好壞，都能始終如一、普遍實踐組織學習，仍然大不相同。」

過去掌管英特爾全球製造部門的瑪星（David Marsing）則觀察：「雖然許多組織都愈來愈了解文化，以及文化在績效上扮演的角色，並且刻意設計種種流程，來肯定文化的價值，但技巧還不夠細膩成熟。」

政府和第三部門面對的挑戰和私人企業沒什麼兩樣。曾任英國國家健康服務中心地區主任、歐克斯芬（Oxfam）英國總裁的史托金（Barbara Stocking）觀察到，自己一直是「發展導向的經理人，協助其他人發展組織是我的天性。但是多年來，我漸漸明白，一般人慣用的變革模式是由上而下推動目標，沒有幾個高階領導人對培養人才或發展組織感興趣。」

然而，以下各章的故事均顯示，創新者可以在相互交錯的複雜力量之中，設法找到領導變革的空間。雖然他們來自截然不同的組織環境，仍然受到相同的觀念啟發，認為必須有更符合人性、更有生產力，而且更有創意的方法，讓大家通力合作。儘管他們目前只代表一小部分的經理人和組織，但他們證明了，全世界愈來愈多幹練的領導人開始改造現有的經營管理系統。

以下，就是這場改變根深柢固的假設和做法的旅程。

第 12 章

當組織有了生命

我們為本書增訂版所做的訪談中，最令我訝異的是，書中許多在1990
年代看似激進的核心概念，早已深深融入一般人的世界觀中，成為管
理方式的一部分。認真實踐組織學習理論的人，似乎已經廣泛接受以
下我們將討論的觀念。

無論採取什麼方式，我們訪談過的每個人都試圖營造更強調反思的工
作環境，推動深度匯談和揭露心智模式。每個故事皆隱含著藉由培育
個人而發展組織的概念。許多受訪者也談到，他們的心態從「修補零
件」轉換成視組織為生命系統，有學習、演變和自我療癒的無窮能力。

塑造反思和深度匯談的文化

「感覺上，英國石油公司好像是一個績效導向的機器，而我也被訓練得
十分績效導向，」曾任英國石油執行副總裁的寇克斯（Vivienne Cox）
說，「十五年前，我第一次肩負事業部營運重任的時候，很想嘗試一
些新觀念。我的同事約翰和金恩（他們負責的業務彼此密切相關）和
我有一個簡單的概念 ── 我們希望促進跨部門的合作，大家分享資訊

和知識，制定更好的決策。

「我們不確定這樣的新組織模式要如何才能奏效，但我們最後決定，最好的方法就是讓大家進行深度匯談、相互對話。如果每個人更了解別人在做什麼，就會開始察覺各種可能性，並且從中找到正確的結構和設計。

「我們舉辦了一系列研習會，把焦點放在我們面臨的各種問題上，以及有哪些可能的因應對策。從這些對話中，逐漸浮垷出一個構想，以不同的方式來架構我們的業務。

「令我感到非常震驚的是，從這些討論中產生的想法，和我最初的想法很不一樣。的確，我最初的想法是錯的。只不過把所有人聚在一起，讓大家彼此交談，竟然創造出一整套可能的方案，讓我們的事業變得更好。」

透過深度匯談而改變

他們討論出來的新構想相當複雜，而且不容易執行，但這個構想為後來更龐大的組織奠下基礎，而寇克斯就負責經營這個龐大的事業。

「事後證明，我們當時討論的主題都是很根本而持久的問題，我們因此增強了英國石油公司的競爭優勢。那也是我從商以來最有趣的工作經驗，約翰、金恩和我相互激發了對方的勇氣，我們才有膽識去做單

憑一己之力絕對不會做的事。我們也因此了解，組織文化可以如何轉變 —— 而這改變若是由高層發動、預先規劃好的，你絕對無法看到這些事情。

「我後來在工作上碰到不同類型的上司，其中也包括作風強勢的上司，因此我開始思考不同經驗的對比。有些主管喜歡透過績效目標來管理，否定經由對話和討論產生的任何想法，我因此明白，在這種老闆底下做事是什麼感覺。當我轉換到新的職位，擁有更大的自主權後，我不斷試驗不同的做法，想辦法讓員工聚集在一起，彼此交談。」

寇克斯成為英國石油史上職位最高的女性主管，她清楚說明了一個簡單的觀念，雖然主流管理思潮對這個觀念還不是那麼重視。今日，幾乎每個人都強調充分溝通的重要性，但是能像寇克斯推動討論會一樣，以開放的態度帶動對話和討論的人卻寥寥無幾，部分原因是，大家對這件事情還不太了解。

反思式開放

《第五項修練》初版的第四部，討論了反思式開放和參與式開放之間的差別。「參與式開放」關係到能否開放地表達個人觀點，因此我們也可以稱之為「充分表達的開放」。

想要塑造更強調學習的工作環境，這是重要的因素，但這也是個不完整的危險概念。這個觀念在1980年代開始，隨著「參與式管理」觀念

的擴散而蔚為時尚。有的組織甚至試圖把開放式溝通的程序正式體制化,但這些做法最後卻不再流行,原因是效果不彰。[1]

阿吉瑞斯1994年在《哈佛商業評論》發表的經典文章中,就批評了「阻礙學習的良好溝通」。

他認為,事實上,像焦點團體和組織內部意見調查等正式溝通機制,雖為員工提供了適當管道,讓管理階層了解他們的想法,但員工卻不必為問題負任何責任,也不必在解決問題上扮演任何角色。

這些機制之所以失敗,是因為「沒有讓員工反省自己的工作和行為,沒有鼓勵他們勇於承擔,沒能揭露雖隱含威脅或令人尷尬,卻能激勵學習、促進真正改變的資訊。」但是,正如阿吉瑞斯所暗示,要超越參與式開放,可能相當困難,尤其對於想要保持掌控的經理人而言,更是如此。

沙倫特(Roger Saillant)過去多年來一直在福特汽車公司推動組織學習,他曾是福特汽車公司裡效能最高的經理人之一。

1980年代和1990年代大半時候,他曾輪調到北愛爾蘭、東歐、中國大陸和墨西哥等重要生產基地。有時候,他成功地將福特汽車績效最差的工廠轉變成佼佼者;有時候,他創辦了新工廠,並且在過去製造水準平平的地方打造出一流工廠。在他任期屆滿十年後,許多工廠仍然是福特汽車績效最亮眼的工廠。

多年來，沙倫特最感訝異的不是自己的成就，而是上司對他所做事情的反應。

「我一向認為，只要我尊重公司的核心價值和商業目標，我可以嘗試用自己的方式來做事，」沙倫特回想，「當然，我的上司後來漸漸明白，我採取不同的方式吸引員工投入以達到這些成果，但是他們從來不問我究竟是如何做到的 —— 我的意思是，從來沒有一位上司問我。

「我經常感到大惑不解，因為你以為他們會很感興趣，希望其他地方也能有同樣的表現。他們只會對我說：『你應該這樣做（去這家新工廠），因為我們需要你把這些做法帶過去。』或『如果你去那裡，你可以帶來改變。』他們總是怯於開口，其實只要問：『你到底是怎麼辦到的？』就可以開啟對話。

「我認為，他們或多或少知道我是怎麼辦到的，但又不想知道。就某種程度上，他們還沒有準備好面對自己脆弱的一面。或許他們有一點害怕，如此一來就形同要挑戰自己，要暴露自己的內心，展現自己人性化的一面。不過，我知道如果你能和自己的心靈相通，那麼對於開放自我就會無所畏懼。對領導人而言，這些都滿可怕的。」

形成態度

由於參與式開放無法激發真正改變所需的承諾和共識，所以仍然有所不足。有一位企業主管就不滿地表示：「在我們這裡，沒有明說的

假設就是，分享看法是解決所有問題的良方。」

核心問題在於，唯有當我們真心聆聽彼此的想法，才能共同學習，單靠彼此交談還不夠，但要真心聆聽並不容易。反思式開放能讓我們向內看，從對話中更清楚意識到自己思維中的偏見和限制，以及我們的思考和行動如何漸漸釀成問題。

反思式開放是心智模式修練的基石，沒有人腦子裡原本就有公司、家庭或國家的概念，但人生經驗讓我們在腦中形成了各種關於這些體系的假設和感覺。如果能培養反思式開放的態度，就會願意持續檢驗這些觀點，這種真正的開放是深度聆聽和真實對話的起點。

說來容易，要真正做到卻很困難，因為像寇克斯和沙倫特這樣的實踐家就很清楚，要建立反思式的環境，必須先從願意開放自我、願意展現自己脆弱的一面開始。組織環境如果不能致力於幫助員工成長、營造互信互惠的精神，那麼一切都是枉然。

幫助員工成長

如今回顧以往，或許自我超越是五項修練中最激進的一項修練。自我超越的觀念是：組織可以創造讓員工真正成長的環境。今天大多數公司或多或少都支持「人才是我們最重要的資產」這個理念，並且投入相當的資金，透過訓練計畫來培植人才。但是，如果組織真正致力於幫助員工成長，單單前述做法是不夠的。

多年以來，我聽過很多像寇克斯和沙倫特這樣的人分享經驗，而他們的故事最動人的部分都一樣，他們從豐富的人生經驗中形成不可動搖的信念，認為經過釋放和統合的人類心靈，蘊含了無窮的力量，而終其一生，他們都要尋找其中的意義和實踐的方法。

2005年，美國麻薩諸塞州渥徹斯特的一群企業領導人，發起了第一屆歐白恩紀念演講系列，目標是透過一年一度的演講會，由具體實踐歐白恩信念（「增加財務資本的最好辦法就是培養人力資本」）的企業家發表演說，以推崇並擴展歐白恩的理念。

這個系列的首位演講人是提爾令克（Rich Teerlink），哈雷機車前執行長和SoL網路創辦人。

「真正致力於培養人才是一種信仰，」提爾令克表示，「你必須打從內心相信，每個人都希望追求重要的願景，想要有所貢獻，為成果負責，而且願意面對自己行為上的缺失，並且只要辦得到，就改正問題。這些信念對於以控制為導向的經理人而言，並不容易，這是為什麼談到培養人才時，『坐而言』和『起而行』之間，仍然有極大的差距。」

值得承諾的目標

要創造能幫助員工成長的環境，必須先從「擁有值得員工承諾的目標」做起。曾擔任瑞典富豪汽車（Volvo）、北美宜家家具（IKEA）總裁

及 SoL 首任總經理的卡斯戴特（Goran Carstedt）指出：「企業領導人往往要求員工致力達成組織目標，但真正的問題在於，組織致力追求的目標是什麼？以及這個目標是否值得我們花時間投入？」

雖然已經有許多文章討論組織目標、願景和價值宣言，很多員工對於公司真正的目標為何，「仍然抱著懷疑的態度」。沙倫特表示，還有很多模糊不清的地方 —— 首先就是企業的目的是追求最大投資報酬率的觀念。

很多年前，杜拉克（Peter Drucker）就曾經說過：「賺錢之於企業，就好像氧氣之於人類一樣；如果企業沒辦法賺到足夠的錢，就會被淘汰出局。」

換句話說，獲利是每個企業都必須達到的績效標準，但獲利並不是企業存在的目的。如果我們引申杜拉克的比喻，把獲利當作企業存在的目的，就好像把呼吸當作人生最重要的事情一樣，這種想法有很大的疏漏。

諷刺的是，關於企業長期營運績效的無數研究早已顯示，把企業目標和財務盈虧劃上等號的企業，注定在財務績效上表現平平。[2] 在今天的世界，愈來愈多人有更多機會選擇要在哪裡工作、以什麼方式工作，所以組織的價值和信念變得非常重要。

企業如果缺乏值得員工奉獻的目標，就無法激勵員工承諾，只能迫使

員工過著不完整的生活,無法激發他們的熱情、想像力、冒險精神、堅忍不拔的毅力和追求意義的欲望,而這些都是在財務績效上長期表現亮眼的公司不可或缺的基石。

個人目標與公司目標協調一致

「我只希望我的職場生活和私人生活是同一種生活,」曾於聯合利華公司服務的譚塔維—孟索(Brigitte Tantawy-Monsou)說。

投入供應鏈管理、研發和卓越經營多年後,譚塔維—孟索表示,她在 2002 年認識組織學習、自我超越和心智模式等修練,「幫助我理解過去的經驗,由於我非常注重分析和科學,這些觀念也帶給我新的面向、更『柔軟』的面向,幫助我看到,你可以把組織或團隊看成社會系統,可以用更整體的角度來看問題。」

她發現,系統觀點也適用於個人身上,「我特別感興趣的是個人目標價值和公司目標價值協調一致的觀念。這是新的管理概念,也很符合我追求協調一致的個人目標。」

譚塔維—孟索逐漸發現,自己愈來愈投入值得她奉獻心力的計畫,將組織學習工具應用在聯合利華的永續發展議程上。

最後,她甚至重新定義了自己的職位,將所有時間都投入在永續發展上:「不管在組織內外,我都希望對真正重要的議題有更大的貢獻,

組織學習幫助我建立更高的能力，發揮更大的影響力，而且恰好和我的生涯發展及人生階段相吻合。」

但是，如果不是聯合利華的經營團隊早在多年前就開始體認到，歷史性的環境變遷將影響企業的未來，這一切都不可能實現。

身為全球最大的魚產品（以魚肉製成的食品）銷售商之一，他們深知，在 1990 年代中期之前，套用一位企業執行長的話：「如果我們沒有辦法朝永續漁業的方向做根本改變，未來將不會有值得我們投入的漁業存在。」[3]

譚塔維—孟索當時除了致力於聯合利華內部與企業相關的永續發展計畫外，還是美國 SoL 永續協會分支 —— 歐洲 SoL 永續協會 —— 的創辦人：「我向來都樂在工作，但現在，我生平第一次感覺到，能夠為自己覺得很重要的事情盡心盡力。」

轉型關係

譚塔維—孟索的故事顯示，每個人的成長都從奉獻心力於真正重要的議題開始。在洛卡（Roca）所謂的「轉型關係」網路中，我們可以看到這樣的成長。

洛卡組織（洛卡在西班牙文中意指「岩石」）的目的是，為年輕人打造安全且健康的社區。洛卡組織的總部設於麻薩諸塞州的雀兒喜，離

波士頓的金融中心只有兩英里，但兩地的文化卻南轅北轍。雀兒喜的居民大半是拉丁美洲裔、東南亞裔和中非移民。

「身為移民，你失去了你的朋友、工作、標準和在社區中的地位，」洛卡街頭工作者組織前主任馮格（Seroem Phong）說，「因此家庭機能不彰，最常見的狀況是，許多一家之主不會說英文，所以找不到工作；由於他沒辦法養家活口，就成為施暴者。

「通常第二代的處境更艱難，因為他們無法在穩定的家庭環境中成長，他們沒有自我提升的動力，因為他們完全不指望自己能出人頭地，所以他們就像我之前一樣，加入幫派。」

於是，馮格招募過去的青少年幫派份子、年輕的父母和社區居民到街頭工作，幫助其他人，協助重建社區。洛卡成為警察、法院、學校和社會服務機構的介面。

和平圈與合作式學習

自從洛卡創立後，十八年來，雀兒喜的犯罪率和暴力事件巨幅下降，完成學業的青少年比率則上升。許多原本可能命喪街頭的年輕人，都從社區學院或四年制大學畢業，他們找到工作，對社會有所貢獻。

麻薩諸塞州社會服務部主任史賓斯（Harry Spence）表示：「洛卡的成就非常驚人。如果我們有六、七個洛卡組織，對我們在整個麻薩諸塞

州的工作將有很大的影響。」

我花了很多時間和洛卡的年輕領袖相處，他們很懂得如何幫助別人成長，我從中學到很多。

有一次我拜訪街頭工作者的時候，克羅奇（Tun Krouch）告訴我：「我們的工作是以開創轉型關係為基礎。」

創辦人鮑德溫（Molly Baldwin）指出：「我們幫助的這些年輕人，很需要有一種穩定的關係，以幫助他們好好生活。我們的首要之務單純只是出現在他們面前，因為許多年輕人在成長過程中，從來沒有任何靠得住的人持續待在他們身邊，毫不保留地支持他們。經過一段時間以後，他們也開始以同樣的方式對待彼此。」

洛卡實踐這種「為彼此而持續現身」的核心方式與持續訓練的基地，是根據所謂的「和平圈」—— 美國原住民傳統的學習和療癒方式 —— 所發展出來的集體反思方法。

「我們在和平圈中學到了真正的彼此聆聽，」歐提茲（Omar Ortez）表示。

羅德里桂茲（Marina Rodriguez）告訴我們一個典型的和平圈故事：「最近，有個年輕女孩懷孕了，但她不知道該如何啟齒，讓媽媽知道這件事。她很害怕。碰到這種情況時，很多女孩可能早就離家出走了，

或可能有家庭友人出面相助，但我們決定支持她的最好方式，是成立小圈圈。

「街頭工作者和她建立了很好的關係，我們成立了一個小團體，成員是懷孕少女和她媽媽都很信任的少數幾個人。我們和少女一起面對懷孕的處境，完全不同於放任他們母女彼此怒罵。關鍵在於，必須開啟對話，讓媽媽聆聽女兒的心聲，並且讓他們接受彼此。主要概念是擴大你的圈圈，以建立你所需要的支持力量。」

「這是一種合作式的學習，」伍瑞奇（Susan Ulrich）補充，「和平圈的對話就是讓所有人一同坐下來，弄清楚現在的狀況，以及應該如何因應。你會明白，問題不只是一個人的問題，而是每個人的問題。在圈圈裡，每個人都是平等的，我們都有自己的問題，我們透過互相幫忙而從中學習。」

「納華荷（Navajo）部落法院有一位法官曾經說：『你不能透過壞的途徑到達好的地方。』在我們共同面對必須面對的問題時，和平圈讓我們緊密連結在一起，漸漸形成共同體，」[4]鮑德溫補充。

從自己做起

承諾要追求個人成長非常重要；對領導人而言，更是格外重要。

「我一向都必須願意先從自我修練做起，」鮑德溫說，「如果我們和警

察意見不一致，我必須看到我投資了多少心力在這場戰鬥上 —— 很多
時候，我寧可出去對某人大吼大叫，而不是保持冷靜，扮演好自己的
角色，持續推動我們在做的事情。」

「這一切全都從自我超越開始，」沙倫特表示，「始於我願意看清周遭
的人早就看到的缺點，我絕對不能寄望組織裡其他人比我更開放、更
願意學習和改善。」

組織是生命系統

當現代科學開始出現系統觀點時，背後有兩個獨特的知識傳統 —— 系
統的工程理論提供了系統基模和電腦模擬模式等實用工具，可解讀複
雜和相互依存的問題；對生命系統的理解，則幫助我們了解團隊、組
織和龐大體系學習與演化的能力。

我在1990年撰寫第一版《第五項修練》時強調前者，因為正如福特汽
車的亞當斯（Marv Adams）所說，「世界上之所以有這麼多重要問題
受到忽視，是因為領導人多半不是好的系統思考者。」

我認為，上述兩者可以提供我們向前走所需的實用工具和領導原
則。我會這麼想，是因為我看到幾乎每個有效實踐組織學習的人，都
抱持著這個生命系統觀點。[5]

生命系統深深影響了我們對企業的思考，而德格的著作《企業活水》

（*The Living Company*）[6]更強化我在這方面的理解。把企業看成生命系統，就表示把企業視為人類社群。

德格刻意藉著下面的問題提出這個想法：「我們怎麼看待一個企業 —— 視之為人類社群，還是賺錢的機器？」儘管幾乎每個人都會貶低機器的意象，但當前企業所用的語言和管理方法，卻訴說著截然不同的故事。

事實上，管理術語中充斥著機器的意象。就好像管理機器，設法讓機器運轉順暢一樣，我們也讓經理人「管理」公司。「企業主」或公司「所有人」這樣的名詞用在機器可說完全適當，但用在人類社群就有一點不妥了。當然，我們偶爾還會談到「驅動變革」的領導人。

機器時代的思考

由於前述種種，加上其他的形容詞，我常常懷疑，一般人使用這樣的措詞時，是否想過自己到底在說什麼？如果他們曾經深思過，或許就會停下來質疑自己，即使只是一會兒都好。畢竟，我們大多數人都會開車（「驅動」汽車），但我們也知道，當我們試圖「驅使」另一半或小孩做任何事時，通常都會產生反效果！

有趣的是，看到大家談論組織變革的時候，多麼容易使用這類語言，當然這也正是德格的觀點：大家很容易把組織視為機器，而不是生命系統。

德格是在探索一個很實際的問題 ——「長壽公司有什麼共通特色」—— 時，開始了解視公司為機器和視公司為人類社群的差別。

主持殼牌公司關於企業壽命的著名研究（請參見第二章〈你的組織有學習障礙嗎？〉）時，德格發現，美國《財星》雜誌五百大企業的平均壽命不到四十年，但也發現全世界大約有二十家公司存活了兩百年以上。

這項研究進一步探討，這些公司有什麼共通點超越了歷史、文化、產業和科技上的差異，結論是，長壽的公司通常都把公司看成人類社群，而非財務機構。套用殼牌公司研究報告中的字眼，他們「知道自己是誰，超越了他們所做的事情」，因此有能力演化和適應、學習，而同時代的其他公司卻做不到。

不走機器意象的 Visa 組織

這個全世界最大企業的祕密故事顯示，在今天全球相互依存的複雜世界裡，這種生命系統的觀點日益重要。當時，信用卡組織 Visa 雖然營收是沃爾瑪的十倍，市場價值至少是奇異公司的兩倍，卻是企業界最不為人知的祕密之一。當然，我並不是說它的產品不為人知，或它屬於某個不為人知的行業，因為世界上沒有幾家公司能宣稱全球六分之一的人口都是它的顧客！

然而，過去十年來，美國《商業週刊》、《財星》、《富比士》雜誌總

共刊登了六千多篇關於微軟的報導，三百五十多篇關於奇異公司的報導，卻只有35篇關於Visa的報導。為什麼？因為Visa實在不像典型的全球公司。

Visa不是公開上市公司，因為它的所有權乃是屬於兩萬個會員組織；它沒有龐大的公司總部，因為Visa是個由會員治理的網路，沒有書面憲章陳述組織的目的和營運原則；Visa沒有一位鋒芒畢露的典型執行長來擬定策略方向（並且領取天文數字的高薪），因為它的策略，實際上是從網路中數千個獨立事業的策略中產生。

Visa組織和一般大企業很不一樣，是因為它對企業的概念和大多數公司所採取的機器意象大不相同。

將生命系統視為組織的基礎

在信用卡業剛崛起的年代，業界普遍面臨過度擴張和財務危機時，Visa創辦人兼執行長霍克（Dee Hock）有一番領悟。他清楚看見，要設計出一個組織，有能力協調當時開始發展的全球金融交易網路，簡直「超乎健全理智的力量」。[7]不過他也知道，人類做不到的事，大自然卻往往辦得到。

他很好奇，「人類組織為何不能像雨林那樣運作？」為什麼不能仿效生物的概念和方式？「如果我們不再爭辯新組織的結構，反而試著把它想成擁有某種遺傳密碼呢？」

簡單地說，Visa 深受啟發的概念是：

拋棄我們「觀看現實的舊觀點和機械化的模式」，將有生命的系統的運作原則當作組織的基礎。最後，霍克甚至發明了「亂序」（chaordic）這個詞來稱呼這種型態的組織方式，因為在大自然中，「秩序不斷從看似混沌的狀態中產生，而在經營企業時，我們總是試圖建立秩序，因為我們擔心會出現無法掌控的混亂。」

生物學家貝特森（Gregory Bateson）曾說：「今天我們所有問題的根源，都來自我們的思考方式和大自然運作方式之間的鴻溝。」[8]

我們所有重要機構的「DNA」都奠基於機器思考，比方說，「所有的系統都必須有人掌控。」我們都知道，健全的生命系統就好像人體或溼地一樣，都是採取分散式的控制。但是我們太習慣「必須有人掌控一切」的心智模式，也就是霍克所說的：我們內心有個「躲在衣櫃裡的牛頓信徒」——我們沒有辦法想像其他的實際替代方案。

但是，如果我們學會如何看到其他可能的選擇，周遭就會出現各種替代方案。

工作是如何完成的

「我們只是想了解，工作是如何完成的，」惠普的艾倫（Anne Murray Allen）表示。

艾倫過去是惠普十年來最大和最賺錢的事業部 —— 油墨供應組織（Ink Supply Organization, ISO）—— 資訊科技和策略部門主管。

「我不記得第一次開始從系統觀點看事情是什麼時候的事，但那是很久以前的事了 —— 和我上網連線的方式有關。《第五項修練》剛出版的時候，我迫不及待把它讀完。當時我雖然還未加入惠普，卻已經是深度匯談的實踐者，輔導客戶了解聆聽的重要，以及如何通力合作，達到非凡的成就。

「我在惠普參與制定策略，尤其是資訊科技的策略性角色，當知識管理變得備受矚目時，自然而然也成為資訊科技發展策略的重心。

「但是在我眼中，所有記錄『學到的教訓』的資料庫，以及類似的資料庫，似乎都起不了什麼作用，而這整個概念 —— 我們周遭充斥著各種知識，我們只需要好好掌握和整理這些知識就好了 —— 也看不出成效。今天這樣的概念逐漸不再流行，因為許多企業花了很多錢在『知識管理系統』上，卻看不到什麼成果。

「問題出在，大家不了解知識是如何創造出來的，以及如何在實際的工作環境中運用知識，因為知識有其社會性的一面。知識就是我們所知的做事方式和與他人合作的方式，也就是說明工作是如何完成的。

「合作是知識管理的反面，你不能只談一面，而不談另外一面。所以，要管理知識，就不能不探討合作，以及能促進合作的工具。

「今天，我們大都把工作重心放在知識網路上，我們也稱之為合作的網路：人們如何通力合作，創造價值。這是個自然的過程，但仍然有很多方法可以了解這個流程，並且促進、而非阻礙這個流程。」

幾年前，艾倫開始和奧瑞岡大學的社會網路學者桑多（Dennis Sandow）合作進行一系列的研究，「我們很快就發現兩件事：確實有可能找到和不同關鍵技術能力相關的不同社會網路，而且大家都很樂於參與這些研究。桑多的研究方法，其美妙之處在於，他和大多數學者不同的是，他不為別人分析，而是教導工程師如何成為自己的網路分析師。」

桑多表示：「我真正的目標是幫助人們反思自己的工作是如何完成的。人們自然而然會想了解自己的工作是如何產生的，並且解釋給別人聽 —— 尤其是向經理人解釋，因為經理人總是喜歡把部屬調來調去，重新分派職務，卻不了解可能帶來的衝擊。今天，這些工程師可以用全新的語言來和經理人溝通。」[9]

組織的真正意義

艾倫和桑多的研究，發展出全新的橋梁來連結反思的做法、關係的重要性，以及視組織為生命系統的觀念。艾倫表示：「經過一段時間以後，我們了解知識網路會經由反思而擴展和茁壯。當我們思考和誰合作，並一同反思我們的合作過程時，我們承認了彼此的正當性。」比方說，ISO面臨的重要問題要求他們在材料化學上有新的理解。

ISO和兩家極具競爭力的供應商合作，發展出惠普供應商系統的社會
網路圖。這張圖不只釐清了誰是哪方面的行家，同時也增進了互信和
互惠的感覺：

「大家感覺受到正視，而且他們關心的問題及所做的貢獻都同樣清楚
呈現。藉著及早建立信任和開放的氣氛，經過幾個星期的合作後，新
墨水匣的開發時間縮減了十六週。今天，我們還有很多類似這樣的例
子，強化對知識網路的反思所展現的實際價值逐漸受到肯定。」

回顧他們的工作，艾倫和桑多的結論是：

「就好像物理科學的哲學主宰了工業時代，生物科學的哲學也即將主宰
知識時代。這種哲學視知識、人和組織為生命系統……（關注的焦點
也開始轉變）首先，從局部轉移到整體；其次，從分類轉移到整合；
第三，從個人轉移到人與人之間的互動；以及第四，從觀察者之外的
系統轉移到將觀察者包含在內的系統。」[10]

艾倫和桑多對社會系統的觀點，深受智利生物學家馬特拉納（Humberto
Maturana）的影響，馬特拉納因為在生命系統的認知上所做的開創
性研究而聞名。他指出，當網路成員能接納彼此為網路的正當參與者
時，社會系統中就能出現明智的行動。

2000年，ISO的管理階層舉辦了由馬特拉納主持的兩天研討會。那是
一次令人難忘的經驗，有一百多位工程師聆聽馬特拉納的談話；他提

到，愛是對他人的肯定，肯定他人的正當性，也談到「能拓展聰明才
智的情感」。

馬特拉納的談話讓我想起，我在為德格的著作寫序時學到的事情：英
文的「company」（公司）這個字乃源自於法文的「compaigne」——
分享麵包，和英文的「companion」（同伴）有相同的根源。有趣的
是，英文的「business」在瑞典文中最古老的說法是「narings liv」，意
思是「生命的養分」，而在中文的古老說法則是「生意」。

或許當我們重新發現組織乃是生命系統時，也會重新找到它對我們而
言真正的意義 —— 代表人類為了真正重要的目的而通力合作。

注釋

1.　Chris Argyris, "Good Communication That Blocks Learning," *Harvard Business Review*, July-August, 1994, 77-85.

2.　Jay Bragdon, *Living Asset Management*（Cambridge, Mass.: SoL），2006（froth-Coming）; Jim Collins, *Built to Last*（New York: HarperCollions），1997.

3.　聯合利華號召其他企業、政府與非政府組織，為永續漁業建立起負責全球認證流程的機構「海洋管理委員會」（Marine Stewardship Council）。該公司也著手進行永續農業與水保育的相關計畫，請參見公司網站：www.

unilever.com。

4.　Sayra Pinto, Jasson Guevera, and Molly Baldwin, "Living the Change You Seek: Roca's Core Curriculum for Human Development," *Reflections, the SoL Journal*, vol. 5, no. 4。更多洛卡的資訊，可參見網站：www.roca.org。

5.　既然我們在此採用這些用詞，因此你可以是個「工具使用者」，也可以是「組織學習的實踐者」。

6.　Arie de Geus, *The Living Company*（Boston: Harvard Business School Press）, 2002.

7.　Dee Hock, *One from Mary: Visa and the Rise of Chaordic Organizations*（San Francisco: Berrett-Koehler）, 2005.

8.　Gregory Bateson, *Steps To and Ecology of Mind*（New York: Ballantine）, 1972.

9.　Anne Murray Allen and Dennis Sandow, "The Nature of Social Collaboration," *Reflections, the SoL Journal*, vol.6, no.2.

10.　Murray Allen and Sandow, op cit., 1.

第 13 章
讓你的組織更願意學習

無論在什麼樣的環境下，建立學習導向的文化都是艱難的工作，要花幾個月、甚至幾年的時間才能見效。

的確，這是永無止境的旅程，伴隨著許多風險，包括：沒有辦法推動真正的文化改變，或是成功改變了文化，卻因此對希望保持原狀的人造成威脅。

建立學習導向的文化非常不容易，因為要學習，就必須自我延伸與成長，但固守原本的舒適圈通常都輕鬆得多。過去十五年來，我始終充分理解這些挑戰，那麼，什麼才能驅策人們建立學習導向的文化呢？

似乎有三個相互重疊但又各具特色的動機，驅使人們不計困難地建立學習型組織。

有的人希望找到更好的管理變革和領導變革的模式，有的人試圖為組織建立不斷適應變動的整體能力，每個人似乎都相信，有種管理和組織工作的方式，無論從實用或人性的角度而言都更加優越，能夠大幅

改善績效，創造良好的工作環境，讓我們大多數人都真心喜歡在這樣
的環境中工作。

不同的變革方式

「加入世界銀行之前，我的工作單位正經歷戲劇性、但也可以稱之為
機械化的變革，」於1990年代中出任國際金融公司（International
Finance Corporation, IFC）人力資源副總裁的哈瑪奇─貝瑞（Dorothy
Hamachi-Berry）表示。國際金融公司隸屬於世界銀行，專門投資開發
中國家的私人企業。

哈瑪奇─貝瑞指出，「通常新領導人上任後，就會有強烈的危機感，
認為必須打破既有的一切，重新開始，但就我所知，這種方式在每個
地方都不成功。

「我在1996年剛加入世界銀行時，我們有了新領導人，我們把數以百
計的高階經理人送去參加大學的高階主管培育課程，他們都學習了相
同的變革模式，但卻毫無改變。這時候，我開始問，有沒有不一樣的
模式？我知道替代方案必須從熱望出發，從客戶最熱切的渴望和抱負
出發。」

當時，世界銀行正在努力探討，究竟是哪些問題長期限制組織發揮效
能？譬如，世界銀行並沒有在華盛頓總部設立各國經理人的職位，而
是將擔負這類職責的經理人實際派遣到各國去。

他們的想法是，讓經理人「進駐現場」，更能配合客戶的需求、願望和目標；同時，他們設立了專業網路來深化銀行的全球知識基礎，架構新的矩陣型組織。

走過適應期

1989年，世界銀行的墨西哥團隊和人力發展團隊推動了一項學習專案（哈瑪奇—貝瑞此時還是世界銀行的人力資源副總裁），「我們在各國的團隊都很卓越，但是他們還在努力適應在矩陣組織中運作的新方式，」她回憶。

經過兩天建立基礎共識的研討之後，這個團隊運用深度匯談、系統思考和自我超越等學習工具努力了幾個月，整體目標是幫助客戶釐清發展方向。

世界銀行長期累積的問題之一是，無法跨越內部藩籬，撥款給創新的現場計畫。

「在墨西哥，我們讓客戶、當地團隊和網路人員以新方式共同合作，過去很少發生這樣的情況。

「他們組成團隊，一起針對問題發展出解決方案，而不是由世界銀行帶著預先開好的處方介入處理。結果產生了很多效果明顯可見的有趣計畫，例如：設計出提供偏遠山區的孩童教育和健康服務的新方法。

這是很棒的雛型，顯示出如果世界銀行的人員不下指導棋，而是和客戶一起合作，讓客戶自行推動發展過程，其所可能產生的結果。很快地，我們要求推動更多這類的計畫。」

避免學術氣味過濃

大約在這個時候，哈瑪奇－貝瑞從世界銀行調職到國際金融公司，有機會在國際金融公司高層推動類似的創新計畫。

「我們從來沒有用過『組織學習』這樣的名詞，或談論《第五項修練》這本書，因為聽起來學術味太濃了，反而會讓這些概念喪失原本的魔力。我們只談論如何建立熱切的渴望和抱負，不管是我們的或客戶的都好，以及深度匯談和探詢的能力，」哈瑪奇－貝瑞說。

最初，投資官員對於學習工具的需求不高，因為這不是他們習慣的工作方式。

哈瑪奇－貝瑞指出，「我們的投資官員是交易員，深度匯談和探詢完全不符合他們的風格。但國際金融公司執行長沃克（Peter Woicke）體認到這種方式的價值，所以我們集中心力和他的經營團隊一同努力。

「沃克很有耐性，我們花了幾年的時間，不過最後你可以從團隊成員的互動方式和透過合作達到的成果中，看到成效。他們學會開誠布公，開放地表達異議，同時刻意讓衝突浮現，不會繞圈閃避。」

當好幾個沃克的部屬希望把類似做法帶到自己的團隊中時，出現了第一個轉捩點。

「我們漸漸在員工的工作方式中，看到許多組織學習的基本做法。在世界銀行的事業群，國際金融公司屬於營利的事業單位：商業成功和促進發展同等重要。商業上的成效是可以追蹤的，因此在這方面努力的價值比較顯而易見。今天，我們的工作完全由需求所驅動，許多第一線經理人要求我們協助他們建立這方面的能力，」哈瑪奇－貝瑞表示。

推動變革要有耐性

然而，等到沃克退休，哈瑪奇—貝瑞和同事改變文化的努力遭遇一大考驗。

哈瑪奇－貝瑞說明，「當提倡這種做法的執行長不在其位時，會發生什麼事呢？我們知道，有很多像這樣非常成功的創新，結果無疾而終，無法繼續推動。但是改變文化的努力卻影響了政策和策略的轉變，過去六年來，我們的業務加倍成長。[1]事實上，我們連續三年的成長率和獲利率都打破以往紀錄 —— 我們從來不曾有如此耀眼的成績。

「我想，我們的成功，有很大部分要歸功於有這麼多第一線經理人具體實現了願景的精神，並且在建立學習環境時能接納彼此。一旦組織裡有了幾位像這樣的員工，你們會逐漸累積動能，於是每件事都變得更加容易。我們能通力合作，以及我們和客戶合作的能力，都帶來更好

的投資決策，因此我們能開創更成功的事業，對於永續發展也發揮更大的影響力。

「我們的目標，一直是商業和永續發展齊頭並進。現在回頭來看，顯然很重要的是必須很有耐性（但組織在推動變革時，往往缺乏耐性），也願意採取以身作則的領導方式，而不是單單送人去參加培訓計畫。

「由於沃克加入世界銀行之前累積了豐富的管理經驗，他深信，探詢和真切的熱望很重要，願意投入必須的時間，培養自己和團隊的能力，因此他有足夠的耐性，深知許多人要等到看見實際成效，才願意培養組織學習的能力。」

建立適應型組織及其未來

福特汽車的亞當斯和許多人一樣，投入學習型組織不只是為了推動變革，也為了讓組織有能力因應持續的變動，他稱之為「適應型組織」（adaptive organizations）。

「資訊長（CIO）擁有獨特的視野，可以視企業為整體，」亞當斯表示，「今天，有兩件事情非常明顯：我們所打造的組織彼此之間緊密相連，我們乃是在相互依存又不斷變動的世界裡經營企業。

「今天，福特汽車的20個基本營運部門中，有30萬個資訊科技使用者，透過2,400個應用程式來彼此互動，而這些程式是由分布於10個

資訊科技發展部門的 6,000 位電腦專家和兩百多個不同的資訊科技廠商合作研發出來的。

「隨著手持工具和嵌入式裝置快速發展，資訊科技呈現爆炸性成長——現在全世界正在使用的資訊科技裝置，包括：350 億個微控制器、7 億 5,000 萬個智慧型感應器、15 億個行動資訊科技裝置等，而且數字還在呈指數成長。

「這種高度連結性帶來更大的不安定和非線性效應，更容易發生無法預測的突發性變動。2000 年以來的四年間，危險的惡意軟體在全球造成的財務損失比過去成長 10 倍，高達 2,000 億美元。

「由於這種高度的連結性和不確定性，我們的因應方式也必須和過去截然不同。成功的根本要素是必須追上變動的速度，如果我們仍舊抱著傳統由上而下掌控一切的心態，一定無法成功因應變動；但如果陷入全然的混亂，缺乏清楚架構，也無法成事。

「要培養足以生存的適應能力，關鍵是必須持續在兩者之間尋求適當的平衡。」

亞當斯相信，未來組織中的資訊科技部門都必須培養適應型組織的能力，「因為我們負責的是連結整個企業的基本設施，資訊科技專家必須觀照全面的作業方式，開啟一扇有用的窗口，讓我們看清組織何以成功或失敗。」

在繼續履行專業技術職責的同時，資訊科技部門出現了新的貢獻方式，就是「幫助其他人看清形態，處理複雜性，」亞當斯表示，「當前的社會，資訊泛濫，單靠建立更好的資訊系統，已經無法解決問題，在無所不在的電腦即時運算系統中，大家必須通力合作，以系統思考解決問題。」

新世代資訊人員的培養

今天，亞當斯正努力培養新世代的資訊人員，他們能整合採用系統思考和複雜科學的新觀念，和企業經理人會商許多策略、營運和文化改變的議題。

他們運用系統思考工具，協助企業經理人看清系統型態，引用複雜理論來架構策略變革方案，例如：降低變異性、改變衡量標準，以及創造新的「互動模式」。[2]

比方說，福特汽車最近有一項艱難的任務，必須修改行之多年的財務控管制度，以符合美國「沙賓法案」（Sarbanes-Oxley）的要求。

亞當斯表示，「沙賓法案明文規範公司必須遵循的整套財務控管方式，如果企業不遵循這套制度，將無法通過審查驗證，結果不但影響公司聲譽，也會令投資人感受到的風險升高。」

他指出，「公司主管必須為缺乏控管所產生的問題承擔個人責任，所

以這是一件大事。我們認為，要在一年內通過審查，幾乎是不可能的事，因為過去四十年來，福特汽車內部發展出許多不同的財務控制系統，而且福特收購的公司，例如：捷豹（Jaguar）、富豪（Volvo）和荒原路華（Land Rover）也各有自己的系統。」

於是，亞當斯從不同事業單位召集人手，組成工作小組。他們檢視稽核數據，找出「容易出錯的型態」，透過系統圖形和深度匯談會議，進一步釐清這些型態，尤其是要了解資訊系統有哪些部分可能造成系統的疏漏。

譬如，工作小組了解到，問題有一部分是在財務報告政策太不一致，所以他們制定了政策基準，用以替代數十年來累積的大雜燴式的各種政策。公司對於資產也有各種不同的定義，所以工作小組簡化分類系統，制定更明確的衡量制度。

接下來，他們還訓練了一批「經過認證的專家」，和世界各地的同事共同努力，檢查大家的分類標準是否一致，分享最好的做法，創造出前所未有的交流和互動。

不久以後，亞當斯指出，「我們在全球有11,000位員工使用共同的語言，來找出和解決所有的控管問題，兩週之內，我們已經釐清大部分的問題。我們很訝異，只不過協助人們看清既有的系統，並且找到適當的結構來推動變革，就能看到組織各部門釋放出來巨大的能量。」

亞當斯接著表示:「我們採取類似的方式來處理其他許多問題,學習如何建立能力,讓組織改善它在生態系統中的地位。

「要深化這樣的能力,並讓它融入組織文化中,需要花不少時間,但大自然指點了我們一些有效的基本方法,例如:看清型態、重新組合構想,以及『突變』,也就是實驗和回饋。組織系統中的類似做法,則是系統模擬、合作和深度匯談,以及尋找變異性太高的案例。如果能有效地綜合這些做法,就能促進創新。」

適應型的警察部隊

過去十年來,我很高興看到,世界各地都有一些公共部門的組織擁抱學習工具和原則,以滿足持續學習和適應的需求。沒有人比曾任新加坡警察部隊(Singapore Police Force)的總監邱文暉(Khoo Boon Hui)在這方面更勤奮努力。

「我們生活在變動快速的世界裡,發現自己愈來愈淹沒在複雜的議題中,充滿了不確定,」邱文暉[3]表示,「我們最近看到新毒品泛濫、非法移民蜂擁而至,還有新的犯罪形式和恐怖主義如何威脅無數社區的安全,然而社區卻還沒有準備好因應之道。

「我們必須發展出辨認趨勢的能力,在潛在問題尚未破壞人民生活之前就預先因應。我深信唯有在提倡學習的組織文化中,透過知識管理,才能培養這樣的能力。」

邱文暉與新加坡警察部隊和其他許多組織一樣，投入新加坡十多年前發起的運動，希望成為「學習型國家」。

「當我成為新加坡警察部隊的指揮官後，我觀察到一些和我有關的趨勢。在許多人眼中，警察的工作缺乏挑戰、沉悶無聊，不適合新一代的知識工作者，因此很難招募到我們需要的人才。

「新加坡警察部隊是一個指揮控制型的組織（command-and-control organization），我們的警官必須嚴格遵守標準作業程序，這表示他們沒有辦法因應對法律和秩序的新威脅，因為目前的威脅具備了快速演變的本質，必須很快做決定，幾乎沒有時間尋求上司的指示。

「但是要真正『授權』，說來簡單，卻不容易做到。所以我們在 1997 年，開始大幅改變我們的營運模式，投資於組織發展，讓組織文化變得更信任而開放，希望藉此改變警察工作的性質。我們知道這樣做並不容易，而且很花時間，所以我們拜訪了正在做同樣努力的組織，包含 SoL 在美國的會員公司。」

文化並非憑空打造，而是逐漸演變而來，因為文化會保存有效的做法，並不斷改善，同時拋棄不適合的部分。

「從 1980 年代初期，我們已經成功推動社區治安工作。我們的警察變成社區裡的熟面孔，雖然人民不再害怕警察，反而信任警察，但警察尚未具備充足的知識或技能，還無法充分認清並因應社區中的潛在問

題。因此我們擴大他們的工作範圍，讓社區也參與治安維護，協助警察找出地方上的治安死角，並解決問題。警方開始協助社區成員，讓他們以鄰里安全為己任。

「當他們的工作變得愈來愈知識密集時，我們的警察部隊培養了學習型組織的技能，所以更懂得如何協助社區透過系統思考，參與創造性的深度匯談，並解決問題。他們也需要建立利害關係人網路，以解決更長程的議題，」邱文暉解釋。

這樣的做法，也吻合維護治安工作中團隊合作的新觀念，「運用集體思考的力量」。最後，他們強調在每個層級培養領導力，反覆灌輸他們核心價值，「因此才能賦予他們更大的裁量權，相信他們的決策和行動都將符合共同的願景。」

當警察開始處理更廣泛的議題後，他們也必須和整個組織維持更緊密的關係，「他們需要汲取新加坡警察部隊過去累積的龐大知識，包含其他警察和同事的個人經驗。於是，我們開始透過敘述和說故事的方式，保存經驗和知識，讓其他人也看得到警察對於重大案件處理過程的個人陳述。」

為了鼓勵知識傳授，他們還設立特殊的經驗分享會議，幫助第一線警察學習如何應付困難的處境和顧客，並且徹底執行「行動後檢討」（After Action Reviews），建立自我反省的習慣，增進整個系統的自覺。

他們還設立電子布告欄，讓警察登入分享對各種事情的看法。「許多人都很訝異，我們沒有人主持議題的討論，你讀到的內容就是我們的警察真實的感覺和想法。這個布告欄之所以如此成功，是因為參與者都充滿熱情，他們很有安全感，而且也很關心這些問題，因此願意開誠布公地表達自己的觀點，和別人分享他們的知識和經驗。」

最後，邱文暉和他的團隊不再像過去那麼嚴格要求警察遵守標準作業程序，他們「改寫了許多標準作業程序，更強調原則而非規定，因此，能促使我們的警察根據最佳範例做最適當的判斷。」

組織轉型仰賴合作

在面對像全球恐怖主義這類新挑戰時，這些改變尤其重要。

「由於我們自己缺乏這方面的經驗，新加坡警察部隊必須盡可能和其他組織建立關係，吸取知識和經驗，」邱文暉說，現在新加坡警察部隊和世界各地的警察合作，借鏡他山之石，同時也加入學者、宗教專家和社區領導人的網路，擴大視野。

邱文暉表示，「和面對其他核心問題時一樣，我們不只對如何因應有興趣，也希望藉著和社區夥伴緊密合作，診斷出問題的根源。

「到頭來，任何組織轉型都要靠人在後面推動。我們的成功乃奠基於信任，以及把焦點放在凝聚組織成員上。當人際關係的品質愈來愈高

時，思考的品質也會有所改善。團隊成員面對議題時，考慮的面向愈來愈多，觀點愈來愈多元，結果，他們的行動品質也隨之提升，最後也會改善我們能達到的成果。」

結果，新加坡警察部隊的成效十分鼓舞人心。在那之後，新加坡的年度犯罪率，大約是每十萬人口平均800樁犯罪案件，這個數字還不到1990年代中期犯罪率的三分之二，也只有日本犯罪率的三分之一左右。

他們的努力也戲劇性地提高了破案率，當時新加坡的破案率高達60%，不但高於十年前只有32%的破案率，更遠勝過日本25%的破案率。更重要的是，「藉著贏取社區的信任、合作，以及容我說──尊敬，我們設法改善了和社區的關係，」邱文暉表示，今天，新加坡警察部隊每年都能吸引高教育水準的求職者，網羅到很多高素質人力。

績效和快樂

警察總監邱文暉的故事顯示，營造有意義、令人滿足的工作環境，能戲劇化提升組織績效。

還記得寇克斯曾回憶她過去如何促使同事彼此對話，以重新思考複雜的組織結構：「那也是我從商以來最有趣的經驗。」我認識好幾位能以熟練的技巧實踐組織學習的人，他們的目標幾乎一致，只不過表達方式各不相同罷了。哈瑪奇─貝瑞曾說：「我認為人際關係的品質大

幅改善了。」

福特汽車的亞當斯表示:「過去他們認為不可能改變體制,如今他們覺得更有創造力和成就感。」

「我們談的是『生產力』,個人和組織的生產力,」惠普的艾倫說,「我所說的生產力,並不是指員工必須每天必須工作12小時,而不是8小時;我是指工作變得更有意義,而且也更容易大幅影響營運成果。」

艾倫的說法令我們想起SoL網路早期發生的故事。1990年代初期,瑪星負責擴大晶圓九廠的產量,而晶圓九廠是英特爾486微處理器的主要製造廠。這是個極具挑戰性、壓力很大的工作,計畫進行到半途時,他竟然心臟病發。幸運的是,他立刻被送到急診室,因此心臟沒有受到長期損害。

但是幾週之後,當他回到工作崗位時,他對同事發出一個清楚的訊息:「我希望他們知道,我不會再像以前那樣瘋狂地超時工作,而會每天準時下班回家,陪家人吃飯。如果同事需要在週末找我的話,他們會曉得怎麼和我聯絡,但只有在發生緊急事故時才需要這樣做。

「我告訴他們,以後我們一方面努力達成交貨期限,另一方面也會花更多時間來進行對話和反省。我認為,他們原本都沒有把我的話當一回事,但慢慢終於明白我是認真的。

「我們創造的文化，深深影響了幾年後我們設計和發展晶圓十一廠時的核心價值和原則。最後，我們在擴充晶圓十一廠時，打破了英特爾的紀錄，比最大膽的預估還提早9到12個月開始全面運轉，為公司省下幾十億美元的成本。

「更不用說，由於提早生產出新晶片，並在更多新產品設計中加入新晶片，帶來了很大的市場效益。今天，這座工廠仍然是全世界規模最大、效能最高的工廠。

「對我而言，很明顯的是，我們用更聰明的工作方式，取代了辛苦工作。我的意思是，過去每隔一段時間，就會有人被送上救護車，大家都已經習以為常了。

「當我決定不再瘋狂超時工作時，也為其他人創造了空間，可以和我做同樣的選擇，結果我們開始以不同的方式合作，達到了前所未有的成果，這是單靠長時間工作和超人的體力所無法達到的成效。」

顯然，瑪星所追求的快樂並不意味著人生從此就缺乏挑戰或困難。

事實上，當人們對工作更加投入、奉獻更多心力時，他們通常都願意面對更艱難的問題。他們願意冒險跨出自己的舒適圈，面對更大的挑戰；為了追求真正重要的目標，甚至寧可嘗試失敗，而不願如老羅斯福（Theodore Roosevelt）所描述的「那些冷酷膽惡的靈魂，既不知勝利、也不知失敗的滋味」那樣小心翼翼、避免失足。

歐白恩曾定義快樂是：「覺得你的人生朝著正確的方向走，而且你有機會帶來重要影響。」而我一直認為，快樂是我們非常重視、但無法單靠努力獲得的奇怪特質之一。你曾經認識任何靠努力而獲得快樂的人嗎？就我個人的經驗而言，這樣的人都有一個共同點：他們都不是非常快樂。

另一方面，如果我們一生都在努力追求心目中最重要的目標，而且和重視的朋友一起合作，那麼我們將擁有所有需要的快樂。就這個層面而言，快樂只是人生過得很好時的副產品，是激勵組織學習的實踐者的一大鼓舞力量。

注釋

1. 舉例而言，國際金融公司約在2002年首度制定了明確的永續性目標，因為該公司相信，改善專案在財務獲利之外所帶來的影響，例如：納入公司治理，具備環境與社會考量的永續措施，在商業層面而言是有意義的。

2. Robert Axelrod and Michael Cohen, *Harnessing Complexity: Organizational Implications of a Scientific Frontier* （New York: Basic Books）, 2000.

3. 以下意見，內容是取材自邱文暉在2004年11月2日亞洲知識管理會議（Knowledge Management Asia conference）的演講，以及進一步會談。

第 14 章
在行動與思考中學習

有一件事情再明白不過了。想要建立學習型組織，根本沒有任何萬靈丹或特效藥；沒有公式，也沒有三個步驟或七個絕招可供依循。不過，關於如何營造能激發成效、創造樂趣的學習型工作環境，我們過去已經學到很多，未來也還有很多地方需要持續學習。

我們為新版所進行的訪談提供給讀者大好機會，可以一窺學習型組織的優秀實踐者採取的先進做法和核心策略。本章一開始，將先概述策略性思考的意義何在 —— 什麼是策略性思考的基本目標，以及應該把焦點放在哪裡 —— 然後說明在不同環境下，學習型組織的提倡者採行的八個不同策略。

策略性思考和行動

在建立學習型組織時，策略性思考和行動究竟是什麼意思？我和同事為《第五項修練實踐篇》發展出一個簡單的圖形架構，幫助讀者了解在建立學習型組織的過程中有哪些不同層次的策略領導方式。

這個架構提出了兩組問題：一，我們的目標為何？在哪些基本領域的成長和創新能定義並強化學習型文化？我們要如何才能得知自己已經看到了這樣的文化？二，為了創造這樣的文化，領導人應該把心力聚焦於哪些事情上？我們怎樣才辦得到？我們稱前者為「深層的學習循環」，後者為「策略架構」。

這個圓圈加三角形的圖形提供了一個整體觀點，讓讀者得以了解不同領導人所採取的策略。[1]（圖 14-1）

圖 14-1　學習型組織的策略思考與行動

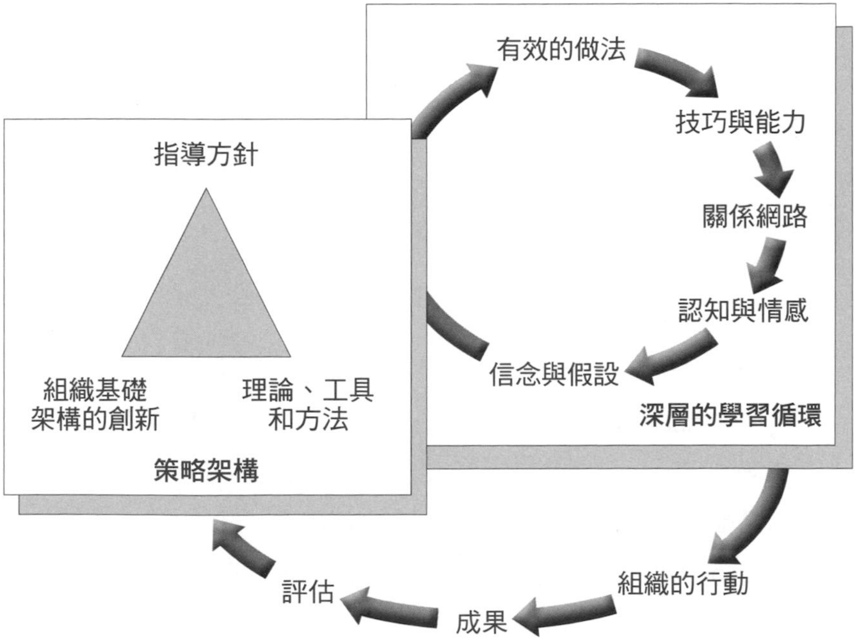

儘管這個架構包含了好幾個元素，不過最大的特點在於，它提出了對
學習的根本洞見。學習一向包含兩個層次，一方面，所有學習都會經
由學習者能做的事情和產生的成果而受到評斷，就如同〔圖14-1〕最
下方的環形所顯示。但如果我們只成功地騎了一次腳踏車，我們不會
聲稱自己已經學會騎腳踏車了。

如果更深入探討，學習其實關乎發展出一種能力，能可靠地展出某種
品質的成果。學習關乎成為「自行車騎士」，不是只成功地騎了一次
腳踏車，而這種能力是深層學習循環發展出來的成果。策略架構的重
心，就在於營造這種深層學習循環所需的學習環境。[2]

深層學習循環包含五個要素，經驗老到的領導者在建立健全的學習型
文化時，都會注意這五個要素：信念與假設、有效的做法、技巧與能
力、關係網路，以及認知與情感。這五個文化要素總是不斷相互影響。

我們就先從「信念與假設」開始好了（你可以從深層學習循環的任何
一個環節出發）。[3]

抱持某種信念和假設的人，通常都採取自己視為理所當然的方式來觀
看世界，雖然他們對自己的假設渾然未覺，這些信念和假設卻會影響
組織的做事方式，並因此決定組織成員需要培養哪些技巧和能力。[4]
譬如，若他們認為真正的聆聽很重要，他們就會在日常工作中，建立
「報到」（check-in）這類做法，鼓勵員工反省自己的聆聽方式。[5]

同樣地,我們的做法和技能也會影響關係網路,形成認知。

比方說,當人們發展出熟練的深度匯談技巧之後,會愈來愈了解自己和別人休戚與共的關係,因此強化了社會網路;或是當人們愈來愈精通系統基模這類系統思考語言時,就會開始看到過去看不見的相互依存型態。反之,「眼見為信」——我們的經驗是強化我們的信念和假設的最直接來源。

談到組織文化時,我們常常說得好像「這裡的情況就是這樣」,但沒有任何文化是靜態的,文化總是透過我們每天彼此互動的方式而不斷強化。當這個架構透過深層學習循環把五個要素連結起來時,其傳達的重要假設是:所有的要素都可以改變,而且也的確有所改變(儘管速度很慢)——而且這些要素在改變時,通常會共同演變。

深層學習循環可以強化現有文化,也可以強化即將產生的新文化。當我們以不同方式操作這些要素時,我們也啟動了改變所有要素的各種可能性。

影響深層學習循環的策略要素

人們自然想知道,應該從何處著手,才能影響這個深層學習循環。可能的方法有很多,但協調一致的策略需要包含三個要素:一、指導方針;二、理論、工具和方法;三、組織基礎架構的創新。

指導方針構成了決定性的概念和原則，界定組織存在目的、我們想要成就哪些事情，以及我們打算採取什麼樣的營運方式，這都屬於目的、願景和價值的範疇。

理論、工具和方法，則是指對做事方式的具體構想（例如：採購流程的系統圖或模擬為何新產品推出方式總是在「救火」的模型），以及組織成員應用理論、解決問題、協調歧見、監控進度的實際做法。對於任何深層學習流程而言，工具都非常重要。

富勒曾經表示：「你無法改變別人的思考方式，」但你可以給他們工具，「使用工具會令他們開始有不同的思考。」正式角色和管理結構之類的組織架構會影響組織內精力和資源的流動。本章所描述的許多重要創新，多半是新的學習基礎架構，由於有清楚的指導方針和適當的工具及方法而得以推行。

這個架構背後的觀點，在社會學理論中，稱之為「結構化」理論（structuration）或「制式系統」理論（enacted systems）。我們在第三章〈從啤酒遊戲看系統思考〉提出了系統思考的核心原則，說明結構會影響行為，當我們學會聚焦於潛藏的結構，而非事件或行為時，就強化了改變的力量。

這些結構是由信念和假設、既有的做法、技巧和能力、關係網路，以及認知和情感所構成 —— 換句話說，就是深層學習循環的幾個要素。系統觀點的第二個要素是，系統成員採取的行動所累積的效應，會形

成主宰社會系統的結構。換句話說,正如邱吉爾(Winston Churchill)所說的,我們塑造了我們的結構,然後它又塑造了我們。

改變從認清開始

如何改變這些系統結構呢?我們藉由過去的運作方式而創造了這些結構,如果我們認清系統結構,開始改變運作方式,系統結構就會改變。這個說法很大膽,且其可信度還有賴諸多證據來支持,但就某種程度而言,這是直覺性的判斷。

街道構成了城市交通的物理結構,在沒有街道的地方,很難開著車子到處跑。美國波士頓古老城區的街道完全沒有規則可循,有個笑話說,這全要怪17世紀的牛群。波士頓原本的馬路,是聰明的馬車夫循著17世紀牛群踏過的小徑發展出來的,20世紀時,波士頓在過去兩百年來馬車通行的馬路上重新鋪設街道。

我們可以推測,牛群大概沒有能力辨認、也不在乎自己走過的軌跡形成什麼樣的型態;但人類或許會觀察這個結構,思考更好的街道規劃,只是顯然波士頓人因為強烈的戀舊情懷而排除了這個可能。

當波士頓牛群和街道的故事傳到我們耳中時,引發了兩個問題:怎麼樣才能看清我們形成的結構型態?我們的運作方式比較像牛群還是人類 —— 像牛群的話,因為過去一直都這樣做,就繼續依樣畫葫蘆;還是比較像人類,會退後一步,試圖看清更深層的型態,然後選擇不同

的做法？

顯然，任何概念化的架構都太抽象了，必須藉由書上找不到的具體經驗，才能真正理解這一切如何運作。儘管如此，以下八個策略和例子應該可以約略勾勒出今天的具體做法和知識。

策略一：整合學習和工作

片段化，或把學習當作日常工作的附加物，這兩項因素或許比其他因素都更嚴重限制了推動組織學習的種種努力。

多年來，許多人在執行「成為學習型組織」的命令時，推出許多計畫，訓練員工系統思考和心智模式。不幸的是，他們通常沒有什麼機會把這些工具應用在日常工作上，即使經理人受了類似的訓練，他們的工作環境幾乎都無法促進反思、深入思考問題和建立共同願景。

如果企業是因為執行長發表了成為學習型組織的談話，而開始推動組織學習，情況就更糟糕。的確，一般人總認為，重大的文化改變必須由高層主導，才有可能成功。通常都需要經過很多年，他們才會明白，發表這樣的談話其實不是好主意。

他們漸漸了解，這樣做就好像搖著「趕上流行」、「再度上路」的大旗，或套用SoL企業會員哈雷機車謹慎選取的形容詞：只不過是「另外一個還不錯的計畫」罷了。

這種情況最大的缺點是，缺乏有效的基礎架構來幫助人們整合學習和工作。首先必須了解工作的現實狀況，弄清楚像改善的反思這類特殊學習方式如何發揮實際效用。如此一來，也能幫助組織成員提供第一線管理人員更高品質的支援。

策略執行 1：反思與行動

「反思在企業界評價不佳，因為我們沒有足夠的紀律，無法連結反思和行動，」蓋洛威（Ilean Galloway）表示。

蓋洛威曾經擔任英特爾墨西哥廠組織發展部門的資深經理，她談到，「很多人說，他們沒有時間坐下來談話。他們說得沒錯，但是我們經常也沒有時間思考。我每天都生活在網路式、緊密相連的工作環境中。在全球化的組織裡，大家都是全天候工作，午夜時分還在和地球另一端的同事通電子郵件，一起解決問題。

「我認為，就生理上而言，科技超越了人類能力所及的範圍。我不確定透過電子郵件、呼叫器和手機，人與人之間發展出多少真正的了解；這些裝置對於例行的溝通和行動很有幫助，但當我們面對複雜的挑戰時，這些裝置可能令我們自以為了解狀況。

「然而，實際上，複雜的挑戰需要有不同的做法，必須深入挖掘潛藏的意涵，浮現隱藏的假設，並且連結起整個系統的各部分，然後才能了解整個情勢，在採取行動前獲得共同的理解。」

為了促進批判性思考，蓋洛威定期和她支援的不同團隊聚會，通常都至少花一天的時間。雖然她有時候必須「逼迫他們撥出時間，但他們後來總是很感激有這樣的機會」。

她學到的是，要讓這些討論有價值，就必須「有充分的紀律」。她解釋，「我們的顧問說：『彼得‧聖吉完全說錯了，大家沒有時間坐下來談話。』我不贊成他的話。我們沒有時間單純為反思而反思，如果只是單純反思，而沒有連結思考與行動，大家才會認為沒有時間反思。

「我的職責之一就是協助團隊發展出更高的紀律，能看清我們已經達成哪些共識，並且確定會徹底執行，然後大家就會有充分的反思能量。我曾經和一個團隊到民宿去開了三次會議，每次為期一週。

「那個地方有個小屋，每逢關鍵時刻，我們都會一起在那裡開會，那段共度的時光對他們而言很有象徵意義。後來每當他們曉得需要思考重要的事情時，就會有人打電話給我，說：『我們得再到小屋去。』」

蓋洛威在英特爾的同事也了解，反思不代表大家對每件事都意見一致。她說：「我們的目標是，針對大家說我們打算做的事情有真正的共同理解和承諾。反思的意義是，我們聽到了每個人說的每件事情，並不表示我們將會關照到每個人的需求。這是英特爾文化中很重要的部分 —— 我們稱之為『不同意但盡心盡力』。

「當我還在另外一家公司上班的時候，你可以承諾去做某件事情，但你

沒辦法告訴團隊，你其實並不贊同上面要求你們執行的決策。

「而在英特爾，當你代表團隊參加決策討論會時，你可以回到團隊中，告訴他們：『我們討論了這件事，我有不同的看法。他們聽了我的看法，然後大家同意要這樣做。我們承諾要執行這個決策，但是我們會設定檢核點，以便確定這些行動會真正達到我們想要的成果。如果不行的話，我們可以重新考慮這項決策和行動。』」

策略執行 2：與時俱進的學習

在整合反思與行動的文化中，能達成更好的決策，令大家都願意奉獻心力，而且在心態上也做好更充分的準備。換句話說，組織成員對於和自己相關的議題能採取更豐富多元的觀點，在今天動盪不安的組織環境中，這是很重要的能力。

事實上，大半時候，事情的發展都不如預期，但大家卻很少提及出乎意料之外情況潛藏的價值，反而每逢事情發展得不如人意時，就馬上跳入解決問題的模式，不是立即反應，就是努力再加把勁 —— 卻沒有花時間了解意料之外的發展是否正好傳達出一些重要訊息，和我們原本假設相關的重要訊息。

「其實許多長期的報酬正源自於這種準備得更充分的心態，」蓋洛威表示，「我們這種『不同意但盡心盡力』的紀律有一部分乃是在建立一種監控的流程，我們會追蹤決策帶來的後果。」

流程中訂定明確的時間表，蓋洛威團隊的參與者經過一段時間後，必須回頭探討幾個關鍵問題，並評估「事情發展是否正如我們預期，還是我們學到了一些出乎意料之外的事。無論如何，持反對意見的人曉得他們提供了一些有用的觀點，對我們的持續學習帶來重要影響。

「比方說，我們在1999年和其中一個晶圓廠的經營團隊舉行了情境企劃的流程。我們檢視了完全超乎人們正常想像的未來可能情境，例如：科技市場大崩盤或破壞性創新技術的影響，逼迫自己深入思考可能的反應方式。

「我們這樣做的時候，多頭市場正達到高峰，我們建立新能力的速度不夠快，我們甚至還沒來得及寫下所有的未來情境，並且在內部流通，突然間，科技市場就開始衰退了。」

策略執行3：將反思納入工作

蓋洛威指出，由於英特爾經營團隊曾經思考過這個可能，他們享有極大的優勢，因此「能很快採取修正行動，包括一些很難做到的事情，例如：重新部署人力、把資源調度到更需要的地方、改變晶圓廠的策略。我們快速反應，而且很清楚新方向是什麼，因為我們已經思考過可能的行動。

「我們非常認真看待這種反思的努力，」她說，「如果你不願花時間和資源把它做好，那麼就根本不必這樣做。有時候，甚至要花一年的時

間，大家才能看清深度匯談的價值。」

蓋洛威學會保存很好的紀錄，使用繪圖工具輔助，也採用傳統記錄方式 ——「無論用哪一種方式，只要能幫助大家明白我們聽到他們的想法就好。有人事隔兩年後還會來問我：『我能不能看看那些會議報告？』因為現在這些議題又重新被提起，而他們還記得當時曾經有一些重要的想法。

這一切都是為了在大家真正需要幫忙的時候，能夠幫得上忙。你必須有一點耐性。」你必須把反思納入工作方式之中。SoL 會員廣泛採用的簡單方式是美國陸軍開發的工具「任務後評估」（After Action Reviews, AAR），是在為期兩天的兵棋推演或開了一小時會議之後，可以採用的工具。

「任務後評估」最簡單的形式，包括了三個問題：
● 發生了什麼情況？
● 我們原本的預期為何？
● 從兩者間的差距中，我們可以學到什麼？

以這樣的簡單工具來連結行動和反思非常重要，但更根本的要素管理環境能提供必要的支援。在美國陸軍，套用一位將軍的說法，任務後評估已經根深柢固地成為「從報告的文化轉為檢討的文化」長期過程的一部分，「我們一直都很善於寫報告給上司看，但卻不一定善於從經驗中學習。」企業管理階層也需要有相同的承諾。

個案：任務後評估[6]

2003年8月14日，在燈光熄滅後幾分鐘，底特律愛迪生公司的母公司DTE能源公司裡每一個員工都知道發生大事了。在那短短幾分鐘內，供應五千萬美國人和加拿大人電力的輸電網故障了。但是，對DTE而言，2003年大停電不僅僅是一次嚴重的事故，也是一次緊急應變的極端案例，而緊急應變原本就是這一行的本質，因此，他們可以從中學習如何改進。

在停電後24小時內，他們已經召開了一系列的「任務後評估」會議，評估DTE如何運用多餘產能來恢復供電服務，如何部署人力、和社會大眾溝通，以及滿足根本的基本設施需求。在DTE的緊急應變過程中，這樣的檢討已經是標準作業程序 —— 即使當時許多人正努力盡快恢復電力，他們仍然在檢討自己的應變方式，思考下次怎麼樣才可以做得更好。

即使在危機中，當時的執行長厄利（Tony Earley）表示：「我至少看到5個人，甚至可能有10個人，手裡拿著注明『任務後評估觀察』的筆記本。他們還身陷危機之中，而且沒有人在後面督促，就自動自發地這樣做。他們認定，之後一定會召開任務後評估會議。」

他們花了好幾年時間才把任務後評估的風氣融入企業文化，並以四個特殊策略做為指導方針：

一、**透過要求和以身作則來領導**。協助各階層經理人了解深層學習和持續修練的重要，而不是一暴十寒和一味追求快速解方，協助經理人發展出能反映自己優先順序和挑戰的學習方法。

二、**將事件視為學習的機會**。發展組織在高層、中層和基層的能力，將日常事件和重大危機都視為學習機會，協助團隊連結過去與現在，因此能將過去得到的教訓應用在改善目

前成果上。

　　三、讓基層也懂得運用「任務後評估」的工具。向基層團隊說明這項工具如何提供安全的學習環境，幫助他們了解自己的優先順序及挑戰，但不要強制員工使用，也不要堅持一定要達到盡善盡美。

　　四、培育訓練有素的推手。培訓懂得如何推動任務後評估工具和引導團隊有效應用工具、產生具體投資報酬的專家。

　　他們希望藉由這四個策略，讓組織各階層能自行掌握重要的學習。大部分的部門和團隊都知道需要改善哪些做法。一個簡單的問題：「如果改善某個部分的績效，能為企業整體績效造成極大的差異，那麼你要改善哪個部分的績效？」就能引導他們進行最自然而切身的學習演練。

　　採取任務後評估的做法，工作小組成為自身學習的最佳顧客，和大多數知識管理實務中「獲取知識 —— 傳播知識」的模式恰好成鮮明的對比。（圖14-2）

圖14-2　DTE能源公司的任務後評估落實策略

總之，整合學習與工作是建立學習型組織的第一個核心策略，而片段化則是其主要障礙。當員工認為，只要高層不支持，他們就什麼事也沒辦法做時，就產生一個和片段化緊密相關的問題。大家很容易認為，深層學習的策略架構只適用於高層，但事實上，策略思考無論對哪個層級的領導人而言，都非常重要。

策略二：從自己做起

「我經常聽到別人說：『如果上面不推動，我們沒辦法推動變革。』」蓋洛威表示，「如果我們一直等待高層推動每一項必須的變革，我們會等很久。我必須承認，這是我的『熱鈕』（hot buttons）之一，有一部分是因為我的背景。我在 1986 年進入研究所就讀時，感覺好像回到家一樣。我知道研究組織學習和變革就是我最想做的事，但是我也聽到好幾位教授一直說：『組織變革必須從高層做起。』

「當時，我知道身為非洲裔美國女性，我很難當上任何組織的領導人，所以，我必須好好思考，我究竟還相不相信自己有機會發揮影響力。有兩件事情對我很有幫助：第一，我開始回顧美國的社會變遷，民權運動和女權運動改變了我們的生活和整個國家，但這些改變都不是由民選官員推動，而是草根運動；第二，我看到一篇由《黑檀》（*Ebony*）雜誌已故發行人強生（John H. Johnson）所寫的文章。

「他在 1950 年代籌辦雜誌時，白人主流媒體指出，他的雜誌很可能找不到人來報導，因為美國社會的中上階層沒有黑人，他很難找到黑人

名流做為報導題材。他沒辦法籌到任何資金來發行雜誌，但是他說：
『能滿足公眾迫切需求的卓越表現不應受到制止。』並且證實其他人是
錯誤的。我把他的話掛在牆上，奉為圭臬。」

策略執行 1：不可能的任務

蓋洛威把這句名言轉換成指導方針，成為許多才華洋溢的領導人推動
組織學習時的指路明燈：集中心力於人們認為不可能解決的問題上。

「我努力尋找迫切的公共需求，組織已經放棄了解決問題的希望，學會
容忍問題，安於現狀。我稱這些問題為『不可能的任務』，每年都試
著至少達成一個不可能的任務，解決一個把我嚇得半死、不知該從何
著手的問題。關鍵就在於開始著手去做，一旦我們開始做了，其他人
就會說：『喔，沒有多難嘛。』

「我知道，像這樣的計畫，不會得到太多支持。正由於沒有人支持我，
因此我知道這是正確的計畫。我相信愛因斯坦的話：我們不能以創造
問題的同樣思維來解決問題。我開始檢視問題，然後問：『這個問題
想告訴我們什麼訊息？我可以從中看到什麼不同的涵義？』一旦我開
始釐清這些問題，就可以帶動其他人投入。

「我開始和同事討論，有的人會說：『喔，我剛好有一小時的空檔，我
願意為你做這件事。』我的老闆會說：『如果你想解決這個問題，可
以啊，如果需要我做什麼，隨時告訴我。』我們就這樣慢慢開始改善。

「比方說，我們去年開始研究如何降低解決高技術問題時平均花費的時間。許多主管都認為不可能有大幅改善，但是其中一位資深的組織發展顧問看到了『達成不可能的任務』的契機。他和資深工程師合作，對阻礙快速解決問題的思維和結構提出挑戰。

「他們運用檢驗和反思的快速學習循環，採取新方法來解決問題，打破了過去認為追求速度就會降低品質的迷思，達到了非常戲劇性的成果，過去要花幾個月才能解決的問題，現在四週就解決了。

「諷刺的是，如果我們只在組織高層努力，可能永遠不會意識到其中某些問題，因此可能也不會試圖解決這些問題。但當你建立起一支團隊，而團隊成員都相信改變有可能來自於系統的任何部分時，即使是最微小的種子，都可能冒出重大的變革果實。」

策略執行 2：民有、民治

唯有當你能夠開發人們的才華，激起他們最深層的熱望時，才能解絕不可能解決的問題。我始終都十分驚嘆，即使在非常困難的處境中，組織學習的實踐家總是堅信這是可能的。

1986年，沙倫特（Roger Saillant）成為墨西哥奇瓦瓦城新成立的電子零件工廠的第一任廠長，這是福特汽車在墨西哥設立的第一座設備先進的工廠。沙倫特在福特汽車的同事並不羨慕他的新職位，根據商業記者葛拉漢（Ann Graham）的說法：「在（福特）總公司，沒有幾個

人相信開發中國家的工廠能夠在短時間內開辦，同時又維持高品質的
生產。」[7]

但是，沙倫特很快就發現，那裡的員工「很關心自己的社區，但從來
沒有機會實際承擔責任，參與這類的工廠營運。」他也發現，傳統的
權力動態對他的工作形成阻礙；他抵達墨西哥一年後，離工廠開工只
剩兩個月時，一群資深技師想要安插自己人到重要位子上，這種做法
直接挑戰了對沙倫特努力建立的價值觀和開放的升遷制度。

當一位墨西哥經理跑來告訴他這件事時，「我知道他其實並不期望我
採取任何行動。福特的經理人多年來一直聽到的講法都是，如果我們
想要和當地人建立和諧的關係，就得忍受這類事情，」沙倫特說。

但是，當這些技師承認他們確實這樣做時，沙倫特要求整個技術小組
的人都離開。

「我永遠忘不了，站在工廠外面，看著他們離開的情景。其他許多員工
也都在旁邊看，或許很好奇接下來會怎麼樣。事實上，我也不曉得，」
他也知道，他會「立刻從上司那兒聽到一堆廢話，但是如果我讓舊的
小圈圈繼續存在的話，新的人事政策根本毫無意義。

「兩個月以後，當我們正在籌備由總部派人來主持的盛大開幕典禮時，
我知道工廠已經起了一些變化。總部的人來參觀的前一天晚上，氣象
預報會有暴風雨。那天凌晨兩點鐘我躺在床上，聽到外面開始下雨，

是傾盆大雨。當時我腦子裡唯一的念頭是，工廠的屋頂還沒有完全完工。我決定起床，直接衝去工廠。

「我走進工廠，當時周圍一片漆黑，不過，我可以聽到滴滴答答的滴水聲 —— 而且速度還不慢。我開始走來走去，查看是哪個地方漏雨，然後我看到有人在走動。

「我永遠不會忘記那幅景象，我看到艾爾菲哥・托瑞（Alfego Torres）把我們為了開幕典禮買來的巨大多葉植物放到漏雨的地方，好把水吸掉。我簡直快哭出來，他是我們論時計酬的工人，透過新的人事制度而升上來，如果他還在以前的主管手下做事，絕對不會有升遷機會。就在那一刻，我曉得工廠已經在全體員工齊心協力下脫胎換骨，這已經變成了他們的工廠。」

第二天，天氣也為貴賓而放晴了。這次的參訪活動很成功，雖然福特汽車的高階主管乍看到完工後的工廠時，嚇了一大跳，因為工廠漆成藍色和粉紅色，都是墨西哥人很喜歡、由團隊挑選出來的顏色，而工廠的建築和裝潢也充滿墨西哥當地風格（還有很多其他工廠沒有的特色，例如：戶外的家庭活動中心、學校和家庭健康設施）。

其中一位高階主管向沙倫特抱怨：「這根本不像福特的工廠。」沙倫特回答：「的確不像，因為這是奇瓦瓦的福特工廠。」沙倫特表示：「他們參觀工廠時，其中一位生產線工人走上前去，要求和我認識多年的執行副總裁把手上的菸熄掉。查理是個老菸槍，我猜以前從來沒有

人告訴他不可以在自己的工廠裡吸菸。但是這個矮小的墨西哥女人抬頭仰望六英尺高的福特高階主管，要求他要不就把菸熄掉，要不就到工廠外面去抽菸。

「他能怎麼辦呢？我們全都同意，工廠的基本守則之一，就是禁菸，我們共同承諾要建立健康乾淨的工作環境，而這正是承諾的一部分，這位女工只不過做了一件大家都同意去做的事情罷了。從那天起，我的上司就不怎麼管我了，因為我們的工廠比原定時間提早六週上線，而且後來還登上全世界同類工廠的第一名寶座。」1994年，這座工廠還獲得總統獎，被譽為墨西哥最卓越的企業。[8]

策略三：成為雙文化的組織

像沙倫特和蓋洛威這樣的持續創新者，似乎有一種與眾不同的態度和能力，他們永遠不會與更大的組織環境脫節——我們稱之為「雙文化」。雖然聽起來很容易，但許多原本可能很成功的學習計畫，都因為沒能考慮到更大的環境而夭折。SoL網路成立的頭十年中，最痛苦的教訓之一就是，發現成功不見得總是繼續帶來成功。

我們看到，在許多例子裡，局部或小規模應用學習工具時成效極佳，但是成功的經驗卻無法擴散到更大的企業環境。的確，很多時候，創新者因為成功反倒陷入麻煩中。

關於這種現象，開創性的產品開發計畫「汽車公司的愛普斯龍團隊」

（AutoCo's Epsilon team）是最好的例子，這個計畫讓新的汽車開發小組將五年的產品開發週期有效減少了一年時間，因此還把已撥款但沒花完的5,000萬美元預算退還給公司，是觀察家口中「公司歷史上最平順的新車型推出過程」[9]。

不過，在計畫接近尾聲之時，公司開始進行重大改組，由於公司提供開發小組領導人的職位不夠吸引人，高階主管紛紛提早退休。當時，對我們很多人而言，這是一次令人震撼的經驗，也是很重要的覺悟。

策略執行1：找出創新無法擴展的原因

在歷史上，沒能擴散的成功創新比比皆是。比方說，克萊納（Art Kleiner）曾在《異端者的年代》（*The Age of Heretics*）中描述，早在1960年代中期就採用團隊導向和程序導向製程的人，當時都被公司掃地出門，二十年後這種做法才廣泛為業界所接受。[10]

克萊納稱他們為「企業中的異端者」，他們可能在重要創新上扮演關鍵角色，但個人卻往往因此飽受磨難。「打造更好的捕鼠器」理論認為，「如果我們能成功創新，顧客自會蜂擁而至。」只是這樣的說法對大型組織複雜的政治動態而言，並沒有什麼幫助，也無法改善他們對創新的因應方式。

但我們並不是完全無法避免這樣的命運。當我們逐漸了解問題時，我們發現，問題的根源之一，在於創新者本身的熱情。[11]

如果不是懷抱高度熱情，他們絕不可能冒險參與真正的創新；如果缺乏熱情，他們不可能擁有成功必須的耐性和毅力，也無法吸引和他們同樣滿懷熱情的同志。但是，他們的熱情也可能為自己帶來麻煩，他們可能因此變得盲目，完全不了解局外人的觀感，同時也毫不在意自己的努力將如何影響別人的生活。

策略執行 2：尊重不同世界的基本原則

大幅改善效能的基本創新，可能會對表現平平的團隊造成威脅。如果這類改善乃透過截然不同的方式而達成 —— 也就是其他人比較不了解的方式，帶來的威脅就更大了。

當提倡這些方法的人使用充斥著專業術語的神祕語言來描述他們的方法時，別人很容易就將他們的團隊貼上「狂熱教派」的標籤。

「每次和開發小組的經理人開會時，他們都在討論『推論的階梯』、『系統思考』，」汽車公司的產品開發副總裁說，「我覺得好像鴨子聽雷一樣。」

「他們太開心了，」另外一位小組長直言，「沒有人會這麼享受工作。」

評估績效從來都很複雜，而熱情的倡導者總是心懷偏見，他們只注意到有所改善的部分，但很容易對質疑者認為未達標準之處視若無睹，

我們稱這類問題為「忠實信徒症候群」，同時也明白，這往往是有潛力的創新無法擴展的主因。

另一方面，你應該從目前所在的位置起步。我們討論的第二個策略是，創新者應該愈來愈懂得和組織內部的政治力合作。

企圖建立學習型和開放式文化的創新者，有時會覺得自己生活在兩個世界中 —— 一方面，他們面對的是創新小組以學習為導向的開放世界，或他們努力發展的組織，另一方面則要面對主流組織所構成的比較傳統的世界。

當我們了解和公司免疫系統起衝突的創新者問題出在哪裡以後，我們開始明白，如果要持續創新，雙文化的領導人必須有效地在兩種不同的世界間穿梭往來，尊重每個世界的基本原則。

策略執行 3：祕密轉變

有些領導人採用的策略之所以奏效，純粹是因為他們不讓高階主管偵測到他們的創新計畫。

當英特爾的瑪星首度在 SoL 會議上分享他打造晶圓十一廠的突破性成就時，他形容整個努力的過程為「祕密轉變」。他強調，在改變組織工作環境的過程中，最好不要引起公司注意；其中一個做法是，盡量不要使用可能在公司內部導致溝通不良的術語和談話風格。

他說：「我們無意隱瞞我們正在做的事情，但我們也不會大張旗鼓地宣揚。不過，如果別人問起，我們很樂意和他們分享，並且盡力向他們說明。」

我們為了撰寫本書而訪問瑪星時，他說，他仍然覺得，祕密轉變的策略是必要的，「不說別的，今天你需要更懂得權力運作和政治，不是因為高階主管的權力欲更強，而是因為今天每個人都需面對強大的財務壓力。你必須有辦法創新，並且不要觸發危險信號。你必須在文化上和語言表達上，都很有技巧地設計你的策略。

「如果我在今天籌辦晶圓十一廠，我還是會採取同樣的做法。我們能夠展現業界一流的績效水準，像英特爾這類公司的管理階層一直在尋找這樣的比較水準。但是我會盡一切努力，以高階主管可以理解的方式，和他們溝通我想要進行的變革。

「舉例來說，英特爾的文化非常強調績效標準，如果我今天還負責工廠營運，我會和上司一起討論，應該以什麼指標來衡量技術靈敏度和因應市場變化的能力，以保持高投資報酬率。我會想辦法把這些策略性考量，連結到建立更有彈性的營運環境上。」

瑪星相信，這些能力將變得愈來愈重要，因為企業環境改變得愈來愈快，從許多跡象都可以看出這樣的趨勢。

舉例來說，高階主管的高流動率和「你需要不斷再教育你的上司，就

好像演奏室內樂的時候，音樂的拍子一直不停變換。雖然許多創新者都本能地希望獲得更高的自主權，但如果你在企業內部創新，你的工作有一部分應該是和上司更密切合作，以便彼此的步調協調一致。」

策略執行4：用上司的語言溝通

呼應瑪星的話，沙倫特也學到，「你必須遵從在位者的語言，也就是說，必須很清楚誰擁有正式的組織權力，以及他如何運用權力。在墨西哥這類地方工作時，我的重要職責之一是，把在位者的語言（通常都和數字有關）和屬下能夠了解的關於深層價值的語言相連結。

「工廠的員工並非毫不關心福特高層的需求，但他們沒辦法時時刻刻都理解，而且還能將高層的要求連結到自己關心的問題上。

「當他們可以理解時，我會坦白告訴他們，如果他們能達到高層的期望，我們就有辦法創造出我們自己真正想要的環境。然後我會非常努力地和經營團隊達成清楚的協議，一切都公開而透明。他們通常不在乎我們用什麼方法達成目標，但是我希望確定他們絕不會覺得我對他們不夠坦誠，或和他們說話時刻意模糊以對。」

在面對上司時，沙倫特也採取了「少承諾，多兌現」的原則，謹慎因應上司的期望。

「我強烈相信，應該兌現承諾，但是員工在充滿信任的工作環境往往會

熱情地提出主張或要求，最後通常遭到持懷疑態度的高層駁回。你必須依照高層的語言和世界觀來擬定目標，然後幫助員工用他們自己的語言來理解這些目標。

「他們通常也想嘗試別的計畫或擴大努力的範圍，對工作小組而言，這樣做倒是無妨，但最好自己知道就好，不要大肆宣揚。」

策略四：創造演練場

在建立學習型組織的八個策略中，第四個策略通常牽涉到既定的學習架構和創造「演練場」。

演練場的概念是從一個簡單的事實衍生而來的：如果沒有機會練習，很難學習任何新事物。當人們聽到「學習」這個詞時，腦子裡浮現的第一個畫面通常都是教室，但典型的教室其實無法激發任何學習的精神或實踐。

教室中的學習通常是被動的學習。教室裡關心的，主要是聽講和思考，而非實際去做。對許多人而言，對教室的想像會引發他們一種強烈的感覺 —— 必須避免犯錯，而且「正確的答案」非常重要。這和真實的學習過程恰好相反，真正的學習必須勇於嘗試新事物，並且從不斷犯錯中學習，而演練場提供了和傳統教室截然不同的環境。

人們可以積極嘗試他們希望能做得很好的事情，他們會犯錯、停下

來、再度嘗試、討論哪些是正確的做法及哪些不是，最後逐漸發展出能在工作現場有效行動的能力，這時候，能否達成績效就非常重要了。因此，創造演練場和建立演練與實踐之間的固定節奏，早已成為學習型組織的實踐者常用的策略。

策略執行1：營隊和管理階層

和蓋洛威所召開的反思式會議類似，沙倫特也根據組織心理學家吉伯斯（Bruce Gibbs）在世界各地推行的方法，採取了一個簡單的策略：「營隊」和「管理階層」。

首先，他希望員工能分辨正式管理制度（衡量指標、正式角色和職責，以及協議的目標）和「大家花時間開誠布公地討論，更深入了解彼此」之間的不同。他採用「營隊」這個名詞，是因為很多人小時候都有參加營隊的經驗，他希望找到一個地方，讓大家可以「玩樂和放鬆，但同時也能探討困難的議題和處理情緒問題。」

沙倫特和蓋洛威一樣，發現引進營隊的概念時必須很小心，因為大家工作都很忙碌，花時間「拋開工作」，起初可能顯得很沒有生產力，但最後「當員工看到營隊中實際發生的事情，了解營隊的寶貴價值之後，營隊終究成為我們管理方式的一部分。」

比方說，沙倫特曾經負責掌管一座北愛爾蘭的工廠，工廠深深陷入當地的衝突中。工廠廠長是天主教徒，但大部分的工人都是新教徒。

「有兩個傢伙十年來都互不交談，因為其中一個人有一次開車出停車場時，硬搶過去擋住了另外一人的去路。」但在參與營隊的過程中，「超越衝突之上，人們真正重視的事情」逐漸揭露出來。結果，許多人最在意的其實是他們的子女。

「我發現，他們希望讓子女有很好的未來。於是我回頭去找我的上司，告訴他，雖然工廠還沒達成財務目標，且當時福特汽車有員額編制限制，但我要僱用22個工廠員工的子女，讓他們參與公司的學徒計畫。經過營隊會議，我深信需要這麼做，才能建立互信。」

最後，這座工廠轉虧為盈，而且後來經營得非常成功，「原因是我們設法採取行動，解決在表面爭執背後，人們真正重視的問題。」

策略執行 2：漩渦和防火牆

有的組織在設計之初，就納入演練和實做的規劃。

比方說，哈雷機車就清楚區分「管理制度」和「漩渦」。前者包括經營目標、正式的角色和職責及控管制度；後者則是指組織上下不斷辯論、實驗和檢驗的議題和觀念。哈雷機車稱分隔兩者的障礙為「防火牆」，任何構想或目標如果能通過防火牆，就表示公司裡有足夠的人認為這是值得追求的目標，應該成為組織上下共同的承諾。

許多可能很重要的想法即使受到高層支持，或許仍然會停留在「漩渦」

中許多年。哈雷機車總裁在主持 SoL 永續聯盟會議時表示：「永續發展並非我們今天的經營目標之一。」許多終身奉獻於永續發展目標的與會者都非常震驚，但從他後來的談話，可以明顯看出他非常重視永續發展。

他們的策略副總裁親自主持公司「非正式」的永續發展任務小組，從事很多與永續發展相關的工作：公司的核心經營策略是行銷「哈雷經驗」，而不只是行銷機車（因此創造了對二手機車的大量需求，大幅延長了機車的壽命）。

此外，哈雷機車建立了改造零件的業務，服務比較老舊的機車（因此舊零件不會被當成垃圾丟掉）；此外，哈雷機車也正在興建一座能提高能源使用效率的產品開發中心。

大家逐漸明白「漩渦」其實很重要，是新事業、新做法的孵育器，也是讓目前正在進行的探索和演練取得正當性的方法之一。

策略執行 3：提供演練場

繼哈雷機車總裁的談話後，一家《財星》五十大企業的代表（是長期支持聯盟的成員之一）表示：「或許一直以來，我都採用了錯誤的策略，試圖讓我們的經營團隊正式接納永續發展的做法。我們可以設定幾個目標，創造新的衡量標準，但大家可能只是表面敷衍一下。

「當員工還不了解這些問題對企業的未來非常重要時,或許最好還是讓這些構想留在『漩渦』中。問題是,目前我們沒有任何機制可以合法地探索未來可能很重要的激進新構想,也許這才是我們真正的限制所在。」

演練場有許多不同的型態和規模,如:沙倫特的營隊會議、蓋洛威的反思式討論會,以及哈雷機車的組織漩渦。演練場正朝著愈來愈複雜的方向演變,例如:福特汽車正在發展並運用的模擬微世界,目前我們看到的或許只是起點罷了。我相信這些進展,未來都將成為發展學習能力的關鍵。

但是,當經理人擁抱一個簡單的原則:「不演練,就無法學習」時,就開啟了發展的過程。如果球員只在比賽時出現,球隊不可能成功;同理,我們也無法想像,任何劇團或樂團從來不彩排,就直接上場表演。然而,大多數組織卻正是如此,難怪真正的學習極其有限!

策略五:與事業的核心本質相連結

尊重主流組織能激勵員工培養出雙文化的語言和策略,並且發展演練場,以減少與正式管理結構之間的衝突。

但是,我們的第五個策略牽涉到更深層的連結,在發展指導方針和概念時,這種深層的連結是重要關鍵。因為必須有肥沃的土壤,激進的新構想和做法才能在組織內生根。

然而，一開始時，可能還不清楚哪裡有肥沃的土壤，所以，組織學習實踐者如果希望能成功發揮大規模的影響，就必須學會如何在最深層的個人和集體認同上，與組織的核心價值相連結，並了解什麼是組織創造價值最自然的方式。

策略執行1：起步 —— 弄清楚我們是誰

要將史無前例的創新構想和組織的核心認同相連結，沒有既定的公式可循，但首先必須先相信這樣的認同確實存在 —— 組織存在的目的不只是為了賺錢，也不是為了它目前製造或提供的產品及服務而存在。因此，必須具備真正的發現精神，願意聽從自己內心的指引，願意看清長久以來一直存在、卻備受忽視的事實。

過去十年來，耐吉（Nike）的產品經理和設計師發展出獨特的「為環境而設計」網路。時任耐吉先進研發部門主管的溫斯洛（Darcy Winslow）開始思考：「耐吉的價值應該不僅是能設計出下一代的酷炫新玩意兒。」

差不多就在那個時候，環境設計師布羅恩賈特（Michael Braungart）和麥克唐諾（Bill McDonough）在設計了耐吉歐洲總部之後，研究了耐吉某雙鞋子的產品零件和製程中的毒性檢測標準。結果，根據溫斯洛的說法，「真的打開了我的眼睛，我開始想：『我們真的了解我們 —— 和整個產業 —— 創造出什麼樣的產品嗎？』」

因為她提出的問題，後來耐吉增設了一個新職位——永續營運策略總經理。「耐吉的經營階層開始討論永續發展，但主要還是從遵從政策法令的角度出發，以及和下游包商研擬出適當的勞工措施。

「我告訴他們：『如果我們真的重視永續發展，就必須從產品創造的過程著手。我們必須想辦法消除產品中的廢棄物和毒性，消費者乃是經由產品來體驗耐吉。』[12]他們說：『太棒了，就這樣做吧！』於是我們設立了這個新職位。」

和許多因應新議題而產生的新職位一樣，溫斯洛承擔了極大的責任，卻未被授予太多權力。沒有任何產品開發小組需要向她報告，她還必須面對許多混沌不明的大問題，例如：「怎麼樣才能讓永續發展的觀念扎根於企業日常營運中？」「我們應該如何和顧客溝通這樣的觀念？」

但是，她說，整個永續發展的觀念「已經是我根深柢固的信念。我不需要思考這件事對我而言重不重要，我只曉得『我們必須這樣做』。這項任務成為我工作生涯中最能激發我的幹勁、也最複雜的挑戰。」

那時候，她正好讀了葛拉威爾（Malcolm Gladwell）的《引爆趨勢》（*The Tipping Point*）。「葛拉威爾說，如果你能讓20%的人口往同一個方向行動，就可以達到引爆點。所以我心想，要影響25,000個耐吉員工的20%，是很艱難的任務。」

不過，溫斯洛並不孤單，她和幾個不同職位的同事一起，召開了兩天

的會議，讓大約兩百位耐吉的重要主管共聚一堂，同時邀請布羅恩賈特和麥克唐諾，以及其他在永續發展領域享有盛名的企業領導人和傑出人物出席，希望讓耐吉的經理人充分意識到永續發展的重要。

「我觀察同事對這次會議的反應，覺得大受鼓舞，重新喚起我對這家公司的熱愛。所有大企業面對的問題，同樣都發生在我們身上，但是當我重新發現耐吉是『誰』時，我明白我們其實是一群創新者。對耐吉而言，創新最重要，真正能觸動人心的是耐吉的創新，而我們都看到永續發展的舞台將能提供數不清的創新機會。」

可能的變革領導人往往因為沒能看清兩種微妙的障礙而自我設限：他們沒有深入挖掘自己內心真正的呼喚，也沒有深入探討組織的主張和信念。如果沒有深入探索自我，他們追求的只是「好主意」，卻無法激發自己的熱情；如果沒有深入探討組織的主張和信念，他們最後只不過是拚命把自己的構想「塞」給組織。

當我們討論組織是「誰」，還有組織的「主張」是什麼時，聽起來有一點奇怪，但是如果你把組織視為人類的社群，那麼就一點也不奇怪。做為人類社群，組織之所以存在，是因為有相當數量的一群人很關心某個問題，因此一起追求共同的目標。

比方說，耐吉是由一群跑步的人所創辦的，他們對於跑步和為跑者製造更好的鞋子，懷抱極大的熱情。隨著時間演變，當耐吉的事業超越了跑步的範疇，就必須設法與耐吉的事業核心或本質（包含早期的願

景，但不受限於這些願景），找到更深層的連結。

今天，耐吉公司的十一項準則中，第一條就是：「我們的本質是創新。」當溫斯洛了解到她對永續發展的熱情真實和創新息息相關，她的整個變革策略也隨之改變。

策略執行 2：演練場 —— 看清組織創造力的泉源

和「我們是誰」之間的連結愈來愈清楚之後，下一個問題是：新願景如何才能啟動組織創新流程，組織如何才能自然而然產生新價值。這是從願景到現實的過程，發現強而有力的新構想如何自然而然在組織中形成行動和成果。就耐吉而言，則表示產品設計師和產品經理肩負重責大任。

溫斯洛一旦發現了創新對耐吉的重要性，她知道自己「必須逆流而上，爭取我們的設計師及產品經理的合作。」

耐吉大約有300位主要的設計師，所以溫斯洛自問：「我要如何和我們最有影響力的設計師中的20%建立關係？」答案是，她必須走出去，和他們一對一談話。

「我採取的是最根本的做法：先敲開每個人的大門。建立了關係之後，再深入耕耘。願意接受並實踐新觀念的領導人，自然會浮現出來。

「這種做法和其他的永續發展計畫非常不一樣。比方說,我們的企業責任小組有一條規定是『不用塑膠』,我們製造的鞋子裡不再用塑膠材料。[13] 但是這種方式是『停下來,你不能這樣做。』對設計師而言,這樣等於關掉一扇門。

「我們希望開啟很多道門,所以我們說:『不如這樣想好了:基本上,你們擁有無限的機會可以創造出嶄新的產品,不需要在效能或美感上做任何妥協。』

「我們花了很長的時間,而且我和許多人都談了不止一次,我需要不斷回過頭去,再度說服他們。但是這就像琢磨鑽石一樣 —— 許多人一直在等待這樣的對話機會。

「在對話中,我覺得好像開始和真正的耐吉,以及耐吉背後的驅動力有所連結,碰觸到我們的核心自我形象和我們之所以成功的根本原因,」溫斯洛表示,「我和愈多人深入交談,就愈明白,零廢棄物和零毒性的觀念原本就應該是我們努力的目標。」

策略執行 3:將永續發展融入事業營運

雖然耐吉還沒能完成最艱難的任務 —— 讓永續發展的觀念深深融入事業營運中,並且和顧客溝通這樣的概念,但是他們已經有很多具體的收穫。

「過去五年來，我們已經發展出『零廢棄物，零毒性』、100%封閉式循環的長程永續發展目標（製程中產生的所有副產品和產品所使用的材料，都可以重複使用或可經由生物分解成為無毒物質），有些新產品也確實達到這個目標——裡面不含任何黏膠，使用完後可以將它拆解並重新組合，不會因為切割材料而製造很多廢棄物。

「我們有整條生產線負責製造有機棉產品〔耐吉協助創辦了有機棉交易中心（Organic Cotton Exchange），讓更多有機棉可以行銷到全世界〕；我們內部還成立了永續發展材料小組，提供設計師各種選擇材料的資訊，還推出了許多回收計畫。」最近，耐吉公司三個最重要的營運目標之一是「推出永續發展的產品和創新」。

溫斯洛表示：「顯然愈來愈多顧客明白我們在做的事情。誰曉得呢，這也許是我們最棒的機會。想想看，耐吉是可以把永續發展這件事變得很『酷』的極少數公司之一。」

策略六：建立學習型社區

就像溫斯洛所發現的，當我們內心深處的質疑和熱望開始和組織的本質連結在一起時，就開始發展出社區。

適應新的學習型社區——基於共同的目標和意義而形成的關係網路，成為領導人的策略，同時也是成果。而且，這樣的流程絕對不限於在企業界推動。

「我們最大的發現可能是，單單讓大家提出『怎麼樣對孩子最好？』的問題，就有無窮的威力，」歐摩塔尼（Les Omotani）表示。

歐摩塔尼在西迪摩公立學校系統（West Des Moines Public Schools）擔任督學十年，後來轉任長島惠列伍德米爾公立學校系統（Hewlett-Woodmere system）的督學，「經過一段時間，建立學習型社區漸漸成為變革的核心策略。」

他剛到西迪摩時，發現這是一個「典型的公立學校系統」。由於郊區的繁榮發展，開始朝西擴散，社區裡有一部分人非常富裕。但這一區仍然有三個所謂的「第一類」（Title I）學校（由於位在低收入地區而接受州政府補助），不同的學校之間，學生在學業上的表現有很大的差異，學校的發展非常不平均。

策略執行 1：提出另一種選擇

「我們希望，隨著人口西移，能在西區建立新學校，但是我也知道，大家很在意的是，每一所學校的學生都能有好的表現。當我們開始組織定期的社區深度匯談，許多人都來參加，出席的人除了老師和行政人員、家長，還包括地方上的商界人士和鎮上官員。我們逐漸開始對教育界主流派眼中『不可撼動的高牆』提出質疑。

「我們為什麼一定要把一學年限定在180天？如果多出30天的教學時間，許多孩子都將受惠。我們是否對於老舊社區的學校不夠關心？為

什麼當我們明知全天課對孩子比較好時，幼稚園偏偏只上半天課？因此，並非靠我一個人推動所有的議題；雖然花了一些時間，但這些長期受到忽視的問題逐漸浮現出來。」

同時，歐摩塔尼將教師、教育行政人員和社區人士組成好幾個團隊，一起針對不同的構想規劃細節。深度匯談和執行兩個流程（也就是反思和行動）齊頭並進，同時也相互滋養。

「我們逐漸可以召開社區論壇，我們在論壇中个再害怕提出尚在規劃中的新構想。我們說：『我們何不表示，由於我們對大家有足夠的信任，所以可以告訴大家，其實還有其他選擇？我們不需要在西區設立下一個新學校，我們可以把錢花在別的地方，我們可以整頓老學校。看看如果我們採取不同的做法，結果會怎麼樣？』」

策略執行 2：和自己的內心對話

結果，他們採取了很多不同的做法。其中一所第一類學校和相關小學由於採取以藝術為基礎的整合學習方式，而成為「李奧納・伯恩斯坦模範學校」。「當美國各地的學校都紛紛減少或完全排除藝術課程時，在擁有最多第一類學生的學校主張『除了學業成績以外，音樂和藝術都非常重要』，非常引人矚目，」歐摩塔尼表示。

後來，他們最新設立的小學位於鎮上最老舊的地區，還將另外一所第一類學校整個翻新，而這也是這個學校系統第六年推出學年延長計

畫，為學校系統中每一個有需要的學生提供一學年210天的教學。

「我離開後，社區仍然繼續維持我們所創辦的幼兒學習中心，顯示這些觀念真的已經落地生根，」歐摩塔尼表示，整體而言，學生之間在學業成就上的落差已經大幅縮小，而且整個學校系統中學生的整體表現也比過去進步多了。

策略執行3：創造深度匯談的社交空間

「我很難向別人解釋我們的做法為什麼成功，」歐摩塔尼說，「沒有任何單一事件促成這個或那個創新發生，絕對是那些討論和對話的功勞，重要的是要發展出能在非常分歧的團體中一起討論的能力，發展出合作性的人際網路，大家彼此支持，再透過這些努力觸動對孩子深層的關懷。

「我是在加拿大長大的日裔加拿大人，我也常常待在夏威夷和當地人在一起。在那些文化中，當孩子在大人的團體中出現時，大人總是會中止談話，停下來看看小孩子需要什麼。當我搬到美國這個地區時，我注意到的第一件事就是，大人往往會忽視孩子。我注意到，在這裡，大家大半時候都自顧自地談話。

「現在，我不認為身而為人，大家彼此之間有多大的不同，但我們的生活方式似乎讓我們有一點偏離了對孩子的天生關懷。當我們的社區成為深度匯談研究人員口中『安全的容器』時，這種天生的關懷開始更

明顯地展現出來，我們的對話和思考開始和其他地方不一樣。

「我們想出一個簡單的句子：『社區就是學校，學校就是社區。』如果你說很多遍，這句話的意思就愈來愈清楚，人們開始記住這句話，並且自己也開始反覆說這句話。

「當大家開始提出他們認為有意義、也關心的問題時，社區意識就逐漸滋長，」布朗（Juanita Brown）表示。

布朗創立「世界咖啡館」學習方式（World Café method），倡議將大型會議規劃為真誠的深度匯談。歐摩塔尼及他的同事就和溫斯洛一樣，創造了深度對話的空間，這個空間一旦存在，學習型社區也就水到渠成了。

很重要的是，必須創造出這樣的「社交空間」，並持續維護這個空間。但同樣重要的是，必須了解創造學習型社區是一個自然的流程，不需要任何的監控或操弄。的確，試圖控制這個流程，很容易引起反效果。

策略七：和「他人」合作

形成社區和社群的壞處是，當人們受到和自己相像、意見一致的人吸引，而排除異己時，很容易形成黨派或甚至如教派般狂熱。因此我們的第七個策略 —— 欣然接受歧異，超越了政治正確或純粹的感情因素，就變成領導人的重要指導方針。

幾年前，長期研究生命系統和組織的惠特里（Margaret Wheatley）[14]正在研究當時還很新的「網路社群」的現象，提出了令人訝異的評論：「我愈觀察這些現象，就愈覺得他們似乎在反社群。」

我問他這話是什麼意思，他提出他的觀察：「在網路上，退出不需要付出任何代價。

如果他們對彼此厭煩，或對別人說的話沒興趣，只要終止連線就好了，就這麼簡單，結果是由意見非常一致的一群人所形成的『社群』。我因此明白，唯有當我們彼此緊密連結在一起時，才能形成真正的社區。」

策略執行1：與傳統的非夥伴搭起橋梁

美國麻州洛卡組織的核心策略是和異己者形成夥伴關係。洛卡聚焦於「跨越界線，搭起橋梁」，否則年輕人會被困在不符合他們現實和需求的制度中。

「我們的工作是建立轉型關係的網路，所以我們開始了解隱藏在我們社區的問題背後的型態，」歐提斯（Omar Ortez）說，「我們從街頭青少年開始，建立這關係網路，但也逐漸擴展到其他組織，例如：警察、法院、學校和麻薩諸塞州社會服務部，開始創造對孩子有利的新系統。」

「我們過去常常對警察局之類的組織不假辭色，因為我們總是想要保護孩子，」鮑德溫說，「後來我發現一件很棒的事，就是當我們開始從系統不同部分的觀點來看系統，你會變得更有責任感。你開始了解自己的偏見，還有自己是多麼堅持己見，其實都是為了保護自己。這樣做也幫助其他人檢視自己，以及了解自己的偏見。

「有時候會發生小小的奇蹟。彼得警官曾經參加過我們的訓練。在訓練過程中，有人說了一個關於海星的故事。故事是說，有人看到一個老人家站在海灘上，周圍有幾百隻被海浪沖到岸上擱淺的海星。老人家撿起一隻海星，把它丟回海裡，這個人對老人家大吼：『這樣做有什麼差別呢？只不過是一隻海星而已。』老人家也吼回去：『對那隻海星而言，差別可大了。』」

「兩天後，我走在馬路上，」洛卡工作人員查布拉尼（Anisha Chablani）接著說，「我碰到一位刑警，他說：『你們對彼得做了什麼事？他一直在說海星的故事。』真是令人難以置信，我開心極了！彼得警官耶！這是我聽過最酷的事情。」

策略執行 2：跨部門溝通

在截然不同的組織之間跨界建立關係，也是影響更大系統的主要策略。「我們發現，要推動策略性變革，很重要的是必須包容各種歧異的觀點，」范希姆斯特拉（Andre van Heemstra）表示。他是聯合利華經營委員會的成員。

最近，聯合利華和歐克斯芬針對聯合利華在印尼的去貧計畫，合作完成了一項歷史性的研究。[15]兩個組織都冒了很高的風險，聯合利華身為跨國消費性商品領導企業和企業責任的倡導者，必須準備好面對嚴苛的評估，檢驗他們在改善開發中國家生活上所做的努力；歐克斯芬則是重要的全球非政府組織，向來批判國際貿易準則過於偏袒跨國大企業，如今卻和大企業合作，因此也必須準備好面對各方的攻擊。

「像我們這樣的大公司，顯然要努力提高內部的多樣性，但是我們還需要提高外部的多樣性，」范希姆斯特拉表示，「這並不容易，但是歐克斯芬和聯合利華能夠合作達成的成就，遠遠超過我們單憑一己之力所能完成的。」

歐克斯芬的總裁史托金也大力支持這項計畫，「我們都知道跨國大企業有什麼問題，但我們必須超越對他們丟石頭的層次，做一些其他的事情；我們發動宣傳，讓社會大眾意識到真正的問題何在，但有些問題超越了單一公司的行為所能影響的範圍，要解決這類問題，這樣做還不夠。然而，要創造更多的系統解，必須靠大家通力合作。」

策略執行3：多元性的下一個階段

唯有在愈來愈緊密相連的世界中，才會愈來愈覺得需要建立多元而包容的社區。蓋洛威表示：「我所看到的最大改變之一，是需要和跟你截然不同的人共事。由於愈來愈仰賴網路連結的方式來完成工作，因此和不同的人合作的能力也比過去更重要。」

蓋洛威說，不久前，人們的工作「還在同質性高的小圈圈中完成 —— 同事都屬於同一個工作單位或來自同一個地方 —— 但是現在，工作圈包含的工作夥伴來自世界各地，並且已是日常工作的常態。

「這個更大的工作圈中，包含了很多和我們在各方面都不相同的人。很多組織的多元化計畫都包括建立不同的事業、調整人力資源準則和政策、僱用各種不同的人。打下這些基礎以後，要建立真正具包容性的工作環境，真正的挑戰轉移到每一位員工身上。

「我們必須好好檢視我們挑選來在小組中一起工作的同事，看看我們的選擇是否真能符合完成任務所需。如果我和我的中國大陸籍同事合作時感到很不自在，他也不喜歡和我共事，那麼我們形成的網路可能會阻礙我們提出好的問題解決方案。」

蓋洛威指出，促進多元化的傳統做法喜歡把人分類，「但真正的問題其實比大多數公司看待多元的方式要更加與個人有關、和發展有關。真正的問題，其實關乎我們能不能了解和欣賞別人思考、溝通和人際交往的方式，能否共生。」

策略八：發展學習的基礎架構

前述許多例子顯示，在學習的基礎架構上有所創新，往往是有效學習策略的關鍵要素。當英特爾、福特、DTE能源或耐吉等組織紛紛開創或重新定義主管角色，以支持反思或系統思考時，他們就是在創造學

習的基礎架構。當經理人建立定期的演練場或投資於分享資訊的新科技，讓工作小組更容易彼此連結時，他們也是在創造學習的基礎架構。

不過，這個領域常常受到忽視，或許原因在於基礎架構的創新不像新的指導方針那麼戲劇化，也不像新工具或新方法那麼具體。但是，指導方針如果無法與資源分配方式協調一致，就沒有什麼意義，把沒什麼機會用到的工具和方法推薦給組織成員，也幫不上他們的忙。

有了學習的基礎架構，學習就不會任憑運氣主宰。品管運動在日本興起的歷史提供了最好的例子，顯示學習的基礎架構是多麼重要。

1950年代和1960年代，戴明和朱蘭（Joseph Juran）等專家教導高階主管基本原則（指導方針）。後來，許多人都受訓學習像統計流程控制之類的基本工具。但幾年後，有一些公司（例如：豐田汽車）明白，他們需要訓練第一線工人使用這些工具；更重要的是，需要重新定義工人的職責，讓他們有權自己分析和改善工作流程。

如果沒有這些改變，品質管制的責任很可能仍落在專家身上，而不是由工人自己承擔，工作和學習也無法整合。

策略執行1：美國陸軍 —— 組織學習的先鋒

關於學習的基礎架構，我們從美國陸軍的做法學到很多。長時間以來，美國陸軍一直是組織學習網路的策略夥伴，我沒有看過任何公司

在這方面有同等的成熟度。

對美國陸軍而言,學習的基礎架構包括:

● **訓練和正式教育**:包含像西點軍校這類入門訓練機構,也包含陸軍
戰爭學院,軍官升遷前都必須到陸軍戰爭學院接受一年教育訓練。
● **演練**:進行不同型態的模擬(電腦模擬和實體模擬),運用「任
務後評估」(AAR)之類的工具來彙報,並從模擬經驗中學習。例
如:在美國國家訓練中心進行大規模的多日模擬。
● **研究**:研究真實和模擬的經驗,分析成功和不成功的做法,包括:
美國陸軍的經驗學習中心,負責汲取洞見和記取教訓,以規劃未來
的教育訓練、新的模擬做法和準則。
● **準則**:為最高層次的政策,釐清有關成功指揮統御的核心假設和信
念,由高階將官主持的準則發展局負責。

從許多方面來看,美國陸軍深信學習歷史教訓的價值,因此持續投資
學習的基礎架構。多年來,美國陸軍參謀長每年都邀請SoL的企業高
階主管參加徒步之旅,在陸軍主任歷史學家導覽下參觀蓋茨堡戰場。

有兩件事情立刻打動了企業主管:首先是美國陸軍裡居然有這樣一個
職位,而且從一開始,擔任主任歷史學家的人都官拜將軍。我們邊走
邊談,顯然隊裡其他陸軍軍官對於著名的蓋茨堡戰役的諸多細節同樣
也瞭若指掌(蓋茨堡戰役被公認是美國內戰的轉捩點),他們可以將
蓋茨堡戰役的教訓很快連結到目前面對的挑戰上。

不同於學術歷史，這是極具意義的「口述歷史」的驚人典範。這些軍官曉得許多小規模戰鬥的指揮官個人的小故事，誰在什麼地方受傷或陣亡（經過三天的激烈戰鬥，有六萬多人戰死沙場）。對他們而言，這是個人的歷史，可以直接與他們身為指揮官和士兵的切身經驗相連結，了解判斷錯誤和執行不當需要付出的慘痛代價，明白學習的重要。

旅程結束後，大多數企業主管都很清楚，學習不能單靠學習意願和少數工具，而必須深深融入組織運作系統中，才能發揮實際成效。

許多人的結論是，他們的組織疏於投入資源研究過去的策略、營運方式的改變及領導方式有哪些成功、哪些失敗，他們只是「且戰且走」，沒有認真發展出足以引導不同層級領導人的見解和準則。難怪新上任的執行長通常都認為自己的職責就是推動全新的策略，彷彿這家公司過去完全沒有歷史一樣。

策略執行 2：其他組織是否已準備好嚴肅以對？

對應美國陸軍各種型態的基礎架構，在其他組織中最常見的是正式的教育訓練，但即使是這項學習機制，都常在財務壓力下快速遭到刪減。然而，如果沒有其他三個基礎架構 —— 演練、研究和準則，訓練可能失焦，也無法有效轉換到實際工作。

除非組織的管理哲學能充分體認學習的基礎架構是多麼重要，否則這一切都不太可能改變。或許學習的基礎架構仍舊備受忽視的真正原因

是，大多數經理人仍然很短視，只重視能否達到短期成果，而不重視為了未來績效而培養能力。一位企業執行長就感嘆：「我們有很多決策的基礎架構，但卻沒有進行任何有關學習的基本建設。」

我深信，大家正在逐漸覺醒，DTE 對「任務後評估」的投資，以及英特爾對蓋洛威之類反思式教練的投資，都是很好的例子。如果「學習型組織」這個名詞漸漸變得不只是口號而已，那麼我相信，這樣的覺醒將是重要關鍵。

和我抱持同樣看法的企業執行長（如：福特汽車的亞當斯）人數雖少，數目卻逐漸增長。

「大體而言，企業在系統化地了解問題這方面，一向表現得很差，」亞當斯說，「考量他們所面對的時間壓力，以及繁瑣的管理責任，這是不難理解的事，但是相互依存的關係愈來愈重要，努力培養對複雜的理解和因應能力的組織，即使只有些微進步，仍將掌握真正的優勢。

「我們已經在很多情況下，看到許多組織因為能辨認系統型態，採取良好的複雜系統策略，而能針對困難的經營問題，找出明智而能順應改變的解決方案。」

亞當斯表示，關鍵就在於「把建立學習能力融入組織運作之中」，而不只是間歇性的短暫學習。亞當斯深信：「新世代的學習基礎架構將會充分利用分散式運算、模擬和複雜的內部輔導資源。這是一條漫漫

長路，但終究能得到豐厚的回報。」

以何為名？

過去幾年來，看到人們以許多不同方式描繪他們創造學習型組織文化的努力，我覺得非常有趣。

福特汽車的亞當斯，談到建立「適應型企業」；對惠普的艾倫而言，這一切全都關乎「了解工作究竟是如何完成的，以及合作關係如何演變為知識網路」；新加坡警察部隊總監邱文暉則談到，「在提倡學習的文化中管理知識」的重要性。

哈瑪奇—貝瑞把焦點放在國際金融公司的「熱望」和「探詢及深度匯談技巧」；沙倫特和他在普拉格電力公司（Plug Power，是沙倫特離開福特後加入的小型燃料電池公司）的同事則討論「學習成為學習型組織」（這是我最愛的說法之一）。

歐摩塔尼表達了許多人的觀點：「當你透過聆聽和關注社區中的每一個人（包括老人家和小孩在內），來關懷、服務和領導時，你不需要另外再給他安什麼名稱，因為只要你把他們放在心裡，和他們站在一起，文化就會開始改變，因為這正是他們想要的。」

當我和我的同事開始採用「學習型組織」這個名詞時，我們其實有一點戰戰兢兢，因為知道它有可能會變成時髦名詞，而且也知道追求時

髦的現象通常都很短暫。不過，要建立以反思和深層熱望為基礎，以及希望認清系統障礙，讓系統更符合人們期望的組織，「學習型組織」的單純形象似乎非常吻合。

戴明博士在晚年聲稱，「全面品管」、「品管」和「品質管制」這些名詞都毫無價值，因為這些名詞的意義已經變成「大家想怎麼解釋，就怎麼解釋」。但是，他的理論仍然堅持核心價值，而且終其一生都還在持續演變、發展。

「學習型組織」不可避免也經歷了這場走紅及退燒的旅程。在觀察這段過程時，我得出一個結論：人們需要找到自己的語言，以符合本身情境的方式，來描述自己努力的目標和意義，在他們發展自己的策略和領導方式時，這也是重要的部分。

我們如何談論自己的工作，其實也很重要，但是真正的關鍵在於經歷反思、實驗和變得更開放的個人旅程，而不是我們採用什麼字眼。真正重要的是我們所創造的現實，而不是我們為它貼上什麼標籤。

注釋

1. 此圖表在《第五項修練》初版時首度納入，之後經過多次修訂，但是基本特色仍維持不變。

2. 三角形與圓形分別代表清楚及較不明顯的事項，亦即有些是「檯面上」，有些則是「檯面下」。有能力的組織領導者就像有能力的教師一樣，知道自己無法引發深層學習週期出現改變，正如教師無法要求學生學習，但是他們可以創造出較容易學習的環境，這就是策略架構的意義。

3. 「理所當然」的假設，是施恩認為文化最深層的部分。而在施恩架構中的其他兩個層次，分別是人為事物（服裝、言語、會議風格等），以及表達出的價值（例如：正式宗旨），兩者皆較隱含的假設更容易改變。參見 Edgar Schein, *The Corporate Culture Survival Guide*（San Francisco: Jossey-Bass），1999.

4. 深層學習循環的基本連結，簡化了許多存在於這些要素間的回饋互動。比方說，練習可以帶來技巧與能力，因為練習提供常態的機會，以學習特定技巧，但反之亦然，因為我們目前的技巧，也決定了我們的實踐行為，也就是我們擅長做的事情。

5. 「報到」讓團體中的每個成員，有機會在會議前反省與分享他們的想法。請參見：Peter Senge, et al, *The Dance of Change*, 192。

6. Adapted from Marilyn Darling, David Meador, and Shown Patterson, "Cultivating a Learning Economy," *Reflections, the SoL Journal*, vol. 5, no. 2.

7. Ann Graham, "The Learning Organization: Managing Knowledge for Business Success," Economist Intelligence Unit, New York, 1996.

8. 出處同前。

9. George Roth and Art Kleiner, *Car Launch: The Hunan Side of Managing Change*（New York: Oxford University Press），1999.

10. Art Kleiner, *The Age of Heretics*（New York: Currency）, 1996.

11. Peter Senge, et al, *The dance of Change: The Challenges to Sustaining Momentum in Learning Organizations*（New York: Doubleday/Currency）, 1999.

12. William McDonough and Michael Braungart, *Cradle to Cradle: Remaking the Way We Make Things*（New York: North Point Press）, 2002. 關於毒性評估更詳盡的資料，請見網站：www.greenblue.org，以及作者的個人網站：www.mbdc.com。

13. 聚氯乙烯（PVC）在產品中（例如：鞋底）通常是惰性的，不會造成傷害，但在製造過程與燃燒時卻可能釋放毒氣。

14. 惠特里的網站為 www.margaretwheatley.com，她最新著作為 *Finding Our Way*（San Francisco: Berrett-Koehler）, 2005。亦參見 *Leadership and the New Science*（san Francisco: Berrett-Koehler）, 1999。

15. J. Clay, "Exploring the Links Between International Business and Poverty Reduction," Oxfam GB, Novib, Unilever, and Unilever Indonesia joint research project report, 2005. 報告可在此網站下載：http://www.oxfam.org.uk。

第 15 章

領導者的新角色

在原版《第五項修練》第四部的所有內容中，最多人閱讀的是標題為〈領導者的新角色〉那一章[1]。回頭來看，我相信這是因為我們都知道，為了推動學習型組織而進行的變革，是極為艱巨的挑戰，需要領導者展現真正的領導力。

原版〈領導者的新角色〉在開頭引用了漢諾瓦的歐白恩所說的一段話：「我在美國各地和許多人談論學習型組織與『心靈的轉變』時，反應總是非常正面。如果這種類型的組織廣受喜愛，為什麼大家沒有大量創造這樣的組織呢？我想這是領導的問題，領導者並未真正了解，要建立這樣的組織需要何種承諾。」

在組織學習協會舉辦的 2005 年企業精英工作坊（Executive Champions Workshop, ECW）中，由沙倫特和西水美惠子（Mieko Nishimizu，已退休的世界銀行東南亞地區副總裁）負責輔導參加工作坊的高階經理人。

西水美惠子在世界銀行服務時備受推崇，不只是因為她和許多國家合

作的創新成果,也因為她培養了很多年輕領導人,其中許多人成為世界銀行的重要幹部。

活動的最後一天,學員要求額外撥出一些時間,了解他們兩人成為領導人的養成經過。在西水美惠子的建議下,我們三個人坐在學員圍成的圓圈中間,他們兩人開始探詢影響他們的各種經驗。

沙倫特說了一些小故事,都和他在墨西哥、北愛爾蘭和中國大陸的經驗有關,談到從來沒有聲音的人如何成為才華洋溢的領導人;西水美惠子則談到,自己如何從一個經濟學者到與現實世界的貧窮妥協。

有一度,沙倫特突然問道:「美惠子,你是在什麼時候轉變的?」我察覺許多聽眾都不確定他是什麼意思,但是因為我剛好坐在西水美惠子對面,我看得出來,她完全明白沙倫特的意思。

她直視沙倫特,回答:「我當時在開羅,在一家豪華旅館裡開了兩天世界銀行的會議。我想要離開一下,所以我去『亡者之城』,那是開羅近郊的公墓,許多無家可歸的人都聚集在那裡。這些人一貧如洗,住在有點像開發中國家常見的都市違建區中。

「我坐下來和一位婦人交談,她的女兒病得很重,因為單純的腹瀉而脫水。他們一直等候的藥物遲遲沒有送到,但是其實她需要的只是加了鹽的乾淨飲用水。從嬰兒虛弱的樣子,我曉得大概也沒什麼差別了。我問她能否讓我抱抱這個小女孩,母親把孩子遞給我。」

西水美惠子說故事的時候，眼眶中滿是淚水，大家也都靜了下來。「幾分鐘以後，小女孩就死了，」她說。停頓了一下，過了一會兒，她繼續說：「我知道這完全沒有必要，我知道這個小女孩原本不一定會死，我就是在這個時候開始改變。」

「領導者」究竟代表什麼意義？

孔子在兩千五百年前曾說過，要成為領導者，你必須先成為人。在名著《大學》中，孔子從領導人培育的七個「思考空間」闡述了他的發展理論。這些觀念和世界其他地方的智慧傳統並行不悖。

的確，智慧本身是與領導力相關的最古老概念。

不幸的是，今天幾乎完全聽不到這樣的領導觀點，「領導者」這個名詞多半是指職位帶來的權力，當人們說「除非由領導者發動，否則不可能改變」或「問題出在我們的領導者」時，「領導者」成為最高主管的同義詞。

無論這樣的說法是否正確，裡面都包含了更深的訊息。這樣的說法特別稱擔任最高經營管理職務的特定人士為「領導者」，那麼，何不乾脆說成「高階主管」就行了？這樣語意就不會那麼含混不清。

但是當我們稱這類人為領導者時，其實傳達了更寬廣的意涵，就是唯有在上位者有權力推動變革。

這種說法代表了一種根深柢固、令人感到悲哀的混淆觀念。

首先，它宣稱其他人都不是領導者，沒有什麼力量來推動變革。

其次，它過度簡化了一個更複雜、也更重要的議題 —— 如何了解不同階層領導者的不同角色，並且發展出能夠持續推動深層變革的領導者網路。

領導者有三種類型

我們在幾年前體認到這個混淆的觀念後，開始從「領導者生態」的角度，思考第一線領導者、內部網路領導者和主管型領導者應該如何對此生態有所貢獻。

當我們檢視 SoL 網路內部為建立學習型文化所做的種種努力時，我們發現，顯然三種類型的領導者都很重要，雖然他們貢獻的方式各不相同；後來，我們在《變革之舞》實戰指南中表達了這種分散式領導的觀點，書中檢視了推動並持續深層變革面臨的十大挑戰，以及提出挑戰的領導者之間相互依存的關係。[2]

要將創新做法融入日常作業中，像英特爾的瑪星或前福特主管沙倫特這樣的第一線領導者非常重要：他們可以檢驗系統思考工具的效能，改善心智模式，強化深度匯談，建立和現實世界連結的共同願景，創造融合學習與工作的環境。

如果沒有高效能的第一線領導人,新構想無論多麼受歡迎,都無法轉換為行動,而高層推動變革的企圖也會受阻。

像聯合利華的譚塔維—孟索和英特爾的蓋洛威這樣的內部網路領導者,則是協助者、種子散播者和穿針引線者。他們通常都和第一線領導者密切合作,以建立當地人員的能力,並融入新做法。

要將新構想和新做法從一個工作小組擴散到其他工作小組,以及在組織之間流通,並串聯起第一線的創新領導者,他們扮演了非常重要的角色。他們建立起更大的網路,散播成功的創新和重要的學習及知識。

英國石油的寇克斯和西迪摩公立學校系統的歐摩塔尼這樣的主管型領導者,則塑造了創新和變革的整體環境,在他們的領導下,組織發展出有關組織整體目的、價值和願景的指導方針。

這些指導方針和理念不見得都出自他們的構想,而是有其他許多不同的來源,但是他們必須承擔責任,確定組織擁有可信而激勵人心的指導方針。

在面臨創新的結構性障礙(例如:設計不良的衡量標準和獎勵制度)時,主管型領導者扮演非常重要的角色。他們必須以身作則,組織成員才會相信組織的價值和熱望。

就許多方面而言,高層在推動變革時,這種象徵性的影響最重要,但

也備受忽視。高效能的主管型領導者都欣然接受古老的格言:「行動比言詞更鏗鏘有力。」因為他們知道,在任何組織裡,這句話都特別適用於眾所矚目的人。

所有領導者都需要彼此

每一種領導者都需要其他領導者。

第一線領導者需要主管型領導者理解並清除制度上的障礙,也需要網路領導者促進同事間相互學習,防止閉門造車;網路領導者需要第一線領導者來檢驗新構想是否可行,也需要主管型領導者將基層的洞見轉換為適用於整個組織的指導方針和標準;主管型領導者則需要第一線領導者將策略目標從概念變成能力,也需要網路領導者建立更廣大的網路來推動學習和變革。

所有領導者的工作都包括三個基本角色。在初版的《第五項修練》,我寫下:「我們對領導者的傳統看法是,將他們看作特殊及傑出的人物,他們設定方向、做重大決策和激勵旗下人員。這樣的觀念深植在一種個人化和非系統的世界觀之中。

「尤其在西方,領導者被視為英雄與發生危機時挺身而出的偉人。只要這些迷思繼續風行,以個人魅力或短期模式來解決問題的傾向便會加強,忽略系統的力量和集體的學習。這種對領導的傳統看法,是來自假設大家都有無力感 —— 缺乏個人願景,認為自己沒有能力改變所處

環境，只有少數偉大的領導者才有辦法補救這些缺憾。

「在學習型組織，新領導者專注的是更奧妙及更為重要的工作。在這類組織中，領導者是設計師、僕人和教師。」今天，我認為這些基本角色比過去更重要，但我也充分理解這些角色所面對的困難和挑戰。

領導者的角色一：設計師

如果把組織想像成海上的郵輪，而你是組織的領導人，那麼你的角色是什麼？

多年來，我問過許多經理人這個問題，最常聽到的答案是：「船長。」其他人可能說：「設定方向的領航員。」還有少數人會說：「實際操控方向的舵手。」或「在下面添加燃料、供應能源的工程師。」或甚至「交際主任，負責確保每個人都充分投入，很有參與感，溝通順暢。」

這些，當然都是領導者扮演的合理角色，但還有另外一個角色，這個角色在許多方面的重要性都超越上述角色，卻很少人想到它。

這個備受忽視的領導角色，就是郵輪的設計師，沒有任何人的影響力比得上設計師。如果設計師造的舵只能向左轉，或要花六個小時才能把舵向右轉，那麼船長下令：「把舵向右轉三十度。」又有什麼用呢？如果組織設計不良，領導者花費再多心力，往往只是徒勞無功。

要將設計師的角色從工程系統的情境轉換到社會系統的情境，並不容易。身為組織領導人，我們並不是在設計獨立於我們之外的東西，但當我們把自己當成設計師時，我們甚至難免會把組織看成機器 —— 一台需要重新設計的機器。

然而，我們並非局外人，我們自己也參與這個系統，所以你不會像重新設計一輛汽車那樣，重新設計生命系統。

當領導者將組織視為生命系統時，他設計工作的方式就會大不相同。他們明白，儘管他們能在組織中創造出各種衡量標準、正式角色和流程，或企業內部網站或創新的會議等，但真正重要的是，當人們使用這些制度、流程或參與會議時發生的事情。

設計 1：流程與學習架構

有效整合工作和學習的基礎架構，並非從一開始就很完備，而是需要經過一段時間的發展，且領導人必須能欣賞開放而反覆的設計流程。

要建立新的基礎架構，組織必須願意實驗。2003 年，沙烏地阿拉伯國營石油公司（Saudi Aramco）的工程和營運服務事業部決定採用一種名為「世界咖啡館」的新方式，來組織大型商務會議。

多年來，組織內的領導團隊和工作小組一直利用系統思考，以及相關的學習工具來改善解決問題的模式，並釐清營運策略，但是他們還沒

有辦法有效吸引其他組織成員投入,而如今這種種創新措施,卻已經又開始令他們感到「很孤單」。

當時的資深副總裁阿爾─艾德(Salim Al-Aydh)說,「我們想要做的事情和公司其他部分沒辦法產生連結。我們和他們不合拍,無法將我們的新想法推廣到不同層級。」

2002年春天,當阿爾─艾德到埃及參加SoL的企業精英工作坊時,他親眼目睹了世界咖啡館的做法,開始思考如何將這種方法用在大規模的學習上。

「世界咖啡館」是由SoL網路的長期會員汪妮塔和伊薩克(David Issacs)發展出來的,為大型團體的深度匯談提供了簡單但有效的架構。[3]一開始,先讓大家圍坐在小餐桌旁,談話的焦點放在對大家而言有重要意義的共同問題或話題。然後大家輪流換到不同桌去參與討論,於是這些親密的小型對話開始互相發生關聯。

幾個小時內,每個人都參與了好幾場小型對話,同時對於大團體的整體思考也有了更清楚的概念。「世界咖啡館的流程對我有很大的幫助,」阿爾─艾德說,「在企業精英工作坊中,我們發現來自不同背景、從事不同行業的每個人其實都面臨十分類似的問題。世界咖啡館的流程揭露了許多不同的觀點,協助我們增進對彼此的了解。」

同時,沙烏地阿拉伯石油公司的高階主管根據沙烏地經濟的實際狀

況，重新思考他們的營運策略：大批青少年和年輕人進入勞動市場，形成龐大的人口結構泡沫；失業率在30%上下盤旋；每人平均GDP下降（自從1970年代中期，實質GDP已經下降了50%），以及無法永遠依賴石油所帶來的效益。

「我們有史以來，首度以團隊方式發展出策略方向，深度匯談擴展了我們的視野。我們和其他企業一樣，必須討好股東，但是為了企業持續蓬勃發展，我們也需要促進地方經濟。

「我問自己：『我們要如何和員工溝通這些議題，把這樣的思考推廣到組織的不同層級？』大多數人會告訴你，我們的組織有個弱點，就是不懂得該如何和員工溝通。我一直在尋找能幫助我們克服弱點的工具，而埃及的開會經驗真的激發了我的想像。」

設計2：調整思考

2003年，阿爾—艾德和同事舉行了「2003咖啡館」，他們讓督導人員、經理人、總經理、高階主管等共聚一堂，總共有六百多人，試圖利用咖啡館的流程來溝通諸如為何公司策略需要強調變革等重要議題，「我們讓大家有機會一起討論，提出問題，幫助我們看到並了解不同的觀點。」

「2003咖啡館」往新方向踏出一步，但只是第一步而已。

「我們之後做了一次調查，想了解這些做法究竟對員工的想法和行為產生多少實際的影響。雖然結果比傳統的溝通方式好很多，我們仍然對於員工的投入程度不是很滿意。除非你花了充分時間來回答這個問題：『這一切對我有什麼意義？』到頭來，其實員工無法真正了解這件事對他們有什麼影響。」

阿爾—艾德和他的同事接著設計了「視線」（line of sight）會議，召集不同的組織一起討論這些議題和他們的日常營運和活動有何關聯。然後是一系列的「釐清觀點」（clarity of sight）小組討論，有15到25位參與者。透過這些努力，阿爾—艾德親自和參與的一千多位員工面對面，大家一起討論變革的重要。

「這些會議都很有幫助。有一次，我們談到我們的GDP會下降到每人平均735美元，或每天2美元。於是他們問道：『真的嗎？如果我們不改變的話，就要靠2美元活一天？』我說：『的確如此。』然後向他們解釋為什麼我認為確實可能發生這樣的情況。

「『兩塊錢活一天』這句話在公司內部變得很有名，員工開始說：『如果我們不幫忙振興地方經濟，如果我們不設法發展石油以外的事業，如果我們不把工作外包給更多的本地包商、創造更多就業機會、訓練和僱用更多本地人，那麼我們最後可能要靠兩塊錢活一天。我們的孩子會找不到工作，我們會變成窮人。』」

當這樣的質疑和反思開始累積動能之後，咖啡館的流程就逐漸開展。

「我們漸漸有了更深的了解，學會如何吸引員工參與、如何讓股東關心的問題和他們的工作產生連結。我們也明白，內部開始出現不一樣的溝通，是很棒的事情，但是那些在公司內外、我們周遭的其他人呢？」

因為這個問題，而有了「2004咖啡館」，我們邀請內部顧客和外部顧客共聚一堂。透過「2004視線」和「2004釐清觀點」活動，沙烏地阿拉伯石油公司的員工不再只和自己人對話。

到了「2005咖啡館」，他們更進一步擴大對象，讓包商和服務供應商都參與這個流程，一千多人聚集在巨大的機棚中，以咖啡館的形式交流對話。

設計 3：擴大對象

「我們在一月初舉辦咖啡館對話，所以我們能循新年度營運計畫的脈絡，來討論這些重大議題。之前大多數員工都從來不曾參與過這樣的規劃流程，但是我們體認到，如果我們要一起在這些重大議題上合作，他們就需要知道公司究竟如何規劃未來方向。」

新的學習基礎架構只涵蓋了阿爾—艾德所掌管的工程和營運服務事業部，以及他們的合作夥伴網路，但是其他部門開始注意到他們的做法。2004年的調查顯示，阿爾—艾德事業部的員工對公司策略的理解遠遠超越其他員工，他們也比較清楚公司策略和自身工作的關連。

「我想,重點在於,我們的努力發揮效用了。公司了解必須投入更多心力來改善其他事業部的溝通。咖啡館的做法開始擴散到公司其他部門。」世界咖啡館是很有效的方法,但不是萬靈丹。同樣重要的是,沙烏地阿拉伯石油公司的故事說明了擔任學習基礎架構的「設計師」代表什麼意義。

首先,你必須體認到,組織內部對於溝通和學習的重要需求尚未得到滿足;然後,你必須有足夠的勇氣和想像力,能夠打破既定模式,採取截然不同的做法,以滿足這個需求;接下來,採取開放的態度,以批判性的眼光檢視目前已經做到什麼地步,修正和調整既有做法。

你必須有足夠的耐性和決心堅持到底,不要期望第一次就全部做對。最後,身為設計師,領導者必須能包容其他人持續發展基礎架構,以適應個別情況,不要認為必須由自己來掌控整個流程。

設計 4:資訊科技架構

在規劃像網站或入口網頁之類的基礎溝通架構時,也需要展現同樣的領導風格。多年來,大家都假定網站和入口網頁發揮的功能,正是當初技術設計師想要達到的功能,但事實上,情形可能恰好相反。

舉例來說,第一個「群組軟體」(groupware)剛推出時,許多公司都投資採購這個軟體,希望能促進合作,但往往由於強調內部競爭的既有組織文化而事與願違。

我在麻省理工學院的同事歐里克斯基（Wanda Orlikowski）發現，顧問公司的員工安裝群組軟體「Lotus Notes」後，大半都用來做他們過去一直在做的事情，例如：發電子郵件、安排會議，而不是用來分享關於新客戶或技術的資訊。[4]

如果組織文化強調我所掌握的知識決定了我的薪水和地位，那麼，以為單靠新的電腦架構就能令員工開始合作，未免太天真了。組織成員比較可能利用資訊科技來強化既有文化，而非改變既有文化。

因此，在設計資訊科技的基礎架構時，領導者必須先規劃負責執行的團隊本身的組織結構。艾倫表示：「我領導惠普印表機部門的 SAP 執行小組時，有 8 成組員都來自營運部門，包括：財務、採購、製造部門，整個團隊都在同一個空間辦公。你根本分不出來誰是從資訊部門派來的，或誰是營運部門的人。

「我們並不是安裝新工具，而是改變我們過去工作的方式。多年後，當我負責惠普員工內部入口網站和知識管理專案時，我們採取同樣的工作方式。我們的主要策略是，把焦點放在如何運用科技幫助惠普人找到彼此，並互相幫忙 ── 建立知識網路，並且拓展知識網路，讓它能跨越組織界線。這些比技術本身重要多了。」

設計 5：將學習工具嵌入學習環境

我們必須用同樣的思考來引導像微世界這類的新學習基礎架構。

我最初撰寫《第五項修練》時，認為這類模擬學習環境是未來關鍵的學習基礎架構，並大膽宣稱微世界是「學習型組織的科技」。雖然在隨後幾年，模擬技術變得愈來愈普遍，微世界卻沒有發揮我希望的影響，我相信這都要歸咎於過度強調技術（也就是模擬的模型），而忽視了強調真實學習和改變的反覆式設計流程。

「我認為《第五項修練》提出的微世界概念在當時而言太前衛了，」福特汽車的薩利曼（Jeremy Seligman）表示，他是亞當斯團隊中的資深成員，「但是由於電腦普及和電腦運算能力不斷提升，開始帶來很大的改變。我們現在看到，愈來愈多人把管理飛行模擬器和微世界當作驅動營運策略發展和決策的有效工具。」

有一位福特的廠長讓一千多位員工參與生產現場的飛行模擬器，讓生產流程中不同層級的員工都能在許多狀況實際發生前，就親身體驗可能的情境和造成的後果，一方面提高他們的適應能力，同時也讓他們更了解生產系統的整體面貌。

「結果工廠的生產力大幅提高，我期待其他工廠也會推行類似的計畫，」薩利曼表示，「我們在銷售規劃上也有成功的經驗。有一個很大的地區事業部領導團隊，因為微世界而轉換了原本的思維，改變銷售計畫、衡量指標和核心的策略假設。

「他們走的這一步，遠遠超前於根據不充足的數據和對未來的模糊觀點而召開的、無止盡馬拉松式會議的結果。

「你必須有耐性，不斷設法了解員工的實際需求，吸引他們投入。設計的典範演變得很快，我想我們漸漸會更清楚在組織中實施微世界的成功關鍵要素。」

薩利曼和亞當斯持續的實驗和改善乃奠基於一個深層信念，正如同薩利曼所說：「當我們學習如何將這類學習工具嵌入學習環境中，對於在目前高度競爭的市場上競逐的企業成敗，有重要的影響。」

設計 6：指導方針

將設計視為生命系統一部分的觀念，也同樣適用於更細膩的設計工作，例如：「設計」指導方針。

「組織設計廣泛遭到誤解，常常只是在方塊和線條之間打轉，」歐白恩過去常常這麼說，「組織設計的首要之務乃關係到指導方針 —— 組織成員服膺的目的、願景和核心價值。」

雖然由經營團隊提出願景和使命宣言是常見的事，但要了解大家會以不同方式來詮釋和實踐宣言，會導致不同的策略。

如果你抱著這樣的想法來設計指導方針，可能會出現好幾種情況：

第一，你比較不那麼擔心遣詞用句是否正確，而更關注如何措詞才能吸引組織成員投入。

「我們過去總認為，我們把菜端出去之前，必須烹調得盡善盡美，」在長島擔任校長的歐摩塔尼表示，「當我們的教師、教育行政人員和社區居民都很習慣一起學習、通力合作時，我們不再害怕提出還不成熟的想法和願景，因為他們會一起把細節討論出來。

「我們會說，我們何不展現信任，走出去向大家說：『我們有一些可能的選擇方案，我們需要一起找出哪個是我們想承諾的方案。』」

第二，你做好心理準備，要多花一些時間來發展指導方針宣言。

2001年，溫斯洛成為耐吉女鞋部門的領導者，這是耐吉第一個完全針對女性產品成立的事業部。溫斯洛和她的經營團隊花了一年時間討論出指導方針，說明他們希望和顧客建立什麼樣的關係。[5]

「重要的是，我們想要找到一些原則，足以表達我們是誰，以及我們的承諾為何。開始了解並奉行這些原則，是建立我們這支團隊的重要流程。雖然這些方針以後一定會改變，但是已經維持了四年，即使我離開這個部門之後，他們仍然遵守這些指導方針。大家仍然會看著指導方針，然後說：『我們真的為了正確的理由，做了正確的決定嗎？』」

第三，正如同溫斯洛的評論，你必須把焦點放在如何運用指導方針。

歐白恩過去常用他的「廢話量尺」，來評估願景和價值是否真實，或只是那種「令人感覺很好」的宣言罷了，「到頭來，你還是必須自

問：『我們的願景和價值如何影響了我今天的決策？』如果你的決策
並沒有受到影響，那麼你的願景和價值很可能是廢話。」這正是我們
在前一章討論的指導方針和一般的好構想之間真正的差別所在。

2002年春天，在SoL永續聯盟的會議中，其中一位創辦人，英國石油
公司的巴爾金（Bernie Bulkin），給我們看一件T恤。T恤背面有幾個
字：尊重、正直、溝通、卓越，然後他把T恤翻過來給我們看正面，
上面寫著：安隆（Enron）。

這點出大家對指導方針最根本的誤解。很多人對於是否用對字眼耿耿
於懷，但即使問：「這是正確的願景嗎？」都是錯誤的問題。只專注
於用對字眼，結果只會創造出美麗動人、鼓舞人心的願景宣言，但卻
無法推動任何改變。

另一方面，真正懂得設計指導方針的領導者都知道，套用我的同僚佛
瑞茲的話：「重點不在於願景是什麼，而是願景做了什麼。」

他們把願景和指導方針當作激發能量和集中力量的工具，他們乃藉由
願景和指導方針所發揮的效果來評斷，而不是只說些漂亮的話。而
且，他們絕對不會忘記指導方針總是不斷演變，與時俱進。

設計者的功勞

雖然領導者的設計工作可能影響深遠，但很重要的是必須明白，功勞

很少算在設計師頭上。這也是為什麼,大家往往不認為設計郵輪的工作是展現領導力。

好的設計在今天帶來的成效,可能是很久以前就完成的工作所造成的貢獻,而今天的工作可能也要等到未來很久之後才看得到效益。

好的設計有個特徵 —— 不會發生危機。但是在「視領導者為英雄」的組織文化中,這樣的設計師很難受到注意。

如果一個人立志成為領導者,是因為強烈的控制欲,或一心想求名,或純粹喜歡當主角,那麼他很難受默默的設計工作所吸引。

「如果你專注於小贏,不在乎由其他人居功,那麼你不管在組織的任何位子上,都能完成很多工作,」沙倫特說。

在發揮到極致時,高超的設計有可能幾乎讓人看不出來,老子在兩千五百年前就把這點表達得很精闢。

老子說,不好的領導者會遭人民辱罵,好的領導者則備受推崇。偉大的領導者會令人們說:「我們是自己完成這件事情的。」(太上,下有知之;其次,親而譽之;其次,畏之;其次,侮之。信不足焉,有不信焉。悠兮其貴言。功成、事遂,百姓皆曰:「我自然。」)

這種領導風格並非完全得不到回報。由於組織能產出人們真正想要的

成果，採取這種做法的領導者因為參與其中而獲得極大的滿足感。事實上，他們發現，這樣的回報更持久，遠勝過傳統領導者獲得的權力和讚頌。

領導者的角色二：老師

偉大的教師總是能讓周遭的人學習。

偉大的教師會創造學習的空間，並邀請其他人進入這個學習空間；相反地，差勁的教師卻把焦點放在教學的內容和教學方式上。

領導者必須具有培育他人的精神。

格林里夫（Robert Greenleaf）對這點有美妙的詮釋，他從1920年代到1960年代中期曾經在AT&T和許多優秀領導者共事。

格林里夫指出，為他人服務的欲望是優秀領導者的核心動力，他稱這種人為「僕人領導者」，「而最好的檢驗就是：他的服務對象是否都能獲得個人成長？變得更健康、更有智慧、更自由、更自主，自己更可能也成為僕人？」[6]

培育1：組織中缺乏的能力

正如領導者往往因為體認到組織未能滿足溝通協調的重要需求，而展

開設計工作，領導者也經常因為體認到組織中缺乏某種重要能力，而開始扮演老師的角色。

寇克斯在2001年開始組織「沙龍」，讓英國石油公司的經理人一起思考未來。她說：「當我在英國石油公司升到高階主管的位子時，我開始了解我們所面對的核心議題是集體領導的能力。我們有很多能幹的個別領導人，但是我們的文化強調個人擔當，往往過度鼓勵人與人之間的競爭。

「一開始，我想要召開一系列沒有議程的討論會。我邀請了二、三十個同事來參加一天半的討論會，請他們隨心所欲地談他們想談的內容。

「這些人的背景非常多元，包含英國石油公司各個不同部門中的高階和低階經理人，還包含大學剛畢業的公司新人。還有大約三分之一的人根本不是英國石油的員工，包括：校長、芭蕾舞者、慈善機構的人員和其他企業的員工。規則是，每個人都必須至少認識一位與會者。

「就某個程度而言，我不在乎這些討論會產生什麼特定的成果，我比較感興趣的是對話本身。我挑選了很寬廣的主題，希望能引導大家關注一些重要的方向，例如：全球化的議題，我們如何因應，以及我們對世界造成的影響等。

「比方說，我們有一場會議是和強森（H. Thomas Johnson）一起討論數字的暴政，也就是我們在經營企業的時候，常常會過於注重能夠以

數字衡量的部分,但是大家都很清楚,很多真正重要的事情是無法以數字衡量的。[7]

「這是一場精采的對話,大家都很高興,有充分的空間可以討論他們關心的問題。我們一開始的時候預備談什麼主題其實不重要,對話本身總是會發展出自己的生命。」

這類努力對於建立新能力能發揮多大的影響,一向都很難估計。其中一項成功指標就是大家會不會出席。就寇克斯的沙龍而言,雖然違背了英國石油公司績效導向的文化,大家仍然持續出席。儘管有一位高階主管批評:「寇克斯的討論會快讓我抓狂了。」但是他仍然在忙碌的時間表中挪出時間,盡可能參加討論。

培育 2:創造對話的空間與意圖

寇克斯並不確定自己發揮了多大的影響,因為如果她沒有出面召集,沙龍就不會繼續辦下去。

「我原本還滿失望的,但後來我明白,沙龍已經播下了許多種子。或許很多人不覺得自己在適當的位子上,或有足夠的權力來做我所做的事情,或他們純粹不想這麼做。但後來我發現,很多人的確受到這些對話的影響,而且會採取和過去不同的新方式,來召集會議或組織工作坊,或探討議題。」

沙龍也讓寇克斯學到了寶貴的教訓，她因此懂得如何創造出能縮短能力差距的學習環境，尤其當她升到高階主管的職位時，從中學到的經驗變得更重要。

「當你無法事事都親自參與時，你要如何領導這麼大規模的組織？對我而言，祕訣就在於只有經過慎重考量的極少數事務，我才介入，而且必須說到做到。比方說，當我們召集大家討論策略時，我唯一掌控的事情只是創造對話的空間和對話的意圖，我認為這兩件事情非常重要，其他的事情我都不管，交由與會者透過對話和互動來掌控。」

培育 3：把現實當作創造願景的媒介

在本書的初版中，我討論到一個根本需求：協助人們發展出更能提振信心和力量的現實觀點。我的意思是，認清現況的方式能令我們更有信心塑造未來，而不是反而破壞我們的信心。

在大半的組織中，多數人所認知的「現實」是必須承受的壓力、必須因應的危機和必須接受的限制。依照這樣定義現實的方式，願景充其量只是不著邊際的美夢或令人懷疑的妄想，而不是可以實現的目標。那麼，領導者要如何幫助大家把現實當作創造願景的媒介，而非限制的根源呢？這是「教師型領導者」的核心任務。

其中一個方法是，幫助人們根據隱藏的系統結構和心智模式來了解問題，不要只看到短期的事件。

了解塑造現況的各種力量和我們如何參與其中,影響了這些背後的力量,將會很有幫助(請參見第三章〈從啤酒遊戲看系統思考〉)。但培養系統思考能力需要時間和耐心,致力於系統思考的領導者往往面臨兩難,就好像老師試圖幫助學生培養困難的新技能時的情形一樣。

教師的兩難困境

「我們一直都能成功應用系統思考來解決重要問題,」亞當斯說,「但是因為看到我們的做法有其限制,我也開始擔心。比方說,我們必須從全球 35 億美元的資訊科技預算中刪掉將近 1 億美元。我們有一個小組開會劃出代表最高槓桿點的機會 —— 能削減成本而不會損害產能的十個系統思考圖形。

「我們不是直接向大家說明系統圖,而是展開十個工作串流,並且確定所有的介入行動都根植於我們從這十個系統圖所獲得的洞見。我們成功刪掉了 10 億美元的預算,但是我自己卻因為沒有和大家分享我們獲得的洞見,讓更多人一起系統思考,而感到不安。我們默默在幕後應用了這些工具,我幾乎覺得這樣做是在耍手段。

「我覺得,如果我看清整個圖像,我應該解釋給其他人聽,並且說:『這是為什麼我們在這個地方要這樣做,而那個地方卻不要介入。』」

亞當斯明白,他的做法算是很成功,只是仍然有兩個問題。第一個問題是,在他的做法中,沒有幾個人需要自行建立起辨認系統力量的能

力；第二，他知道他的做法之所以成功，是因為他控制了資源，因此可以進行需要的變革。

相反地，在大部分的營運問題中，亞當斯和他的系統思考幕僚扮演的角色比較像是「影響者」，因為不同的人必須根據他們以新方式看到的新情勢，採取不同行動。「我們需要描繪圖像，讓大家能看清楚，所以最好協助他們為自己描繪出這幅圖像。」（圖15-1）

圖15-1　組織學習系統思考的兩難

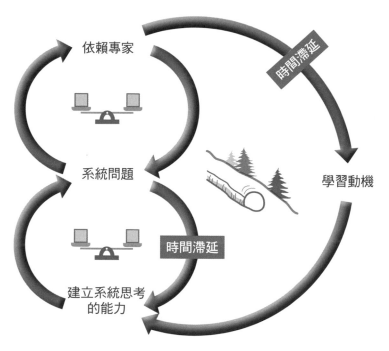

亞當斯知道，如果沒有提出這個兩難困境，很容易就會發展出「捨本逐末」的動態——由於解決重要問題的壓力太大，於是組織求助於能分析情勢、提出洞見的專家。

如此一來，組織就沒有必要建立更寬廣的能力，而且組織成員愈來愈習慣仰賴專家來為他們解決問題，很容易就不再有足夠的誘因培養自己解決問題的能力。經過一段時間以後，壓力愈來愈大，他們更仰賴專家的協助。或許組織終究把問題解決了，但卻沒有變得比較聰明。

和許多捨本逐末的情況一樣，成功的策略是採用能建立長期能力的方式來因應短期的機會，連結「事件驅動的系統思考」和「發展式的系統思考」。

先學習，再教導

要當真正的教師，你必須先是個學習者。的確，教師對學習的熱情和他的專業一樣能啟迪和鼓舞學生，因此，致力於推廣組織學習的經理人自己也必須是「實踐者」，而不只是「倡導者」或「傳教士」。

莫頓（Greg Merten）從油墨供應組織總經理和副總裁的職位上退休之後（該組織多年來一直是惠普公司規模最大而且獲利最多的事業部），對這個觀點有精闢的陳述。

根據莫頓的說法，學習是領導的根源，「如果我回顧在惠普的工作生

涯，周遭一直有許多極有才幹的人，但最後真正成為高效能領導者的人，無論他們的層級為何或扮演什麼角色，都一定是真正的學習者。

「他們過去的成就似乎不會影響到他們的自我形象，他們總是清楚意識到自己需要成長，而且知道，如果要學習，就必須永不懈怠地努力找出目前最有效的方法。

「我很清楚，公司之所以蓬勃發展，都是因為當時許多位居要職的人都以學習為導向，而當公司重要領導者不重視學習時，公司就有麻煩了。」

雖然莫頓「領導者必須是學習者」的看法似乎沒有什麼特色，但它真正的涵義卻需要花一段時間才能為人所明瞭，尤其是高度承諾、全心奉獻的人，很多時候反而變得盲目，不清楚自己需要學習。

「有40個人參加我們第一次的和平圈訓練，包含年輕人、警察和假釋官、社區成員和朋友，」洛卡組織的鮑德溫說，「開幕式進行到一半時，我們幾個人坐在圓圈中央談話。

「不到三分鐘，周遭的一切全走樣了，大人吼叫，小孩咒罵，每個人都在說：『你看！這個方法絕對行不通！』眼看著討論會就要失敗，我真是心痛。

「但是，最後我明白，我是多麼執著於分裂，而非團結，我是多麼不像

個和平締造者，只知道一直堅持：『我是對的，你錯了！問題出在你身上，而不是我們，因為我們是站在道德的高度看事情！』才是最大的問題所在。」[8]

領導者的角色三：僕人

格林里夫在《僕人領導學》（*Servant Leadership*）中指出，「僕人式領導者首先是個僕人……他從一開始就自然而然想要服務……然後經過有意識的選擇而立志成為領導人。他們和或許是為了滿足特別強烈的權力欲望或物質欲望，才一開始就立志當領導人而追求權位的人截然不同。」[9]

領導者乃是為他們所領導的人服務，這個觀念看似理想色彩太濃，但我相信這也是非常務實的觀念。

我曾經問一位海軍陸戰隊上校，為什麼海軍陸戰隊如此推崇僕人式領導的概念，他說：「無數場戰役已經一再顯示，當人們的性命危在旦夕時，他們只會跟隨他們信任的指揮官，他們認為會將他們的福祉放在心上的領導人。」

僕人式領導也關係到為更崇高的目的服務。就像歐白恩過去常說的：「所有的真心奉獻都是為了大我。」

我曾在1990年描述「使命故事」如何為不同階層具有領導天分的人指

引方向，說明截然不同的人如何「受到同樣的啟發⋯⋯在每個人願景
背後，都有一個隱藏在內心深處的故事和使命感，更深廣的『領導者
誕生的型態』⋯⋯

「許多同樣位居領導地位的經理人儘管能力高強，卻無法成為如此傑
出的領導人，正是因為他們內心深處沒有這種為大我服務的使命故
事⋯⋯能讓他們與更偉大的工作發生關聯⋯⋯賦予個人願景更深層的
意義，讓他們看到更廣闊的風景，因此個人的夢想和目標，只是更長
遠地追尋途中豎立的明顯地標。」

今天重新檢視這些文字，我看到裡面隱藏了兩個弔詭。第一個弔詭與
確信及為信念而奉獻有關，第二個則與保存及改變有關。

僕人式領導的弔詭

知道使命故事之後，對人生意義的確定感很容易就油然而生，甚至產
生某種封閉的心態；相反地，缺乏這種確定感的人，可能會推斷他們
缺乏更遠大的使命，因此要扮演好領導者的角色將有其局限。

我逐漸認為，這種對人生目的和目標的確信，其實有它的危險性，我
們經常在今天的世界中看到這樣的危險。在《狂熱份子》（*The True
Believer*）書中，哲學家賀佛爾（Eric Hoffer）提出一個問題：狂熱份
子和忠實信徒真正的差異何在。[10] 他的結論是：「確信」。

狂熱份子確信自己是對的，依照賀佛爾的定義，當我們確信自己掌握了答案，無論是為了追求什麼目的，我們都會表現得像個狂熱份子。我們內心有一部分是封閉的，看到的世界是黑白分明的。另一方面，真誠的信念卻總是能和質疑及不確定並存。就這個角度而言，獻身於某種信念其實是出於有意識的選擇，而不是難以克制的衝動。

僕人式領導的第二個弔詭 —— 保存和改變，乃基於一個事實，就某種角度而言，領導力總是和變革有關。領導者總是試圖推動不同的優先順序，他們總是把重心放在即將發生的新事物上。我相信，深層的目的感對領導者之所以如此重要，其中一個原因是它提供了固本的錨。在求新求變的同時，領導者也必須維護他們希望保存的事物。

釐清：想要保存什麼

弔詭的是，他們想保存的，正是推動變革的關鍵。

比方說，你在溫斯洛的故事中可以看見，她想要與耐吉對創新的核心認同產生連結，而在這樣做的過程中，她也釋放出耐吉的變革能量。而在貝瑞協助國際金融公司的經理人努力促使成功的私人企業符合永續發展的目標，或英特爾的瑪星發現他和同事都真心想要保持健康的生活方式時，也都顯示了這樣的弔詭。

智利生物學家馬特拉納說，演化是「透過保存而轉變」的過程。根據他的說法，大自然保存了一些基本特性，並同時容許其他的一切改

變。動物世界「左右對稱」的特性就是一個最簡單的例子：許多動物都有兩個眼睛、兩隻耳朵、四條腿，以此類推。但重要的是，在左右對稱的限制下發生的那些不尋常的演化變異。

變革領導者常常忘記問一個重要問題：「我們想要保存什麼？」改變自然會引發所有人的恐懼：恐懼未知、恐懼失敗、恐懼在新秩序中不再被需要。

當我們把焦點過度集中於有哪些需要改變，而不去思考需要保存什麼時，就更加深了這樣的恐懼。但是當我們釐清自己想要保存的事物時，就可以消除部分的恐懼。

當領導者有意識地應用這個原則時，通常發現，人們會試圖保存身分認同和關係，例如：他們希望保存「創新者」的身分認同，消除貧窮方面的夥伴關係，或能促進彼此的身心健康。

權力和野心的本質

悲哀的是，這樣真誠的僕人式領導也凸顯了今天截然不同的領導現實，「在我看來，今天世界上最大的邪惡是，愈來愈大的權力和財富集中在愈來愈少的人手中。」

今天關於權力如何藉由資訊科技而日益分散，「分處各地、但透過科技相連的人們，現在能夠用過去難以想像的規模，運用從各地蒐集來

的資訊，制定決策。」[11]許多人已經談了很多。然而，尤其在高階經理人之間，權力的分布往往和人們內心的深層驅動力起衝突。

惠普的艾倫如此形容：「社會網路的培養和支援，往往都發生在事業單位的層次，因為事業單位的產品和服務更直接與顧客相關；不幸的是，我也經常看到這些合作網路總是要對總公司層次的野心網路退讓。」

歐克斯芬的史托金看出野心、成果和傳統上男性主導的企業主管世界之間的關聯性：

「今天有很多研究顯示，女性領導者的競爭心和野心與男性大不相同。當經營團隊滿腦子只想著如何加官晉爵時，不會真的產出什麼成果，結果團隊中的女性會退後一步，表示：『老實說，我沒辦法煩惱這些事情。我還有家人需要照顧，還有自己的生活需要經營，我不會花那麼多時間來應付內部鬥爭。』

「我不知道這是因為許多女性都承擔了其他責任，還是純粹出於女人的天性。但她們往往會說：『如果不能做出點什麼，那麼我就不要在這上面浪費時間。』大體而言，女性高階主管的雄心壯志比較是針對事情本身，而較不會對自己的未來前途充滿野心。」

史托金的話透露出大多數經理人都不了解的祕密：擁有更寬廣的人生視野或許能幫助他們成為更優秀的經理人。

幾年前，英國石油公司要把寇克斯升為高階主管時，她的第一個小孩正好誕生，她告訴公司高層：「我只是想要告訴你，英國石油公司不是我生命中的頭等大事，我女兒才是。如果你認為我的想法會和我的新職責起衝突，那麼你最好不要把我升上去。」

寇克斯今天回想起來：「雖然我在工作上要面對嚴苛的要求，但事先表明個人的優先順序對我有很大的幫助，或許對組織裡其他人也有很大的幫助。」

締造能永續的成果

企業界目前非常憂心，毫無節制的個人野心會造成倫理崩盤，其實他們忽視了一個更重要的因素：無論管理階層是否違法瀆職，個人野心都可能破壞組織達到的成果。難怪像史托金和寇克斯之類的領導者，他們一向有辦法展現重大的長期成效。

首先，必須從聚焦著手。當身居上位的領導經理人投注心力於保護或擴張勢力範圍時，就沒有辦法像史托金所說的，聚焦於「事情本身」；換句話說，就會犧牲員工努力想達到的實際成果。

但還有另外一個時間的因素，如果經理人只專注於追求短期成效，他們往往為了達到成果而合理化自己持續干預的行為。無論是有心還是無意，結果都造成捨本逐末的動態，並對管理階層的介入產生自我增強的依賴。如此一來，專注於短期成果成為後續的聚焦策略。

「當我和國家健康服務合作的時候，我對這件事有很多思考，」史托金說，[12]「我看到經理人放下其他事情不管，只顧解決眼前的問題，處理待辦事項清單上的事。但是，如果你完全不針對整個系統的運作方式做任何根本改變，一旦你不再關注這件事，老問題立刻就故態復萌。

「如果你花時間和大家一起弄清楚，應該如何讓未來要持續運作的系統產出更好的成果，雖然花的時間比較長，但是一旦你找到解決辦法，即使你離開，也不會故態復萌。」

培養根本解

史托金指出，「我會說：『我或許會花多一點時間才能辦到，但是一旦我做到了，我知道獲得的成果將更能延續下去。』最後，我們發展出一個指導原則。當我們不得不介入，比方說，醫院的事務，我們的做法應該幫助醫院的工作人員更清楚未來要如何自助、自己解決問題。重點在於他們必須進步，所以下次我們就不必再介入處理。

「如今，我們在歐克斯芬面臨了類似的挑戰。當然，直接介入處理人道危機，並且達成圓滿結果，在心理上可以獲得很大的回報。除了得到好名聲，個人也有很大的滿足感，你知道，就是『穿著短褲的白人飛來發放救濟物資』之類的。但目前我們努力的目標是，希望我們永遠不需要再親自飛到某個國家，從事人道救援工作。

「若我們做好自己的工作，應該早已協助當地人培養出適當的能力，讓

他們可以幫助自己的同胞。在人道援助的世界，真正的動機並非來自從控制角度而言的個人權力，而是來自於更微妙的一種權力 —— 感覺自己被需要。儘管如此，其中牽涉的動態仍然沒什麼兩樣。」

成為願景的僕人

一位年輕的洛卡街頭工作者曾說，僕人式領導最終乃是關於「做對整體而言正確的事」。這個承諾改變了我們和個人願景的關係，願景不再為我們所有，不能說「這是我的願景」，而是我們成為願景的僕人，我們是屬於「願景的」，就和願景是「我們的」一樣。當蕭伯納談到：「受到你認為非常偉大的使命所驅策」時，他的話簡潔有力地表達了這種關係。

雖然說話的語氣和重點略有不同，但黎巴嫩詩人紀伯倫（Kahlil Gibran）的詩句同樣啟迪人心。他在談到父母和子女的關係時，將領導者身為願景的僕人 —— 承擔責任但並不擁有的特殊感覺，表達得十分貼切：

你的孩子並不是你的。

他們是對生命本身充滿渴望的兒女。

他們是經由你來到這個世界，但不是出自於你。

雖然他們和你在一起，但他們並不屬於你。

你可以給他們你的愛，但不是你的思想，因為他們有自己的思想。

他們的身體居住在你的屋子裡，但他們的靈魂卻不是。

因為他們的靈魂居住在明日之屋，甚至在夢中你也無法前去那兒探訪。

你可以盡力使自己變得像他們，但盡力不要使他們像你。

因為生命不會倒流，也不會駐足在昨日。

你是弓，經由你射出子女的生命之箭。

神箭手瞄向無窮遠的標的，以祂的神力將你拉彎，把箭射得又快又遠。

任那神箭手將你彎滿，那是一種真正的喜悅。

因為，一如祂喜愛飛快的箭，祂也同樣喜愛沉穩的弓。[13]

如何培養這樣的領導者？

英文中的「領導」（lead）這個動詞乃源自印歐語的字根「leith」，意思是「跨越門檻」，這個意象常常和死亡相連結。所以，難怪像西水美惠子和沙倫特這樣非凡的領導人，通常都有一些關於覺醒時刻的動人故事，他們內心一些舊的部分死去，新的部分誕生。

有趣的是，另外一個大家廣泛採用、但卻不太了解的名詞「魅力」（charisma）也傳達了相關的概念。

「很有魅力」通常是指強烈、甚至極具吸引力的個性。不幸的是，許多人總以為，魅力來自於一些個人特質，例如：出色的外貌或低沉的聲音。但我認識的大多數傑出領導人，都沒有出色的外貌或強烈的個性；他們之所以與眾不同，是因為思路清晰、很有說服力、盡心盡力、心胸開放、持續學習。

「他們並非「總是有答案」，但他們似乎總是能令周遭的人相信，大家
共同努力，「為了達成我們真正希望的成果，無論需要學習什麼，我
們都可以學會。」

事實上，英文中的「魅力」這個詞來自天主教會，意思是聖靈賦予人
的獨特「天賦」。要成為有魅力的人，就表示要發展個人天賦。簡而
言之，我們發展為真正具魅力的領導人，也就是做自己，這也是培育
真正領導人的祕訣。

致力自我發展

觀察不同領導人對於培育領導人的看法，我很訝異大家的目標和方法
簡直南轅北轍。有的人努力發展概念化和溝通的技巧，有的人努力聆
聽和欣賞別人的構想，有的人把五項修練當成發展架構，有的人採取
其他做法。但所有的人都致力於自我發展，如同沙倫特所說：「努力
成為一個真正的人。」

還有一個超越歧異的共通點，就是領導人如何看待他們的工作和發
展，這是創造性張力的原則。雖然他們之間差異這麼大，但真正高效
能的領導者似乎都了解願景的力量，並且能誠實而深入地正視現況。
我從來不曾看過不能體認這個原則的高效能領導者，無論他是否曾經
有意識地思考這點。

我們並非透過推動組織學習而發明創造性張力的原則，的確，許多人

過去已經形容過這個原則。金恩博士在一次歷史性的反隔離抗議遊行後，被關在阿拉巴馬州伯明罕的監獄中，他寫下：

「就好像蘇格拉底覺得需要在心靈深處創造一種張力，如此一來，個人才能擺脫虛構神話和似是而非謬論的束縛……所以，同樣地，我們必須在社會中創造這種張力，幫助人們從偏見和種族主義的黑暗深淵中醒悟過來。」[14]

金恩博士因為他追求平等的夢想而聞名於世，就好像甘地一樣，他的領導力乃奠基於幫助人們看清現實，「戲劇化目前的處境」。他知道兩者（夢想和現實）並列，是變革真正的驅動力。

我很訝異地發現：「領導者」這個名詞通常是其他人賦予的評價，真正的領導者似乎很少自認為領導者，他們毫無例外地都把焦點放在需要完成的事情、他們所參與運作的更大系統，以及與他們一起開創新局的人們身上，而沒有去思考自己是否為「領導者」。

的確如此，否則，可能就會有問題。因為正如同我的同事史密斯（Bryan Smith）所說，尤其對位居領導地位的人而言，總是存在著「以為自己是英雄」的危險。

有一位惠普員工在研究了公司歷史之後，曾經詢問惠普創辦人普克（David Packard）他的領導理論為何。據那位員工所說，普克沉吟了很久之後，只簡單地說：「我不曉得什麼領導理論，比爾（Bill

Hewlett，惠普公司的另一位創辦人）和我只不過是做我們最愛做的
事，而且很開心大家也願意加入和我們一起做。」

注釋

1. 相關研究 *The Leader's New Work*，已成為麻省理工《史隆管理評論 》中最
暢銷的文章。Reprint 3211; Fall 1990, vol. 32, no. 1, 7-23。

2. 亦參見Peter Senge, "Leading Learning Organizations: The Bold, the
Powerful, and the Invisible," in Frances Hesselbein, Marshall Goldsmith,
and Richard Beckhard, *The Leader of The future: New Visions, Strategies, and
Practices for the Next Era*（San Francisco, CA: Jossey-Bass, Publishers），
1996 and Peter Senge and Katrin Kaeufer, "Communities of Leaders or
No Leadership at All," in Ed. Subir Chuwdhury, *Management in the 21st
Century*（London: Financial Times Publishing），2000。

3. Juanita Brown and David Isaacs. *The World Café*（San Francisco: Berrett-
Koehler），2005.

4. Wanda Orlikowski, "Learning form Notes," The Information Society, 9,
1993, 237-250.

5. 四項指導方針為：啟發她變得健康積極、尊敬她所有的生命階段、與她聯
繫、為了未來的利益而生活與工作。

6. Robert Greenleaf, *Servant Leadership: a Journey into the Nature of Legitimate
Power and Greatness*（New York: Paulist Press），1977, 13.

7. 強森是舉世知名的會計理論家，為作業基礎成本制度（activity-based costing，簡稱ABC）的發明者之一，也是《無法衡量的利潤》（*Profit Beyond Measure*）一書的共同作者。這本書記錄豐田等公司績效管理的激進創新，將製造業傳統的集中化成本管理系統，由分權式責任（local accountability）取代，以帶動成本績效與創新。

8. Sayra Pinto, Jaason Guevera, Molly Baldwin, "Living the Change You Seek: Roca's Core Curriculum for Human Development," ibid.

9. Robert Greenleaf, op cit, 13. See also Peter Block, *Stewardship*（San Francisco: Berrett-Koehler）, 1996.

10. Eric Hoffer, *The True Believer*（New York: Harper Perennial）, 2002.

11. Thomas Malone, *The Future of Work: How the New Order of Business will Shape Your Organization, Your Management Style, and Your Life*（Boston: Harvard Business School Press）, 2004, 4. Malone argues that realizing the Potential of IT also depends on managers with an orientation toward "cultivating" people.

12. 身為區域主管，史托金負責75項信託，每一項都有醫院與社區服務，約有18萬個醫療與行政人員。

13. Kahlil Gibran, *The Prophet*（New York: Knopf）, 1923, 15.

14. Martin Luther King, "Letter from a Birmingham Jail," American Visions, January/February, 1986, 52-59.

第 16 章

人人都是系統公民

2002年秋天，世界銀行的西水美惠子應邀回家鄉，在慶祝日本加入二次大戰後國際金融體系「布列敦森林協定」（Bretton Woods Accord）50週年的慶典上發表演講。西水美惠子在演說中和聽眾分享了個人的故事，描繪她如何開始面對貧窮的現實狀況，以及她對於全球情勢的看法。演講快結束時，她以流利的口才總結了生活在這個歷史性時代的悲哀。

我們對未來很陌生。我們的未來將和過去大不相同，因為在我們勾勒和衡量未來時，地球本身變得息息相關。所有將會塑造未來的獨特問題，本質上都是全球問題。我們都無可避免地歸屬於一個相互依存的網路、相互依存的生態系統，資訊、觀念、人才、資本、商品和服務自由地相互流通，共同維護和平與安全。的確，我們在同一個地球上命運交織，緊密相連。

過去，想找到更有效的方法來推動組織變革的人，往往是建立組織學習能力的動力；他們想要建立更有適應能力的企業，相信要增加財務資本，就必須發展人力資源和社會資本。

但是,如今,當我們醒悟到大家同屬一個「命運交織的網路」,了解我們面對的是深層的組織學習和社會挑戰,外在動機也已經逐漸成形。由於這兩股改變的力量相互交會,我相信,創造學習型組織的機會可能已經來臨。

我們身處於更龐大的系統中

所有的組織都歸屬於更大的系統 —— 產業、社區和龐大的生命系統。就某個角度而言,認為企業可以超脫於它所依賴的產業、社會和大自然體系之外,而獨自增進本身的福祉,是不合邏輯的想法。

過去很長的時間以來,企業一直視這些更大的系統為理所當然,但現在愈來愈多證據顯示,無論單獨的企業或整個企業界,都會影響這些系統,而且這種相互依存的關係造成的影響日益重要。

有些影響是顯而易見的,例如:當工廠遷移時,鎮上一半的人口會失業;或是當發電廠排放氮氧化物和硫氧化物時,會對環境帶來影響。但是,許多影響乃是透過更龐大的系統連結而發生,因此大多數人仍渾然未覺。

當我撰寫本章時,破壞力強大的颶風正侵襲美國東南部的墨西哥灣沿岸。我和許多人一樣非常關心狂風暴雨中同胞的安危和福祉 —— 但我同時也擔心我們的焦點只放在緊急救災上,而不關心更重大的問題:一旦立即的危機過去,更深層的系統問題依然存在。這場颶風揭露的

貧窮問題令許多人大感震驚，但事實上，在我撰文的當下，許多美國人的生活水準仍停留在第三世界的狀況。

慘遭颶風肆虐最嚴重的幾個州 —— 阿肯色、密西西比和路易斯安那 ——，居民生活在貧窮線以下的百分比分別是美國第一、第三和第五高。[1]而過去幾年來，颶風來襲愈趨頻繁，強度也愈來愈大，不能只歸咎於運氣不好。

氣候專家多年來一直警告我們，隨著海洋溫度升高，天氣會變得愈來愈不穩定；他們更警告我們，在這些暖流上形成的熱帶風暴吸引了更多能量，因此形成的颶風所導致之威脅會愈來愈大。

我相信，與經濟榮景並存的氣候變遷和貧窮問題，就好像網際網路和全球市場一樣，是我們這個時代的代表性象徵。無論個人或企業，我們一向都不需要擔心，我們買什麼商品或我們用什麼能源等日常決定，將如何影響千里之外或地球另一端的人民。

這是全球化中關於人的一面，而我們確實全都對這個面向很陌生。我們從來不曾好好認識這個面向，但我們的未來正在密切觀察我們。

看清系統

系統公民意識始於看清楚我們所塑造、並從而塑造我們的系統。正如同啤酒遊戲的參與者所學到的教訓：陷在無法運作的系統中會令人心

灰意冷、陷入困境，直到我們看到更大的型態，以及我們自己如何參
與創造了這些型態為止。一旦我們看清這點，替代方案立刻就變得顯
而易見。

要看清系統，有兩個根本面向：看見相互依存的型態和預見未來。我
們可以借助系統圖形之類的工具，來看清相互依存的關係，也可以藉
由故事、圖像和歌曲來建立這樣的能力。

要預見未來，首先必須知道如何詮釋今天已經存在、但許多缺乏系統
觀點的人卻忽視的徵兆。看清過去我們視而不見的相互依存關係，會
帶來一種特殊的覺悟：「知道了我們所知道的東西，但卻不知道我們
知道。」

幾年前，在某個龐大的產品開發團隊中，有兩個不同的工程專業小組創
造了一個圖形，顯示他們如何無意間為彼此製造了問題（圖16-1）[2]。

其中一個小組〔噪音與振動（NVH）工程師〕碰到了振動問題，他們
採取了治標的快速解方，例如：「增加強化穩定性的裝置」，而不是
和另外一個小組合作找出整體解決方案，結果因而產生的副作用（例
如：增加了重量）影響到另外一個小組。

第二個開發小組（負責控制汽車的總重量）於是有樣學樣：沒有和噪
音與振動工程師合作找出解決方案，就直接在其他地方減掉一些重
量，然後用他們自己的治標方法來彌補，例如：規定更高的輪胎氣

圖16-1　缺乏協調影響部門效能

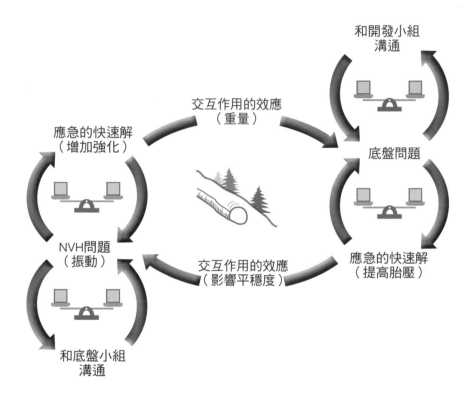

壓，以符合安全要求。但是提高輪胎氣壓卻會產生副作用 —— 增加噪音 —— 又為噪音與振動工程師製造了新的問題。

當兩個小組一起檢視系統圖時，他們才了解，多年來一直困擾他們的型態 —— 由於趕工壓力和不願花時間找到整體解決方案，他們愈來愈依賴治標方案來解決問題。當他們坐在那裡猛搖頭時，也看到這個型

態會如何影響他們的未來：對彼此的敵意日益升高，整體產品設計卻愈來愈糟。最後，有人說：「瞧瞧我們把自己害得多慘。」

我的經驗是，當人們真的看到自己所創造的系統型態，並且了解這個型態未來將帶來的痛苦，他們一定會想辦法改變型態。

對這些工程師而言，改變型態表示建立信任，並透過更密切的合作，來達成目標，而他們確實也這樣做了。受到其他類似覺悟的刺激，這個產品開發團隊最後比原訂進度提前一年開發出新款式的汽車，省下了超過6,000萬美元的預算。

看清全球氣候變遷的系統

要看見全球系統如何造成變遷似乎更加困難，但我相信基本原則沒有太大的差異。〔圖16-2〕是一個簡單的系統圖形，可以幫助大家看清影響全球氣候變遷的系統。[3]

就像啤酒遊戲一樣，我們首先需要跨出我們在認知上的自我界線，不要只顧及自己的立場。

在這個例子裡，無論企業界或社會，傳統上都把焦點放在經濟活動上，強調透過包含收入、需求和資本投資的增強環路，促進經濟成長；但直到最近，我們才看到經濟成長的副產品之一：二氧化碳之類的溫室氣體被大量排放到大氣層中。

圖16-2　全球氣候變遷系統

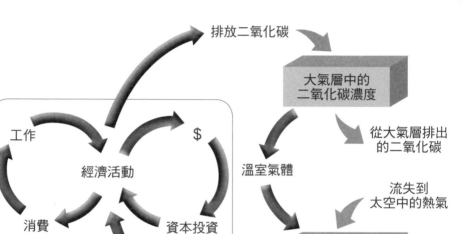

人類活動所排放的二氧化碳，提高了大氣層中的二氧化碳儲存量（二氧化碳濃度），就好像啤酒遊戲中訂單不斷湧入，造成供應商備貨量上升一樣。[4]當大氣層中累積的二氧化碳愈來愈多，也就有愈來愈多的熱氣被封鎖在大氣層中，結果氣溫上升，對大自然造成許多未知的效應，最後影響到經濟活動。

有人聲稱，氣候暖化有助於商業活動和經濟成長，但許多人都質疑這種對未來情境的樂觀想像，事實上，我們面對了極大的不確定性，包

括：天氣不穩定、熱帶疾病的散播，以及由於冰河和極地冰層融化導致淡水流入海洋，並改變洋流等所造成的影響。

近年來，世界各地的人都開始了解這個系統，但是大家對於未來數十年氣候變遷可能造成的影響，以及遏止二氧化碳排放的迫切性，卻有截然不同的看法。

許多國家在1994年簽訂了京都議定書（Kyoto Protocol），同意減少溫室氣體排放量，京都議定書在2003年生效。但是當年全世界二氧化碳排放量最大的兩個國家 —— 美國（大約占全球排放量的25%）和中國大陸（大約占11%），卻拒絕加入。

有一群全球企業領袖認為，需要採取更積極的行動，其中包括英國石油公司的布朗。1997年，布朗首度和其他石油公司執行長採取不同的立場，在史丹佛大學發表了歷史性的演講，呼籲大家重視氣候變遷的威脅。[5]不過，對許多人而言，氣候變遷雖然令人不安，卻是個遙遠的問題。我有個美國朋友最近就告訴我：「對一百年以後的人來說，這也許會是個問題。」

對氣象數字的認知與醒悟

這些南轅北轍的觀點正悲哀地證明了我們沒有能力應用最基本的系統思考，來檢視目前已知的事實，並藉此看清對未來的潛在影響。〔圖16-3〕到〔圖16-5〕顯示了過去一百五十年來和系統圖各部分相關的

歷史數據，包括：二氧化碳排放量和平均氣溫。[6]

〔圖16-5〕的曲線圖顯示過去一百五十年來，平均氣溫微幅上升了將近
1度，不太可能引發太大的關注，尤其是期間出現很多次短期波動。但
是〔圖16-3〕、〔圖16-4〕中，曲線的涵義就清楚多了：過去一百五十
年來，大氣層中的二氧化碳濃度上升了30%（圖16-4），燃燒石化燃
料所排放的二氧化碳也從零開始呈現戲劇性的成長[7]（圖16-3）。

2004年，我在歐洲舉行的企業界永續發展會議上首度展示這些圖形。
五百位與會者都學識淵博，並參與了一系列永續發展計畫，包含氣候
變遷。

圖 16-3　人類活動導致的全球二氧化碳排放量

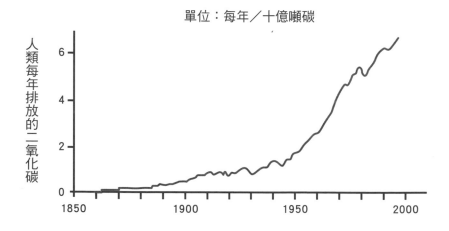

單位：每年／十億噸碳

圖16-4　大氣層中的二氧化碳濃度

單位：百萬分濃度（PPM）

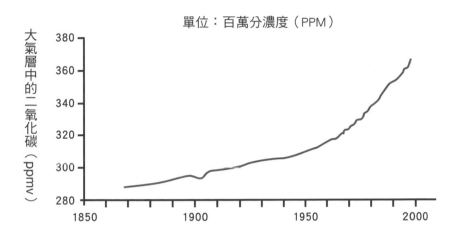

圖16-5　全球平均地表氣溫變異

單位：攝氏（圖中橫線為1961年～1990年平均溫度）

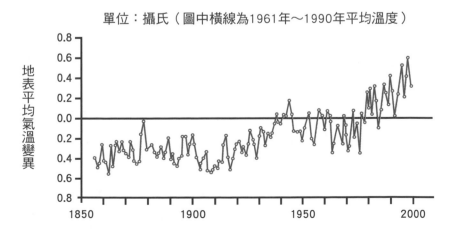

我很想評估他們有沒有能力系統化地詮釋這些數據，我問：「八歲大的小孩會怎麼解釋這樣的處境，他們會想知道什麼事情？」我建議他們可以先想像一個浴缸，水正不斷流入浴缸。

他們很快明白，二氧化碳排放量就好像流到浴缸的水量，而二氧化碳濃度就是浴缸目前的水面。

當我問，小孩子還會想知道什麼資訊時，好幾個人領悟到，未來的情況要視流出的水量而定，也就是二氧化碳排放到大氣層之外的速度。醒悟到我們還缺乏這項重要資訊之後，我問有多少人知道，相對於二氧化碳排放到大氣層的量，二氧化碳從大氣層排出的量，也就是「碳吸存」（carbon sequestration）量究竟有多少。

我很震驚地發現，大約只有10個人舉手。在那個時刻，我充分理解我們何以陷入困境。在這群精英中，只有少數人知道二氧化碳排出大氣層的速度還不到二氧化碳進入大氣層速度的一半！[8]

目前大家逐漸明白這個數字的重要意義。即使全世界每個國家明天都達成京都議定書的目標（將全球的二氧化碳排放量維持在1990年的水準），大氣層中的二氧化碳仍然持續不斷增加！即使最激進的計畫，都無法將二氧化碳排放量降低50%[9]以上。[10]

沒有人知道，隨著二氧化碳濃度持續戲劇性增長，全球氣候系統會如何反應；更重要的是，沒有人知道身為地球公民的我們，會選擇什麼

方案來降低二氧化碳排放量。

中國有句老話：「有志者事竟成。」但最後可能要等到我們的孩子或孫子那一代，才能達成目標。儘管充滿各種不確定，我們仍然可以說，我們還沒有看到氣候變遷的實際效應，但是下一代將會看到 —— 除非我們學會看清我們所創造的系統，而且選擇朝著不同方向前進。

我們就是系統

在思考像氣候變遷這類全球議題時，我們很容易茫然不知所措，感到無能為力，甚至認為沒有人有能力做任何改變。但全球系統不只是分布於全球而已，它就在我們周遭。

以下是系統世界觀的祕密。系統不只存在於那裡，而且也存在於這裡。

我們的心智模式和遍布於更大系統的心智模式相同，因此我們就是「整體」的種子散播者。我們都是全球能源系統、全球糧食系統和全球工業化流程的參與者。我們的思考和行動方式可以強化目前系統運作的方式，或也可以將系統帶往不同的方向。因為塑造我們生活的系統有很多不同的面向，所以我們也可以在不同的層次努力。

這並不表示任何個人或組織可以在一夕之間，單方面改變更大的系統。事實上，沒有人能單憑一己之力完成這件事。儘管美國和中國大陸是石化燃料消耗量最大的兩個國家，但無論美國總統或中國大陸國

家主席，都無法改變世界目前對石化燃料的依賴。他們也不過是更大系統的參與者而已，受到的限制遠超乎我們的想像。

不過，全球能源系統仍然是由人類和人類機構來操控，而不是依循物理法則運作，我們仍然可以推動替代能源系統。

關於如何推動重大的系統轉變，我們都還是新手，需要更深入了解。但是，過去十五年來，SoL網路的許多會員所累積的經驗顯示，如果許多人和許多機構都開始看到目前的系統型態，了解自己在系統運作中扮演的角色，那麼系統就可能開始改變。

策略性系統縮影

就溫室氣體而言，許多領導人，尤其是跨國大企業和大型非政府組織的領導人，似乎愈來愈意識到，必須有全球性的思考，才能解決問題。

「如果回顧許多組織近年來的經歷，」聯合利華的范希姆斯特拉表示，「由於不同形式的系統思考讓我們看到比過去更密切的相互依存關係，因此永續發展的意識日益高漲。由於這種相互依存的關係，大家會認為，單獨考慮企業的永續發展，而無視於社會或環境的永續發展，真是愚不可及，過於輕率。」[11]

最後，有同樣覺悟的現有系統運作者必須到達決定性的數量，我們稱之為「策略性系統縮影」（strategic microcosm）。在公司裡，策略性

系統縮影代表了形成現有系統的成員和團隊具意義的跨部門組合，就好像汽車工程部門的產品開發團隊中，有相當數量的工程師和經理人看到自己一手造成的機能不全的型態，會妨礙他們達成組織目標。

類似的策略性系統縮影可以在產業界、在複雜的全球供應網路，或甚至在社會中推動改變。如此一來，奉行系統思考和學習修練的組織才能透過集體再思考和創新，以及扮演更大系統中的小宇宙，發揮影響、帶來改變。

為新能源系統播種的企業

身為企業，我們必須先從自身落實我們希望看到世界發生的改變。這表示，幾乎所有的一切都需要改變：我們的產品、我們的流程、我們的營運模式、管理和領導方式，以及我們共處和合作的方式。我們不太可能藉著零零星星的轉變而想要改變整體。

—— 沙倫特，普拉格電力公司

富勒很喜歡說，我們的社會必須學會根據我們的「能源收入」來運作，也就是根據來自太陽的固定能源，而不是根據我們的「能源資本」運作，亦即由幾百萬年前陽光滋養的生命所形成的地殼。我們需要許多新科技，才能創造出能滿足現代社會需求的能源系統，其中包括新一代的燃料電池。

燃料電池利用氫氣和氧氣，透過電化學反應來產生電力，並產生副產

品 —— 水和熱。多年來，燃料電池一直備受稱頌，認為在保護環境的
能源系統中，燃料電池是不可或缺的要素。但燃料電池的價格，在市
場上始終缺乏競爭力，對商業上的應用而言，產品可靠度也不足。[12]

沙倫特很清楚這些道理，他在汽車業打拚三十年後，離開了福特汽車
公司旗下的維斯提恩公司（Visteon），成為一家小型燃料電池公司
的執行長。這家公司只有500位員工，還不到他過去管轄員工人數的
二十分之一，而且公司從來不曾獲利，在網路泡沫破滅後的股市崩盤
時期，公司股價曾經從每股150美元慘跌至10美元以下，許多員工的
個人財富因此大幅縮水。

但是，沙倫特拿到博士學位後，曾經在化學業做過四年博士後研究，
他多年來一直在思考轉型到氫經濟的問題，也明白這樣的改變對於今
天的全球處境是多麼重要。他要把自己在組織學習方面的經驗與世界
級製造業的營運經驗，引進這個被吹捧過度、卻管理不善的產業中。

沙倫特在普拉格電力公司見到的員工，不但士氣低迷，而且對於自身
工作的重要性也缺乏宏觀的看法。這是一家技術公司，員工也專注在
技術問題，只忙著設計和製造可用的燃料電池，從來不曾思考關於永
續發展的大問題，或創造學習導向的工作文化。

「他們從來沒有想過，要努力在技術創新之外，也在對待彼此，以及與
更廣大的世界相連結的方式上有所創新，」一位工程師表示。不過，
很快地，他們組成領導小組，成員不只包括高階經理人，還有工程師

和地區經理人，著手打造全世界營運績效最佳的燃料電池事業，而且要「以永續發展為組織基本原則，透過實現組織學習的原則」，來達到這個目標。

普拉格電力公司的全體員工共同發展出「我們是誰」宣言，宣言一開頭就明白表示：「普拉格電力公司是一個關係緊密的社區，背後的熱情驅動力來自於三重共同目標：人、地球和利潤。我們的成功乃建立在我們改變能源產業的努力、我們在社區的參與和對家人的愛之間，能取得適當平衡。」

永續型企業與學習型組織的結合

沙倫特上任後，不到五年，普拉格電力公司大幅躍進，朝向成功邁進。[13]同樣重要的是，普拉格努力為符合永續原則的「零垃圾掩埋」產品設計建立標準，這項設計將改變剛起步的燃料電池產業面貌。

「我們相信，我們能證明這樣的設計在技術上是可行的，而且設計出能重複使用的燃料電池，在經濟上也是一大優勢，」時任資深技術主管的艾爾特（John Elter）表示（艾爾特在1990年代領導全錄公司著名的Lakes團隊推出革命性的新影印機平台，其中的零件94%能再製造，96%能回收使用，他因為這項成就而被提名角逐美國國家技術獎章）。

「未來，購買燃料電池的顧客將預期，在產品服務壽命終結時，可以歸還電池，而製造商也希望回收燃料電池，因為電池零件太寶貴了，不

能直接當垃圾丟掉，」[14]艾爾特說。

儘管許多人批評美國人浪費能源，但沙倫特卻看到了美國扮演重要領導角色的機會：「美國人口只占全球人口的5%，卻消耗了全世界25%的能源，產生的溫室氣體也將近全球的25%。

「我們設計和製造產品的方式成為全世界的標準，但今天我們的生產模式，讓我們每個人每年浪費了將近100萬磅的材料，或每天浪費了將近一噸的材料。美國是主宰西方文化的重要力量，而西方文化是世界的主流文化。我們如何承擔應盡的責任，善用我們在世界上的主導力量和優勢，將會加速或延緩我們想要看到的改變。」[15]

沙倫特在世界各地學到的教訓，影響了他對如何推動變革的看法。「在墨西哥中北部、北愛爾蘭、東歐和亞洲生活和工作的經驗，讓我學會怎麼當個好客人。我認為，在我們所有的關係中、在我們的社區裡和在地球上，我們都必須學會當更好的客人。

「我們的心靈也必須有所成長，趕上科技發展的速度。我們有強大的心智，能夠創造願景，並且讓願景引領我們前進。不過，我們首先必須把自己當作全球系統的一部分，並且扮演我們應有的角色。」

當時任職SoL研究員的凱佛（Katrin Kaeufer）一直在研究開發永續性產品和流程的企業，他表示：「普拉格是我們研究的企業中，唯一一家成為永續事業和成為學習型組織兩個目標密不可分的公司。

「當我訪談普拉格的員工,請他們談談公司和他們的工作時,他們幾乎交替使用『永續』和『學習成為學習型組織』這些說法。員工似乎早已將這些觀念內化,認為除非能創造學習型文化,否則不可能建立永續企業。」

全球糧食供應鏈

未來能造成巨大衝擊的創新,將是能整合完整的價值鏈,讓社會、生態和經濟系統都能長期永續的創新。

── 溫斯洛,耐吉公司

今天的企業有著遍布全球的複雜供應網路。近年來,企業領導人在經營供應鏈時都很強調提高效率、降低成本和快速反應。但是,如果和創造能因應未來、真正永續的供應網路所需要的改變比起來,這些都只是小小的一步。要創造出這樣的網路,必須整個供應鏈上的各種組織,都能看清自己參與創造出來的更大系統,並且共同創造出新的營運方式。

影響地球上最多人口的全球供應網路,莫過於糧食供應鏈。糧食的生產和配銷形成全世界最大的產業,僱用的人力超過10億。

對於大多數生活在北方富裕國家的人而言,全球的糧食供應體系似乎運作得很好,畢竟紐約或巴黎的消費者只要花1.5美元,就可以在冬天買到哈密瓜。但是富有的消費者能以他們負擔得起的價格,很方便

地買到各種食物時，糧食供應系統卻成為在全世界製造貧窮、帶來政治和經濟不穩定及破壞環境的主要根源。

過去五十年來，大豆、玉米、小麥、棉花和馬鈴薯等農產品的價格下降60%到80%，產量卻上升2倍到10倍。有錢的消費者樂見價格下降，但對於全世界依靠農場收入過活的農家，卻是一大悲劇。比方說，今天咖啡的平均售價差不多只是咖啡種植者生產成本的一半。[16]

事實上，今天的全球糧食供應系統為富人生產便宜食物，卻為窮人生產昂貴的食物。愈來愈多全球企業開始了解這個情況。[17]

聯合利華歐洲分公司當時的行銷副總裁龐佛瑞特（Chris Pomfret）在研討會中對廣告主管演說時指出：「安全的全球糧食供應鏈對我們企業的未來絕對舉足輕重。『我們能把永續的觀念推銷出去嗎？』是錯誤的問題，真正的問題是：『像我們這樣的企業如果缺乏永續的策略，有辦法長期生存下去嗎？』」[18]

一起看清系統

不過，真正能看清全球糧食系統的人和重要機構仍然太少，而且也未經整合，起不了什麼作用。雖然聯合利華是全世界最大的食品銷售商，然而單靠一己之力，能做到的依然微不足道。

「要推動永續農業，必須整合通常不會一起合作的各方力量，」范希

姆斯特拉表示。對於全球農業這樣的系統而言，這表示不只不同的企業，包含政府和非政府組織，都必須學習如何一起看清系統。

2004年，聯合利華、歐克斯芬和三十多家跨國食品公司、非營利組織、重要基金會及荷蘭、歐盟和巴西的政府代表，共同進行一個名叫「永續糧食實驗室」（Sustainable Food Lab）的新實驗，目標是讓「永續的糧食供應鏈成為主流」，運用新流程來加強供應鏈各部分合作式的學習。[19]

隨著永續糧食實驗室計畫逐漸開展，參與者顯然對於目前系統的相互依存關係和不樂觀的未來，增加了許多共同的理解。換句話說，大家陷入了「爭相向下沉淪的競賽」，以愈來愈快的速度朝著大家都不想去的方向前進。

推動競賽的三種力量

三個相互作用的增強力量持續推動這場競賽[20]（圖16-6）：

一、藉著提高產量和增加獲利，促進供給成長，導致資本投資增加和　　產能提高。

二、透過增加供給，降低售價和提高產品普及性，而促進需求成長，　　導致糧食生產者看到更多市場機會，進一步增加供給。

三、由於價格下降，刺激生產者進一步提高產能，投資於提升效率和　　土地利用，以維持農場收入水準。

圖16-6　全球糧食供應系統

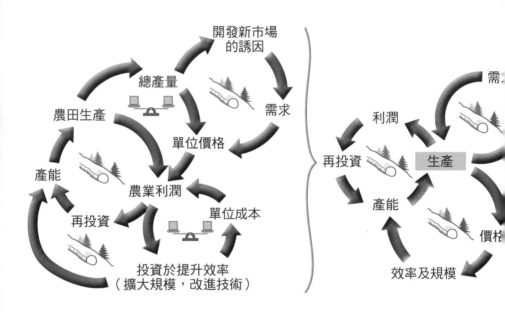

第一股和第二股力量在許多產業中（不只食品業）驅動產能、產量和需求成長，當財力雄厚、擁有先進科技的大型跨國公司進入產業、並進而稱霸後，這兩股力量就更加強勁。

但是，至少有兩個糧食產業的新特性會令這兩股基本經濟力量受阻。

一般而言，當農產品因為產量升高、價格下降而變成商品時，生產者會尋找低成本的生產方式，直到由於利潤太過微薄，企業不願再繼續擴張為止。

但是，貧窮國家的農民和小型農作公司面對愈來愈低的價格時，通常都繼續提高產量，即使毫無利潤可言，或甚至虧損，都在所不惜。因為，除非農民願意放棄農田和傳統生活方式，遷移到城市，追求更不確定的未來，否則他們別無選擇。他們反而會透過使用肥料和噴灑殺蟲劑，或在更加貧瘠的土地上耕種（第三股增強力量），以提高生產效率，保持收入水準。

總之，我們的糧食供應系統現況是，即使經濟情勢不佳，大家仍繼續提高產量，價格也不斷下降。或正如永續糧食實驗室成員的說法：「當收入增加時，產量上升；而當收入減少時，產量仍然上升。」

因此，接下來要談到糧食供應系統的第二個獨特現實：如果沒有辦法加強讓環境永續的農業生產，農作物的產量不可能無限上升。當農民被迫不斷增加生產時，他們就陷入了惡性循環，拚命提升短期產量，長久下去，會使得土地日益貧瘠，結果導致農民更加不顧一切設法提高產量和收入。

農作物過度生產的趨勢，導致全世界在過去五十年損失了 10 億公頃以上的表土（等於中國大陸和印度加起來的面積）。

全球糧食生產的系統失控

驅動這個系統的，是相互衝突的不同心智模式。「全球糧食生產狀況，正是系統失控的典型案例，」永續研究院院長及永續糧食實驗室

計畫共同主持人漢彌頓（Hal Hamilton）表示。

「沒有人希望自己的決策會導致不永續的系統，每個人都盡量做最好的決策，但他們乃是在極度片段化的系統中決策。

「大多數的公司都認為，解決辦法就是利用科技來提高生產力；而另一方面，許多激進份子又致力於對抗他們認為會摧毀農村、破壞生態的大企業；政府則卡在兩股力量中間，一方面要面對企業提高產量的壓力，同時又要因應由於農產品價格下跌而離鄉背井的農民造成的政治不穩定。

「富國政府的因應之道是，每年花費5,000億美元來補貼農民，但窮國政府沒辦法這樣做。這中間欠缺的是，讓所有團體根據長期福祉和共同利益，一起思考解決之道。」

連結不同學習修練

永續糧食實驗室試圖透過共同「感知」（sensing）、「自然流現」（presencing）和「實現」（realizing），提供中間失落的片段——這是為了因應牽涉到各種利害關係人的複雜問題，而連結不同學習修練的特殊方式（請參考本書的〔附錄3〕）。

共同感知需要向外看，也向內看。對永續糧食實驗室的團隊而言，向外看要從系統地圖和其他概念化工具著手，但是也包括在巴西鄉村的

「學習之旅」，親身體驗系統中不為人知的部分。

如果有充裕的時間，可以讓從現實中體會到的意義穿透我們慣常的思考和感覺方式，催化更深層的願景，那麼面對我們都曾參與創造的系統現實，可以激發巨大的改變力量。

一方面在概念上了解系統力量，另一方面透過學習之旅更深入看清系統內部運作。永續糧食實驗室知道，「爭相向下沉淪」是沒有贏家的悲哀競賽。[21]「顯然整個農業系統都病了，」一位來自企業界的成員表示。

在學習之旅後兩個月，一次為期六天的研習營中，每個人都花兩天兩夜「獨自」待在荒野中，這是讓我們跳脫平常思維方式、孕育新願景的古老方式。

但他們不是硬把截然不同的個人願景放入單一的共同願景中，而是形成不同的「雛型」計畫，以反映他們的獨特觀點和影響範圍，從聚焦於特殊供應鏈，到研究如何向顧客溝通整個系統的現實狀況和在糧食業廣泛結盟，從而改變影響所有農產品的遊戲規則。[22]

建立能改變更大系統的共同願景

雖然，要評估這些計畫的影響還不到時候，但我相信，這些努力為想看清及改變更大系統的人，提供了四個重要的教訓。

第一，由於最困難的系統議題會跨越地理和機構的界限，策略性系統縮影就必須同樣是能代表企業、政府和公民社會的跨部門團隊。

不同領域的人要組成團隊，而且願意通力合作，而不是彼此攻擊，本身就是一個艱巨的任務。從聯合利華和歐克斯芬承諾要一起努力開始，永續糧食實驗室花了兩年的時間，才組成第一支團隊。

第二，集體看清系統型態必然帶來一場多面向的思考和感覺上的體驗。當大家不再相互指責，而開始體認到我們全都是問題的一部分時，你會知道自己已經開始看清系統型態。

全球糧食系統背後的驅動力，包括：（一）企業抱著平常做生意的心態，無視於糧食產銷對農家、農村和環境系統的影響；（二）農民沒有節制地持續提高糧食產量；（三）身為消費者，當我們以最便宜的價格購買食物時，很少想到這些食物是從哪裡來的。

第三個教訓是，團隊成員發展出來的關係將影響集體覺悟的品質，以及因而產生的共同承諾。大多數企業、政府和非政府組織的活動都是一種交互作用的關係，從中無法促使更大的系統轉型。

「在推動重大變革時，跨領域的領導人之間的關係可能是最重要的因素，」漢彌頓表示。糧食實驗室的參與者發現，他們彼此之間發展出更深層的連結、信任和尊重，同時體認到整個團隊的力量不只來自於他們的共通點，同時也來自於彼此間的歧異。

最後，建立新系統不是只為了獲得「解方」，而是要以大家對於目前系統的共同理解為基礎，由相互信任、全心投入的人發展出網路，共同致力於創造新系統。

「如果說我學到了什麼⋯⋯我學到的觀念是，大家必須在系統的各個不同部分努力，才能成功改變整個系統，」一位實驗室團隊成員表示。

另外一位成員呼應歐摩塔尼關於改變大型學校系統的談話，指出：「（剛起步時，）你不需要針對每件需要完成的事情都有答案，才能解決問題。事實上，如果你對每件事都已經有了腹案，你給的答案可能不是最好的答案。」

學習扭轉的力量

當我們培養看清全球系統的能力時，更深層的型態也將愈來愈明顯。

我在麻省理工學院參加為期一天的國際製造業會議時，我聽到有位重要的勞工組織代表提到，跨國成衣製造商的問題和全球糧食生產的問題非常類似 —— 同樣遭遇價格持續下降、不斷擴大生產、工人薪資微薄的困境。

令我訝異的是，這位工運人士不只一次提到，全球成衣製造業中「爭相向下沉淪的競賽」。

我離開時不禁思考，或許永續糧食實驗室研究的不只是糧食問題，許多力量正將全球供應鏈推往沒有人想要的方向前進，我們應該學習的是如何扭轉這些力量，將它導向正途。

社會：跨越界線的對話

該是所有人團結一致，思考我們想創造什麼未來的時候了。如果我們什麼事都不做，我們的孩子以後可能要靠兩美元過一天。

—— 阿爾—艾德

諷刺的是，在愈來愈相互依存的世界裡，許多社會卻變得愈來愈片段化和兩極化。就某個角度而言，這是可以理解的事。

面對令人心生畏懼的複雜議題時，能躲到某種特殊的意識型態中，是很安全的事；但是，一個團體的意識型態很少能得到其他人的認同，結果各個團體之間漸漸築起高牆。過了一陣子之後，意識型態演變成身分認同，兩極化的傾向則不斷自我強化。

在這個相互連結的世界裡，我們有責任恢復對話和共生的能力，以面對所有的社會。中東地區在這方面的需求最為殷切。由於沙烏地阿拉伯石油公司深諳深度匯談的技巧和世界咖啡館的流程，2004年秋天，他們在哈瓦爾召開深度匯談會議，由此開啟了一系列不尋常的集會。

他們擴大邀請重要的企業夥伴參與策略性深度匯談，討論沙烏地社會

所面對的核心問題。在波斯灣 SoL 召集的會議中，參與者的範圍進一步擴大，波斯灣 SoL 網路的會員包含括分布於波斯灣地區的二十家公司（除了沙烏地阿拉伯的公司外，還有來自科威特、杜拜、阿拉伯聯合大公國、巴林的企業）。

平均而言，這次會議的參與者位階比過去都高，包括：許多公司的領導人和創辦人、深具影響力的非政府組織和學校的創辦人，以及重要的思想家和學者。另外，與會者同時包含男性和女性，對許多人而言，這是他們生平第一次參加由兩性共同參與的會議。

和之前沙烏地阿拉伯石油公司召開的會議一樣，這場深度匯談一開始首先探討波斯灣國家目前的經濟狀況。幾乎所有國家都遭遇和沙烏地阿拉伯相同的核心問題：龐大的年輕失業人口數字急遽上升、平均國民所得停滯或下降、經濟過於依賴石油。

這場簡報激發了連續兩天的熱烈討論，談到阿拉伯傳統文化、學校、依賴石油的經濟和改變的可能性。

就我的經驗，當人們真誠地參與討論他們非常關心的議題時，幾乎會湧現無窮的能量、勇氣和意願，願意跨入陌生的領域。在休息時間，穿著傳統服飾的阿拉伯紳士不斷跑來找我，或困惑或不安地說些諸如此類的話：「我一生中，從來不曾和女士討論過像這樣的話題。」

我的感覺是，從某個角度來看，阿拉伯女性反而做好更充分的心理準

備，樂於參與嚴肅的對話。

許多波斯灣國家的法律都禁止女性參與專業活動，因此女性形成彼此教導和相互扶持的網路。她們和其他遭到排斥的團體一樣，一直在等待這一天到來，因此坐上會議桌時毫不膽怯。她們的發言充滿熱情，令人信服；她們說明目前社會面臨的迫切問題，並且對於改變的可能性滿懷樂觀。

我聆聽的時候，可以看見與會者彼此爭辯的議題其實都有其共通性。他們的核心問題都和其他地方沒什麼兩樣：我們要如何保存我們最在意的傳統，同時又容許傳統不斷演化，以因應今天的世界？我們如何為下一代負起責任，創造出適當的條件，讓他們能擁有真實的阿拉伯認同，同時又能在全球化的社會中成功？健全的21世紀伊斯蘭波斯灣社會應該是什麼樣子？

企業在全球化社會的角色

六個月後，舉行了第二次和哈瓦爾深度匯談類似的聚會。在我撰寫本書時，他們已經在規劃第三次會議，許多計畫都開始醞釀，包括：協助年輕人從學校跨入職場的就業訓練中心，連結成功的企業領導人和年輕人的全國輔導網路，以及在傳統學校系統中推動創新的教育計畫。

許多年輕領導人都參與對話，比方說，其中一位與會者在吉達創辦了一所女子學院，和傳統大學不同的是，這所學院和沙烏地企業密切合

作，確保他們所提供的教育能滿足社會變革和創新的真實需求。

在哈瓦爾的深度匯談中，當我坐在眾人圍起的圓圈裡，有一位年長輔導員在聆聽人們一個個分享這場對話對他們的意義後，靠過來對我低聲說：「這是歷史性的時刻。」我點點頭，知道他說得沒錯，也知道關於這場對話對他的真正意義，以及對圓圈中其他女性和對其他所有人的意義，即使我其實只有非常模糊的理解。

當他這麼說時，我的腦子裡浮現兩個想法。

「政治」的英文字「politics」源自希臘文中的「polis」，也就是公民討論當天重要議題的聚會場所。我在哈瓦爾所見到的情景，以及我在永續糧食實驗室之類的計畫中所看到的事情，是「polis」的重生：大家聚集一堂，跨越彼此間的歧異，而不是因為這些歧異而造成分裂。

如果不能恢復這種深度匯談的能力，我很難想像，我們如何能有效對抗目前在地球上共同生活的方式所造成的種種失調狀況。

其次，我強烈感覺到，我曾經來過這裡。

我突然想起來，我十五年前曾經到過南非。我的好友兼同事卡漢（Adam Kahane）曾在南非、瓜地馬拉和其他地方成功推動民間的深度匯談，[23] 但他曾經表示，他看不出這樣的事情有可能發生在以色列人和巴勒斯坦人身上，因為在他看來，「雙方仍然認為他們可以堅持自

己一向以來的做事方式，他們還沒有看清楚，如果不改變自己的思維和策略，根本不可能有任何未來可言。」

相反地，1980年代中期，南非文化兩極化的現象開始轉變，被接納者和遭排斥者開始交談，以面對共同命運的公民身分對話。他們明白，要開創不一樣的未來，他們彼此休戚與共，因此他們釋放出改變的新力量。

就某個程度而言，身為今日世界上最全球化的機構，企業的處境頗為尷尬。

和各國政府相較之下，像英國石油公司、聯合利華，以及沙烏地阿拉伯石油公司等跨國大企業對於全球的經濟、文化和環境趨勢可以有更整體的看法，因此能夠扮演更重要的角色：出面召集會議，協助人們看清楚跨越國界的更大系統如何運作，並且面對政治黨派無法解決的議題。

企業在這方面可以發揮最大的效能，因為他們的主張乃是為了讓整體系統更加健全；他們採用的集體探詢、系統思考和建立共同願景等方法，早已在解決企業問題的過程中千錘百鍊、嚴格檢驗。的確，企業運用這些方法的實務經驗，可能是他們最大的貢獻之一。

在充斥著片段化、兩極化和不信任的政治環境中，最優秀的領導人將是曾經實際體驗過反思式對話的力量，理解轉型式關係為何能解決複

雜問題的人。因此在未來幾年，我期待事情不再「一如往常」，而將有一些改變。

21 世紀的教育

真正的系統公民大多數都不到20歲。愈來愈多在今日世界成長的孩子對於世界有一種整體觀和整體意識，這是在過去所看不到的。新一代比過去任何世代都更能看清楚今天世界上發生的事情，他們自然而然地和其他人及其他文化產生不同連結。他們非常憂心自己的未來。

幾年前，我們開始讓小孩和年輕人參與SoL的深度匯談，尤其是當我們討論到教育的未來和全球系統議題時。我永遠難忘，有一次在這樣的討論會中，聽到一個12歲的小女孩理所當然地對45歲的企業主管說：「我們的感覺就好像你喝了你的果汁，然後又喝了我們的果汁。」

要將年輕人對未來的憂心轉化為建設性系統公民意識的基礎，讓年輕人自詡為系統公民，認為自己是全球系統的一部分，學校的角色非常重要。麻省理工學院工程研究所前所長葛布朗（Gordon Brown）常說：「當老師，就是在扮演先知，我們不是在幫孩子準備好因應目前生活的世界，而是幫助他們為我們幾乎無法想像的未來預做準備。」

不幸的是，全世界的學校都受限於保存傳統制度的壓力而無法創新。所以，儘管今天長大的孩子似乎天生就有系統公民意識，但社會上鼓勵他們往這個方向走的力量卻微乎其微。

更諷刺的是，愈來愈多證據顯示，孩子是天生的系統思考者：只要有機會培養他們的天賦才能，他們可以比我們想像中更快發展出複雜的批判性思考能力。

當學校把系統思考融入課程中，學生和老師分別扮演學習者和良師益友，而不是被動的聆聽者和無所不知的專家，他們的天賦才能就可順利滋長，開花結果。如果我們能成功建立以學習為中心、以系統為基礎的教育制度，我相信就會看到系統公民意識蓬勃發展，也會充分明白傳統的教室和以教師為中心的學習模式是多麼效果不彰。[24]

我也相信，這種轉變的關鍵之一在於，教育需要的創新是一項艱巨的任務，遠非教育者所能單獨承擔，而需要由整個系統的縮影團隊，包含企業和學生本身，大家群策群力，共創新局。

群策群力

曾任長島公立學校系統督學的歐摩塔尼說：「我發現，要讓人們對於成為學習型社區有嶄新的思維，最可靠的方法就是在對話和規劃及決策過程中，擴大學生的發言權和角色。

「比方說，我們在前一年和學生一起開了一個『健康咖啡館』，這是像世界咖啡館一樣的會議，但以健康為主題，有50個學生志願擔任各桌主持人，整個社區有200個人參加，包含一部分的教職員。

「學生很渴望多獲得一些類似的領導責任，我也相信，這類活動將發展為全國性的運動。今天，我們的學校已經癱瘓了，壓力過大的教職員拚了命抵擋不滿的企業領袖和可怕的家長施加更多壓力。

「不過，我們都知道，為19世紀和20世紀而設計的教育必須經過大幅改造，才能因應21世紀的教育需求，因此必須容許創新的空間，而不是只施壓要求績效。

「年輕人對此深有所感，他們知道自己必須成長為世界的公民，他們需要了解世界的問題，而且需要知道如何有效解決這些問題。無法因應這些需求的學校將會愈來愈邊緣化，不受孩子重視。年輕人深切渴望能參與這一切，真正的問題在於：『我們呢？』」

注釋

1. 參考網址：www.usccb.org/cchd/povertyusa/povfacts.shtml。

2. 取自 George Roth, Art Kleiner, *Car Launch*（New York: Oxford University Press），1999。

3. 此圖表是根據各種相當簡單的系統動態模式，以及模擬學習工具而來，發展這些模式與工具的目的，在於研究並提升非專家對於氣候變遷的理解。參見John Sterman, Linda Booth Sweeney, "Cloudy Skies: Assessing Public Understanding of Global Warming," *System Dynamics Review*, Wiley and

Sons,（18），207-240, and http://web.mit.edu/jsterman/www/cloudy_
skies.html。

4. 大氣層中的二氧化碳也因所有生命系統（包含人類）呼出產生的氣體而增
   加。隨著地球的總生物量增加，二氧化碳的量也攀升。

5. John Browne, "Rethinking Corporate Responsibility," *Reflections, the SoL
   Journal*, vol. 1, no. 4, 48-53. 近年來，布朗已成為最早倡導碳穩定化
   （carbon stablization）的企業人士之一；碳穩定化的目的，是要求二氧化
   碳排放量必須大幅縮減，如下文所言。

6. 2001 U.N. Intergovernmental commission on Climate Change: "Climate
   Change 2001: The Scientific Basis. A Summary for Policymakers." Report
   of working group 1 of the Intergovernmental Panel on Climate Change,
   IPCC Third Assessment Report，相關資料可上網查詢：www.ipcc.ch。

7. 濃度與溫度數據，是從大氣層的較低層及海洋較上層中所測得。

8. 這項數據與圖表一樣，都是從聯合國的報告中取得，但並未與二氧化碳排
   放量的數據一起顯示。顯然，沒有人認為納入這項數據夠重要。

9. 許多科學家主張，要穩定二氧化碳濃度，須減少70%以上的排放量，因
   為碳會下沉，而碳吸存的量已經非常飽和，是因為大氣層二氧化碳的濃度
   異常地高。從《科學人》（*Scientific American*，September, 2005, 47）中
   的圖表，可看出排放量預測值的高點與低點。

10. 這場於歐洲舉行的會議結束後，一位女士告訴我，她八歲的兒子會問她
    「浴缸有多大？」我把這個問題轉達給同事史特曼（John Sterman），他
    研究民眾對氣候變遷的認知已有數年。他表示，最好的答案可在美國航太
    總署探索大氣層氣體長期波動的冰核研究中找到。我發現，在1850年，

二氧化碳已接近約每五萬年才會達到一次的週期高峰。現在已經較過去四十五萬年的任何時間要高出30%，表示我們已超過「浴缸大小」的歷史高點。

11. 聯合利華為全球最大的消費品公司之一，已指出永續農業、永續漁業，以及水保育為其策略方針，該公司針對這三方面，展開內部及與其他對象合作，著手進行不同的專案。可參考網站：www.unilever.com。

12. 或許正因為效率不高，因此要得到足夠的氫讓燃料電池運作時，仍多依賴化石燃料的碳氫化合物（主要為天然氣），而在處理過程中仍會釋放二氧化碳，只不過釋放量比燃燒煤炭或天然氣要低。為實現燃料電池的長期潛能，更具效益的燃料電池可利用非化石燃料的能源來源（例如：風力、地熱、太陽能或核能）來裂解水分子，從而獲得氫。在這系統中，氫是「載具」，而不是能源的來源，是將陽光產生的潛在能源儲存起來，以供日後所需。

13. 在沙倫特擔任執行長的前五年，普拉格電力公司核心產品的單位成本降低了82%。2005年一份整體產業區塊的研究顯示，普拉格電力公司的總經濟價值比重，從2000年的4%攀升至2005年的24%，而從公開市場數據來看，該公司亦從產業排名第四的業者，躍升為第一大。

14. 普拉格電力公司主要產品為質子交換膜（PEM）燃料電池，是當時市場上三大基本燃料電池設計中，銷量最大者。他們將方法廣為分享，目標是說明零掩埋的設計原則，可嘉惠整體產業。事實上，該公司已影響美國燃料電池委員會（Fuel Cell Council，該產業的商業團體），使其採用永續原則。

15. Roger Saillant, speech given at Bowdoin College on October 5, 2004.

16. "Mugged: Poverty in Your Coffee Cup," Oxfam International, September

2002，可從www.maketradefair.org取得資料。

17. 即便對受惠於便宜、充裕糧食的人來說，仍可能面臨未來糧食產量的風險。自從1945年以來，土壤劣化已影響全球12億公頃的農地，相當於中國大陸與印度面積總和，而全球的可耕地仍以每年1,000萬公頃的速度流失。灌溉用水占人類從淡水系統中汲取用水的70%，其中僅30%至60%回歸下游使用，因此使得灌溉成為全球淡水最大的使用者。參見Jason Clay, "World Agriculture and the Environment: a commodity-by-commodity guide to impacts and practices," Washington, D.C.: Island Press, 2004; Stanley Wood, Kate Sebastian, and Sara J. Scherr, "Pilot Analysis of Global Ecosystems: Agroecosystems"（Washington, DC: World Resources Institute），2000。

18. Chris Pomfret, speech at IPA Sustainability Conference, May 2002.

19. 最初參與的企業，包括：通用磨坊（General Mills）、全球最大的漁業公司泰高（Nutreco）、巴西少數多國食品公司薩迪亞（Sadia）、全球最大食品配銷商西斯科（Sysco），以及其他十五家企業。而非政府組織，則包括：世界自然基金會（World Wildlife Fund）、美國自然保育協會（The Nature Conservancy）、Oxfam與六家地方性的非政府組織。而家樂氏基金會（Kellogg Foundation）不僅是地方永續農業計畫的發起贊助者，同時也參與其中。參見www.glifood.org與 www.sustainer.ong 的「The Sustainable Food Laboratory: a multi-stakeholder, multi-continent project to create sustainable food supply chains」。

20. 這是由永續研究中心（The Sustainability Institute）所發展，並依據四十年來針對全球農產品進行的系統研究而來。下文中，對此理論有深度探討："C ommodity System Challenges: Moving Sustainability into the Mainstream of Natural Resource Economics," Sustainability Institute Report, April, 2003，詳情可參考該中心網站：www.sustainer.org。

21. 或許有人認為,真正的贏家是獲得便宜商品的消費者,還有以非永續的擴張方式賺錢,之後趁獲利尚未惡化前將投資變現的投資者。但所有的人都可能因為非永續食物供應鏈而受害,其所造成的社會與環境破壞,將同樣使富人與窮人遭殃。

22. 最初的標準措施,包括:「架構」(研擬新方式,讓主流大眾能將其價值觀與永續農業連繫起來);「小型漁廠」(幫助發展永續水產、負責任的漁民進入市場);「責任商品與投資」(提升投資人與購買者的監督,促使國際間採用更好的社會與環境實踐方式);「幫助小型農家進入市場」(透過創新市場結構與基礎建設投資,讓拉丁美洲的農家生產者能改善生活);學校與醫院的區域食物供給(建立區域網絡,改善特定機構的食物品質);「供應鏈計畫」(提高特定供應鏈實際生產方式與財務流向的透明度);以及企業結盟(由一群企業以能帶來經濟穩定的方式,推動更永續的實踐方式)。

23. Adam Kahane, *Solving Tough Problems*(San Francisco: Berrett-Koehler), 2005.

24. 此教育上的系統思考運動,目前已獲得許多學校、數以千計的教師採用。欲取得更廣泛的資源列表,請參考www.solonline.org;亦可參考創意學習交流網站(Creative Learning Exchange):www.clex.org,以及沃特斯基金會(Waters Foundation)網站:www.watersfoundation.org。

第 17 章

新疆界

我們正站在新疆界上,重新發明現有的管理系統。

我們無法在幾年內徹底改變過去幾世紀發展出來的系統,也沒有理由樂觀地以為新方法一定能逐漸取代舊方法。

企業的營運方式乃是由根深柢固的思考和行動習慣所驅動,因此經理人覺得必須保持掌控;投資人要求企業不計成本,持續成長;而整個私人企業體系的營運方式往往將利潤「私有化」,但將成本「社會化」(例如:日益惡化的環境和社會資本)。

儘管如此,改變的力量也發揮強大威力:網際網路打破了傳統的資訊壟斷,緊密相連的組織令上位者很難掌控一切,人們也愈來愈意識到全球工業發展型態所要付出的代價。

我在第十六章〈人人都是系統公民〉試圖分享世界各地和各種不同組織的創新做法。我強調的是已經發生的事情,包括:將學習型文化的基本要素,融合到企業、學校和政府、非政府及社區組織的各種方式。

當我綜觀這一切，我認為目前正逐漸浮現一些嶄新的觀念和做法，是
《第五項修練》首度出版的時候，還不可能領會到的。

學習的簡單定義

多年來，SoL 網路對學習所下的定義，一向都是：學習乃是提升學習
者個別或集體的能力，以產生他們真正想要的成果的過程。這個定義
一直對我們很有幫助，因為它強調兩個經常遭到誤解的學習關鍵特
性：一、學習是為了有效行動而建立能力，而非純粹智識上的理解；
二、通常要經過相當的時間，才能建立能力。

我們曾經考慮過許多替代的定義，但卻沒有找到任何簡潔有用的定
義。所以，幾年前，當我看到一個截然不同的學習定義，而且甚至比
我們的還要簡潔時，我大吃一驚。

這個新定義是強森提出的，他是全世界首屈一指的會計理論家。強
森是作業基礎成本制度（activity-based costing，簡稱ABC）的發明
者之一及《轉捩點上的成本管理》（*Relevance Lost: The Rise and Fall of
Management Accounting*）的共同作者，這本書被美國《哈佛商業評論》
評為過去七十五年間最有獨創性的管理書籍之一。[1]

雖然許多人認為，作業基礎成本制度是非常重要的貢獻，強森在重新思
考績效管理時，卻認為作業基礎成本制度只是起步而已，因此接下來十
年，他針對數家產業界的領導企業進行深入研究。

其中一家企業是豐田汽車公司，他在《無法衡量的利潤》(*Profit Beyond Measure*)[2]中，記錄了豐田在成本管理方面的做法，認為豐田非比尋常的長期成功，有一部分要歸功於他們限制經理人採用績效衡量指標。

強森特別指出，當經理人需要向上司報告績效時，他們往往忍不住利用績效衡量標準來設定數量化目標，以推動改變——也就是戴明所說的「瞎搞」。

強森和戴明一樣，聲稱實際上衡量標準和目標設定必須與第一線的深度流程知識相結合，才能達到持續的學習和優越的績效，但這就違背了經理人心目中的首要之務——設定數量化的目標，並且設法產出成果。或許這是為什麼能與豐田長期績效媲美的公司寥寥無幾。[3]

但是，感知和行動正是複雜生命系統的運作方式。的確，強森乃透過研究生命系統而了解豐田在成本管理上的做法。沒有人「負責管理」森林；你的身體不會等大腦下達指令後，才對你手指上的傷口送出凝血劑。

即使大自然中的確存在某種型態的中央控制，都必須仰賴複雜的地方控制網路，中央控制才有可能成真。我們對於自己如何走路毫無概念，然而一旦這方面的「身體知識」發展完成，身體就會對我們有意識的命令有所反應。如果沒有這樣的知識，世界上所有的中央指令都無法奏效。

強森領悟到，豐田在績效管理上的做法正具體實現了生命系統的本質：公司經理人致力於持續在各部門建立穩固的技術和知識基礎，放手讓第一線的工作者來管理和提升成本績效。事實上，豐田將績效管理下放到基層的做法，就等於是在發現和體現大自然的型態，因此豐田的團隊是卓越的學習者。

發現大自然的型態

這個簡單的學習定義說明社會系統中許多微妙的改變，從我們如何合作到工業系統的整體本質。

比方說，普拉格電力公司在製造燃料電池時，其「零垃圾掩埋」的願景乃是受到生命系統零廢棄物原則的啟發。我剛從中國大陸回來，大陸國家主席和總理經常談論的「循環經濟」，也是奠基於這樣的原則。

所有產品的設計、包裝和製造過程都不再產生廢棄物，代表了工業經濟的深層轉型，任何追求這個願景的國家，眼前都有漫漫長路要走。但是循環經濟的基本概念非常清楚，這種經濟型態和過去兩百年來發展出來的工業經濟有很大的差別（圖17-1）[4]。

從許多方面來看，引導永續糧食實驗室的，正是這種與大自然和諧共存的學習精神 —— 只不過此處的和諧共存擴大到全球的規模。

永續糧食實驗室的成員都了解，任何經濟系統如果會系統化破壞自己

圖17-1　為何工業生產會製造廢棄物？

生命系統自成一個循環體系：

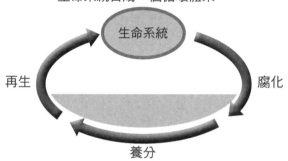

工業時代的系統則不然：

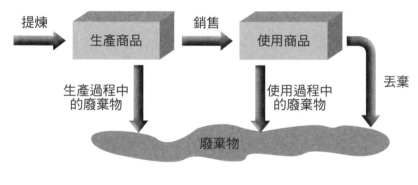

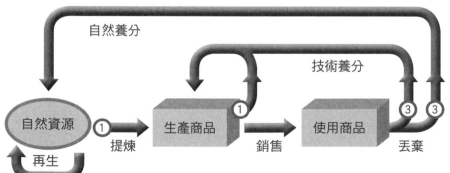

賴以生存的社會和生態系統,都不可能持續存在。我們可以把糧食的生產和配銷系統看成人類的第一個系統,所以,食物供應系統理應成為與現有社會和生態系統恢復和諧共存的第一個全球系統。

這種發現和體現大自然型態的學習精神,貫穿在我們前幾章討論的各種創新之中。當經理人承諾要培育人才以促使企業成長,或運用對話來推動變革,他們的做法反映出他們洞悉人性 ── 每個人的內心都渴望成長,渴望和別人建立關係。

同樣地,看看仿效大自然組織型態而自我創造的社會網路,以及他們的新理解 ── 艾倫所說的「工作究竟是如何完成的」。更別忘了霍克提出的問題:「為什麼組織不能像雨林那樣運作?」促使Visa組織推動分權化的治理結構。

下一代的領導者

強森為學習下的定義讓我了解到,我們對組織學習的研究背後的首要原則,其實單純只是想發展出一套符合自然的管理系統 ── 符合人的天性,以及更大的社會和自然系統的本質。

還記得我第一次和一位中國大陸的年輕女孩談話時,我問她《第五項修練》為什麼在大陸那麼受歡迎,她的答案令我很驚訝。

「我們把它看成一本談個人發展的書,」她說,「很多西方管理理論

都違背了我們想發展內在本質的基本信念，你的書強調這個信念，而且帶給我們希望，讓我們相信發展自我可以和建立成功的組織並行不悖。」

人類學家霍爾（Edward Hall）稱這種學習的驅動力為「人類最基本的動力」。這種學習的動力和我們內在對發現和體現大自然型態的追尋，又有什麼不同呢？

我現在也相信，未來數十年最重要的領導人，有許多未必是我們心目中想像的那些人、而新領導人必然會建立新秩序。

難怪，每當新的管理系統開始扎根時，就會看到領導人從外圍崛起，這些領導人並非來自傳統的權力中樞，而是在文化、經濟和人口結構上，屬於邊緣地帶的婦女、窮人和年輕人。

女性領導者

過去數十年來，在各種職位上的女性領導人比例不斷上升。不過，第一代或第二代的女性領導人為了證明自己即使依照男性主導的標準，都是「真正的領導人」，通常都必須表現得「比男人更像男人」。

如果套用學者佛萊徹（Joyce Fletcher）的話，女性扮演領導角色時，如果還是像個女人，常常會被貼上「團隊合作高手」的標籤，或更糟的是被形容為「人很好」，這樣一來，在重要的升遷決策中必然中箭

落馬。佛萊徹辯稱,在大多數組織裡,當女性以自己最熟悉的方式領導時,同事往往對他們視若無睹。[5]

有鑑於此,SoL永續發展聯盟中最有趣的計畫一直是「女性領導永續計畫」。[6]

這個計畫之所以誕生,是因為發現他們最有影響力的計畫有很高比例都是由女性領導人發動,例如:耐吉的溫斯洛、歐克斯芬的史托金、聯合利華的譚塔維—孟索,以及世界銀行的貝瑞和西水美惠子。因此就產生一個明顯的問題:「究竟是哪些女性特質令她們對永續發展的議題特別敏銳,並積極投入?她們的領導方式為何能發揮高效能?」

前面幾章針對這些問題提出了許多答案。史托金形容自己是「發展導向的經理人」,並表示女性沒有時間搞辦公室政治和內部鬥爭。女性高階主管的雄心壯志比較是針對事情本身,而非野心勃勃地追求自己的前途。

蓋洛威在念研究所的時候領悟到,身為黑人,「不會有人聘請她擔任組織領導人」,於是她展開一場發現之旅,發現在網路導向的組織中扮演內部網路領導者能發揮特殊的力量,她的公信力來自於她的知識和操守,而不是來自她的職位。

同樣明顯的是,女性比較重視長期議題,例如:永續發展,而這類議題在大企業中往往備受冷落,而且女性通常從合作和發現的角度來處

理這些議題，而不是只顧著尋找解決方案和訂定計畫。

比方說，安柏（Simone Amber）過去曾是全球石油服務公司施倫伯格（Schlumberger）的高階財務主管，後來負責協調推動一項網路教育計畫（施倫伯格教育發展卓越計畫，簡稱SEED），由1,000位施倫伯格的志工透過網路來輔導35個開發中國家的二十餘萬個學童。在沒有正式授權、最初甚至缺乏經費的情況下，一位女性，究竟如何完成這項工作？

安柏的做法是訴諸公司的核心價值，以及對社區的傳統承諾，同時激發人們想要更直接改善孩童生活的欲望。

SEED先進的網站以全世界最重要的七種語言為溝通媒介，令人印象深刻，但這個計畫之所以成功，最主要還是靠出色的志工網路。[7]安柏說：「公司裡許多人都充滿不為人知的善心，我們可以藉著避免辦公室政治和內部競爭，讓同仁多多展露他們的善心。」

出身經濟弱勢族群的領導者

無數出身經濟弱勢族群的領導人所採用的學習原則和方法，與大型組織領導人相同。這些社區領袖將願景和深度聆聽引進實際的社區環境中，激發了大型組織無法觸及的系統改變力量。

洛卡組織的品托（Sayra Pinto）說：「我之所以能夠領導，根本原因

在於大家知道我是他們中間的一份子。他們走的路，我自己都曾經走過，我和他們感受過同樣的恐懼，而且我知道他們是多麼聰明能幹。」

和我認識最久的社區領袖大概非穆世施（Mwalimu Musheshe）莫屬了，他在1980年代初期創辦了烏干達鄉村發展及訓練計畫（URDT），希望應用學習的原則和做法來刺激鄉村發展。[8]

穆世施和同事在烏干達最貧窮的地區工作，他們教導人民如何形成自己的願景和建立共同願景，如何認清令他們停滯不前的心智模式，如何透過聆聽彼此而化解歧見，以及如何將自己的村子視為系統。他們將這些訓練和腳踏實地的計畫相結合，例如：挖掘更好的井和建造更牢固的穀倉。

「最重要的是，我們必須幫助人們擺脫傳統的宿命論，」穆世施表示，「事實上，這種對自己的未來無能為力的態度，是我們最大的阻礙。」

後來，他們花費最多心力耕耘的地區成為烏干達最繁榮的鄉村地區，而URDT正在籌辦烏干達第一所女子大學，讓更多女性有機會扮演領導角色，因為過去烏干達婦女往往因未受高等教育而發展受限。

像品托和穆世施這樣的領導人，藉著在地培養領導人才，為持久發展建立穩固的基礎，但無數的富裕西方國家在援助貧窮國家時，往往忽略了這方面的做法。「發展部門依然以大規模的機械化和階層式的做法來面對貧窮，以及所謂『未開發』的挑戰，」庫方達村（Kufunda

Village）創辦人諾斯（Marianne Knuth）指出，庫方達村致力於在辛巴威推動永續農業的示範網站及學習網路。[9]

「在材料發展的名義下，村落和社區之間的關係變得不是那麼共有共享；介入者以發展的名義為社區解決問題，卻沒能體認到必須由社區自己來承擔推動發展的責任……許多大型發展計畫往往只是短期解決了問題，問題卻在幾年後又重複出現（留下廢棄的鑽井、壞掉的廁所，或在介入者離開後就再也沒有人管的社區抽水機）。」

有趣的是，諾斯並不認為庫方達村做的事情很特別。她說：「世界各地都在進行很多偉大的實驗，我們只是其中之一。愈來愈多教育界、企業界、設計界、建築界的人士和組織參與這場運動，」努力「共同探詢我們如何才能回復更能帶來生機的工作方式」。

青年領袖

今天，推動系統變革需要的領導人才愈來愈多來自年輕一代。在談到領導人時，青少年和年輕人雖備受忽視，但他們對未來投下的賭注最高，對過去的投資最少，因此他們有一種獨特的能力，能看見目前心智模式和組織型態的缺點，並且有勇氣開創新局。

當年輕人發展出基本的領導才能和合作學習的能力，他們可能形成一股巨大的改變力量。

長期以來，諾斯一直是個激進份子。她在16歲時為了到歐洲受教育而離開辛巴威（她父親是丹麥人）；十年後，她成為全球青年領袖網路「改革先鋒」（Pioneers for Change）的創辦人之一，許下承諾要「做自己，做重要的事，從現在開始，和別人合作，不斷問問題」。

過去幾年來，我有機會認識許多年輕人，他們的冷靜專注、面對困難議題時的想像力，以及他們的成就，都令我深受感動。

我最近和「改革先鋒」組織的幾位成員一起，參加了在瑞典舉辦的全球變遷大會。參與者大部分都是政府和企業高階主管，以及關於各種全球議題的重要專家。

在我的要求下，主辦單位同意安排了一場會議，讓「改革先鋒」成員談一談，他們如何培養大規模組織變革的領導人 ── 那場對話顯示出改革先鋒和經驗老到的領導人之間，幾個有趣的相異點。

首先，年輕人把缺乏知識視為資產。

「我們知道得不多，所以很容易問一大堆問題，」改革先鋒網路的創辦人之一蕭爾頓（Christel Scholten）表示，她曾經協助規劃「ABN AMRO銀行」的永續發展計畫，如今成為這個計畫的主持人。該計畫之所以存在，是因為蕭爾頓持續提出永續發展的議題，直到人們了解它的重要性為止。

在我們談話的時候，許多經驗豐富的經理人開始了解，他們過往累積的知識和成就，在領導變革時，反而可能形成阻礙。

一位老練的經理人領悟到，他的知識會令自己產生偏見，而且「其他人和我談話時，很容易對於我如何看待問題，已經有某種期待，不知不覺間，我開始為自己甚至不那麼在乎的看法辯護。」

相反地，年輕領導人能保持開放的心胸，透過真誠的探詢，往往能激發共同的理解與承諾，因為在這種時候，大力鼓吹反而會導致反效果。

其次，這些年輕領導人在世界各地廣結人脈。

他們碰到困難時，可能向巴基斯坦、印度、南非、菲律賓或克羅埃西亞的夥伴求助。由於他們長期分享彼此的經驗，並互助合作，他們對問題發展出比較折衷的看法，而且能引進令人訝異的改革資源。比方說，當蕭爾頓在銀行的新工作碰到棘手問題時，在歐洲和亞洲金融界工作的改革先鋒夥伴紛紛鼓勵她，並提供協助。

最後，這群年輕人努力超然地看待自己的觀點。

幾年前，有一群改革先鋒成立了偽君子俱樂部。諾斯說：「俱樂部運作的方式是這樣，每次我們聚會時，都會舉行一個小小的比賽。每個人都要說一個故事，描述自己怎麼樣為了避免衝突或讓事情順利進行，而放棄了信念或輕易屈服；或是描述自己如何表面上做一套，但

心裡想的完全是另外一回事。

「有時候，大家談的事情可能一直是我心上一塊大石頭；有時候，則可能是我當時根本沒有注意到的事情。這些故事可能很好笑，不過在散會之前，我們很努力想讓大家知道，其實每個人都和別人一樣虛偽。我們就這樣度過很棒的夜晚。」

三個門檻

還有一個問題是，過去二十五年來，我觀察很多人在不同的環境中運用各種工具和原則，來激發願景和使命感，培養深度匯談、反思及系統思考的能力，最後顯然有的人成果非凡，有的人卻徒勞無功。為什麼呢？我不認為差別在於才智的高低或投入心力多寡，更和組織地位或權力無關，但似乎和人們「從哪兒來」有關。

歐白恩在晚年察覺：「介入能否達到成果，決定性因素在於介入者的內心狀態。」

和我合著《修練的軌跡》（*Presence*）的同事夏默（Otto Scharmer）說明意向的轉變，我們領導變革時必須跨越的三個「門檻」或「開端」：打開我們的心智、打開心門、打開意志。[10]

第一個門檻是關於開放自我，看見和聽見在我們眼前、但我們一直看不到的事物。這是「懸掛」的門檻 —— 懸掛影響我們過去的認知和我

們視之為理所當然的假設。

第二個門檻,是關於用心看 —— 打開心門,看見我們和周遭世界的關聯,看見周遭的痛苦、問題和喜悅。我們不再自我安慰,事情發展不如人意時,不再只是怪罪外力或歸咎別人,進而了解我們自己也是問題的一部分。

第三個門檻,則是放下夏默所謂「我們的小我」的最後殘餘部分,讓內心的領悟自然湧現。在當下我們「和透過我們而存在的未來以及我們當前的使命」發生連結。跨越第三個門檻並不意味著我們對生命意義的疑惑突然獲得解答,但「我們活在問題的核心,而且會隨之前行。」

轉變的新體悟

我相信,面對當前的深層挑戰,有更多來自各界的領導人開始了解這三種轉變。他們對於我們所面對的深層挑戰有了新的體悟 —— 正如福特汽車的亞當斯所描述,橫亙於「促進休戚與共的關係及組織在系統思考和行動上的無能」之間的鴻溝愈來愈大。

但是,這種新體悟同時也來自於一些特殊的經驗。比方說,當愈來愈多人努力改變心智模式,促進更多以探詢為導向的對話時,開放心靈的力量就呼之欲出。

「當我看到大家逐漸不把自己的意見當成事實時,我知道我們的對話開始朝向更深層、更有生產力的層次轉變,」英國石油的寇克斯表示,「他們變得比較不那麼尖銳,對事情不是那麼有把握,他們開始展現幽默感,他們的心情變得比較放鬆。

「即使我們可能在討論嚴肅的議題,我們都變得不是那麼正經八百,而是抱著調皮好玩、好奇探究的心情。這時候,我知道我們開始培養出真正的探詢精神。」

在認知和情感層次上看見我們最深層的熱望,並產生緊密連結,將催化夏默所說的第二和第三個轉變。

在波斯灣 SoL 網路的每一場深度匯談,阿爾—艾德開場時都會播放孩童的照片,並且談到自己的孫子。這樣一來,人們看到這個地區的經濟前景時,他們看到的不只是數字,而會想像自己的孩子,以及孩子的孩子,未來將過什麼樣的生活。

「我們不能開始嚴肅地討論我們真正想創造的未來和可能需要的改變,卻沒有打開我們的心。如果沒有這樣做,我們絕對無法著手進行必要的行動,」阿爾—艾德說。

打開我們的心門之後,就準備好面對自己脆弱的一面,具備這種特質的傳統經理人可說是寥寥無幾。

沙倫特回顧自己在1980年代和1990年代轉敗為勝的非凡經歷時，他指出，他的上司從來不曾詢問他是怎麼辦到的。

他的結論是，這是因為在某個程度上，他們曉得這樣做必然或多或少會暴露自己的弱點，展現自己人性化的一面。他們覺得很不自在，而且他們大多數人都還沒有做好心理準備。

放下議題和預先決定的目標

當我們通過第三個門檻後，我們開始願意放下我們的議題和預先決定的目標，讓比個人意志更龐大的力量形塑我們的意圖和策略。在這三個門檻中，這是最難抽象討論的部分，可是一旦發生，一切就變得清明透澈。

諾斯在反思庫方達村的運作時，對於三個門檻的推進有一段很美的描繪：「我們定期召集辛巴威各地的社區組織者來相互學習，讓大家能更意識到不自覺的假設（無論是傳承而來或文化中存在的假設）可能令他們停滯不前，影響他們和別人的合作。但我們能做的也只是和他們一樣開放自我，知道我們也沒有答案，我們也不知道他們該怎麼做才能實現夢想。」

開放心靈所啟動的力量透過「連結彼此的神奇魔力」逐漸茁壯。諾斯指出，「我很容易就感動落淚，事實上，以前我要是掉了這麼多眼淚，就會覺得很尷尬，但我現在明白，這樣表示我內心深處某些東西

被**觸動**了 —— 可能是深深的喜悅、同情、悲傷或啟發。

「有時這些感動純粹是我自己的感覺，帶給我一些啟發，有時則是別人的喜悅和痛苦感染了我，讓我也感同身受。我漸漸了解，如果我演講到一半時，眼淚奪眶而出，其實沒有關係 —— 事實上，我試圖溝通的對象往往因此變得和我更親近。我們不只是智識上的溝通，也在其他層次產生交會。我們打開心門來交會，而不只是在智識上交流。」

當諾斯在丹麥完成學業，回到辛巴威時，她沒有明確的計畫，只知道「我必須注意聆聽內心的召喚：我們或許能在其他國家視為貧窮的國家、失落的大陸上，重新打造健康、充滿活力的社區。

「我相信，我們每個人都為了某種原因來到這裡，當你找到自己的目標、擁抱你的目標後，你的心開始歡唱。而當你順應自己內心最自然的欲望，你的生命也將自然而然地引領你未來的道路。」於是，她開始跨越第三個門檻。

跨越門檻的限制

當不同層級、不同環境中的領導人開始跨越這三個門檻時，可能會出現幾個限制。

「如果你在做事的時候，抱著坦然單純的心態，不會試圖為自己博取名聲或想要居功 —— 但這點很難做到 —— 自然會獲得恩賜，你得到的

可能是更強大的影響力、意志、使命感、活力，或是其他各種能有助
於達成目標的助力。

「當人們找到自己內心的力量，當他們可以和自己內心真正的感覺相連
結，當他們開始有這樣的洞見，這就是最大的恩賜，所有的奇蹟都由
此產生。」

諾斯回顧她的旅程時，只簡單地說：「一開始先會面……我們如何和
大家會面，決定了其他的一切。我們和他們會面時，關於他們的一切
是否先做了最好的臆測？我們和每個人會面時，對於即將與我們緊密
相連的這個人生命中種種不可思議的經歷，是否感到好奇？還是我們
只不過是會見一個我們將提供援助的窮人？」

「我昨天又見到安娜・瑪倫達，她是庫方達村網路的社區組織者之一，
是46位村民的窗口。她每個月只靠已過世的丈夫留下來2美元養老金
過活，但每三個月卻得替三個孩子付20美元學費。

「安娜去年成立了婦女編織合作社，最近開始教附近的婦女編織；她建
造了自己的堆肥廁所，同時也教其他人造堆肥廁所；她主持一個愛滋
病深度匯談團體，同時也為愛滋病患者提供家庭照護。

「我們曾經聊到過去幾年來她在自己身上發現的神奇力量，她說：『我
學到的是，由於我雖然守寡，卻克服了生活中的種種艱苦磨難，我成
為社區的榜樣。

「我學到的是，我可以找到自己內心的平靜，而且，我是個很好的聆聽者，我很可靠，所以大家會來找我，邀請我加入不同的社區組織。』

「我不明白這一切是怎麼發生的，不過我知道，我們看到了安娜的智慧，而不是她的貧窮。」

諾斯在日誌中寫下了簡單的評論：「生命是神聖的，理應如此呈現。」

她又寫道：「我猜單純放慢腳步，真正體會周遭的美麗 —— 令人讚嘆的夜空，緩步移動的溫馴牛群，幼苗奮力從地表冒出頭來，在辛巴威鄉村巨大的花崗岩上定居下來，和另外一個人產生緊密的連結，分享彼此的悲哀和喜樂……

「每當我注意到、欣賞到這些看似單純的行動所創造的神奇時，我也更加確定生命是無窮豐饒、四處充滿愛和神蹟，而能夠始終保持這種感覺的人，將比沒有這種感覺的人，擁有更豐富的人生。」[11]

開放自我將有無窮可能

我每次讀到沙倫特的話或諾斯的描繪時，都深受感動。

毫無疑問，我花費最大心力試圖傳達的是：當我們以這樣的方式開放自我時，將帶來無窮的可能性。我曾經看過奇蹟 —— 不可能解決的問題不知怎麼卻迎刃而解；我曾經看過許多人自我成長後，展現他們

真正的自我，更輕鬆快樂地面對下一個碰到的難題。經過這樣的旅程後，他們和自己、和彼此，以及和生命，都發展出更親密的關係。

透過許多人身體力行，我們可以用許多不同的方法來描繪這種種努力的核心本質：是和大自然、和人性，以及和更大生命系統的本質都能協調一致的管理系統；是大家通力合作以實現我們最高的熱望；也是我們努力創造的改變。或正如諾斯美麗的描述，是和始終相互依存的存在保持緊密相連。

注釋

1. H. Thomas Johnson, *Relevance Lost: The Rise and Fall of Management Accounting (*Boston: Harvard Business School Press), 1991.

2. H. Thomas Johnson and Anders Broms, *Profit Beyond Measure*（New York: Free Press）, 2000.

3. 在過去二十年，豐田汽車的市值接近美國三大車廠（通用、福特、戴姆勒克萊斯勒）總和，有時甚至超越。

4. Peter Senge and Goren Carstedt, "Innovating Our Way to the Next Industrial Revolution," *Sloan Management Review*, Winter, 2001. 這兩個詞「技術」與「生物養分」的利用與再利用持續循環，是來自麥唐諾與布朗嘉（McDounough and Braungart）的著作《從搖籃到搖籃》（*Cradle to Cradle*）。在 www.solonline.org 網站上，有更多資源說明這個概念在中國

大陸工業規劃的情形。

5. Joyce Fletcher, *Disappearing Acts: Gender, Power, and Relational Practice at Work* (Cambridge, Mass: MIT Press), 1999.

6. www.solonline.org 網站上，有更多關於女性領導永續計畫，以及 SoL 永續發展聯盟的資訊。

7. 關於施倫伯格教育發展卓越計畫的更多資訊，可參考 www.seed.slb.com；而本案件背後的教育觀，則請參閱 Seymour Papert, *Mindstorm*（New York: Basic Books）1980; also Michael Resnick, "Lifelong Kindergarten" in Ed. David Aspin, *International Handbook of Lifelong Learning*（New York: Springer），2001.

8. 參見網站 www.urdt.net。

9. 參見網站 www.kufunda.org。

10. Peter Senge, C. Otto Scharmer, Joseph Jaworski, Betty Sue Flowers, *Presence: An Exploration of Profound Change in People, Organizations, and Society* (New York: Doubleday/Currency), 2005. See also C. Otto Scharmer, *Theory U* (Cambridge, Mass: SoL), 2006 (forthcoming).

11. 根據諾斯經驗而來的一篇文章，為 "Stories from An African Learning Village," *Reflections, the SoL Journal,* vol 6. No. 8-10。亦參見網站 www.solonline.org 及 www.kufunda.org。

第五部

餘響

∀

從太空中看地球，它是一個不可分割的整體，正如我們每個人也是不可分割的整體。

系統思考的全局觀點，也是我們思考人類與地球未來的關鍵。

第 18 章
不可分割的整體

我年輕的時候,總是夢想成為太空人,甚至在大學裡修習航空學與太空學的課程做為準備。但當開始接觸「系統理論」(systems theory)後,便被它深深吸引,我的生命歷程因而轉向另一個與地球息息相關的學問。

然而,我始終不能忘情於有朝一日能親身體驗那種遨遊太空的感覺,尤其是看到第一艘太空船阿波羅號所帶回的一些在太空中拍攝的照片,心中的熱望更是久久不能自已。

終於,幾年前在我們舉辦的一次領導能力研習營中,我有機會認識了前來參加的太空人史維加特(Rusty Schweickart)。

透過史維加特,我得知了許多有關太空人在遙遠太空中探險的歷程。

太空人在經驗了一趟寶貴的經歷之後,總嘗試著以語言來向世人說明,那種飛翔在自己所屬星球之外的感受。史維加特本人則在內心掙扎了五年之後,才決定並找到適當的言語,表白心中的感受。

1974年夏天，史維加特應邀前往紐約長島的一個宗教團體聚會上演講，講題是有關「行星的文化」（planetary culture）。他發現，這次的演講不能以分享個人經驗的方式去表達，因為這是他、他的太空人同事，以及人類整體共同的偉大經歷。

混沌宇宙

史維加特領悟到，自己和其他太空人代表人類感覺器官的延伸：「是的，我當時是以我的眼睛來看，並以我的感覺去感受，但它也是全人類的眼睛與感覺。我們是第一批離開地球的人，我們從太空看地球，等於替所有的人類看地球。雖然我們的人數不多，但是我們有責任向人類報告我們的感受。」

基於這樣的體會，史維加特決定以一般人關心的角度來描述這段經歷，使聽眾覺得他們也在太空船上一樣。[1]他的描述如下：

「你在上面，每一個半鐘頭環繞地球一圈，就這樣一圈又一圈地周而復始。通常你在早上醒來，那時也許你正好在中東、北非洲的上空。

「當你吃早餐的時候，你從窗口望出去，看到自己正在通過地中海區域，希臘、羅馬、北非洲、西奈半島等區域在你底下經過。

「你明白自己的一瞥所看見的那些地方，是人類歷史的搖籃。一面看著這樣的景象，一面回顧著自己所能想像到的所有歷史。

「當你繞過北非洲，接著經過印度洋，眺望廣大印度大陸之後，是錫蘭、緬甸、東南亞。出了這個地區到了菲律賓上空，然後掠過浩瀚的太平洋水域，你以前從未體認到它是如此廣大。

「最後，你通過加州海岸，看到你所熟悉的事物：洛杉磯、鳳凰城，接著看到休斯頓，那裡是太空人的家，你可以清楚看見圓頂的天體觀測室。你對那裡有認同感，你感覺自己是那裡的一部分。

「接著越過紐奧良，然後俯視南方，看到伸出的整個佛羅里達半島；然後飛越大西洋，又回到非洲上空。

「那種感情是對整體的一體感，最初是對休斯頓的一體感，然後是對洛杉磯、鳳凰城、紐奧良，接下來你將對北非有一體感，然後是……。整個一個半小時的航行過程中，轉變了你原先所認同的，你開始看清你所認同的是整體，這使得你有很大的轉變。

「你向下俯視，你無法想見有多少邊界與國界是你再三橫越的，你甚至看不見這些界線。

「在小憩之後，你看到了戰火頻仍的中東，由以往得知的訊息，你知道各國在自設的國界上互相殘殺。但現在你看不見這些，從你所在的位置看，它是一個整體，而且是如此美麗。

「你希望以雙手從爭戰的兩方各接一個人上來，向他們說：『從這個角

度看過去，你們便會了解對人類真正重要的是什麼。』」

沒有邊界的整體

史維加特接著說：

「才過不久，有另一批太空人去了月球。他們從那裡所看到的地球非常渺小，看不見美麗的細節。它是一個鮮藍色的小球，上面覆以銀白色裝飾，背後襯以一片黑色的天空、無垠的宇宙。

「在月球上看地球，地球變成如此微不足道，你甚至可以用拇指遮住這個小點。但這個藍色的小點，對你而言就是一切。所有人類的歷史文明、詩歌音樂、遊戲歡樂、生死愛恨、戰爭迫害……都發生在你可用拇指蓋住的這個小點上。

「而你體認出了這一切都是由於觀點的改變，你跟從前已有所不同，你的心靈產生了某種新的東西。此時，突然你的攝影機故障，你必須到太空艙外活動，在那瞬間你會突然有一種頓悟：你不再置身於室內，而是在太空艙外面，舉目四望，那裡沒有邊界、沒有框框，那種感覺與從室內透過窗戶的框框往外看到的截然不同。」

藉著在太空中飄浮，史維加特發現系統思考的一些基本原理。但是他發現的方式不是多數人能經歷的 —— 直接體驗地球是一個不可分割的整體，正如我們每個人也是不可分割的整體。大自然（包括我們在內）

不是由整體之中的各個部分所組成的，它是由整體中的整體所構成的。

所有界線，包含國界在內，基本上都是人們強行認定的。我們製造了它們，然後，很諷刺地發現，自己最後被這些界限困住了。

史維加特日後的個人生涯發展則更引人入勝。在這次談話之後的幾年，他個人又有一連串的新領悟。他離開加州能源委員會委員的職務，活躍於當時美、蘇雙方太空人共同參與的聯合計畫中，[2] 在這些活動中聆聽和學習別人的經驗，開始實踐他所領悟到的新境界。

對史維加特而言，一件具有特別衝擊力的事情，是得知了由幾位科學家所提出的一項名之為「蓋婭」（Gaia）的假說，即地球上所有生命構成的生物圈，自成一個有生命的生物的理論。[3]

這種想法深植在一些工業化以前的文化中，美國的印地安文化便是一例。史維加持說，這種想法「扣動我心深處的弦，它第一次讓身為科學家的我，有一種方式可談論自己在太空的經驗；在這之前，我甚至未能清晰地向自己述說。我以一種無法描述的方式體驗了地球，並體會了地球整體是活的。」

在一次為領導能力研習營做結論的場合，有人突然問道：「史維加特，請告訴我們，在太空上面的感覺像什麼？」他沉思了好久。當他終於開口的時候，他只說了一句話：「那像是看見一個即將出生的嬰兒。」

某種新的事情正在發生，而它必然與我們全都有關，只因為我們都屬於那個不可分割的整體。

注釋

1. 以下為經過允許而重印的部分，取自："Whose Earth," by Russell Schweickart, in *The Next Whole Earth Catalog,* Stewart brand, editor（New York: Point Foundation/Random House），1980。

2. 近來一本著作為凱立（Kevin Kelley）編輯的《地球之家》（*The Home Planet*），書中有許多太空人的照片與反思。這本書於1988年耶誕節推出，是第一本美國（Reading, Mass.: Addison-Wesley）與蘇聯同步出版的書籍。

3. 這項假設已經由數位科學家進一步發展，以下勒福洛克（Jay Lovelock）的著作，對這個觀念提供很好的介紹，也提供了支持理論的數據：*Gaia: A New View of Life on Earth*（New York: Oxford University Press），1979。

附錄 1————

如何學習五項修練：從演練到精熟

五項修練的學習就像一座三層樓的五角尖塔，其中每一項均可由三個不同層次來看，如〔圖A1-1〕所示：

● 演練：具體的練習。
● 原理：指引的概念。
● 精髓：修練純熟的人所處的境界。

圖A1-1　各項修練的學習如同一座三層樓的五角尖塔

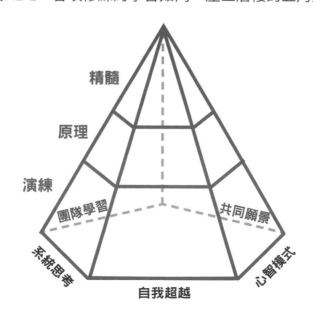

在「演練」層次，修練的學習者會把時間及精力專注在一些活動上。
例如：系統思考需要搭配系統基模的使用，以看清複雜情況背後的結
構；自我超越需要搭配「釐清個人願景」與「掌握創造性張力」，同
時專注在願景和現況上，讓兩者之間的張力產生實現願景的力量；至
於心智模式的運用，則需要區分所覺察到的直接「資料」，以及由這
些資料所衍生的概括性想法。

演練的功夫是每一項修練最具體的部分，也是個人或群體開始從事一

圖A1-2　學習自我超越的三個層次

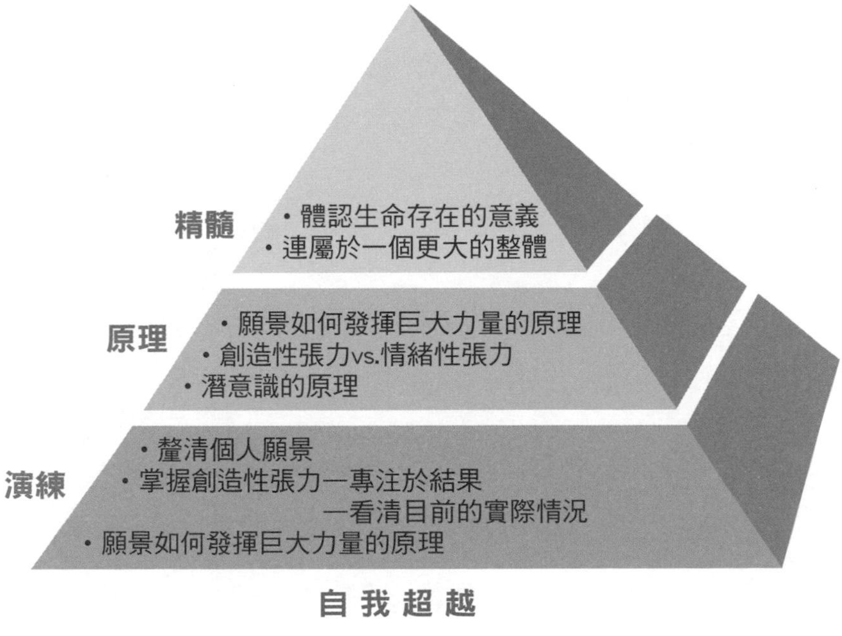

精髓
・體認生命存在的意義
・連屬於一個更大的整體

原理
・願景如何發揮巨大力量的原理
・創造性張力vs.情緒性張力
・潛意識的原理

演練
・釐清個人願景
・掌握創造性張力─專注於結果
　　　　　　　　─看清目前的實際情況
・願景如何發揮巨大力量的原理

自 我 超 越

項修練時的主要焦點。初學者因為還不習慣這種演練,所需要的是嚴格的「自我要求」,才能專注與持續。

舉例來說,初學運用心智模式的人,在與人激辯時,必須下點工夫審視自己的假設,以及為什麼做這樣的假設。

初學者對於一項修練所做的努力,往往需要經過一段時間才看清自己所做的,例如:在與人辯論之後,才會真正看清自己的假設,並區分

圖A1-3　學習心智模式的三個層次

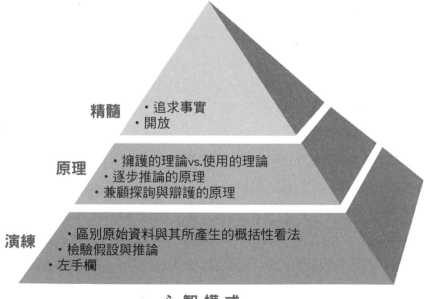

假設與原始資料之不同。然而，在演練久了之後，這些修練會變得愈來愈自然，並能即時主動反應。那時你將發現，自己在面對急迫的問題時，能夠自發性地想到系統基模，因而重建願景，並看出自己行動背後的假設。

原理是演練背後的理論

在修練背後的「原理」也同樣重要，原理代表演練背後的理論。

譬如，「結構影響行為」是系統思考背後的中心原理，而複雜的系統對於改變它們的努力有抗拒傾向，也是同樣重要的原理。前者是指影響實際狀況的能力，來自看清控制行為和事件背後的結構；後者是指直接控制行為的努力（例如：為都市低收入戶建住宅這類用意良好的計畫），通常所帶來的改善只是短期的，長期而言卻帶來更多問題。

同樣，願景的力量，以及區分「創造性張力」與「情緒性張力」之間的差異所在，都是「自我超越」的原理。

修練背後的原理對初學者和精熟者都很重要。對初學者而言，這些原理有助於他們了解修練背後的理論基礎，以及演練這些修練的意義。對精熟者而言，這些原理是參考點，有助於修練的演練精益求精，以及用來向其他人解釋這些修練。

熟習任何一項修練，需要在了解原理和篤實的演練這兩方面都下功

夫，認清這一點十分重要。

我們很容易只了解一些原理，就自以為已學成該項修練，誤將知識上
的了解當成學習。學習必須產生新的了解和新的行為。這正是將原理
與演練加以區分的理由，二者缺一不可。

掌握精髓才能深入了解

第三個層次「精髓」，它的概念與前兩個層次不同。學習一項修練，
如果把努力的重點放在這些精髓上面，就像憑空體驗愛、喜悅或寧靜
的感覺一般，並沒有什麼意義。

修練的精髓是指修練純熟的個人或群體，所自然體驗到的境界。儘管
這些體驗難以形諸筆墨或言語，但它們對於深入了解每一項修練的意
義與目的，是絕對必要的。

每一項修練都會改變學習者的某些基本習性，這便是為什麼即使有些
修練的演練必須以合作的方式進行，但我們仍稱之為個人修練的理由。

譬如，系統思考能使人對生命的一體感產生愈來愈強烈的體驗，並且
使人的視野從看部分改變為整體。

只要家庭或組織出現問題，精熟系統思考的人，會很自然地看出問題
的起因是背後的系統結構，而不是個人的錯誤或惡意。同樣，「自我

超越」能夠使人提高對自我生命存在的意義之體認，察覺此刻發生在我們內部和外部的事情、對於實現心中真正的願望，並掌握生命中的創造能量。

各項修練在精髓的層次開始愈來愈相近，如〔圖A1-1〕所示，有一種共同的體認將各項修練結合起來，也就是一種覺得在心靈上相互依存的世界中，不斷學習的體認。

微妙而重要的差異

各項修練之間依然存有差異，只是差異變得愈來愈細微。

譬如，系統思考的一體感，強調萬事萬物彼此相互關連；而自我超越中也強調，察覺自身不能與這個世界分開；另外，共同願景中強調成員對團隊目的的共同感，與團隊學習的修練中強調方向一致，也有異曲同功之妙。

這些差異雖然微妙，卻很重要。

就如同品酒專家能察覺一般人無法分辨的、真正好酒的差異，修練造詣層次高的個人或組織，也一樣能分辨對初學者可能不明顯的差異。

最後，建立共同願景和團隊學習與另外三項修練不同之處，在於這兩項修練的性質是集體的。它的實踐必須以團體的方式進行，團體必須

了解其原理，並以共同的方式體驗其精髓。

戴安娜‧史密斯（Diana Smith，為本書作者的工作夥伴）設計了一個三階段的學習過程：

● 階段一：新的認知和語言能力

在這個階段，人們看見了從前看不見的事情，並且能夠使用新的語言講話。這使他們能夠更清楚地看見自己和別人的假設、行動，以及這

圖A1-4　學習建立共同願景的三個層次

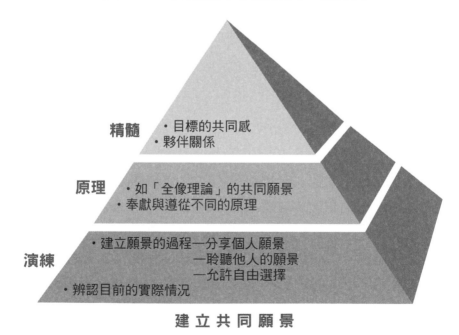

精髓　・目標的共同感
　　　・夥伴關係

原理　・如「全像理論」的共同願景
　　　・奉獻與遵從不同的原理

演練　・建立願景的過程—分享個人願景
　　　　　　　　　　　—聆聽他人的願景
　　　　　　　　　　　—允許自由選擇
　　　・辨認目前的實際情況

建 立 共 同 願 景

些假設和行動所造成的後果。

一般而言,他們會發現很難將這些新的認知和語言能力轉換成全新的行動,因為他們雖然可能開始改變行為,但是行為背後的基本法則、假設及價值觀卻都未改變。

● 階段二:新的行動法則

當舊有的假設隨著第一階段的認知而動搖,人們開始以新的假設為基

圖A1-5 學習團隊學習的三個層次

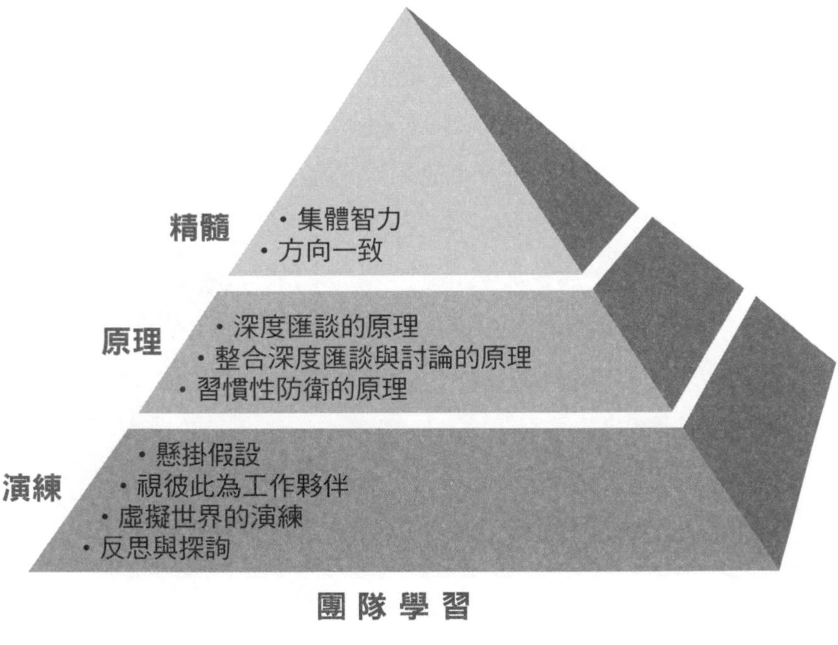

精髓　・集體智力
　　　・方向一致

原理　・深度匯談的原理
　　　・整合深度匯談與討論的原理
　　　・習慣性防衛的原理

演練　・懸掛假設
　　　・視彼此為工作夥伴
　　　・虛擬世界的演練
　　　・反思與探詢

團 隊 學 習

礎，實驗這些行動法則，並從中觀察所產生的結果。他們可能需要依靠新語言來產生新行動，但是他們將發現，在感到壓力的情形下，新的法則很難使用或連貫起來。

● **階段三：融合貫通新的價值觀，假設和行為法則**

此時，人們能夠將新的行為背後、依據新的價值觀和假設所產生的各項行動法則融會貫通。即便在壓力及條理不分明的狀況下，仍可活用這些法則，不斷幫助自己和他人的學習。在這個階段，人們能以自己特有的方式靈活運用這些法則，並用自己的語言和文字表達出來。精熟一項修練不是一蹴可幾的，詳細研究這三個階段，將有助於發展各項學習修練的新能力。

圖A1-6　學習系統思考的三個層次

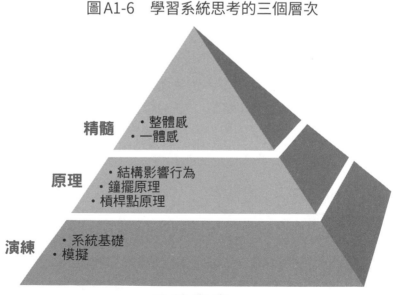

附錄2————
看清人類複雜的問題：九個系統基模[1]

這裡所收錄的九個基模，雖然只占系統思考的一部分，但已能涵蓋人類大部分的動態性複雜問題；它們蘊含在小至個人、家庭，大至組織、產業、都市、社會、國家、世界，甚至民族、歷史及生態環境的種種活動之中。

有些基模很類似，但重點不同；有些比較根本的基模，會出現在許多其他基模中（如：反應遲緩的調節環路）；有些則是一種組合（如：「成長與投資不足」是由「成長上限」與「捨本逐末」組合而成）。有些複雜的問題可用幾個不同的基模分別觀察，更有助於多方了解問題的根因。

每一系統基模都有其在某一時空範圍內對應的系統狀況變化形態，讀者可由第六章〈以簡馭繁的智慧〉及第七章〈認清成長是件複雜的事〉中系統基模的應用實例，一窺其中奧妙。

基模一：反應遲鈍的調節環路

● 狀況描述：

個人、群體或組織，在具有時間滯延的調節環路中，會不斷朝向一個目標調整其行動。如果沒有感到時間滯延，他們所採取的改正行動會

比需要的為多，或者有時候乾脆放棄，因為他們在短期內一直無法看
到任何進展。

● **早期警訊：**
我們以為自己是處於平衡狀態，但後來才發現，我們的行動已超過目
標（然後你可能回過頭來，結果又矯枉過正）。

● **管理方針：**
在一個運作速度原本就較為遲緩的系統，積極而急切的行動反而產生
不穩定的後果。

一定要耐心而緩和漸進地調整，使系統的反應變得較迅速。

● **企業實例：**
不動產開發公司在一片榮景之中，持續建造新房產，但市場漸漸走

圖A2-1　反應遲緩的調節環路基模

軟。然而房產仍然在興建中,將來極可能產生供過於求的現象。

● **其他例子:**

生產與配銷時而短缺、時而供過於求的循環(像是啤酒遊戲的情形)。

當積極的改革者碰上反應遲緩的體系;當好強而缺乏耐心的父母碰上改善緩慢的子女;或當不滿的妻子碰上另一半遲緩的回應,都很容易反應過度,或乾脆放棄,最後產生其他料想不到的反效果。另如股票市場突然大幅起落,也屬於這種狀況。

基模二:成長上限

● **狀況描述:**

一個會自我繁殖的環路,產生一段時期的加速成長或擴展,然後成長開始慢下來,而系統裡面的人常未察覺,結果終至停止成長,甚至可能開始加速衰敗。

這種變化形態中的「快速成長期」,是由一個(或數個)「增強環路」所產生。隨後的「成長減緩期」,是在成長達到某種「限制」時,由「調節環路」所引起。

這種限制可能是資源的限制,或內、外部對成長的一種反應。其「加速衰敗期」(如果發生的話),則是由於「增強環路」反轉過來運作,而使衰敗加速,原來的成效愈來愈萎縮。

圖A2-2　成長上限基模

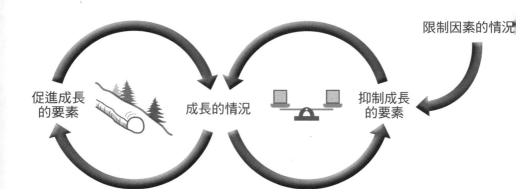

限制因素的情況

促進成長
的要素　　　　成長的情況　　　　抑制成長
的要素

● **早期警訊：**

起初我們會覺得：「為什麼我們需要憂慮尚未發生的問題？我們正在
大幅成長。」過了一陣子會覺得：「確實是有一些問題，但是我們所
須做的一切，是回頭採用以前有效的辦法。」又過了一陣子才發覺：
「我們愈是努力跑，似乎愈像在原地踏步。」

● **管理方針：**

不要去推動「增強—成長—環路」，而是應該要除去（或減弱）限制
的來源。

● **企業實例：**

一家公司為了社會公義，開始僱用條件很好的少數民族成員為員工，
將他們安置在全公司各處的工作團隊中，同時訂定了一個堅決的行動
綱領，以加強支援此項用意良苦的計畫。

起初大家對於此項計畫的支持不斷成長，但後來其他員工的抗拒終於出現，他們不認為這些新進員工是夠條件的。因此，當工作團隊受到愈大的壓力去接受新成員時，他們的反抗愈強烈。

● **其他例子：**

以學習打網球為例，在初期你逐步提高球技與信心，進步很快；但之後，你開始遭遇天賦能力的限制，只有再學習新的技巧，才能夠突破成長的限制，而在開始學習一些新技巧時，會很不習慣。

一個新創事業迅速成長，但當它達到一定的規模時，成長漸緩，此時需要更專業的管理技巧與更完善的組織。

一個新產品團隊的運作十分出色，而吸引進來許多新人，反倒使得團隊無法表現如昔，這是因為新成員和舊成員的工作態度和價值觀不同所導致。

一個城市持續成長，最後用完了所有可以取得、發展的土地，導致房屋價格上升，而使得城市不再繼續成長。

一項社會運動持續成長，然後遭遇到反對此項運動的人愈來愈強的抗拒而無法成長。

一種動物在它的天敵被除去以後，會迅速繁殖成長，結果數量超過草原可容納的上限，最後這種動物因飢餓而大量減少。

基模三：捨本逐末

● 狀況描述：

使用一項頭痛醫頭的治標方式來處理問題，在短期內產生看起來正面
而立即的效果。

但如果這種暫時消除症狀的方式使用愈多，治本措施的使用也相對愈
來愈少。

圖A2-3　捨本逐末基模

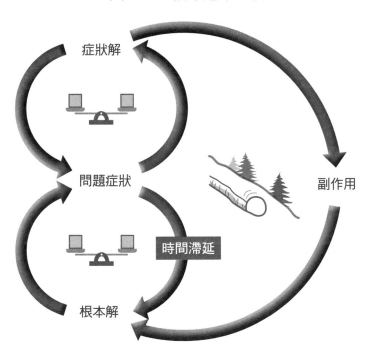

一段時間之後，使用「根本解」的能力可能萎縮，導致更加依賴「症狀解」。

● **早期警訊：**

「這個解到目前為止效果一直不錯！我不明白你為什麼說繼續下去會有問題。」

● **管理方針：**

將注意力集中在根本解。但如果問題急迫，由於根本解的效果受時間滯延影響，在進行根本解的過程中，可暫時使用症狀解來換取時間。

● **企業實例：**

一項具有突破性的電路板新技術，可用於發展具獨特功能的新產品並降低成本，但它也能替代現有產品的電路板。

銷售人員可以選擇賣給欣賞此項技術的特性，而在未來能將此一特性充分發揮，設計出新產品的專業客戶（「根本解」），或賣給不在乎此一特性，只是一時用它來取代其他電路板的一般客戶（「症狀解」）。

在管理階層的壓力之下，為了達成每季的銷售目標，銷售人員把產品賣給任何想買的客戶，其中通常是一般客戶為數較眾，而且購買的速度較快。過了一段時間之後，因為受制於產品的價格與獲利壓力，並未能開發出忠誠的客戶群。

● 其他例子：

大量銷售給現有客戶，而不開發新的客戶群（見第十一章〈團隊學習〉ATP的例子）。

以借貸支付帳款，而非強化量入為出的預算制度。

藉由酒精、毒品或運動，來消除工作壓力，而不是從根本學會控制工作量。

「捨本逐末」特案：轉嫁負擔給幫助者

● 狀況描述：

由於有「捨本逐末」的結構存在，當外來的「幫助者」嘗試幫助解決問題時，一定會受到成員的歡迎和感謝。幫助者企圖改善惡化的問題症狀，而且做得非常成功，以致於系統裡面的人一直沒學會如何自己處理問題。

● 管理方針：

「教人們釣魚，不要只是把魚給他們。」

把重點放在加強系統本身解決自己問題的能力。如果需要外面的幫助，應該嚴格限制僅此一次；或是能夠幫助人們發展他們自己的技巧、資源，與加強未來發展所需的能力。

圖A2-4 「捨本逐末」特案：轉嫁負擔給幫助者

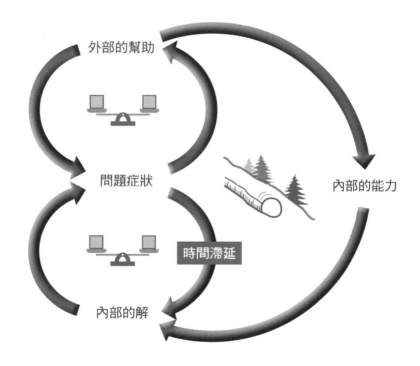

● 企業實例：

一家保險公司的分公司，最初努力保持自己的獨立性，認為偶爾才需要總部人員伸出援手。這個概念最初效果很好，直到該產業經歷了一場危機。

面對嚴重損失，分公司請總公司更有經驗的管理者幫助重新設計費率結構。

此時，分公司的管理者把注意力集中在立刻處理危機。危機被化解了，但是下一次的費率結構卻成了問題。因此下次遇到類似的危機，仍然必須請總公司管理人員來協助。這樣做了幾年之後，分公司發現，他們自己沒有獨自處理費率結構的能力。

● **其他例子：**

只依賴外來專家，而不訓練自己的人員。

各式各樣的政府補助計畫，企圖解決急迫的問題，但根本問題仍存在，如此只會養成民眾的依賴，並需要更多的補助。例如：住宅計畫或工作訓練計畫把貧困者吸引到城市來，導致許多城市發展過度的併發症。

對開發中國家的食物幫助，降低了死亡率，卻提高了人口成長率，導致更多食物供給不足的問題。

基模四：目標侵蝕

● **狀況描述：**

是一個類似「捨本逐末」的結構，其中短期的解決方案，會使一個長期、根本的目標逐漸降低。

● **早期警訊：**

「這個問題，只要我們把績效標準降低一點，就可以暫時應付過去，以

後再嚴格要求，不會有什麼問題。」

● **管理方針：**

堅持目標、標準或願景。

圖 A2-5　目標侵蝕基模

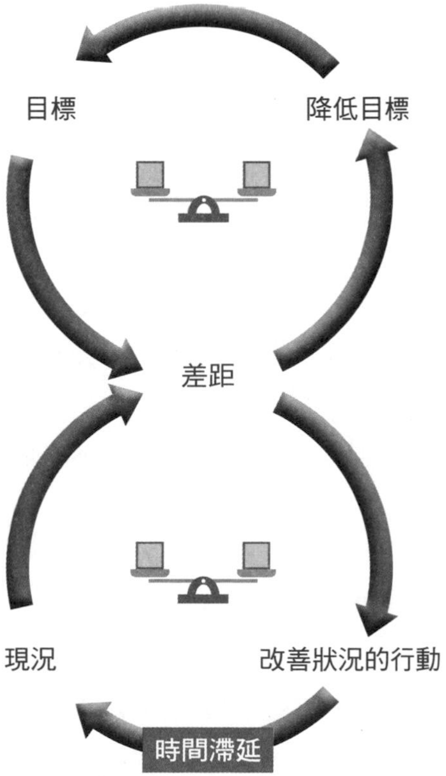

目標　　　　　降低目標

差距

現況　　　　改善狀況的行動

時間滯延

● **企業實例：**

一家高科技產品製造公司發現自己的市場占有率下降 —— 儘管有一個很棒的產品，並且正在不斷改善之中，但是該公司的生產流程從來無法控制好。

一位市場調查員發現，客戶對於遲延的生產進度日益不滿，並正在轉向競爭者購買。

公司拿自己的紀錄來辯護：「我們一貫維持90%的準時交貨率。」所以該公司在其他地方尋找問題的原因。

然而，該公司每一次生產進度開始落後，便將交貨期的標準拉長一點點做為解決之道。因而，對客戶的交貨期標準愈來愈長。

● **其他例子：**

原本有成就的人，降低了自我期許，所能成就的便漸漸減少。

以削減預算或暗地裡降低品質水準來解決問題，而非投資在開發新的產品。

政府在充分就業或平衡政府赤字的標準降低。

控制有危險的汙染源或保護受危害動物的目標下滑。

基模五:惡性競爭

● 狀況描述:

不論組織或個人,往往都認為,要保有自己的福祉,必須建立在勝過
對手的基礎上。

但是,如此會產生一個對立情勢升高的惡性競爭;只要有一方領先,
另一方就會感受到更大的威脅,導致它更加積極行動,重建自己的優
勢,一段時間之後,這又對另一方產生威脅,升高它行動的積極程
度……

通常,每一方都視自己積極的行為是為了防衛他方侵略的措施,但是
每一方的防衛行動,造成逐漸提升到遠超過任何一方都不想要的程度。

圖A2-6 惡性競爭基模

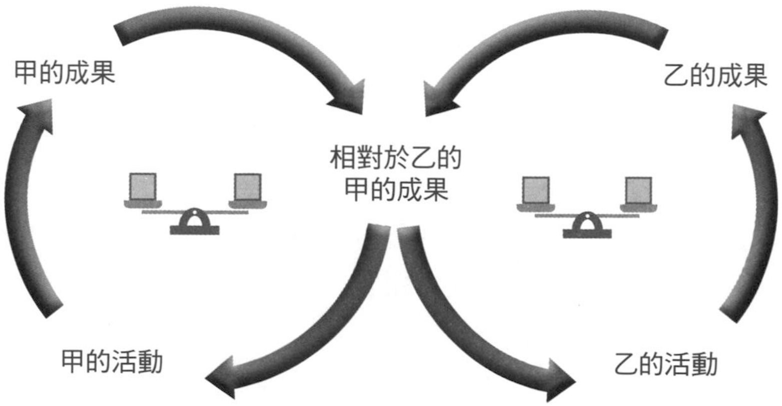

甲的成果　　　　　　　　　　　　　　　　　　　乙的成果

相對於乙的
甲的成果

甲的活動　　　　　　　　　　　　　　　　　　　乙的活動

● **早期警訊：**

「要是我們的對手慢下來，那麼我們就能停止打這場仗，去做其他事情。」

● **管理方針：**

尋求一個雙贏政策，將對方的目標也納入自己的決策考量。在許多例證中，一方積極採取和平行動，會使對方感覺威脅降低，能夠倒轉對立局勢升高的情勢。

● **企業實例：**

一家公司開發出一款設計巧妙的嬰兒車，輕便而易於攜帶，能夠同時載三個嬰兒。產品推出後，大受有稚齡孩童的家庭歡迎，此時另一家公司也推出類似的產品。

幾年後，第一家公司因想擊敗對方的市場占有率而降價20%；過了一段時間，第二家公司發現銷售下降，也降低價格。

第一家公司接著跟進，更進一步折扣；第二家公司的利潤即使已經開始受到不利影響，但一段時間之後，還是又採取相同的降價行動。

幾年過後，兩家公司都只是勉強維持損益平衡，這種設計頗佳的嬰兒車，也極可能因惡性競爭而從市場消失。

● **其他例子：**

廣告戰、愈來愈依賴律師來訴訟、幫派火併、婚姻破裂，以及美蘇軍備競賽。

預算膨脹也是，公司內有些單位誇大預算評估，其他單位發現了，為了得到自己的那一份「餅」，大家有樣學樣，造成所有人都在大肆灌水預算。

基模六：富者愈富

● 狀況描述：

兩個活動同時進行，表現成績相近，但為有限的資源而競爭。開始時，其中一方因得到稍多資源而表現好些，便占有較多優勢去爭取更多資源，無意中產生了一個「增強環路」，於是表現愈來愈好，而使另一方陷入資源愈來愈少、表現也愈來愈差的反方向「增強環路」。

● 早期警訊：

兩個使用同一資源的活動同時展開，其中一個活動、群體或個人開始做得很好，甚至蒸蒸日上，而另一個則陷於掙扎求生的狀態。

● 管理方針：

在決定兩者之間的資源分配時，除了成績表現這項標準外，更應重視整體均衡發展的更上層目標。在某些狀況下，可以消除或減弱兩者使用同一有限資源的競爭關係，尤其是一些無意中造成的不良競爭關係。有些狀況可以將「同一」資源予以「區分」規劃，以減少不必要

的競爭。

● **企業實例：**

某位管理者有兩位不錯的部屬，他都希望加以提攜。然而，有一次其中一位因病請假一個星期，主管因此給另一位較多的機會，但當第二位部屬回來上班以後，這位管理者覺得有罪惡感而逃避他。

圖A2-7　富者愈富基模

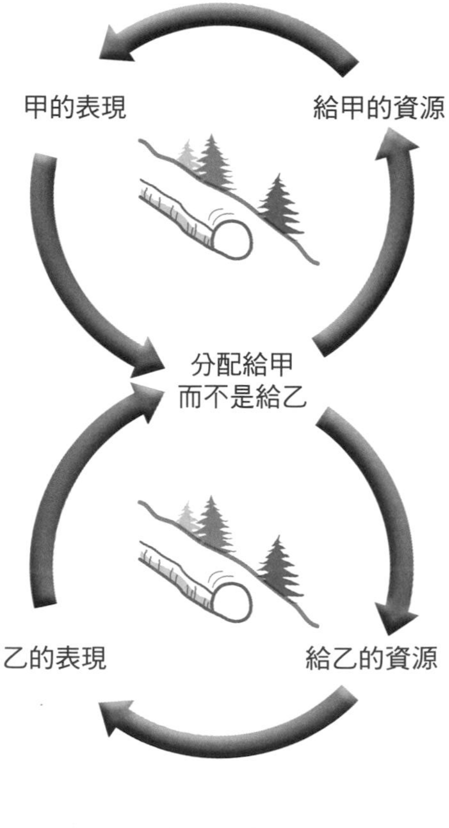

相反地，第一位部屬覺得受到肯定而充滿幹勁，因此得到更多的機會；第二位部屬覺得沒有安全感，工作效率下降，所得到的機會更少。

雖然兩個人起初能力不分上下，最後，第二位部屬離開了這家公司。

● 其他例子：

家庭生活與工作之間的衝突。家庭問題的起因，通常是由於工作很忙，須常常加班，因而家庭關係惡化，使回家愈來愈成為一件痛苦的事情，而更疏於關切家庭生活。

一家公司內部的兩項產品，為有限的財務和管理資源而競爭。其中一個產品在市場上收到立竿見影的效果，因而獲得更多投資，而使另一項產品可用的資源愈來愈少；此時「增強環路」開始作用，使得第一項產品愈來愈成功，而第二項產品則陷於困境。

一個害羞的學生，在學校一開始成績就不好（可能是因為情緒問題或某個未被發現的學習障礙），而被貼上「學習遲緩」的標籤。與外向的同學相較之下，他得到的鼓勵與注意愈來愈少，成績也就愈來愈差。如果父母也只是注重孩子的「表現」，卻缺乏耐心或忽略子女之間的均衡發展，也常陷入類似困境。

基模七：共同的悲劇

● 狀況描述：

許多個體基於個別需求，共同使用一項很充裕、但有其極限的資源。起初，他們使用這項資源逐漸擴展，並產生「增強環路」而使成長愈來愈快，但後來他們的收益開始遞減，且愈努力、成長愈慢，最後資源顯著減少或告罄。

● 早期警訊：

「過去充裕的情況如今已轉趨困難，我必須更加努力以獲取利益。」

● 管理方針：

透過教育、自我管制，以及同儕的壓力，或透過一個最好是由參與者共同設計的正式調節機制，以管理共同的資源。

● 企業實例：

一家公司負責不同轄區的幾個部門，同意共用銷售人員。如此統合運用，成效不錯。每個部門都由於有更大的銷售力在必要時大力支援促銷，業務蒸蒸日上，對銷售人員的需求也日漸增加，造成共同銷售人員的工作負擔過高、績效下降，以及流動率上升。沒多久，銷售人員因不滿此情況而大量離職，而使每個部門都陷入銷售力大減的困境。

● 其他例子：

在客戶必須聽來自同一家企業、六個不同部門的銷售人員，為互相競爭的產品促銷之後，這家企業的形象會大打折扣（「共有的資源」是該企業良好的形象之一）。

許多製造商爭相和零售連鎖商店簽訂合作的促銷計畫，起初成效不錯，但後來零售連鎖商店被愈來愈多的合約問題與促銷工作忙得喘不過氣來，最後不是放棄跟某些製造商聯合促銷，便是在訂定聯營事業的條件中，只留給製造商很小的利潤。

某些天然資源在各公司競相開採的情形下急速耗竭，例如：許多礦產和魚產。

圖 A2-8　共同的悲劇基模

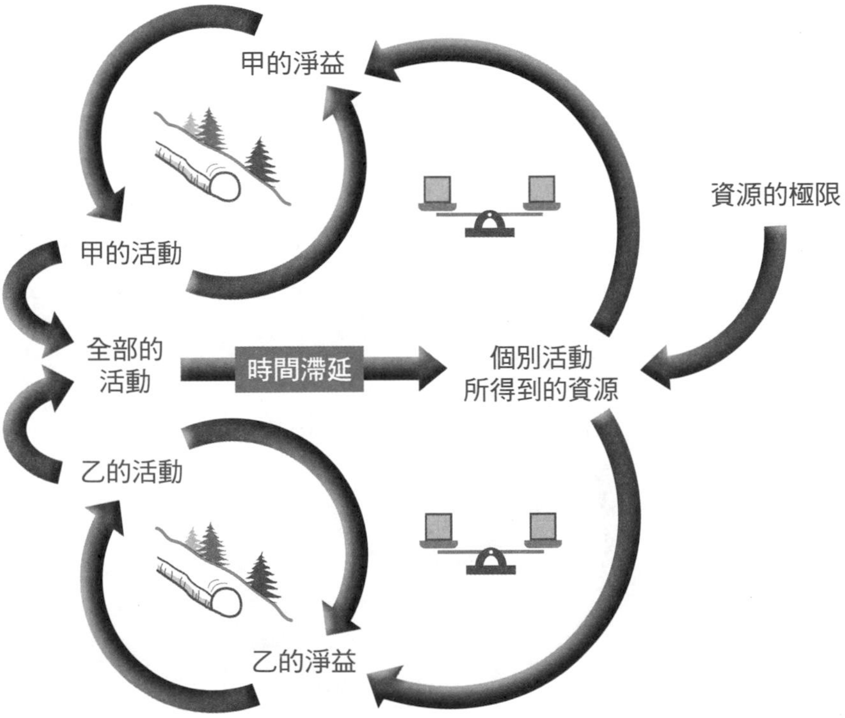

各類汙染問題，從酸雨到臭氧耗損與溫室效應。

基模八：飲鴆止渴

● **狀況描述：**

一個對策在短期內有效，長期而言，會產生愈來愈嚴重的後遺症，使問題更加惡化，可能會益發依賴這項短期對策，難以自拔。

● **早期警訊：**

「這在以前似乎總是有效，為什麼它現在不靈了？」

● **管理方針：**

圖A2-9　飲鴆止渴基模

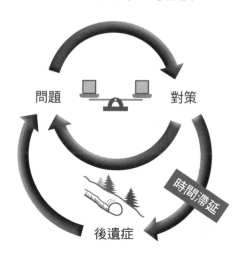

問題　　　　對策

時間滯延

後遺症

眼光凝聚在長期焦點。如果可能的話，完全摒除那種短期對策，除非短期對策只是用來換取時間，以尋求更妥善的長期解決方案。

● 企業實例：

一家公司推出一組新的高性能零件，一開始非常成功。然而，總裁在想要使投資報酬率最大化的動機驅使下，他將訂購昂貴新型生產機器的時間延後，投資報酬率立刻提高，但製造品質日漸滑落，造成低品質的不良聲譽。後來連續幾年，客戶對這項產品的需求大幅下滑，報酬率縮水，使總裁更不願投資在新的生產設備上，而陷入惡性循環。

● 其他例子：

以借錢的方式支付借款利息，在日後必須付出更多利息。

減低維修預算以降低成本，導致更多故障與較高成本，造成更高的降低成本壓力。

任何逐漸上癮且有嚴重後遺症的「解」。

基模九：投資與成長不足

● 狀況描述：

如果公司或個人的成長接近上限時，可以投資在「產能」的擴充上，以突破成長的上限，再創未來。但是這種投資必須積極，且必須在成長降低之前，否則將永遠無法做到。

然而，大部分的做法，是將目標或績效標準降低，來使投資不足「合理化」。如此一來，「慢郎中」的產能擴充進度勢將難以應付「急驚風」的需求快速成長，而使績效愈來愈差，最後可能使成長逆轉而導致需求大幅下滑。

● **早期警訊：**

「我們過去一直都是最好的，我們將來還會更好，但是我們現在必須儲備資源，不要過度投資。」

● **管理方針：**

如果確實有成長的潛能，應在需求之前盡速擴充產能，做為創造未來需要的策略。堅持遠景，特別是關鍵績效標準的衡量，以及仔細評估產能是否足夠支持未來潛在的需求。如果成長已經開始減緩，此時切忌再努力推動成長環，應致力於擴充產能並減緩成長的速度。

● **企業實例：**

如在第七章〈認清成長是件複雜的事〉中介紹的人民航空公司案例，該公司發現，自己不能建立趕上急速增加需求的服務能量，也沒有及早投入更多資源在訓練上或減緩成長的速度，結果是服務品質惡化、外來競爭升高而士氣低落。

為了不被持續的壓力打垮，人民航空愈來愈依賴暫時的解決方案，最後連原本忠實的旅客，也不再樂意搭乘了。

● **其他例子：**

有些公司成長到了上限，服務或產品品質正日漸低落，卻只會指責同業的競爭，或自己的銷售管理階層維持銷售業績的努力不夠，而不知應致力投資於擴充產能。

僅有壯觀的願景，卻從不實際評量達成願景所需要的時間與努力。

當經濟快速成長時，如果不及早投資擴充運輸、水利、電力、通訊等設施，以及儲備充裕人力、修訂法令制度等需時頗長的「產能」，反

圖A2-10 投資與成長不足基模

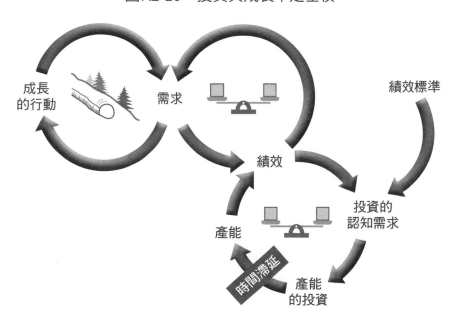

而努力推動成長，往往使成長愈來愈困難，甚或逆轉而快速下滑。

個人事業快速成長，卻未長期投資於身體健康或家庭和樂，以致後來無法繼續支持，甚至妨害事業的發展。

注釋

1. 系統動力學領域中的許多研究者，對於這些基模〔或經常稱為類屬結構（generic structure）〕的確認與編寫貢獻甚多。我要特別感謝柯梅尼（Jennifer Kemeny）、顧德曼（Michael Goodman）、迪爾（Ernst Diehl）、坎普曼（Christian Kampmann）、金（Daniel Kim）、納維森（Jack Nevison）與史特曼（John Sterman）的貢獻。

附錄 3 ─────
U 型修練

「U型軌道」是夏默、賈渥斯基（Joseph Jaworski）、卡漢和多位同事發展出來的方法，是設計和引導深層集體學習時可以採用的步驟。[1]事實上，U型軌道為如何在適當的時機應用五項修練提供了基本架構（參見〔圖A3-1〕）。

U型軌道協助群體能夠共同：

● **感知**：看見未經過濾的現實，深度探詢他們的心智模式。
● **自然流現**：個別地與集體地，從感知走向目的與願景合而為一的深層過程。
● **實現**：開始快速建構原型，將願景轉化為能獲得回饋，並進一步調整修正的具體運作模式。

雖然五項修練適用於U型軌道的三個階段，但不同的領域自然會強調不同的重點。

U 型軌道三階段

「下探U型」的過程中會特別著重於懸掛既有心智模式，根據對系統的直接體驗來參與集體探詢的過程，以及涵蓋了對現實的不同觀點的深

度匯談。個人願景和共同願景是U型底部的核心要素,從U型底部往上移動時,強調的是團隊學習和持續反思心智模式和願景。

舉例來說,對永續糧食實驗室而言,「感知」除了反思個人看待全球糧食系統的方式,還包含五天的巴西學習之旅,直接與生活艱困的農家,以及農民合作社、跨國物資生產者、非營利環境組織和政府機構對話。

對於出身企業、從來不曾接觸實際的糧食系統的人而言,這樣的體驗真是令人震撼。

圖A3-1　U型理論和五項修練

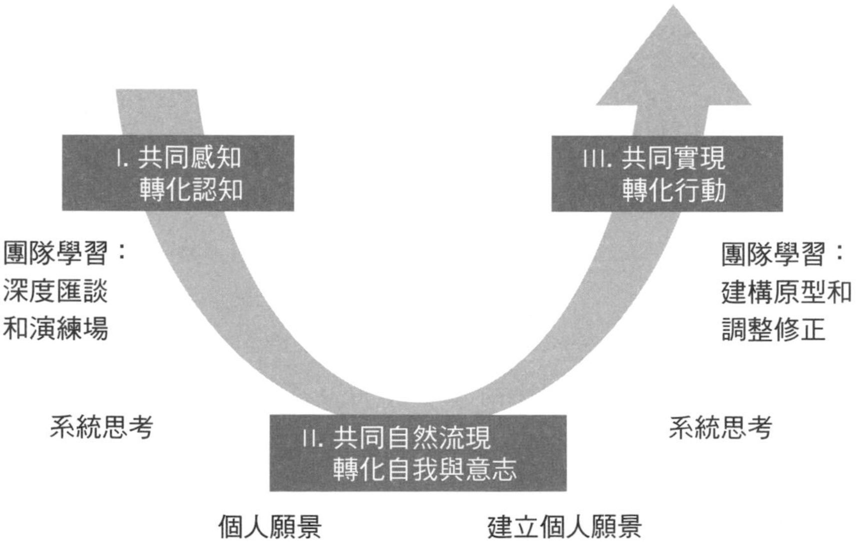

「在拉丁美洲的大多數地區,農民不再是發展者,而變成客戶,是削減貧窮計畫的接受者,」一位團隊成員指出。

另外一個人則說:「這些(離鄉背井)看不到未來的年輕人要怎麼辦呢?」

這次經驗震撼人心的另一個原因是,看到不同的人面對相同現實時,卻有截然不同的解讀方式。

在造訪一個小小的農民合作社後,團隊成員列出他們的觀察:辛勤工作、充滿政治運作、不夠永續、非常永續、需要更現代化、需要時間來發展得更成熟、絕佳的典範等。

「我很訝異我們對同一件事情的看法竟然如此南轅北轍……我對其他人的觀點感到非常疑惑,」一位實驗室的成員表示。

建構願景

在U型底部,則是靜默和傾聽即將湧現的領悟和參與其中的自我角色。相對於五項修練,U型軌道在感知過程之後,才在U型底部建構願景,因此提供了建構願景的獨特方式。

首先,這個順序確保成員在建構願景時都能奠基於現實,包含體認到不同的人眼中會看到不同的現實。

第二，願景建構乃奠基於對更大、更崇高目的的感知和領會，雖然最初的願景對於啟動整個流程可能非常重要，但經過感知階段以後，願景會自然演化，變得更有深度、更有意義。

這並不表示人們乃是從評估目前的現實而「衍生」出他們的願景，甚至恰好相反，在 U 型底部，容許真正的安靜和深度反思的時間，通常會激發出真誠的關懷和內心的感召。就創造性張力的原則而言，與現況緊密連結能創造新的選擇，讓我們說出內心的真正想望。

對永續糧食實驗室核心團隊的三十位成員而言，六天的靜修讓他們能綜合學習之旅的經驗，深化他們創造替代系統的目的感，發展出初步的原型。兩天在荒野中獨處的經驗，讓他們安靜地與自然（包括：他們置身其中的生命系統和自己的本性）產生直接的連結。

經濟學家亞瑟（Brian Arthur）協助團隊成員為荒野獨處做好準備，並且在他們歸來後一起討論，他觀察到，團隊的能量轉變為「靜定和善念」。在靜定中湧現了高品質的想像力，產生過去沒有人想到的原型。

看見內心的想望

從 U 型底部的右邊往上攀升，同樣也涵蓋了所有的修練，但團隊學習尤其重要，因為團隊要共同學習如何為複雜系統創造既務實、又激進的替代運作方式。

系統思考、心智模式和願景則貫穿整個實現的階段，因為感知和自然流現的過程會不斷重複，原因有二：一、新成員進入建構原型的階段（必須經歷自己的感知和自然流現的過程）；二、人們透過試圖推動改變和持續探討願景，發現了有關系統現況的新事實，而且可能發現，最初的願景已然改變。

遵循創造性張力的原則，沿著U型往上行時，願景改變並不代表為了舒緩情緒張力而「降低願景」，而是代表真正看見了人們內心真正想創造的是什麼。

所以，實現的階段不只是為目前的系統創造成功的替代方案，而且是持續深化共同的理解和釐清願景。實現替代系統的努力，有的會成功、有的會失敗，成功的努力通常都採取沒有人料到的方式，或朝著意料之外的新方向演進。

沿著U型往上攀升，以及整個U型流程的真正重點乃是，在多元的大型社區中建立看清「是什麼」（what is），以及制定新的社會系統的能力，並學習如何為複雜的組織內部網路和跨組織的網路而學習。

「我從來不曾看過像這樣的流程，引領非常分歧的團體達到彼此之間的深度連結，同時也和我們在此地的任務產生緊密連結，」時任家樂氏基金會（永續糧食實驗室的主要贊助者）農業計畫主持人賀斯特曼（Oran Hesterman）表示。

注釋

1. Senge, et al, *Presence: At Exploration of Profound Change in People, Organizations, and Society* (New York: Doubleday/Currency), 2005; Adam Kahane, *Solving Tough Problems* (San Francisco: Berrett-Koehler), 2005; and C. Otto Scharmer, *Theory U* (Cambridge, Mass: SoL), 2006 (forthcoming).

謝辭————————

顯然，如果不是我們訪談過的多位精通學習型組織藝術和實務的大師帶來的啟發和協助，我們不可能寫出增訂版的內容，他們的努力為本書提供了深刻的洞見和絕佳的典範，包括：

英國石油公司的寇克斯；福特汽車的亞當斯和薩利曼；惠普的艾倫（已退休）和莫頓（已退休）；惠列伍‧米爾校區的歐摩塔尼；英特爾的蓋洛威和瑪星（已退休）；國際金融公司的貝瑞；庫方達村的諾斯；耐吉的溫斯洛；樂施會的史塔金；普拉格電力公司的沙倫特；洛卡的鮑德溫、歐提茲、克羅奇、羅德里桂茲、馮格、查布拉尼和伍瑞奇；沙烏地阿拉伯石油公司的阿爾—艾德（Salim al-Ayadh）；永續研究院的漢彌頓；聯合利華的范希斯姆特拉和譚塔維—孟索；以及世界銀行的西水美惠子（已退休）。

尤其對活躍的經理人而言，在這樣的書中被引用可說是兩面刃。一方面，每個人都為自己和同事達到的成就而深感自豪，我希望將他們說的話和故事納入本書內容中，代表對他們小小的感激和肯定。但是，沒有任何人或任何組織需要被拱上寶座，當作成功創新的榜樣。

每當其他作家要求我舉出「學習型組織」的範例時，我總是說：「沒有榜樣，只有學習者。」每個人都辛苦鑽研，沒有人已經「抵達」。

每次前進了幾步，總是又會後退幾步或走上岔路。所以，我尤其感謝他們乃是為了幫助別人，而非為了樹立典範，而願意分享自己的故事。

我也希望特別感謝協助發展組織學習協會（SoL）的朋友和同事，「學習基礎架構的創新」是我們許多人最重要的策略重心。SoL是一個自我治理的網路，衍生自麻省理工學院組織學習研究中心。SoL的基本目標是促進組織學習的實踐者（也就是經理人）、顧問和研究人員間的夥伴關係，以建立和分享實際的知識。我們所有的訪談對象都積極參與SoL網路。

此外，還有多位我沒有訪談的朋友，他們努力的成果也給了我很大的幫助，有的人已經出現在前面的感謝名單中，有的人則否，包括：

（曾經任職於富豪汽車和宜家家具的）卡斯戴特；哈尼格（Robert Hanig）；SoL的怡梅蒂亞度（Sherry Immediato）；麻省理工學院的凱佛、夏默和歐里克斯基；SoL永續聯盟的勞爾（Joe Laur）和斯利（Sara Schley）；英國石油公司的李捷特；桑多；永續研究院的塞維利亞（Don Seville）；（過去任職於哈雷公司的）提爾令克；（過去任職於福特公司的）詹紐克（Nick Zenuick）；（中國大陸SoL的）張威爾（C. Will Zhang）、霍斯曼（Mette Husemoen）、宋凱（Kai Sung）、Stephen Meng；當然還有德格。

過去二十多年來，非常高興能在世界不同的角落和他們一起合作。

最後，如果沒有尼娜・克魯茨維茲（Nina Kruschwitz）的協助和支持，我絕對不可能進行這次的改版。尼娜是整個計畫的主編和總協調，我們已經合作了十五年，從《第五項修練實踐篇》系列到最近的《修練的軌跡》，都是我們合作的成果。由於她的幽默感和溫文爾雅的風度，讓我們的校稿壓力變成持續的反思（「這裡真正需要說明的是什麼？」）和發現（「噢，這樣……」）的旅程。謝謝你。

國家圖書館出版品預行編目(CIP)資料

第五項修練（全新修訂版）：學習型組織的藝術
與實務 / 彼得.聖吉(Peter M. Senge)作 ; 郭進隆, 齊若
蘭譯. -- 第三版. -- 臺北市 : 遠見天下文化, 2018.08
　　面 ;　　公分. -- (財經企管 ; BCB646)
譯自 : The fifth discipline : the art and practice of the
learning organization
ISBN 978-986-479-530-7(精裝)

1.學習型組織 2.組織管理

494.2　　　　　　　　　　　　　107013348

財經企管 BCB646A

第五項修練（全新修訂版）
學習型組織的藝術與實務
THE FIFTH DISCIPLINE：
The Art and Practice of The Learning Organization

作者 —— 彼得‧聖吉（Peter M. Senge）
譯者 —— 郭進隆、齊若蘭
總編輯 —— 吳佩穎
責任編輯 —— 鄭俊平、許玉意、羅玳珊、巫芷紜（特約）
美術設計 —— 廖嘩（特約）
圖表製作 —— 陳光震（特約）

出版者 —— 遠見天下文化出版股份有限公司
創辦人 —— 高希均、王力行
遠見‧天下文化 事業群榮譽董事長 —— 高希均
遠見‧天下文化 事業群董事長 —— 王力行
天下文化社長 —— 王力行
天下文化總經理 —— 鄧瑋羚
國際事務開發部兼版權中心總監 —— 潘欣
法律顧問 —— 理律法律事務所陳長文律師
著作權顧問 —— 魏啟翔律師
社址 —— 台北市 104 松江路 93 巷 1 號 2 樓
讀者服務專線 ——（02）2662-0012
傳真 ——（02）2662-0007；2662-0009
電子信箱 —— cwpc@cwgv.com.tw
直接郵撥帳號 —— 1326703-6 號　遠見天下文化出版股份有限公司

電腦排版 —— 立全電腦印前排版有限公司
製版廠 —— 東豪印刷事業有限公司
印刷廠 —— 祥峰印刷事業有限公司
裝訂廠 —— 精益裝訂股份有限公司
登記證 —— 局版台業字第 2517 號
總經銷 —— 大和書報圖書股份有限公司 電話／(02)8990-2588
出版日期 —— 2010 年 4 月 30 日第一版第 1 次印行
　　　　　　2024 年 8 月 19 日第四版第 9 次印行

定價 —— 700 元
4713510946343（英文版 ISBN-13: 9781905211203）
書號 —— BCB646A
天下文化官網 —— bookzone.cwgv.com.tw

本書如有缺頁、破損、裝訂錯誤，請寄回本公司調換。
本書僅代表作者言論，不代表本社立場。